GESTIÓN DE OBRAS

Carlos Baron

GESTIÓN DE OBRAS

PRINCIPIOS DE PLANIFICACIÓN Y EJECUCIÓN DE OBRAS

I.S.B.N.: 978-84-616-1912-2
Depósito Legal: CO-920-2012

Diseño de portada: El autor sobre una página del libro *Medidas del romano o Uitruuio: nueuame(n)te impressas y añadidas muchas pieças & figuras muy necessarias a los officiales q(ue) quieren seguir las formaciones de las basas, colu(m)nas, capiteles y otras pieças de los edificios antiguos*, de Diego López de Sagredo, Ed: En casa de Jua(n) Ayala, 1564

A mis maestros, y en particular
a mi padre,
quien me enseñó
todo lo importante.

PRÓLOGO

LECTOR QUE, CON TAN ABIERTO ÁNIMO te acercas a este libro, has de saber que tu primer contacto no es con su autor, sino con un tercero, quien tiene el privilegio de haber sido elegido para prologarlo y advertirlo, no siendo en absoluto especialista ni versado en las materias que él considera, aunque al menos sí puede decir que es un sentido incondicional de las personas que desempeñan el oficio de constructor, y por tanto de las personas que trata y a las que se dirige. Así, querido lector aunque no soy más que un sencillo poeta, y nadie autorizado para recomendar nada, me atrevo a recomendarte que te saltes este proemio y entres directamente en materia, que será para ti, a buen seguro, más útil y estimable que estas líneas, entre las que incluiré, por ser de gran amenidad y venir al caso, la afamada y provechosa historia de Orton.

Orton fue un caballero de la antigüedad, elegido por su rey para buscar el árbol de la sabiduría, un árbol cuyos frutos, según la leyenda curaban cualquier clase de enfermedad a quien los comiese, lo liberaban del envejecimiento y le otorgaban la inmortalidad. El rey encargó a Orton que encontrara ese árbol, y que trajera sus simientes para sembrarlas en el huerto de su palacio, y conseguir así los beneficios que reportaban. Orton, a pesar de su juventud, fue elegido por su nobleza y su probada fidelidad, toda la corte confiaba en que había sido elegido cumplidamente para la misión encargada.

El inmaduro caballero viajó durante años recorriendo numerosos países y preguntando por tan extraordinario árbol, algunos lo tomaban por perturbado, otros para burlarse de él lo enviaban con pistas simuladas al confín de la tierra, y algunas personas, las menos, de buen corazón le decían la verdad al joven Orton: «Esos son fábulas», «No existe tal árbol», o, «Abandona tu absurda averiguación.» Pero Orton, era disciplinado y quería merecer la confianza que su rey había en él depositado y seguía buscando, confiado en llegar a encontrar el árbol maravilloso. Aun así, llegó un momento en el que casi había perdido la esperanza y pensaba ya en regresar, anunciar su fracaso y aceptar castigo si es que fuese deseo del rey imponerle alguno, amén de la vergüenza de no haber completado su misión.

Encontrábase en oriente, después de haber recorrido cientos de leguas hacia ese viento y hacia mediodía, y haber hablado con toda clase de gente, habiéndose sumido en una desazón tal, que había descuidado su propia salud. Fue entonces cuando se topó con un anciano, que a Orton le pareció un sacerdote o un noble. Aquel hombre, al adivinar la tristeza y la pesadumbre del joven, le preguntó: «¿Qué te pasa muchacho?» El joven le imploró: «¡Oh, buen monje! ayúdame, ten compasión de mí, pues estoy desesperado.» Elam, cual era el nombre del anciano, le dijo que no era sino un maestro artesano, y le preguntó por la razón de su desesperación. Orton volvió a contar lo que cientos de veces había ya contado a lo largo de su viaje: el encargo de su rey, y la infructuosa búsqueda del árbol, y de cómo todo el mundo se había burlado de él. Elam se echó a reír, y el joven temió otra nueva burla pero no fue así. El maestro le explicó la verdad de lo que él andaba buscando, apiadándose de la pureza de su corazón, de su nobleza y en parte también de su ingenuidad. Le explicó que el árbol que andaba buscando, el llamado «árbol de la sabiduría», en realidad no era un árbol propiamente dicho, sino el nombre que los sabios le daban a la sabiduría. Era una forma de hablar entre ciertos maestros, ya que sólo el que conoce la sabiduría la puede comprender, y apelar al «árbol de la sabiduría», era una cierta clave entre los sabios de oriente. Esto, había, por lo que se ve, transcendido de forma que todo el mundo hablaba de dicho árbol como si de un auténtico árbol se tratara, pero sólo los que conocen la lengua de los sabios entienden la verdad de su significado. Los maestros y sabios le dan a la sabiduría el nombre de árbol, o de río, o de océano, según en los términos en que quieran referirse a ella. «El fruto del único árbol que yo puedo ofrecerte es el de mi trabajo y mi conocimiento, si los quieres, están a tu disposición», dijo Elam.

Elam, no era sino un maestro constructor y estaba entonces dirigiendo la construcción de un templo. Llevó a Orton al lugar de las obras, le proporcionó un aposento, y lo puso bajo el cargo de un artesano para que fuera su ayudante y aprendiera el oficio. Elam, cuando creyera oportuno, hablaría con él, le preguntaría lo que había aprendido y le enseñaría también algunos conocimientos.

El primer maestro y tutor de Orton se llamaba Tulio, un maestro cantero, quien le enseñó a conocer los secretos de la piedra. Aprendió a extraer la piedra de la cantera, con todos los cuidados que había que tener, colocando cuñas de madera en las grietas, aprendiendo también a transportarlas. Tulio le explicó como podría encontrar y diferenciar otros tipos de piedras, las que eran más blandas y porosas o las más duras y compactas, las de más o menos precio, así como lo adecuado de cada una, para fábricas o pavimentos. Tulio parecía conocer todas las distintas piedras de la tierra, y Orton pensaba que Tulio era el hombre más sabio que había conocido en su vida, puesto que de Elam no había hasta entonces recibido muchas enseñanzas, y quedaba absorto cuando le explicaba el origen y la formación de las rocas: las que se habían formado por causa del fuego de las profundidades, las que se habían formado por la unión de distintos materiales de la tierra, las que se habían formado por la erosión del aire y las que se habían formado por la transformación que el agua había hecho en otros elementos. Ya que la mayoría no existían en aquella región, Orton pensaba que Tulio había debido de recorrer todas las canteras del orbe en su juventud. Le enseñó a diferenciar las piedras que debían utilizarse en forma geométricas o escuadradas y las que serían toscas o irregulares para otras fábricas de mampostería, también le explicó las rocas que habría que desechar puesto que aunque parecieran enteras y sólidas, en su interior podría adivinarse una fractura. Tulio le proporcionó unos estadillos, que hizo copiar en pergamino a Orton, en los que figuraban los distintos tipos de piedra y las proporciones que debían guardar cuando fueran utilizadas. Aprendió a labrar la piedra, a sacar la montea y a utilizar la saltarregla y el baibel. Cuando Orton labró su primer sillar, Tulio le indicó que debía grabar su marca de cantero, Orton grabó una runa con la que empezaba el nombre de su madre, que volvió a grabar en todas las piedras que labró durante el tiempo que trabajó con Tulio, y después a lo largo de toda su vida.

Después trabajó con un carpintero, de nombre Danheb, quien le enseño a cortar y a ensamblar la madera, y a fabricar una cimbra para colocar las piedras que ya sabía cortar, y también a quitar las cimbras, para lo cual colocaba en las bases unos saquitos llenos de arena. Le enseñó a fabricar puertas y ventanas, y entonces Orton entendió algo más de porqué se daban cierta formas a las piedras, y que siempre se había preguntado por su utilidad, tales como aquellas llamadas gorroneras, que tenían unos huecos donde apoyaban las grandes puertas del templo, y servían para que encajaran en ellas y pudiesen girar, y otras de diversos tipos. Aprendió a cortar y a ensamblar la madera, operación para la que nunca se utilizaban otros elementos que no fuera la propia madera, como clavos o tachuelas de metal. Danheb solía decir, «el cantero sólo usa la piedra, y el carpintero sólo la madera.» Orton se ejercitó en todos los trabajos de carpintería de taller y de armar, y aprendió a cuidar y hacer sus herramientas y ataperfiles. Danheb le llevó a los bosques, dónde crecían cedros, cipreses y hayas. Le enseñó a distinguir cada árbol, y el tipo de madera de cada uno, y lo adecuado de ella. Le enseñó que los árboles deberían se cortados después de comenzado el otoño y antes de que terminase el invierno, y mejor que ningún momento era el menguante de enero, puesto que en otra época la madera está viva, y no sería muy adecuada pues al secarse tendía más poros. Le enseñó a cortar los árboles, operación que no debía hacerse nunca de una vez, sino haciendo un corte en redondo hasta el corazón del árbol, dejándolo así un tiempo, a fin de que la humedad inútil, rebosando por el sámago, impida que muera la savia y estropee la madera. Danheb también conocía los árboles de otros reinos, aunque nunca los había utilizado, y también sabía los árboles que podrían plantarse cerca de una edificación, pues sus raíces no serían perjudiciales y los que podrían dañar a la fábrica y por tanto habría que evitar, los que conservarían el follaje en invierno y los que lo mudarían hasta la primavera. La sabiduría que Orton encontró en Danheb, le hizo dudar sobre cual de sus hasta entonces dos maestros era más sabio.

Una vez conocido el oficio de carpintero, Elam lo llevó junto a Madakeb, el maestro albañil, encargando que trabajara con él y aprendiera, a trazar muros y escaleras, a construir las bóvedas, que no se hacían de piedra, sino de materiales cerámicos, tejas y ladrillos, para que fuesen resistentes y ligeras, a trazar los pilares y los muros. Le enseñó Madakeb el espesor que debían tener los muros de acuerdo con la altura, así como las diferentes trazas de arcos, cuyas piedras ya sabía cortar, y cuyas cimbras ya sabía montar y desmontar. Aprendió fabricar ladrillos y también adobes, a colocar ordenadamente los ladrillos en los muros, gustándole mucho esta disciplina de la construcción, ya que cuando la comparaba con el trabajo de cantería presentaba la diferencia de que la piedra se adaptaba a la fábrica en orden y forma, pero cuando se trabajaba con ladrillo, todo era una cuestión de buen orden y correcta distribución que había que llevar a cabo con piezas todas iguales, lo que le parecía un ejercicio divertido. Madakeb le explicó que el ladrillo, al ser menos resistente que la piedra, debe ser dispuesto con más cuidado, y que si así se hacía bien y siguiendo las reglas de la buena disposición que el le enseñaba, podría construir cualquier fábrica, solamente con este material y que sería tan resistente como si hecha de piedra fuese. Madakeb le enseñó a trabajar la cal, desde la obtención de las piedras de cal en la cantera hasta la fabricación del material en los hornos, así como luego el cuidado de apagarla para su utilización en las llamadas bascas. Aprendió también a conocer la arena con la que hacer el mortero, y los distintos tipos de enlucidos, revocos y estucos. También conoció el yeso, como debía ser extraído y molido, y los trabajos de ornamentación que con este material podrían lograrse.

Aprendió otros oficios, como a fundir metales, a mezclar los colores y obtener pigmentos, a construir máquinas para elevar grandes pesos, a fabricar y trabajar el vidrio, a transportar y almacenar agua, a proteger las obras en invierno, a conocer las proporciones de los edificios, así como la elección de los lugares en que debían asentarse, y en éstos a distinguir los terrenos sanos y como debían ser las cimentaciones, así como la orientación del edificio, también aprendió la ciencia de los números, la geometría y la música, a distinguir la procedencia de los vientos, y a conocer las órbitas del sol, de las estrellas y de los cinco planetas, y a calcular el tiempo por medio de relojes de sol y de arena.

Orton se sentía a gusto entre aquellas gentes, tanto como nunca lo había estado entre las gentes de su reino, ni entre los hombres de armas de los que había recibido educación ni entre los nobles a los cuales pertenecía, pues siempre le parecieron codiciosos y pasaban más tiempo dedicados al ocio que al trabajo.

Al tiempo que iba avanzado en el conocimiento del arte de la construcción, el templo se iba terminando. Convivió con sus compañeros de trabajo, aprendió el respeto que los aprendices tenían por los maestros, se dio cuenta de la ayuda que se prestaban entre ellos y le sorprendió que cuando apareciera en el grupo un artesano extranjero o desconocido nunca era tratado como un extraño, sino que siempre era aceptado en el grupo como un igual. En las obras y en las canteras trabajaban numerosos esclavos, pero, salvando su condición suficientemente penosa por la falta de libertad, no recibían otros maltratos, y muchos eran manumitidos.

Cuando alguna persona poderosa de aquel país visitaba las obras del templo, el rey o un gran sacerdote o un gobernador, a los que Orton ya conocía, por el tiempo que llevaba en la fábrica y en la cantera, solamente hablaban con el maestro Elam, y Orton comprobó el gran prestigio que tenía aquel hombre en la sociedad, siendo respetado por el rey o el gobernador no solamente como un gran constructor sino como un hombre verdaderamente sabio. El maestro Elam era tan respetado en la corporación que nadie pensaba mal de Orton, aunque todos sabían que disfrutaba del privilegio de ser uno de los favoritos del maestro: si el maestro lo había elegido, sus razones no se discutían, y la verdad es que aquellos hombres, no lo discutían ni en sus pensamientos. Trabajaban siempre con alegría y orgullo, y si se equivocaban sus maestros les corregían, pero nunca les reprendían de forman vehemente o desconsiderada, sino que les enseñaban a aprender de los errores. El maestro decía a menudo «el que trabaja, tiene derecho a equivocarse, aun la obligación de reparar el daño de sus errores.»

Cierta vez que se hallaba el gobernador visitando las obras, no lejos de donde se encontraba la comitiva, cayeron unas dovelas de piedra, que estaban siendo izadas por un ingenio de poleas. El hecho produjo un cierto nerviosismo, y el gobernador exigió a Elam que le dijese quien era el responsable de aquel desastre, Elam dijo: «Señor, yo soy el responsable.» El gobernador no dijo nada, y nunca más se habló del incidente. Se trabajaba y se vivía en un ambiente muy agradable. Todos parecían gozar con el crecimiento de la obra, deseando que el templo fuera el mejor que hasta ahora se habría construido, incluso sabiendo que cuando estuviera terminado, tendrían que abandonar aquella ciudad, y algunos hasta podrían perder su trabajo.

Habían pasado casi diez años cuando Elam, directamente tomó a Orton como ayudante, y además de completar su formación en filosofía y en historia, comprobó que era digno de llegar a ser un maestro constructor, cosa que Elam había percibido desde el primer momento en que se conocieron. En ese tiempo, las numerosas conversaciones que había mantenido con el maestro le enseñaron que la verdadera sabiduría tienes que buscarla en ti mismo, no en los demás. Cada día que había tenido la dicha de compartir un rato con el maestro, Orton anotaba por la noche, en un pergamino lo que este le había dicho. Supo entonces que sólo encuentra la sabiduría quien la busca, quien reconoce su propia ignorancia y de ahí parte hacia el conocimiento, siendo esta la primera muestra de sabiduría. La sabiduría pues, se puede tener desde el primer momento que uno quiera tenerla, y se deja de tener cuando se ha creído alcanzarla, y es sabio quien esto nunca olvida. Aunque también para llegar a ser sabio, es necesario experimentar ciertas vivencias y dejarse algunas veces la piel en ellas, y aún sufrir y sortear peligros, tampoco la sabiduría es gratuita. La sabiduría se alcanza también por el corazón, por el instinto y por la confianza, por eso el hombre sabio siempre se muestra sereno y alegre. Aprendió Orton también que a la sabiduría hay que darle una utilidad, no basta solamente con alcanzarla, también hay que saber transmitirla, de forma que es más sabio en cualquier arte aquel que es capaz de impartir enseñanzas sobre dicha arte, y no tendrá su conocimiento quien no sepa trasmitirla. La sabiduría en alguna ciencia y oficio, se alcanza cuando este se comprende, no sólo cuando se sabe hacer, y es mucho más difícil transmitir la sabiduría que aprovecharla cuando se recibe. El hombre sabio no desprecia ninguno de sus actos, ni siquiera los que terminan en error, ya que de los errores también se adquiere conocimiento y sabiduría. El sabio denota menor admiración o sorpresa por las cosas que el ignorante, y esta una cualidad en la que se puede distinguir al sabio del ignorante. No se tiene sabiduría si no se tiene asimismo la consciencia tanto de lo que se sabe como de lo que se ignora. La sabiduría es el único bien que no puedes perder, y de alguna manera puede decirse que un hombre no es más que lo que sabe. No existe sabiduría dónde se desprecia la libertad y la justicia, con las que está siempre ligada.

Aprendió de aquel maestro que es mejor sabio aquel que transmite los conocimientos junto con sus experiencias, que para construir edificios había que tener una sabiduría especial, puesto que era una conjunción entre trabajo manual y trabajo intelectual, además se realizaba entre muchos hombres, todos con funciones y trabajos distintos pero complementarios, ningún trabajo era independiente del otro. No todos los sabios son constructores, pero los buenos constructores son siempre sabios.

Una vez, paseaban Elam y Orton por un páramo, y el maestro le mostró un árbol, que crecía frondoso y fuerte en aquel paraje desolado. Elam preguntó a Orton si conocía aquella especie, y Orton la reconoció como una acacia, según las enseñanzas de Danheb, el maestro carpintero. Nunca habían utilizado su madera en la construcción, aunque sabía que era de buena calidad, dura y noble, así como su muy apreciable resina de la extrae la goma, e incluso sus semillas. «Has aprendido bien el oficio», dijo Elam a Orton, y añadió, «Ahora, déjame un rato solo». Orton se separó cincuenta pasos, y vio como Elam se sentaba bajo la acacia, haciendo meditación durante un rato. Elam llamó entonces a Orton, quien se acercó. Elam recordó a Orton el día en que se habían encontrado, y le dijo: «si algún árbol hay de la sabiduría, este ha de ser la acacia, por lo que simboliza, porque puede crecer en terreno desértico, y es difícil de encontrar, pero cuando se encuentra, se comprueba que crece fuerte y con vitalidad. La acacia es el símbolo de los maestros constructores, porque bajo una acacia como esta enterraron al maestro de los maestros, hace muchos siglos. Cada vez que veas una acacia te pido que recuerdes el ideal de justicia y fraternidad que entre nosotros has aprendido, en el poder de resistencia que tiene para sobrevivir y florecer y la tolerancia que manifiesta con las plantas que puedan crecer a su alrededor. Es el árbol emblema del paso del tiempo, ya que su resistencia hace que sea capaz de acabarlo todo. Es el árbol emblema de la belleza en todo momento, al igual que belleza tienen nuestras obras. Es el árbol emblema de la delicadeza y la fortaleza, de la luz y de la sombra. Es el árbol emblema de la libertad, porque sus hojas se pueden mecer todo el tiempo al viento, sin que el viento las destruya, porque nunca la libertad ha sido destructora, ya que sobre ella se edifica, no se daña. Ahora bien, como ya sabes, sus frutos, que todo lo curan, que hacen al hombre inmortal puesto que le harán pervivir, que le liberarán de la vejez, puesto que nunca un hombre sabio deseó ser joven, no los podrás encontrar como otros pendiendo de sus ramas, los tendrás que buscar en ti mismo, querido Orton.» Y después, tras decirle la clave de los maestros, le dijo que podría marcharse cuando quisiera a su país.

Orton se despidió de Elam, con gran copia de lágrimas que no le parecieron más de pesar que de gozo, y cuando llegó a su reino, se dio cuenta que casi nadie le recordaba. Supo que el rey había muerto, y que no tenía ya sentido presentarse ante el nuevo rey para contarle el motivo de su viaje, ni el extraño encargo de su antecesor, así como su antiguo lugar de privilegio en la corte, que ya no deseaba. Había, sin duda, alcanzado la meta que su señor le envió a buscar, pero ya no tenía sentido lo que el había imaginado en su partida: grandes honores, riquezas y privilegios que el rey le otorgaría. Ya no quería nada de eso, no sabía porqué, su orgullo juvenil y su, aunque noble, altanería, habían desaparecido, estando revestidos de modestia y humildad todos sus actos, incluso su sencilla forma de vestir, y sus nulos excesos en la comida. La parquedad y la sobriedad cubrían todos sus hábitos. Orton era ya un constructor, y no podía hacer otra cosa. Ingresó en una sociedad local de constructores, diciendo que conocía el oficio al solicitar el ingreso, y se dio cuenta que los constructores de su país se parecían mucho a los constructores de oriente, dónde él aprendió el oficio. Enseguida le aceptaron, mostrándose receptivos a sus enseñanzas, ya que conocía artes que para los constructores locales eran nuevas, y siguió aprendiendo muchas cosas, entre ellas una habla muy particular que existía entre ellos, y que ellos decían habla «argótica», pues argot era toda habla particular de los individuos que practican el mismo oficio, y así llamaban los constructores a la lengua de germanía usada solamente entre ellos y que él antes había oído pero no comprendía, y que por eso vino a comprender como se empezó a denominar la forma de construir de su tiempo como su propia habla: arte gótica. Nunca estuvieron recelosos, progresó y llegó a ser maestro de obras y el maestro mayor de su corporación, y mejor que ninguno en el arte de dibujar y de esculpir figuras en la piedra. Viajó por numerosos reinos y vino a construir palacios y templos, enseñó a muchos jóvenes el oficio y sobre todo a distinguir entre todos los demás el árbol de la sabiduría.

Todos en un momento determinado de nuestra vida hemos querido tener un maestro, como Orton lo tuvo o como otros tuvieron a Orton, y seguramente en algún sentido o en alguna faceta lo hemos tenido, y cuando hemos estado lejos de él hemos notado que nos ha faltado algo. En realidad, es bueno tener un maestro, yo diría que es imprescindible, pero para llegar al verdadero conocimiento el maestro debe dejar que el alumno recorra el camino que le corresponde por si mismo, y que una vez recorrido, hará que se pueda convertir en maestro a su vez. Esa es la esencia del aprendizaje, de alcanzar una cierta sabiduría en un oficio. Por eso, también hay que trasmitir los conocimientos por escrito. La construcción ha sido durante siglos un arte de transmisión interna, y eso ha hecho que se mantenga una cierta pureza en las formas y en las costumbres. Pero eso no debe oponerse a que se escriba, por que lo que se escribe permanece, lo que se escribe se lee, tarde o temprano.

Lector, que te acercas a este libro, pues, debes saber que lo que en él aprendas, dependerá de lo que tu pongas en su lectura, ni el autor, ni nadie podrá hacer por ti lo que tu debes hacer.

Conozco al autor y conozco su trabajo, y puedo decir que me cuento entre sus amigos, amistad que perdura a pesar de los muchos años, y enriquecida por el mutuo respeto: él se dedica a construir y yo me dedico a escribir poemas. Quizás aquí serían aplicables las palabras de Elio Donato en su obra Virgilii Vita: «Architectum architecto invidere, et poetam poetae.» Me consta que el autor ama la poesía, tanto que no solamente ha elegido a un poeta para abrir su obra, sino que incluso ha incluido un poema del mismo en su libro, y otros mejores fuera del cuerpo del texto. Es ésta una obra canónica, un manual, y yo no entiendo de manuales, ni, la verdad, ya me interesan, pero me atrevo a decir que es una osadía digna de un heterodoxo, arrostrar la redacción de un libro así con semejante talante, pero una osadía no es un error.

Reconozco que un poco heterodoxo siempre fue, pues que sé que muchas veces ha pronunciado frases sin importarle la corrección o no del momento, siempre a seguido una línea en su trabajo, siempre se ha sentido identificado con los principios de libertad que inspiran a un profesional, siempre ha mantenido que su trabajo es como la poesía, y nunca ha permitido que nadie se entremeta en él. Poesía, sí, me contaba una vez: «no sabes, Tomás, la cara que puso», me dijo, cuando le dijo a su jefe que su trabajo era como la poesía, «y no te cuento la de los otros que estaban presentes», continuó. Fue en una reunión en la que el más joven tenía quince años más que el autor de este libro, y el intervino con eso. Tuvo que dar una explicación: «como la poesía, es una cosa pequeña y personal, a la que alguna gente, como vosotros pretende darle más importancia que la realmente tiene.» Así que la poesía es una cosa "pequeña y personal" le dije, y el me contestó: «claro que sí, como mi trabajo, lo único importante es que lo que cada uno haga esté bien hecho.» Yo me expreso con la poesía, pero parece que el autor, aun siendo un nulo poeta, y un dudoso escritor, como podrás comprobar, parece que sabe más que yo de esto, algo por cierto que no viene al caso en disertación isagógica, y, por tanto, dejaremos para nuestras conversaciones privadas.

Cómo pues, un heterodoxo, es capaz de fijar la ortodoxia de un oficio, es algo que me he pregunté cuando el autor de este libro me pidió escribir este exordio para el, y alcancé al leerlo. Confieso, que no lo leí entero, ni falta que me hizo, pero me parece interesante la mezcla, un tanto renacentista que en él subyace. El dice que no es un libro de historia, pero la historia está siempre presente. No sé realmente analizar su contenido técnico, y quizás de eso se trata. Así que me respondo la pregunta, después de reflexionar: realmente para poder escribir algo que realmente sirva, hay que ser heterodoxo, como un poeta.

Yo no se nada de construir edificios, cual es el objeto que parece tener este libro, he querido aportar una pequeña fábula como prólogo que puede ilustrar las intenciones del autor, que, te aseguro lector, son las que de ella se desprenden.

Cuando he leído el libro, lo he hecho desde otro punto de vista, desde el interés de que lo ha escrito uno de mis mejores amigos, más puedo asegurar que, saltándose los apartados puramente técnicos, ha logrado completar un trabajo, que debe ser lectura interesante, y nada aburrida por cierto, para los que se dedican a la construcción, lo que desde luego lo digo, por la utilidad y el interés que reúne.

Tomás Álter de S.N.,
23 de abril de 2004.

1. INTRODUCCIÓN

Está bien cuanto vuestra merced dice, dijo Sancho, pero querría yo saber (por si acaso no llegare el tiempo de las mercedes y fuese necesario acudir a los salarios) cuanto ganaba un escudero de un caballero andante en aquellos tiempos, y si se concertaban por meses, o por días, como peones de albañil.

(Miguel de Cervantes:"El ingenioso hidalgo Don Quijote de la Mancha".)

MODELAR Y CONFORMAR LOS MATERIALES que nos proporciona la naturaleza para levantar edificios, erigir catedrales o tender puentes, colaborando con numerosos equipos humanos y manejando complejos ingenios, son de las pocas actividades del hombre en las que se establece una plena y singular colaboración entre el trabajo intelectual y manual, armónica y libremente, casi definitoria de su esencia misma. Los que percibimos esa sensación desde que jugábamos a construir ya desde niños, sabemos que el desarrollo de esta labor no es más que un intento de revestir de profesionalidad una necesidad atávica, que ocupa un sitio único en nuestra vida, y que nos permite dejar para el futuro la mejor memoria de nuestros días, como nos la dejaron a su vez quienes nos enseñaron el oficio.

No es extraño, por tanto que, desde muy antiguo, los constructores fueran personas, que por causa del oficio que desarrollaban, así como al grupo o gremio al que pertenecían, tuviesen un estilo de vida individual y social definitivamente peculiar. Tan es así, que en la Edad Media, en la Europa del feudalismo, los gremios de constructores estaban organizados de manera independiente al resto de la sociedad —nobles o burgueses—, estando al margen incluso de la política y de conflictos bélicos, teniendo unas organizaciones en formas de juntas o asambleas denominadas logias, y que dieron origen como es sabido a la francmasonería, organización que no admitió entre sus miembros personas que no pertenecieran al gremio de los constructores o albañiles hasta el siglo XVI, y que, no es que copiara el sistema de logias sino que lo siguió utilizando, porque durante siglos era la misma organización, y que, dejando a un lado las falsas leyendas, solamente persiguen el principio de fraternidad mutua y principios basados en la razón, promoviendo la paz, la justicia, la caridad y la libertad.

En la actualidad, las personas que crean una empresa constructora, lo hacen por diferentes motivos; son en su mayoría, personas que proceden de algunos campos del mundo de la construcción, profesionales de otras empresas que crean la suya propia, empresarios de otro tipo que están relacionados con la construcción bien como empresas auxiliares, subcontratistas, industriales o de suministros, técnicos como arquitectos, ingenieros o aparejadores, o bien empresarios del sector inmobiliario que deciden intervenir directamente en el proceso constructivo como constructores. Toda empresa y por ende, toda empresa constructora, necesita tener unos procedimientos de funcionamiento que supongan una herramienta eficaz para planificar, desarrollar y controlar su labor, un sistema que permita determinar las necesidades, económicas, materiales y de personal, un sistema que permita planificar su actividad en los periodos de tiempo que se precisen, un sistema que permita conocer en todo momento la situación económica y financiera de la empresa, un sistema que permita a la gerencia de la misma tener la información necesaria y que esa información se sepa que sea veraz, precisa y en su momento al objeto de tomar las decisiones pertinentes, un sistema que permita a los trabajadores de la empresa conocer exactamente cuales son sus funciones y poder desarrollarlas con eficacia, un sistema, en fin que garantice el correcto funcionamiento general de la empresa, y asegure por consiguiente la consecución de sus objetivos. El gerente de una empresa constructora es lo normalmente se conoce como *contratista*, —es decir aquel que toma a su cargo un contrato para la ejecución material de un edificio y otro tipo de obra—, necesitará como cualquier otro, cumplir estos requisitos.

Cualquier contratista al que se le pregunte si está de acuerdo que esto es necesario en su empresa, dirá que sí, es más, cualquier contratista, sea del tamaño que sea, realiza, en una y otra medida las labores que permitan el buen funcionamiento de su empresa, que, al fin y al cabo es su profesión: los pequeños contratistas lo llevan casi *en la cabeza*, y las grandes empresas constructoras tienen sistemas complejísimos diseñados por expertos de todo tipo, que imbrican todos los departamentos de la misma así como los más modernos medios informáticos para llevarlos a cabo. Ahora bien, no todos los contratistas de obras sabrían responder si los procedimientos o sistemas que existen en sus empresas son idóneos para la consecución de los fines que pretende.

Tras más dos décadas y media, trabajando en el sector de la construcción, no es difícil saber que, en algunos casos, la gestión, no ya de las obras, sino de la propia empresa, se hace de una forma más o menos intuitiva y natural, sobre todo en las empresas pequeñas o familiares. Me parece significativo que solamente en 10% de las empresas constructoras que se crean actualmente en España —datos del año 2001– superen los cinco años de vida, y que —según los mismos datos estadísticos publicados—, apenas el 20% de las obras deje beneficio, el 70% no compense económicamente, y el 10% deje pérdidas.

El presente manual no pretende ni sustituir los sistemas ya establecidos en las grandes empresas ni enmendarle la plana al contratista que lleva toda la vida construyendo y haciéndolo bien. De todos ellos hay que sacar enseñanzas y extraer las lecturas más convenientes. Los conceptos que aquí se desarrollan son universales, tanto valen para uno como para otro, y por tanto, como toda obra de este tipo, pretende ser una ayuda para todo aquel que a ella acuda.

El contratista, como empresario, tiene elementos comunes a cualquier tipo de empresa, en lo que se refiere a contabilidad, documentación administrativa, compras, ventas, personal, necesidades financieras, etc., pero tiene elementos singulares y propios de su actividad, estos elementos hacen por tanto que la propia actividad de contratista de obras sea singular en si misma, ya que en primer lugar su actividad se realiza en periodos de tiempo relativamente cortos y variables, así como en lugares, también variables, teniendo que instalar y desinstalar cada vez todo el complejo entramado de maquinarias, instalaciones y medios auxiliares necesarios para una obra de construcción. La obra de construcción, la *obra* por antonomasia, podríamos definirla como la *célula de producción* de la empresa, de manera la empresa no será, sino la suma de sus *células*, dejando aparte, los elementos de la empresa comunes a todas sus obras, los cuales también influirán en la gestión de las mismas, como veremos más adelante. También veremos más adelante, la importancia que tiene la gestión particularizada de cada una de las células o unidades de producción de la empresa, porque si bien es verdad, unas veces las veces las veremos como *células de gasto*, otras como *células de beneficio*, etc. Cada obra tiene una particularidad en si misma: los técnicos que la dirigen son distintos —ajenos a la empresa— el cliente es distinto, el proyecto es distinto, el lugar en que se construye es distinto, es decir tiene tantos elementos diferenciadores que, por tanto, hay que estudiarlos por separado. Pero no hay que olvidar, que también, cada obra, tiene elementos comunes con las demás, y son esos, los que se analizarán y estudiarán en el presente manual, ya que ellos serán los que determinen la correcta gestión de la misma, dentro de la empresa. Un método no puede considerarse científico sino de basa en la observación, el razonamiento y la consiguiente predicción, y esto no se logra sino centrándose en los elementos y factores que todas las obras contienen o pueden contener.

El presente manual, está escrito, pensando principalmente en aquellas empresas de tamaño mediano y pequeño, formadas por profesionales que sienten la necesidad de que su empresa necesita algo más que la mera intuición y buen oficio para llevar a buen fin su propósito. El constructor, normalmente es una persona muy conocedora del oficio, por tanto, por sí o auxiliado por técnicos o profesionales sabrá perfectamente construir edificios, en ninguna página del presente manual encontrará ni siquiera la pretensión de aportar nada a la técnica de la construcción, objeto de otro tipo de manuales. En él se analizan, definen y explican tanto los conceptos que se deben conocer para poder gestionar correctamente una obra, un grupo de obras o una empresa en sus departamentos técnicos, como los posibles procedimientos a aplicar en la citada gestión, desde que una obra es solamente un mero proyecto en la empresa, es decir, cuando se genera la oferta económica, hasta la gestión completa de su planificación, ejecución y control. Sin embargo, sí he pretendido al hacer este manual, desde poder ayudar en algún momento determinado a un técnico o profesional de una empresa constructora —o relacionado con una empresa constructora aunque no trabaje directamente el ella— hasta servir como guía completa para establecer los procedimientos de gestión técnica de una empresa constructora.

Por otra parte, hay que tener en cuenta las particularidades que la actividad de la construcción tiene tanto en los agentes que en ella intervienen, la legislación aplicable y los usos y costumbres de España, factores que he tratado de incluir en el presente manual.

Tal como he expresado en la exposición de motivos y objeto del manual, —además de intentar que tenga un cierto carácter ameno—, éste alcanza a la gestión completa de una obra, entendiendo por tal desde que la obra es una realidad física y económica, es decir, desde que se ha firmado un contrato con el cliente —promotor—, hasta que la obra se liquida definitivamente, pero no he olvidado, las importantísimas labores necesarias para elaborar los presupuestos que integren la oferta económica necesaria siempre para la contratación.

El manual se centra fundamentalmente en la gestión de una obra desde que esta es adjudicada definitivamente por la Propiedad a la Empresa, aunque también se dedica un capítulo al *estudio de obras*, la labor del estimador que recibe un proyecto bien de una invitación particular o bien con motivo de una licitación pública a la que a la Empresa le interesa presentarse.

Desarrollamos, la parte fundamental de este manual en dos grandes facetas: la lanificación de la obra y la gestión de la ejecución de la obra, lo que, a nuestro juicio, se explica con la lógica más elemental, ya que primero se planifica la actividad y después se ejecuta de acuerdo a lo que se ha planificado, comprobando y corrigiendo las desviaciones.

Como cualquier otra actividad, ya sea económica o del tipo que sea, la ejecución de una obra es una actividad que hay que planificar. A nadie se le escapa que cualquier persona que encara la ejecución de una obra, pequeña o grande, del tipo que sea, antes que nada la planifica, esto es, estudia el tiempo que va a tardar, los recursos que va a utilizar, etc., al tiempo que, dentro de sus posibilidades, incluso adapta la propia ejecución de la obra según interese. Es por tanto la planificación algo esencial a la ejecución de un trabajo, inherente a la lógica de la ejecución y necesario para la propia ejecución. Para ilustrar esta necesidad, a menudo los que trabajamos o hemos trabajado en la construcción, contamos la conocida supuesta anécdota que le sucedió a alguien que, observando a un pintor callejero ante su caballete iniciando su trabajo, le preguntó: *"¿Qué va a pintar Vd.?"*, a lo que el pintor le contesto displicentemente: *"¿Si sale con barba San Antón, y si no la Purísima Concepción?"* Seguramente, aquel figurado artista tendría derecho a hacer lo que quisiera, eximiendo de rigor el desarrollo y resultado de su obra, pero es seguro también, que un profesional, no se puede permitir, por motivos de sobrada obviedad, dejar al albur de las circunstancias el desarrollo o resultado de una obra.

Una historia —en este caso perfectamente real—, ilustra la importancia de una correcta planificación de la obra. En Nueva York (Estados Unidos), entre las calles 33 y 34 y la Quinta Avenida existe un edificio de 102 plantas de altura cuya construcción duró algo menos de dos años, lo que significa, que teniendo en cuenta todos los trabajos preliminares, implantación, movimientos de tierras, cimentaciones, así como las terminaciones y retirada de equipos, en ciertas fases de la obra, ¡se terminaron más de dos plantas diarias! Algunos de esto logros aún no han sido superados. Si esto ya nos sorprende, más nos sorprenderá cuando pensemos que este rascacielos fue construido entre 1929 y 1931, además de las circunstancias económicas que Estados Unidos pasaba en aquella época, con el inicio de la Gran Depresión. Este edificio es ni más nimenos que el *Empire State Building*, y es una de los rascacielos más importantes de la ciudad, hay quien lo considera incluso el rascacielos más destacado de la arquitectura estadounidense, esencialmente por sus elegantes proporciones, y no puede pensarse que tal éxito en cuanto a plazos de construcción principalmente, pudiera llevarse a cabo sin una exhaustiva, minuciosa y correcta planificación de los trabajos.

No cabe duda tampoco, y siguiendo teniendo presente como el ejemplo de la construcción del Empire State Building, que además de una acertada planificación, la ejecución de la obra fue no menos brillante, con lo cual, la segunda parte de nuestro manual, el que corresponde a la gestión de la obra habremos de hacerle corresponder, cuanto menos, la misma importancia de la planificación. La gestión de la obra en la fase de ejecución, no es otra cosa que la plasmación en la realidad física de lo que en la planificación habíamos previsto, y es la que confirmará el éxito que habíamos previsto en la planificación, y utilizamos la palabra *éxito*, ya que —como veremos más adelante—, en la propia planificación debemos corregir los aspectos que nos interesen para que la ejecución de la obra tenga este calificativo.

Así como para la planificación de la obra debemos tener en cuenta todos los aspectos que intervengan en los trabajos, en la ejecución de la obra, todos los factores deberemos manejarlos en la realidad, por tanto deberemos analizar convenientemente todas las fases de la obra, dimensionando los equipos humanos de supervisión —jefe de obra, jefes de producción, encargado, etc.—, correctamente para el tipo de obra, —de hecho, como veremos, esto estará necesariamente previsto en la planificación—, eligiéndolos con la capacitación correspondiente, en cuanto a su titulación o experiencia profesional y de acuerdo con las características de la obra. Pero nunca hay que olvidar que por mucho que queramos tabular, esquematizar, sintetizar y estandarizar los procesos que intervienen en una obra, y por mucho que queramos entender que es una actividad profesional y que tendamos a la máxima objetividad y tecnificación, al fin y al cabo, es una tarea humana, y en la construcción de un edificio intervienen numerosas personas, todas con su grado de responsabilidad e importancia. Son por tanto, las relaciones humanas un factor no desdeñable en esta labor, y es por esto que, nos parece importante que las personas que tengan que decidir los equipos humanos de supervisión de obra, no olviden este punto entre las cualidades requeridas.

El gerente de la empresa constructora, debe comprender que todos los estamentos y departamentos de la empresa están al servicio de la ejecución de la obra y no al revés, prestando todas las facilidades para la intercomunicación entre ellos y entre ellos y la obra, de forma que las necesidades que hayan sido previstas en la planificación, sean cubiertas de forma suficiente y oportuna.

Como veremos, la obra tendrá en la fase de ejecución su propio *gerente* —ya que es así como entiende el autor la labor, desde el punto de vista empresarial de la obra—, y que no es otra que el jefe de obra, figura que la legislación española actual —de la que se hablará ampliamente en el manual—, otorga la representación técnica del constructor en la obra. Por tanto, el jefe de obra, en colaboración con su equipo naturalmente, tendrá que manejar profesionalmente todos los elementos de la ejecución, tomando las decisiones necesarias para llevar a cabo la planificación desde la fase de implantación hasta la retirada de instalaciones y entrega de la obra.

Al igual que el ejemplo elegido para ilustrar lo que decíamos acerca de la planificación de obra, mencionábamos el Empire State Building, en lo que sin duda fue una acertadísima planificación de obra, tenemos en la historia de la construcción ejemplos de lo contrario. Nos referiremos ahora al conocidísimo edificio de la *Opera de Sydney*, edificio que sin duda e un gran ejemplo de arquitectura moderna y símbolo inconfundible de Sydney e incluso de Australia, diseñado por el arquitecto danés Jørn Utzon, quién ganó el concurso convocado en 1956. Este edificio es uno de los ejemplos más representativos de lo que se conoce como *arquitectura orgánica*, y patrón de las nuevas tecnologías y de su aplicación a un magnífico diseño arquitectónico. Sin embargo, durante la construcción los ingenieros consideraron que era *imposible de construir*, siendo las famosas torres en formas de velas de barco, rediseñadas. También es un ejemplo de obra con *problemas* —técnicos, presupuestario, polémicas de todo tipo—, que ocasionaron incluso que el Utzon abandonara la dirección de la obra antes de su finalización, que fue asumida por el equipo británico Ove Arup, concluyendo la obra nada menos que diecisiete años más tarde, en 1973. Cuando admiremos un edificio tan singular como este, también hemos de pensar, al menos nosotros, todo lo que está o ha estado detrás de su historia.

Al tener como objetivo al empresario, como se ha dicho mediano y pequeño principalmente, al escribir este manual, no olvidamos que para el empresario —ya sea de construcción o de cualquier otra cosa—, la construcción no es un fin sino un medio. Ya que, bien por considerarlo una actividad profesional o bien por considerarlo una actividad mercantil, el fin, es sin duda económico, por tanto, veremos que los conceptos desarrollados en este manual están —en gran medida—, enfocados desde un punto de vista económico, así como, la gestión en función a conseguir un resultado, también, naturalmente, económico.

Es por tanto la planificación un principio sin el cual, no sólo una obra de construcción sino prácticamente ninguna actividad humana, por pequeña que sea, y que tenga repercusiones económicas se debe llevar a cabo. Podríamos decir que la primera planificación de la obra es la que elabora el estimador —persona o conjunto de ellas—, que analiza y estudia el *Proyecto de Ejecución*, calculando el importe de sus costes para poder establecer una base sobre la cual redactar una oferta económica al posible cliente. No obstante, esa planificación o embrión de planificación —en cualquier caso un estudio—, es una pura teoría, incluso en los plazos, ahora consideramos ya la obra adjudicada, el contrato firmado y la empresa comprometida en la ejecución de la obra, y es ahora cuando, con la responsabilidad adquirida, cuando afrontamos la ejecución tras la planificación, y esta tendremos que hacerla de forma que sea un estudio absolutamente exhaustivo de la misma, puesto que el objeto de que la empresa constructora, como decimos, tome a su cargo la construcción de una obra, es obtener un beneficio económico, sin el cual pierde su sentido, desde el punto de vista de una sociedad mercantil, la propia construcción. La planificación tendrá sentido siempre que responda a preguntas como estas:

—¿Cuánto va a durar la ejecución de la obra?
—o mejor ¿Cómo habrá que desarrollar la obra para ejecutarla en un plazo óptimo?
—¿En qué orden y con qué secuencia se ha de ejecutar cada parte de la obra?
—¿Cuántos y cuáles recursos necesitaremos para la ejecución y en qué momento deberán está dispuestos?

así como otras muchas del mismo estilo, en realidad una buena planificación debería responder a todas la preguntas posibles.

Pero una vez que entendemos que el sentido es el beneficio económico, debemos conocer su cuantificación, y además de servirnos como guía para ejecutar la obra, la planificación vendrá a responder a esta pregunta, y lo va a hacer respondiendo a las preguntas, que componen los parámetros económicos que una empresa —constructora o no, como siempre decimos—, necesita conocer para su elemental funcionamiento, planificación de sus actividades, búsqueda de recursos financieros, dimensionamiento en lo que se refiere a personal, necesidad de ampliar su cartera y en general para su normal funcionamiento. Estas preguntas son:

—¿Cuánto vamos a cobrar por la construcción de la obra?
—¿Cómo se van a producir estos ingresos?
—¿Cuánto nos va a costar la construcción de la obra?
—¿Cómo se va a producir este gasto?
—Por tanto, ¿qué resultado y en qué momento se va a obtener?

—¿Cuáles son los objetivos a alcanzar para obtener este resultado?

lista de preguntas que podríamos completar con todas las que de ellas puedan derivarse, al igual que en la anterior relación. Preguntas cuyas respuestas desearía conocer cualquier persona que invierta en un negocio, sea o no de construcción, y que el gerente del mismo debe siempre responder. De alguna manera, a planificación de la obra, es la respuesta a estas preguntas, y a todas aquellas que necesariamente además puedan producirse.

Establecida la planificación, es decir, sin ninguna incógnita que despejar —excepción hecha de las que nos traiga el propio devenir del tiempo, ya que, siempre que planificamos hacemos una prospectiva del futuro, del que, como tal, no somos dueños—, no nos queda sino seguirla, con una adecuada gestión. Pero, siguiendo en la línea económica, a medida que la obra se vaya ejecutando, los parámetros van cambiando, debemos saber si las premisas que establecimos en su día en la planificación se están cumpliendo o no, y que grado de cumplimiento —o de incumplimiento— podemos tener. Para este efecto, desarrollaré también en este manual un *sistema de control* —al igual que con la planificación, definiendo parámetros, conceptos, incluyendo tablas y estadillos, para que puedan ser utilizados como modelo de impresos—, que no es más que la periódica comprobación del citado cumplimiento de la planificación. Esto es importante ya que el control, o mejor dicho, el *sistema* de control debe ser el instrumento capaz de suministrar la información necesaria para tomar decisiones si fuera necesario, o sencillamente de que en primer lugar el jefe de obra, y consecuentemente la dirección de la empresa sepa que se están cumpliendo los parámetros que se establecieron en la planificación económica, y por tanto los objetivos se van a cumplir.

En este sentido, el sistema de control, podemos decir que viene a responder a otras preguntas, tan lógicas y naturales que las anteriores y pudieran ser las siguientes:

—¿Qué valor tiene la obra hasta ahora ejecutada?
—¿Cuánto ha costado la obra hasta ahora ejecutada?
—¿Existe desviación con lo que tenía previsto que costara, y en cuánto se cifra tal desviación?

y, obviamente, el resto de preguntas que incluíamos en el apartado de la planificación, ya que, intentaremos que al efectuar un control periódico, actualizaremos también, la planificación. Veremos también, que en cuanto al control, podremos establecer —o al menos conocer— que el control puede ser tan exhaustivo como se pretenda, teniendo en cuenta siempre, que el coste de los recursos humanos que a tal control se dediquen —personal técnico y administrativo— será directamente proporcional a éste.

En los capítulos dedicados a la gestión propia de la ejecución de obra, no voy a dar un curso, ni siquiera una pequeña lección de cómo se construye un edificio, materia que entiendo que los que se acercan a este conocimiento deben saber, bien por su titulación académica o bien por su experiencia profesional, sino que me limitaré a establecer las bases de los procedimientos normales de funcionamiento que deben existir —y de hecho existen en la mayor parte de ellas— dentro de una empresa constructora. Si se pretende, por el contrario, que sirva de recordatorio o guía para aquellos pasos que se deben dar en todos los procesos de la ejecución de obra. Pretende, asimismo, ayudar a tomar decisiones en un momento determinado o ante una eventualidad, ya que ni siquiera la mejor planificación de obra puede prever todas las eventualidades, aunque si debe prever las posibilidades de soslayarlas. El contratista, como tal debe ser capaz de solucionar todos los problemas que surjan en la construcción de un edificio, en lo que se refiere a la ejecución material —no en lo que corresponde a diseño, u otras facetas, no es el único agente de la edificación—, incluyendo el conocimiento suficiente para, llegado el caso, tomar la decisión de abandonar la construcción o no comenzarla, si por alguna causa justificada, ajena o no al contratista, la ejecución de la obra se hace inviable, bien desde el punto de vista técnico o bien desde el punto de vista económico.

En esta parte el manual, y en esta guía que pretende ser, se ocupará de los pasos que hay que dar para ejecutar una obra, desde que se firma el contrato o se comunica la adjudicación, hasta que se termina o liquida. Incluirá asimismo los distintos tipos de obras que existen y sus singularidades —obras oficiales o privadas, por ejemplo— así como de distintos aspectos de obra como pueden ser los oficios que intervienen, la contratación de estos oficios y de los suministros, las relaciones del constructor y sus representantes con el resto de agentes que intervienen en las obras de edificación, el abono de las obras, la seguridad e higiene en las obras o las responsabilidades.

Como ya se ha dicho, de todas las personas que intervienen en la construcción de un edificio y, en particular, de las que forman parte de la ejecución material, normalmente dentro de una empresa constructora, hay que destacar la que representa —legalmente— al constructor en la obra, es el jefe de obra. El jefe de obra, además, de alguna manera asume todas las funciones del constructor en la propia obra, debiendo mentalizarse como tal —mentalizarse como *contratista*—, y convirtiéndose en verdadero *gerente* de su obra. Esto lo veremos perfectamente en el capítulo correspondiente, pero baste decir aquí, además de repetir que es una de los principales destinatarios de las ideas de este libro en la intención del autor, que es el cargo que hace que la persona que lo ocupe necesite de todos los conocimientos de gestión, económicos, contables, administrativos, laborales, legales —además de los técnicos, por supuesto—, de la misma forma que los puede necesitar cualquier gerente de una empresa.

Habrá como he dicho también, un capítulo dedicado al *estudio de obras*, definición genérica de las tareas que dentro de la organización de toda empresa constructora se realizan para elaborar la oferta económica, previa necesariamente, a la contratación de la construcción de cualquier edificio. En las grandes empresas esta actividad ocupa la de todo un departamento —o varios—, compuesto de numerosas personas con las tareas repartidas. En las pequeñas esta labor puede que sea ejercida por una sola persona, incluso que esta misma persona sea el propio gerente —dueño— de la empresa, o por todo un departamento técnico, pasando por todas las posibilidades intermedias. También las ofertas económicas van, desde una simple cifra *a tanto alzado* que el clásico contratista pequeño da —a veces incluso de viva voz— al posible cliente, hasta las complejas contrataciones de la Administración en la que la empresa tiene que presentar amplísima documentación, establecer fianzas provisionales o adjuntar proyectos técnicos. No podemos pensar que exista una empresa constructora que no tenga contratos o encargos de obras, por tanto, hemos de presumir necesariamente que conoce los procedimientos para realizar una oferta económica, y que por tanto cuenta con los elementos necesarios para haberla realizado —como decimos ya sea una oferta sencilla de una vivienda unifamiliar privada o la compleja oferta para un concurso público—, pero, en cualquier caso, estimo muy oportuno que los técnicos de las empresas que no realizan o no conocen como se realizan estas funciones —el jefe de obra, por ejemplo—, tengan noticia de ello, ya que, en el caso del jefe de obra, las premisas que se empleen para elaborar la oferta económica, le interesarán para, en primer lugar elaborar su planificación, y en segundo lugar para la ejecución de la obra.

Se encontrarán a lo largo del manual numerosas referencias históricas, con datos, fechas, nombres de personajes relacionados con el tema de que se trata, incluso anécdotas, acerca de estos hechos o de estos personajes. He de advertir que todas están incluidas a título ilustrativo, en relación a los distintos temas que se van tratando, intentando sobre todo centrar históricamente los conceptos, y que en ningún momento, aun el necesario trabajo de investigación que esto ha comportado, y aun el rigor de los datos que contiene, este no es un libro de historia, ni en ningún momento lo pretende ser. Ha de entenderse, por tanto, que los conocimientos históricos que se manejan, no lo son a título de ningún especialista en esta materia, sino en las materias relacionadas con los temas que trata la obra.

De todas las personas que intervienen en las obras siempre vengo a decir que no hay una más importante que la otra —y lo que aquí se dijere en contrario habrá que entenderlo sin sacarlo de contexto, como, ya se verá en el capítulo 7.3—, pero sí, para el autor, y para sus compañeros, tiene una significación especial la figura del aparejador. El aparejador, que con tal nombre lo encontramos ya en el siglo XV, y que en los sesenta dejó el relevo a los arquitectos técnicos —más de cinco siglos y medio—, es una profesión, que pasando por distintas etapas tanto de formación, como de competencias —ya por la costumbre, ya legales— diferenciadas. Reviste singularidad, por ser propia de España, que, porqué no decirlo, busca en sus rincones actualmente diferencias en la historia, en el lenguaje y en otras áreas para desmembrarse y diferenciarse en lo posible del resto de pueblos vecinos; pues es en esa España secular, en la que los aparejadores nos hemos ocupado de *"disponer las fábricas, aparejar los materiales, hacer los cortes y dividir las piezas, para que traben bien, con igualdad y hermosura"* en todos los rincones de la misma, y en la que, seguimos —como arquitectos técnicos— haciendo lo mismo, quizás cambiando el pitipié por el láser o el ataperfiles por el ordenador, pero, al fin y al cabo sirviendo, como un sacerdocio, a la construcción de edificios. Y decimos aquí esto, porque, hay un punto de vista de aparejador el texto, tanto de aparejador que dirige una obra como *dirección facultativa* como aparejador que dirige una obra como *jefe de obra* —que son campos complementarios, tan necesario uno como otro—, sin olvidar los otros muchos campos que los aparejadores, por ser especialmente liberales y capaces, ocupamos. Un punto de vista de aparejador, y un enfoque de los temas hacia el aparejador, de una forma especial, no siendo por tanto, casual, ni mucho menos, lo que el lector encontrará en este sentido.

A menudo suelo decir a mis colaboradores que nuestro trabajo se divide en tres niveles: el primero lo forman todas aquellas cosas que hacemos y que todo el mundo puede ver y admirar. Pertenecen al segundo los trabajos que para ser apreciados en lo que valen necesitan el ojo de un especialista. El tercer nivel está compuesto por aquellos trabajos que sólo nosotros mismos, los que los hacemos, conocemos y sólo nosotros podemos saber que están realmente bien hechos, y estas son las únicas cosas importantes de nuestro trabajo, de las que hemos intentado que en este libro haya un buen número. Ha el autor pretendido también que pueda leerse o consultarse de dos formas: una como si constituyese una herramienta más de una empresa constructora, que le se tan útil como el resto para su función y otra como ayuda o recordatorio de las disciplinas básicas del oficio de contratista, o de jefe de obra si se quiere, y que dependen más de lo que la experiencia enseña que lo que se aprende en las escuelas. Si desde cualquiera de estas dos vertientes, las aguas que discurren por su conocimiento, colaboran a aclarar siquiera una duda, por pequeña que sea, habremos alcanzado nuestro propósito.

2. PLANIFICACIÓN

El mayor decidió construir una casa de ladrillos:
—Aunque me cueste mucho esfuerzo, será fuerte y resistente, y dentro estaré a salvo del lobo.
(Anónimo: "Los tres cerditos".)

2.1. Del estudio y planificación del trabajo.

CUALQUIER ACTIVIDAD HUMANA ANTES DE ser ejecutada o llevada a cabo, exige, de forma inexorable, una previa planificación. Por poco que nos paremos a reflexionar, difícilmente encontraremos, a lo largo del devenir de cualquiera de nuestros actos conscientes, que antes de hacerlos no los pensemos, y si para la realización de alguno de ellos, por sencillo que sea, necesitamos algún objeto, alguna acción previa, lo tenemos en cuenta antes, de alguna manera *planificar* es *pensar* lo que se va ha hacer, *antes* de hacerlo. Aunque realmente, para que una decisión, una serie de tareas, puedan llamarse *planificación*, siempre entenderemos que son tareas o conjunto de ellas reguladas o que siguen una pauta.

En los actuales sistemas de gestión empresarial, se pueden distinguir tres procedimientos o pasos generales, que son: la planificación, la producción y la comercialización. Desde el punto de vista de este manual, cuyo objeto son los procesos de gestión de las obras de construcción, nos interesan la planificación y la producción —proceso en el que se engloba también el control de la misma—, y concretamente en este apartado, la planificación.

Llamaremos *planificación*, desde un punto de vista de la organización de una actividad compleja, con participación de más de una persona y con diferentes elementos que en ella intervengan o puedan intervenir, a la elaboración de un *guión general*, sin límite en las particularidades que puedan incluirse, construido *metódica y científicamente*, que abarque *todo el ámbito de la actividad* así como todos los elementos y *recursos necesarios* para la realización de la actividad, con especial atención a los económicos, con expresión clara del desarrollo de la actividad en el *tiempo* estableciendo los plazos generales de de las partes en que pueda subdividirse, con el estudio detallado de las posibilidades y propuestas para *optimizar los resultados* que se pretenden y con la previsión de las eventualidades que pudieren aparecer en el desarrollo en el tiempo, así como sus consecuencias y soluciones.

Para elaborar una planificación, de cualquier actividad compleja, de acuerdo con las premisas establecidas en la anterior definición, como es natural, hay que conocer todos los factores que intervienen en la actividad, en toda su dimensión y con todas las variables posibles; las relaciones de unos factores con otros, en el tiempo y en el espacio; y en general todos los detalles que conciernen a la actividad. Este conocimiento debe ser objetivo y científico, y no sólo debe ir encaminado a planificar la actividad, sino a introducir progresivamente los cambios necesarios en ella y en sus procesos para que se ejecute con la mínima aportación de recursos y con el mayor rendimiento posible de los mismos. Un estudio científico del trabajo, y su consiguiente aplicación al mismo, no se conoce que se hiciera hasta finales del siglo XIX.

Las primeras referencias históricas que nos acercan a esta preocupación, las encontramos en los escritos del inglés Walter de Henley (s.XIII), de quien no se tienen muchos datos biográficos, habiendo llegado, sin embargo hasta nuestros días su tratado *Boke of Hosebondrie* (El Libro de la Agronomía), que fue escrito hacia 1270, y en el que se manejan conceptos tales como *"la vigilancia selección y adiestramiento de los trabajadores"*, *"rendimientos mínimos"* para explicar el trabajo a desarrollar en un periodo mínimo, así como la *"utilización de recursos adecuados"*.

Leonardo da Vinci (1452-1519), en el siglo XV se ocupó también de estos temas, y suyo es el primer testimonio escrito de la medición de un trabajo, así como la descripción detallada de los procesos y de las partes o tareas en que se dividen. Jean-Rodolphe Perronet (1708-1794), distinguido ingeniero francés, coetáneo y amigo entre otros de Voltaire (1694-1778) y Diderot (1713-1784), concocido como *"Vauban des ponts et chaussées"* (*el Vauban de puentes y carreteras*), describió por primera vez un proceso productivo, concretamente su conocida exposición del ciclo completo de la fabricación de alfileres.

A principios del siglo XIX, en la fundición de Boulion Wat, en Inglaterra, se introducen elementos hasta entonces desconocidos en una instalación fabril, destinados a una mejor organización y desarrollo de las tareas, fueron por tanto innovadores en lo que se refiere incluso a la incentivación de los trabajadores en formas tan *originales* como regalos de Navidad, o en la puesta a disposición de los mismos de vivienda junto al recinto del centro de trabajo o a la decoración de las instalaciones para hacerlas más agradables. En 1832 el matemático y economista inglés Charles Babbage (1792-1871) introduce la división del trabajo por fases, así como las bonificaciones e incentivos económicos —actualmente conocemos los topes de lo que son *incentivos rentables* en un tercio del salario, aunque esta cifra es aproximada, lógicamente; también se cifra en un tercio el incremento de rendimiento medio de un trabajador que realiza tareas incentivadas—, así como el cronometraje y medida de los trabajos o el estudio de un trabajador particular en todas sus tareas para extraer conclusiones y corregir sus defectos.

Pero el verdadero creador de la organización científica del trabajo es el ingeniero norteamericano Frederick Winslow Taylor (1856-1915). Nació en Germantwon, Pensilvavina, ingresó como aprendiz en la Midvale Steel Company, y después de dos años ya era ingeniero jefe. Fue contratado posteriormente por la Bethelhem Steel Company, que tras la aplicación de los sistemas de gestión de Taylor, llegó a ser uno de los principales centros metalúrgicos del país. Taylor estudió múltiples métodos de trabajo, desarrolló análisis pormenorizados de tareas, y estudió y analizó herramientas e instrumentos de trabajo para optimizar sus dimensiones —la pala minera, por ejemplo—, y la aplicación científica del esfuerzo humano a la máquina. Es considerado el padre de esta ciencia, y sus teorías hicieron avanzar en eficacia a la industria, aunque hay que tener en cuentas el enfoque de sus teorías se centraba exclusivamente en la dirección, no considerando en absoluto los puntos de vista de los *derechos de los trabajadores,* y de ahí su mal entendimiento con las *Trade Unions* (sindicatos) fundadas a partir de las ideas del socialista británico Robert Owen (1771-1858) y paralelamente a la revolución industrial, pues Taylor no tuvo nunca en cuenta los factores psicológicos y sociales del trabajo, confiando exclusivamente en la estricta dirección empresarial, como toma de decisiones. El sistema de trabajo diseñado por Taylor y que está recopilado en su libro *Scientific Management* (Organización científica del trabajo) dio origen al denominado *taylorismo*, sistema empresarial imperante en las empresas americanas durante varias décadas.

Ya en el siglo XX, Franck B. Gilbreth (1868-1924) y su esposa Lillian E. Gilbreth (1878-1972), ambos ingenieros y miembros de la A.S.M.E. (American Society of Mechanical Engineers, *Asociación Americana de Ingenieros Mecánicos*), publican estudios sobre metodología del trabajo, introducen en los criterios psicológicos en el estudio del trabajo, así como estudios de movimientos. A partir de entonces se extienden en todo el mundo las teorías y aplicaciones prácticas de técnicas de organización empresarial, planificación y programación. Dentro del mundo empresarial se desarrollan particulares sistemas y métodos para la organización de los distintos tipos de departamentos de las empresas, destacando los avances en Marketing, o técnicas de mercado y ventas, base fundamental del éxito o la salvación de una empresa, en la que destacan personalidades que van desde el singular ingeniero americano Lee Iacocca quien desde un contrato en prácticas en 1946 en la compañía Ford Motor pasó a ser vicepresidente y director general en 1960, llegando a publicar varios libros, que aún hoy día son éxitos de ventas; al teórico Tom Peters, defensor de la revolución tecnológica y gran autoridad en lo referente a la organización moderna de las empresas. En España podemos ilustrar el acierto y la necesidad de una planificación empresarial con el ejemplo de Ramón Areces (1904-1989), empresario asturiano fundador de El Corte Inglés, creada a partir de la compra de una pequeña sastrería madrileña y desarrollada según los estudios que realizó previamente en Estados Unidos en la década de 1920, y que hoy día es una de las principales empresas españolas.

En el análisis del proceso de la organización y la toma de decisiones en las grandes empresas, hoy día las modernas teorías de la organización establecen que el proceso de toma de decisiones no depende de un solo objetivo —ventas, maximización de beneficios—, sino de toda la estructura organizativa de la empresa, frente a las tradicionales teorías económicas y organizativas tendían a analizar las actuaciones de la empresa con el resultado de una decisión unitaria. En la actualidad, por tanto, se tienen en cuenta que es necesario conjugar todos los objetivos de las diversas partes que componen la organización, y los objetivos tradicionalmente primordiales, como son los resultados económicos o beneficios, se marcan también no para obtener los mayores posibles sino los satisfactorios para que el resto de parámetros de la estructura organizativa estén dentro de sus particulares objetivos.

Los actuales directivos y ejecutivos de cualquier tipo de empresa conocen y ponen en práctica toda la gama de sistemas y teorías organizativas y de planificación que se estudian y desarrollan Desde un Jefe de Producción de una cadena de montaje hasta el actual Administrador de Proyectos —o *Project Manager*—, conocen y aplican en su trabajo sistemas de planificación y organización.

2.2. De los sistemas de planificación.

En la actualidad podemos elegir entre múltiples sistemas de programación o planificación temporal, desarrollados a partir de las teorías aplicadas desde finales del siglo XIX, completamente válidos como herramientas para la elaboración de una programación o planificación técnica de un proyecto, y de la ejecución de una obra de construcción, sin dejar de lado las modernas aplicaciones informáticas o programas para este fin, de los cuales el más extendido actualmente es el Microsoft Project, que une la virtud de la sencillez gráfica del método de Gantt, con la posibilidad de establecer relaciones de precedencia —de distinto tipo— entre las tareas, así como la posibilidad de trazar una red.

Teniendo como punto de partida el método de Gantt y posteriormente en el sistema PERT —basados en las teorías de grafos, algunos de los cuales serán analizados en este capítulo—, los sistemas de programación tienen un gran apoyo en la representación gráfica de los mismos, ya que siempre se ha buscado darles una forma visual para su mejor comprensión y análisis, habida cuenta que en muchas ocasiones, esta información tiene como destinatarios a personas que no son técnicos o especialistas, y que lo que necesitan es tener una información lo más precisa y sintética posible ya que su tiempo está muy limitado y de la citada información deben desprenderse las consecuentes decisiones.

A veces no solamente interesa establecer la programación de un proyecto, dividiéndolo en tareas o actividades sino que interesa conocer la relación que existe entre los costes de ejecución en función de la duración del proyecto, en este sentido se desarrollan los sistemas PERT-costo y CPM, del que veremos sus fundamentos en este capítulo.

Elegir el sistema de planificación adecuado al trabajo que queremos programar es algo importante, y debemos elegirlo en función tanto del tipo de tarea a programar como de los medios con que contemos para su seguimiento. Los diagramas de Gantt o cronogramas que veremos a continuación son y siguen siendo inmejorables para clasificar de una forma clara, intuitiva y rápida las distintas actividades de un proyecto, el sistema PERT nos permite conocer mucho más acerca tanto del planteamiento como del control del programa, al establecer relaciones de precedencia, la programación lineal nos permitirá optimizar problemas complejos en procesos con múltiples variables, etc. Algunos sistemas como el GAM, enunciado aquí por primera vez, tienen en su sencillez la virtud, otros en las grandes posibilidades de su complejidad. El técnico debe disponer de una *caja de herramientas* en la que figuren al menos los sistemas más básicos, y usar en cada momento o en cada situación los que mejor se adapten.

2.3. De los diagramas de Gantt.

Los *diagramas* o *gráficos* de Gantt, también llamados *cronogramas* o *diagramas de barras*, constituyen una de las representaciones más sencillas directas e intuitivas que se pueden utilizar para la representación, estudio, planteamiento y análisis de un proyecto.

Henry Laurence Gantt (1861-1919), nació en Calvert, Maryland, EEUU. Ingeniero mecánico, fue uno de los precursores de la moderna ingeniería industrial, trabajó junto con Taylor en la dirección técnica de las compañías de acero de Midvale y Bethelem, entre los años 1887 y 1893, y diseñó el sistema de programación que conocemos con su nombre en 1910. Las gráficas de Gantt fueron utilizadas desde entonces para los grandes proyectos de infraestructuras de Estados Unidos, tales como la red de autopistas interestatales o la gran presa de Hoover entre los estados de Nevada y Arizona. Gantt, que desarrolló diversos sistemas para la organización de los procesos productivos, como el conocido sistema de recompensa salarial en forma de primas según objetivos denominado *task and bonus,* trabajó como asesor posteriormente hasta su muerte en 1919. En 1929 fue instaurado el prestigioso premio que lleva su nombre, *the Henry Laurence Gantt Medal* por la A.S.M.E., que recompensa los logros en el campo de la organización empresarial.

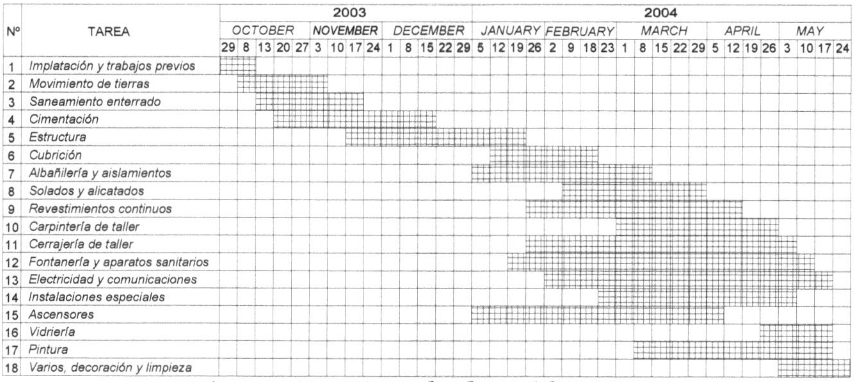

Nº	TAREA	2003														2004																				
		OCTOBER					NOVEMBER				DECEMBER					JANUARY				FEBRUARY				MARCH					APRIL				MAY			
		29	8	13	20	27	3	10	17	24	1	8	15	22	29	5	12	19	26	2	9	18	23	1	8	15	22	29	5	12	19	26	3	10	17	24
1	Implatación y trabajos previos																																			
2	Movimiento de tierras																																			
3	Saneamiento enterrado																																			
4	Cimentación																																			
5	Estructura																																			
6	Cubrición																																			
7	Albañilería y aislamientos																																			
8	Solados y alicatados																																			
9	Revestimientos continuos																																			
10	Carpintería de taller																																			
11	Cerrajería de taller																																			
12	Fontanería y aparatos sanitarios																																			
13	Electricidad y comunicaciones																																			
14	Instalaciones especiales																																			
15	Ascensores																																			
16	Vidriería																																			
17	Pintura																																			
18	Varios, decoración y limpieza																																			

Figura 2.1: Ejemplo de gráfica Gantt

Gantt diseño sus cronogramas de barras para resolver el problema de la programación de las tareas o actividades de un proceso, es decir, la distribución de las mismas conforme a un calendario, de forma que fuese posible la visualización de los periodos de duración de las mismas, así como las fechas de comienzo y terminación y el tiempo de duración total del proyecto o trabajo que se pretende planificar. Asimismo, en el mismo gráfico se puede visualizar y representar el proceso de ejecución en el tiempo de cada actividad siguiendo su curso, ver el porcentaje ejecutado de cada actividad en una determinada fecha además del cumplimiento de los plazos de cada actividad con respecto a lo previsto.

El gráfico de Gantt es una representación visual muy fácilmente comprensible —Figura 2.1—, consistente en un sistema de coordenadas en el que se representa en el eje de abscisas la escala de tiempos y en el eje de ordenadas las actividades o tareas en las que se subdivide el proyecto. En el campo delimitado sobre el eje horizontal y a la derecha del eje vertical normalmente, se dibujan unas barras horizontales que corresponden a cada tarea y que están situadas sobre la escala de tiempos (actualmente se tiende más a representar el eje horizontal en la parte superior del gráfico y no en la inferior, dejando esta zona del gráfico para incluir información suplementaria, como más adelante veremos) teniendo en cuenta que su comienzo —extremo izquierdo de la barra— coincida en proyección vertical con el momento de su inicio según la escala de tiempos, que el final —extremo derecho de la barra— coincida con el momento de su final en el tiempo. Lógicamente, la duración en el tiempo de cada tarea es la longitud de cada barra, tal como podemos ver en la Figura 2.1. Las unidades de tiempo que elijamos para representar éste en el eje horizontal serán las más adecuadas en función de la proyecto a planificar: años, meses, semanas, días, etc., o incluso utilizando varias escalas con unidades mayores y menores.

Además de las barras, la relación de tareas así como su numeración en la elaboración de los gráficos de Gantt se suelen utilizar múltiples símbolos para representar distintos conceptos aclaraciones que supongan información adicional a la de inicio-duración-final de cada tarea, así como los derivados del análisis o representación de los proyectos en frase de ejecución:

—inicio de proyecto
—final de proyecto

—inicio de tarea
—final de una tarea
—duración de la tarea
—porcentaje ejecutado de la tarea
—tiempo en el que la tarea se interrumpe
—fecha en la que se está revisando el proyecto
—tareas principales o tareas resumen
—tareas particulares o subtareas
—tareas sin duración (también llamadas hitos)

así como cualquier otro que se le pueda añadir según se quiera representar la información en las tareas. Es habitual y muy conveniente que en el gráfico se incluya un glosario de la simbología utilizada en el mismo, pues suele suceder que la simbología sea distinta en función de quién elabora el gráfico, el tipo de proyecto, el número de tareas o cualquier otra particularidad, lo cual es perfectamente lógico.

Los gráficos de Gantt son en la actualidad universalmente conocidos puesto que, por su sencillez y fácil compresión, son habitualmente utilizados como resumen en cualquier proyecto, aparecen en medios de comunicación como prensa y televisión, y son los que comúnmente manejan los directivos de las empresas, ya sean resúmenes de otras planificaciones elaboradas con métodos más complejos y evolucionados.

En lo que concierne en particular a la actividad de la construcción, es común y habitual que se presente un programa de trabajos acompañando a los contratos de ejecución de obra, o a las ofertas económicas de las mismas, siendo el sistema comúnmente establecido el de la gráfica de Gantt.

Las gráficas de Gantt pueden tener asimismo, además de las utilidades ya mencionadas, otras finalidades específicas así podemos encontrarnos con algunos sistemas que vemos a continuación.

Los gráficos de Gantt de seguimiento de proyectos, con indicación en cada momento del grado de ejecución de las actividades, así como de su cumplimiento. En combinación con un gráfico lineal compone el denominado método GAM, que veremos más adelante.

Gráficos de Gantt con la distribución de recursos de las tareas. Son los que completan la información básica de las gráficas de Gantt, con la asignación de los recursos necesarios para la ejecución de cada actividad o tarea. Puede establecerse una gráfica más o menos compleja según se quiera representar un solo recurso o bien varios. La cuantificación de los recursos suele representarse numéricamente en un eje paralelo al de tiempos y es también habitual trasladar estos datos a otros tipos de gráficos.

Dependiendo del tipo de actividad o proyecto de que se trate, los recursos asignados a cada tarea pueden ser muy distintos —humanos, materiales, económicos—, un caso particular, y muy utilizado, es en el que el recurso que se representa es el económico, valorando las actividades en función de su coste o de su valor económico, con las consiguientes y evidentes razones de la utilización de los resultados que se derivan.

Gráfico de Gantt para el control de la carga de trabajo. Este gráfico es semejante al de la distribución de actividad y tiene por objeto, proporcionar la información de la carga total de trabajo aplicada a cada recurso. Se representa con barras distintas —o líneas de distinto grosor—, por un lado el periodo durante el cual el recurso estará disponible para el trabajo y por otro la carga total de trabajo asignada a cada recurso.

Entre las principales ventajas de los gráficos de Gantt están la facilidad de interpretación y seguimiento, la sencilla aplicación o extensión de los mismos de gráficos de programación inicial a gráficos de seguimiento o de asignación de recursos, ya facilidad en su construcción y trazado. Las gráficas de Gantt son muy adecuadas en la actualidad para las etapas iniciales de la planificación. El gráfico de Gantt se presta para la programación de actividades de la más grandes especie, desde la decoración de una casa hasta la construcción de una nave. Desde su creación ha sido un instrumento sumamente configurable y de uso universal, por su sencillez de construcción, manejo y comprensión.

Como inconvenientes, encontramos la carencia de información en ellos de la relaciones de precedencias entre unas tareas y otras —lo que resuelven otros sistemas de planificación que veremos a continuación—, mostrando normalmente una representación estática de una situación dinámica. Por este motivo los gráficos de Gantt, a medida que la ejecución del proyecto se va realizando y cuándo en ellos se introducen modificaciones o ajustes, tienden a volverse confusos, siendo lo más habitual construir un gráfico nuevo si el proyecto ya sufrido modificaciones. Es habitual ver mecanismos que han sustituido la representación de los gráficos de Gantt como meros dibujos en papel, como son tableros con perforaciones y pivotes o fichas de colores móviles, o con elementos magnéticos, etc., aunque hoy en día todo se ha sustituido por las representaciones gráficas de aplicaciones informáticas, con las posibilidades prácticamente ilimitadas que éstas tienen.

En términos de planificaciones complejas, los gráficos de Gantt presentan grandes limitaciones, ya que no ofrecen posibilidades de análisis de opciones. Si utilizamos este método sólo podremos saber las desviaciones en tiempo en la ejecución del proyecto planificado, sin poder sacar mayores conclusiones de ello.

En resumen para la planificación de actividades simples, o muy repetitivas, el sistema de Gantt para representación gráfica de la programación de un proyecto se muestra como una herramienta de bajo coste, extrema simplicidad y claridad, ahora bien para proyectos complejos en los que se quieran introducir parámetros que interrelacionen distintas posibilidades y alternativas en función de la modificación de los factores que intervienen en el proceso, sus limitaciones son evidentes.

2.4. De los grafos.

Los sistemas de programación reticulares, de los que daremos las nociones básicas en este capítulo ya que son de gran utilidad a la hora de planificar tareas o proyectos, tienen como base la teoría de grafos. Es esta una relativamente moderna y compleja teoría o conjunto de teorías matemáticas, que comparte su nacimiento con la topología. No solamente la teoría de grafos es la base de los métodos de programación de proyectos en red, ya que en la actualidad es rara la disciplina científica o humanística que no utiliza la teoría de grafos. En esta rama del álgebra se basan por ejemplo ciencias como la *informática*, siendo imprescindible para la comprensión de estructuras de datos y análisis de algoritmos, la *psicología* en lo referente a dinámica de grupos, la *sociología* en lo que se refiere a los sociogramas, la *electrodinámica cuántica* en los diagramas de Feynman —sobre los que nos extenderemos—, el estudio de flujos de redes en *programación lineal* e investigación operativa o los cambios de variable en el *cálculo diferencial*.

Dibujar un grafo es algo intuitivo para resolver algunos problemas, aun no teniendo conocimientos matemáticos, los grafos, como veremos a continuación constan sencillamente de vértices y aristas, y su forma aparente no es esencial, sino la correcta representación de las conexiones entre sus puntos. Siendo como es la base de los sistemas, que a continuación estudiaremos, entendemos esencial al menos el conocimiento de la teoría de grafos, así como sus conceptos más básicos, puesto que además en los sistemas de planificación por redes, nos encontraremos la misma notación, que afortunadamente es de términos tan claros que no hace difícil su comprensión.

Los grafos, que utilizados en los diagramas de Feynman, hacen que la electrodinámica cuántica pasara de ser patrimonio exclusivo de algunos sabios a estar al alcance del común los mortales, tienen su origen en un curioso problema: el de los siete puentes de Königsberg.

De Euler a Feynman

La frontera entre Polonia y Lituania no se extiende, como sería lógico, hasta el mar Báltico, sino que se encuentra interrumpida por un polémico enclave ruso, cuya capital es Kaliningrad. Esta ciudad, que debe su nombre al que fue presidente soviético Mijaíl Kalinin (1875-1946), no siempre fue rusa y no siempre se llamó así, ya que fue incorporada a la URSS tras la Segunda Guerra Mundial, habiendo sido hasta entonces capital de la Prusia Oriental, perdiendo su nombre original que tuvo desde que en 1255 la fundara Ottokar II de Bohemia, rey de los caballeros Teutónicos: Königsberg.

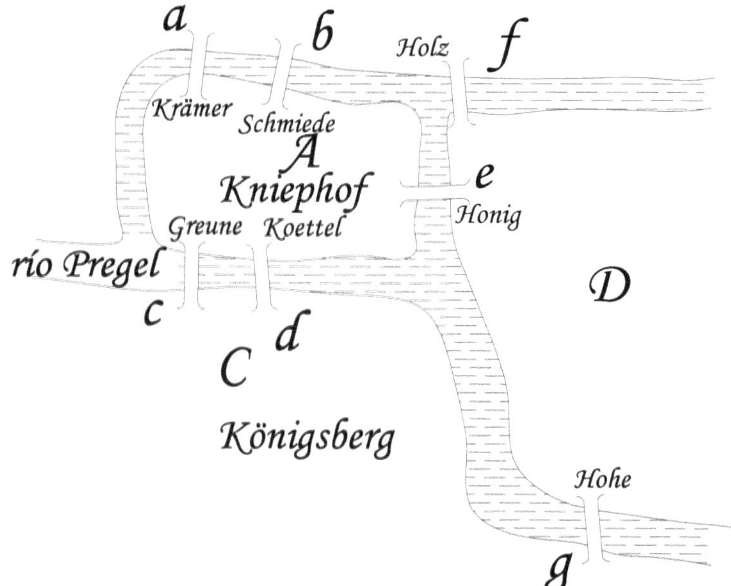

Figura 2.2: Los siete puentes de Königsberg

Esta antigua ciudad europea, está situada a orillas del río Pregel, el cual forma dos islas al ramificarse, en la más pequeña llamada Kneiphof está situada la catedral gótica, en el siglo XVIII. Estas islas estaban unidas con el resto de la ciudad por seis puentes además del séptimo, que las interconectaba —Figura 2.2—, los cuales debió atravesar en numerosas ocasiones el pensador más influyente de la era moderna, Inmanuel Kant

(1724-1804), sin duda, uno de los hijos más conspicuos de Königsberg.

En época de Kant precisamente existía entre los habitantes de la ciudad el curioso pasatiempo de pasear cruzando los puentes intentando encontrar un recorrido tal que partiendo de un determinado punto se volviera a éste una vez se hubieran cruzado todos los puentes una, y sólo una, vez, y era este un problema que nadie había podido resolver. ¿Es posible dar un paseo empezando por una cualquiera de las cuatro partes de tierra firme, cruzando cada puente una sola vez y volviendo al punto de partida?

Uno de los más grandes matemáticos de la historia, el suizo Leonhard Euler (1707-1783) en una memoria que presentó en el año 1735 en la Academia de San Petersburgo, incluía la solución al problema de *los siete puentes de Königsberg*. Euler que trataba el tema de forma más general, resolvió el problema de los siete puentes de forma particular. Enfocó el problema representando en un dibujo, como el de la Figura 2.3, cada orilla *A*, *B*, *C* y *D* por sendos puntos y cada puente *a*, *b*, *c*, *d*, *e*, *f* y *g* por una línea, que unías las zonas terrestres de idéntica forma a la que los puentes unían las orillas, trasladando el problema a la siguiente pregunta: ¿se puede recorrer el dibujo sin repetir las líneas?

Euler eliminó todo lo que no fuese esencial para el problema, resolviéndolo con una sencillez pasmosa: para cumplir con las condiciones, si uno llega a un *nodo* a través de una *arista*, debe salir por una arista distinta, lo que nos lleva a que el número de aristas que llegan a cada nodo debe ser, por tanto, par, y que en el caso de los Puentes de Königsberg no se cumple ya que al los nodos B, C y D llegan tres aristas mientras que al nodo A llegan cinco. Una solución tan sencilla como genial.

En teoría de grafos esta idea se corresponde con la posibilidad de encontrar un camino *euleriano* en un grafo: un camino euleriano es aquel que recorre completamente el grafo atravesando cada arista una y sólo una vez. Existen también los caminos *hamiltonianos*, cuyo nombre se lo deben al matemático irlandés William R. Hamilton (1805-1865), y son aquellos que recorren completamente un grafo pasando por un vértice una y sólo una vez. Euler, de forma general, enunció que en una figura del tipo de la Figura 2.3, se puede dibujar una línea continua sin repetir ningún trazo si y sólo si el grafico no tiene ningún vértice impar o tiene exactamente dos vértices impares, como la Figura

2.3 tiene cuatro vértices impares no se puede recorrer con un trazo continuo sin repetir ninguna línea. Más tarde, en el siglo XIX el matemático alemán Johann Benedict Listing (1808-1882) demostró que un gráfico lineal con *2n* vértices impares se puede dibujar utilizando *n* trazos continuos, si cada uno de ellos empieza y termina en un vértice impar.

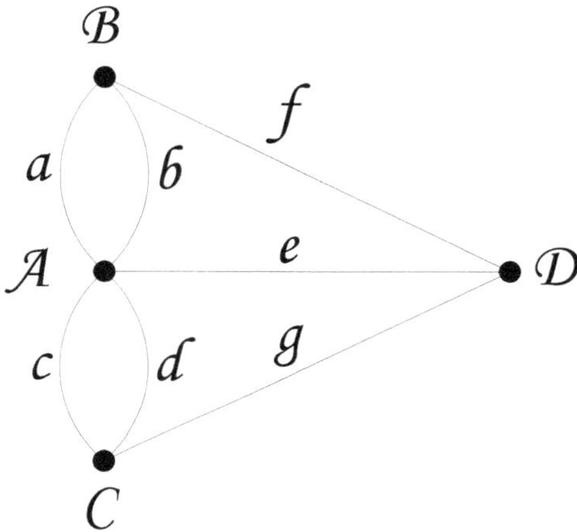

Figura 2.3: Gráfico de Euler

Uno de los científicos más importantes de la historia así como uno de los físicos teóricos mas brillantes y populares del siglo XX fue sin duda el americano Richard Feynman (1918-1988), un hombre al que la humanidad le debe algunos de los descubrimientos científicos más notables. Desde niño ya mostró afición y aptitudes para la física, en 1930, con tan sólo doce años reparaba los aparatos de radio de su vecindario de Far Rockaway (Manhattan, Nueva York). Feynman se dedicó a la investigación y a la enseñanza, por la que tenía una innata vocación, y siempre intentó buscar métodos para explicar de forma sencilla las teorías más complejas. Estudió en el MIT (Massachussets Technological Institute), dónde en 1942 leyó su tesis doctoral que trataba sobre la teoría *ondas avanzadas* que se pueden describir como ondas electromagnéticas que viajan *hacia atrás* en el tiempo. Su primera conferencia sobre este tema en la expuso estas teorías fue en Princenton, Nueva Jersey, y suscitó un gran interés, entre la nutrida audiencia estaban algunos de los científicos más importantes del momento nada menos que Abert Einstein(1879-1955), Wofgang Pauli (1900-1958) y John von Neumann (1903-1957), las palabras de Pauli al finalizar la conferencia, fueron: *"no creo que esta teoría pueda ser correcta"*.

A partir de 1942 fue profesor de física teórica en la universidad de Cornell, Nueva York, allí fue *reclutado* para participar en el proyecto Manhattan, —el proyecto que desarrolló la bomba atómica— y mientras se construía el laboratorio secreto de Los Alamos era conocido entre los militares por sus numerosas bromas, trucos y diabluras, Feynman conservaba el sentido del humor a pesar de la profunda amargura que suponía ver agonizar durante estos años a su joven esposa Arlete, en un hospital de Alburqueque. En 1950 fue contratado como profesor visitante en la universidad de Río de Janeiro, compartiendo esta actividad con la cátedra de física del Caltech (California Technological Institute, Pasadena, California) y la escuela de samba de Copacabana.

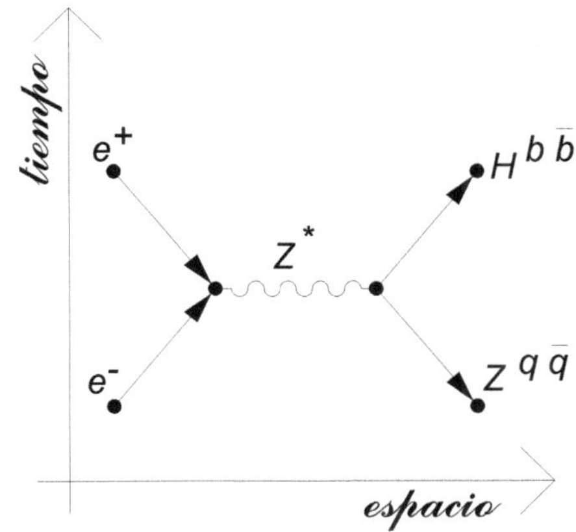

Figura 2.4: Diagrama de Feynman

Desde 1951 permanece impartiendo sus clases e investigando hasta su muerte. En 1986 fue miembro de la comisión presidencial formada para investigar las causas del desastre del trasbordador espacial Challenger de la NASA, en la que, haciendo caso omiso de la burocracia de la comisión identificó la causa del desastre. Richard Feynman obtuvo varios importantes galardones a lo largo de su vida, como fueron el Premio Albert Einstein en 1954 y el Premio Lawrence en 1962, y sobre todo el Premio Nobel en 1965, que compartió con otros dos físicos, el americano Julian Schwinger (1918-1994) y el japonés Shin-Ishiro Tomonaga (1906-1979), por su investigación en el campo de la electrodinámica cuántica, desarrollando con mucho éxito las reglas a las que obedecen las teorías de campo cuánticas, la renormalización de la teoría de la electrodinámica cuántica y el diseño unos diagramas —diagramas de Feynman— para representar sumas e iteraciones.

Feynman también trabajó en otros campos de la física como la mecánica estadística, en particular en fenómenos de bajas temperaturas como las del helio líquido. Su colega Schwinger dijo de los diagramas de Feynman eran un descubrimiento comparable al de la pastilla de silicio, lo que conocemos como *chip*, en su capacidad de cálculo para las masas.

Un diagrama de Feynman —Figura 2.4— es un grafo que representa sobre unos ejes espacio-tiempo, y con distintos tipos de líneas unos determinados procesos y unas determinadas partículas; con líneas rectas se representan los *fermiones*; con onduladas los *bosones*, excepto el *bosón de Higgs*, que se representa normalmente por una línea discontinua y los *gluones* por una línea con bucles, etc. El diagrama de la Figura 2.4, representa el choque de un *electrón* y un *positrón* que crean un *bosón* virtual *(Z*)*, que a su vez crea un *Higgs (H)* que se desintegra en una pareja de *quarks* $(b\bar{b})$, y un *bosón (Z)* que se desintegra en una pareja de *quarks* $(q\bar{q})$. Gracias a estas representaciones, cálculos antes muy complicados, se convierten en operaciones sistemáticas y rutinarias, cuando se utilizan los métodos de los diagramas d Feynman en los complicados procesos de iteración de partículas, partículas-campo, creación de partículas a partir del vacío, aniquilación, etc.

Casi hasta el final de su vida mantuvo un carácter no exento de sentido del humor, y de gran entusiasmo por la docencia y la divulgación publicó libros como *¡Está Vd. de broma, Mr. Feynman! Aventuras de un curioso*, o *La extraña teoría de la luz y de la materia*, ambos en 1985.

La reformulación que Feynman hizo de la mecánica cuántica en su juventud, ha sido muy utilizada en la física de altas energías, la física de las partículas y de los campos elementales. Gracias a sus investigaciones ha sido posible calcular los efectos sutiles causados por las interacciones de las fuerzas de la naturaleza, resolviendo la dificultad de encontrar los grandes números —infinito realmente— de recorridos y calcular detalladamente las fases, sus sumas y obtener así los resultados.

La investigación más reciente (2001) de la que nos hacemos eco, y en la que se han utilizado los diagramas de Feynman es la que se ha efectuado en la Universidad de Hannover, Alemania, por un equipo internacional (franco-bosnio-alemán), bajo la dirección del profesor de física de dicha universidad Maciej Lewenstein, en relación con las interacciones entre átomos y láseres muy intensos, con energías capaces de arrancar los electrones ionizados de los átomos, proceso en el cual se genera luz de frecuencias más de 300 veces más altas que las del láser que los excita. La aplicación concreta de estas investigaciones, entre otras es la de optimizar la producción de rayos X, con una longitud de onda hasta mil veces menor que la visible, de manera coherente, con sólo un láser de longitud de onda visible.

Esto es solamente una muestra de las aplicaciones de la teoría de grafos, y del resto de teorías matemáticas asociadas, campos muy activos en las matemáticas modernas, cuyas conclusiones siempre encuentran aplicación en cualquier campo de la ciencia o la técnica.

Conceptos básicos sobre grafos

Un *grafo* se define como el par $G = (V, E)$, de conjuntos V y E, que satisface la expresión: $E \cap (V)^2$, por tanto, los elementos de E son elementos de un subconjunto de V.

Los elementos de V son los *vértices* (o *nodos*, o *puntos*) del grafo G, los Elementos de E son sus *aristas* (o *arcos*, o *lazos*). La forma más generalizada de representar un grafo es dibujando un punto para cada vértice, uniendo los pares de vértices que tengan una correspondencia mediante una línea. Como estén dibujadas estas líneas es irrelevante, lo más importante es *qué* par de puntos están interrelacionados y *qué* par de puntos no lo están. Si se puede recorrer un eje de un grafo desde un vértice a otro por ambas direcciones nos referimos a una arista. A un grafo constituido por aristas se le denomina grafo *no orientado*. Si se puede recorrer un eje de un grafo desde un vértice a otro pero por una única dirección nos referimos a un *arco*. A un grafo constituido por arcos se le denomina grafo orientado o *digrafo*. En un grafo orientado se cumple:

$$(a,b) \neq (b,a)$$

Un grafo con el conjunto de vértices *V* se dice que es un grafo "*en*" *V*. El conjunto de vértices de un grafo se representa normalmente como *V(G)*, y el conjunto de sus aristas como *E(G)* —la E corresponde a la inicial de la palabra inglesa *edge*, que significa, borde o arista— . El número de vértices de un grafo es su *orden*, escrito como |G|; el número de aristas se representa mediante la expresión ||G||. Los grafos de acuerdo a su orden pueden ser *finitos* o *infinitos*.

El *grafo vacío (Ø,Ø)*, se representa sencillamente por *Ø*. Un grafo de orden 0 ó 1, se denomina *trivial*. Los grafos triviales tienen utilidad en algunos casos, no utilizándose, sin embargo de forma generalizada.

Un vértice *v* se dice que es *incidente* con un arco *e* si se cumple que $v \in e$; entonces *e* es un arco "a" *v*. Los dos vértices que son incidentes con un arco se denominan *extremos* de este arco, se dice que a un arco *le pertenecen* sus extremos. Un arco {*x, y*} se representa normalmente como *xy* (o *yx*). Si $x \in X$, e $y \in Y$, entonces decimos que *xy* es un arco *X—Y*. Dos vértices *x, y* de *G* son *adyacentes* o *vecinos*, si *xy* es un arco de *G*. Dos arcos *e* y *f*, tal que $e \neq f$ si tienen un extremo común. Cuando todos los vértices de *G* son recíprocamente adyacentes, se dice que *G* está *completo*. Un grafo completo en *n* vértices es un K^n; un K^3 es un *triángulo*.

Tomemos los grafos *G = (V,E,) y G'= (V',E')*. Llamaremos a G y a G' *isomorfos* , representándolos así:

$$G \cong G'$$

si existe la siguiente biyección:

$$\varphi : V \rightarrow V' \ con \ xy \in \varphi(x)\varphi(y) \in E'$$

para todo $x, y \in V$. El diagrama de v se denomina *isomorfismo*; si $G = G'$, se denomina *automorfismo*.

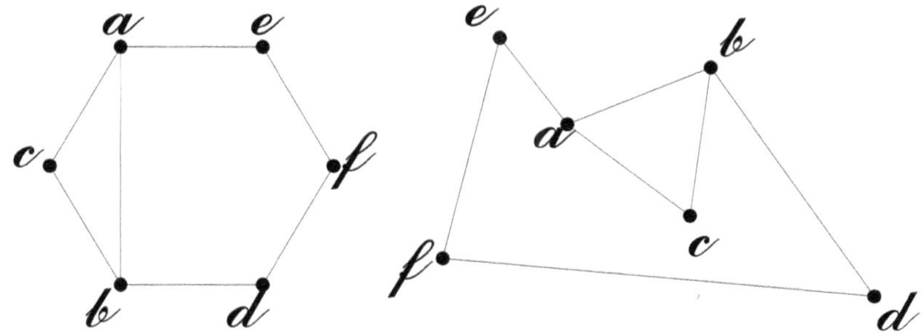

Figura 2.5: Grafos isomosfos

Tomemos ahora los siguientes grafos:

$$G \cup G' := (V \cup V', E \cup E') \text{ y } G \cap G' := (V \cap V', E \cap E')$$

según esto G y G' son *disjuntos*. Si $V' \subseteq V$ y $E \subseteq E'$, entonces G' es un *subgrafo* de G (y G un *supergrafo* de G'), y se expresa de la siguiente manera:

$$G' \subseteq G$$

De una forma menos rigurosa, también podremos decir que G *contiene* a G'.

Si $G' \subseteq G$ y G' contiene a *todos* los arcos $xy \in E$, cuando $x, y \in V'$, entonces G' es un *subgrafo inducido* de G; diremos que V' *induce* o *extiende* G' en G, y lo escribiremos $G' =: G[V']$. En consecuencia, si $U \subseteq V$ es cualquier conjunto de vértices, entonces $G[U]$ representa el grafo en U cuyos arcos son precisamente los arcos de G con ambos extremos en U. Si H es un subgrafo de G, no necesariamente inducido, abreviamos $G[V(H)]$ dejándolo en la expresión $G[H]$. Finalmente, $G' \subseteq G$ es un *subgrafo extendido* de G si V' extiende completamente a G, por ejemplo si $V'=V$. Siendo U un conjunto cualquiera de vértices —

generalmente de G—, escribiremos *G-U* para *G[V \ U]*. En otras palabras, *G-U* será obtenido de G mediante el método de *borrar* todos los vértices de $U \cap V$ y sus arcos incidentes.

El *grado* (o *valencia*) *dG(v)* = *d(v)* de un vértice *v* es el número |*E(v)*| de arcos en *v*; según nuestra definición de grafo, esto es igual al número de vecinos de *v*. Un vértice de grado cero (0) decimos que está *aislado*.

El número:

$$\delta(G) := mín.\{d(v) \mid v \in V\}$$

es el *grado mínimo* de G, el número

$$\Delta(G) := máx.\{d(v) \mid v \in V\}$$

es su *grado máximo*. Si todos los vértices de *G* tienen el mismo grado *k*, decimos que *G* es *k-regular*, o sencillamente *regular*, de forma que un grafo 3-regular será un grafo *cúbico*.

El número

$$d(G) := \frac{1}{|V|} \sum_{v \in V} d(v)$$

es el *grado medio* de *G*, cumpliéndose evidentemente,

$$\delta(G) \leq d(G) \leq \Delta(G)$$

El grado medio es el que cuantifica globalmente la medida según los grados de los vértices: el número de arcos de *G* por vértice. A veces puede ser conveniente expresar este ratio directamente, como:

$$\varepsilon(G) := |E| / |V|$$

Las cantidades *d* y , están, por supuesto, íntimamente relacionadas, y naturalmente si sumamos todos los grados de los vértices de *G*, habremos contado todos los arcos, exactamente dos veces: una por cada uno de sus extremos. Por tanto:

$$|E| = \frac{1}{2}\sum_{v \in V} d(v) = \frac{1}{2} d(G) \cdot |V|$$

luego,

$$\varepsilon(G) := \frac{1}{2} d(G)$$

Pudiéndose demostrar también, proposiciones como las siguientes: *el número de vértices de grado impar e un grafo es siempre par*, en lo que no nos vamos a detener.

Un *camino (P)*, en un grafo, es una sucesión de vértices tal que en cada uno de dichos vértices existe una arista hacia el vértice sucesor. El camino *P= (V, E)*, tiene de la forma:

$$V = \{ x_0, x_1, \ldots, x_k\} \qquad E = \{ x_0 x_1, x_1 x_2, \ldots, x_{k-1} x_k\}$$

siendo todos los x_i distintos. Los vértices x_0 y x_k están *ligados* mediante *P* y constituyen sus extremos; los vértices $x_1, \ldots, x_{k-1}$ son los vértices internos de *P*. El número de aristas de un camino es su *longitud*, y el camino de longitud *k* se representa como P^k. Nótese que *k* puede tener el valor cero; por tanto $P^0=K^1$. En un camino una arista puede ser recorrida varias veces, y tantas veces como lo sea cuenta en la longitud del camino.

Si P = $x_0 \ldots x_{k-1}$ es un camino y $k \geqslant 3$, entonces el grafo C := P + $x_{k-1}x_0$ se denomina *ciclo*. Tal como en los caminos, a menudo se representan los ciclos por su secuencia (cíclica) de vértices; el anterior circuito *C* deberá ser representado como $x_0 \ldots x_{k-1}x_0$. La *longitud* de un circuito es el número de arcos (o vértices); un ciclo de longitud *k* se denomina *k-ciclo* y se representa por C^k. Un ciclo de longitud 1, se denomina *bucle*. Un ciclo por tanto, se puede definir como una sucesión de aristas adyacentes, dónde no se recorre dos veces la misma arista, y dónde se regresa al punto inicial. Se llama *ciclo hamiltoniano*, si además recorre todos los vértices del grafo, la diferencia con el camino hamiltoniano, que ya mencionamos es que en aquél no había que regresar al mismo punto.

Si dos vértices x_i y x_j están unidos por más de un arco, el grafo se denomina *multigrafo*.

Se denomina *conexidad* de un grafo a la posiblidad de seguir caminos a través de sus arcos. Si podemos llegar a un vértice desde otro cualquiera de los arcos, respetando el sentido de estos, decimos que el grafo es *conexo*, no siéndolo en caso de que haya algún vértice inaccesible. Un *punto de articulación* es un vértice tal que si desaparece el grafo deja de ser conexo. Un *puente* es una arista tal que si desaparece el grafo deja de ser conexo.

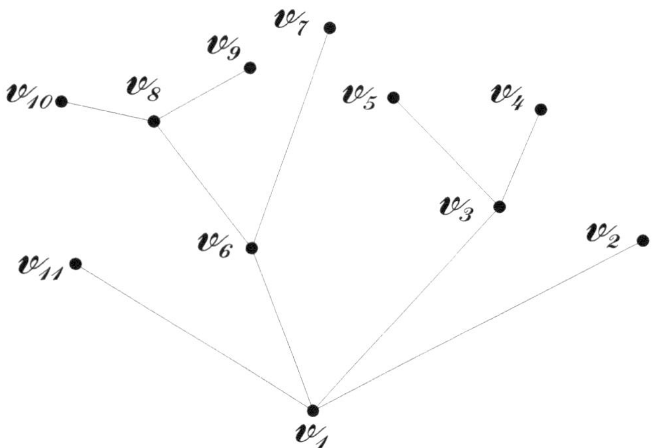

Figura 2.6: Esquema de un árbol

Un grafo *acíclico*, esto es, que no contenga ningún ciclo, de denomina *bosque*. Un si además es conexo, se denomina *árbol*. Por tanto, podemos decir que un bosque es un grafo cuyos componentes son árboles. En algunos casos, algún vértice de un árbol se denomina *raiz*. Teniendo en cuenta que su número de vértices sea n, los árboles tienen siempre n-1 aristas, y hay n^{n-2} árboles posibles. Los árboles son grafos que conectan vértices utilizando el menor número posible de aristas, de ahí su interés.

Además de los conceptos de la Teoría de Grafos existen diversos algoritmos que ayudan a resolver problemas apoyándonos en este tipo de estructuras cómo pueden ser caminos mínimos, flujos, etc. Gracias a la teoría de Grafos se pueden resolver diversos problemas como por ejemplo la síntesis de circuitos secuenciales, contadores o sistemas de apertura o la representación de situaciones particulares con la aplicación de diversos algoritmos u otros sistemas heurísticos y matemáticos.

2.5. Del método P.E.R.T.

El PERT, es uno de los sistemas de programación y organización de proyectos, que desde su creación han sido algo así como el paradigma de los sistemas de planificación, aunque hoy día su nombre es utilizado para designar a otros sistemas que derivan conceptualmente del mismo, y que en cualquier caso establecen criterios que los hacen, en definitiva más prácticos, aunque los conceptos introducidos por el sistema PERT son indudablemente los que hacen que exista un antes y un después en la organización de procesos complejos.

PERT es el anagrama en inglés del Programme Evaluation & Review Technique. Fue desarrollado por la Special Projects Office de la Armada de EE.UU. en 1957, el consulting de ingeniería Booz, Allen & Hamilton y la división de sistemas de armamentos de la Lockeed Aircraft Company, para el programa de investigación y desarrollo que condujo a la construcción de los misiles balísticos intercontinentales (ICBM) Polaris, en la que intervenían multitud de empresas subcontratistas así como infinidad de tareas, después de distintos fracasos en el cumplimiento de los plazos de producción.

Este sistema se basa, más que en las actividades en los sucesos o eventos. Se define actividad —arco— como el hecho de realizar o ejecutar algo, consumiendo por motivo de la ejecución recursos materiales, humanos económicos o de tiempo. Llámase suceso —vértice—, a la situación que se da como consecuencia de realizar una actividad o bien la que se da como partida para poder realizar una actividad, no consumiendo recursos ya que es como, definición, una situación.

El PERT ha estado orientado siempre en proyectos en los que el tiempo de duración de las actividades es una incertidumbre y dado, que las estimaciones de duración comportan incertidumbre se estudian las distribuciones de probabilidad de las duraciones. Con un diagrama PERT se obtiene un conocimiento preciso de la secuencia necesaria, o planificada para la ejecución de cada actividad y utilización de diagramas de red, persiguiendo la aplicación de las técnicas de programación en PERT, principalmente los siguientes objetivos:

—Establecer pormenorizadamente las actividades o tareas necesarias
—Buscar el plazo óptimo de ejecución del proyecto.

—Conocer las relaciones temporales entre las tareas del proyecto.
—Identificar las tareas críticas, es decir, aquellas cuyo retraso en la ejecución supone un retraso del proyecto completo.
—Identificar el camino crítico, que es aquel formado por la secuencia o las secuencias de las actividades críticas del proyecto.
—Detectar y cuantificar las holguras de las actividades no críticas, es decir, el tiempo que pueden retrasarse (en su comienzo o finalización) sin que el proyecto se vea retrasado por ello.
—Determinar las actividades que hay que alterar para poder cambiar los tiempos totales del proyecto
—Conocer y determinar cuales son las tareas que pueden alterarse, sin cambiar el tiempo total del proyecto

Nos parece adecuado incluir en el presente manual las nociones necesarias para su conocimiento y aplicación, ya que los conceptos que lo forman, y que se reflejan en la relación anterior, son básicos en la programación de proyectos.

La representación gráfica del sistema PERT es, básicamente un grafo, en la cual los sucesos forman los vértices del mismo y se representan unidos entre sí por los arcos que representan las actividades en forma de líneas orientadas con una punta de flecha que indica el sentido de precedencia en el tiempo de un suceso respecto a otro, como muestra la Figura 2.7.

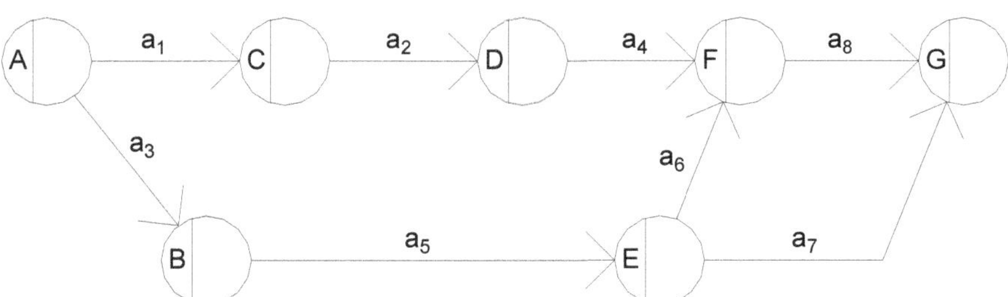

Figura 2.7: Identificación de una red PERT

La cualidad por la cual una actividad es posterior a otra en el proceso que estamos planificando se denomina prelación. Una actividad A tiene *prelación* con respecto a una actividad B, cuando para poder iniciar a ejecutar la actividad B es necesario que la actividad A haya finalizado. Diremos también que la actividad A es *antecedente* de la B, o bien que la actividad B es *consecuente* de la A.

En el que se identifican los nudos de la red o sucesos, y las tareas, tal como de refleja en la citada Figura 2.3. En el ejemplo los sucesos se han denominado A, B, C,... pudiéndose haber denominado por cardinales 1, 2, 3,..., o cualquier forma similar que los identifique. Las tareas o actividades tienen asimismo una identificación, en el ejemplo a_1, a_2, a_3,.... Las tareas pueden identificase tanto por su nombre, como por su suceso inicial y final, por tanto, si nos fijamos en el ejemplo, podremos describir la tarea a_1 igualmente como la tarea AC. En cualquiera la configuración morfológica de la red en la representación gráfica puede ser distinta, adaptándose al formato que usemos para poder interpretarla con claridad, basta mantener las relaciones de precedencia y la identificación de suceso.

Se denominan *actividades ficticias* aquellas que se crean para establecer prelaciones entre otras actividades del proyecto, cuando sea necesario. Las actividades ficticias no consumen tiempo ni recursos y se representan en la red mediante flechas con líneas de trazos.

Construcción del grafo PERT.

Para comenzar a construir un grafo PERT debemos dividir el proyecto en las actividades que lo componen, así como establecer las prelaciones entre estas, la complejidad y por tanto el grado de análisis de nuestro proyecto nos lo dará el número de tareas o actividades en lo que lo descompongamos. Par establecer las prelaciones entre las actividades existen dos procedimientos:

—la *matriz de encadenamientos*, que es una matriz cuadrada cuya dimensión es igual al número de actividades en que se ha descompuesto el proyecto, en dicha matriz, marcaremos con una X las prelaciones entre las actividades. El cruce marcado en la matriz indica que la actividad que corresponde a la fila es precedente a la de la columna, tal como se representa en la Figura 2.8.

	A	B	C	D	E	F
A	–	–	–	–	–	–
B	–	–	–	–	–	–
C	×	×	–	–	–	–
D	×	–	–	–	–	–
E	×	–	–	–	–	–
F	–	–	–	×	–	–

Figura 2.8: Matriz de encadenamientos

—*el cuadro de prelaciones*, representado en la Figura 2.9, es una tabla de dos columnas en cuya primera columna se relacionan todas las actividades y en la segunda las precedentes de cada una,

Actividades	Precedentes
A	-
B	-
C	A, B
D	A
E	A
F	D

Figura 2.9: Cuadro de prelaciones

El grafo comenzará en un vértice que representará el *suceso inicial* que es el que representa el inicio de una o más actividades pero el fin de ninguna y terminará en otro vértice que representará el *suceso final*, que representa el fin de una o más actividades pero el inicio de ninguna. Asimismo, las *actividades inicio* de proyecto son las que no tienen precedentes y las *actividades fin* de proyecto son las que no tienen ninguna otra consecuente. Cuando establezcamos la numeración de los vértices del grafo tendremos en cuenta que el número del vértice que represente el comienzo de una actividad será siembre menor que el número del vértice que represente el fin de esa misma actividad. El grafo que tomamos como ejemplo lo hemos representado en la Figura 2.10. En dicho grafo se ha incluido una actividad ficticia para completar las prelaciones de la actividad C.

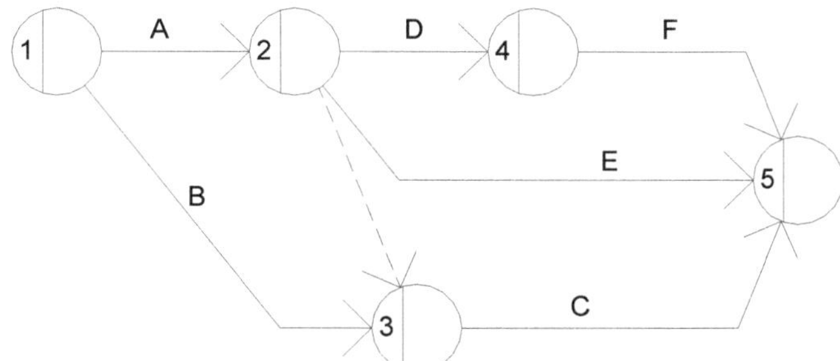

Figura 2.10: Grafo del proyecto

Asignación de tiempos a las actividades

Como hemos mencionado anteriormente, el tiempo de duración de las actividades en PERT es una incertidumbre, por lo que para calcular el tiempo de las actividades hay que realizar estimaciones de tiempo. El método PERT considera tres estimaciones de tiempo distintas, que son:

—Estimación optimista (E_o): indica el tiempo mínimo en que podría ejecutarse la actividad en condiciones perfectas y sin ningún contratiempo.
—Estimación pesimista (E_p): indica el tiempo máximo de ejecución de la actividad, teniendo en cuenta las circunstancias más desfavorables conocidas.
—Estimación más probable o estimación modal (E_m): indica el tiempo de duración de la actividad en circunstancias normales.

El tiempo PERT, o duración *(D)*, de la actividad será la media o esperanza matemática según la siguiente expresión:

$$D = \frac{E_0 + 4E_m + E_p}{6}$$

Calcularemos el tiempo o duración de cada actividad de acuerdo con esta fórmula.

Tendremos en cuenta que la varianza *(V)* de una actividad tiene la siguiente expresión:

$$V2 = \left(\frac{E_0 + E_p}{6} \right)^2$$

y que la varianza es directamente proporcional al riesgo en la estimación de su duración.

Cálculo de los tiempos

Asignando por tanto los tiempos de cada actividad según hemos visto, y representados en el grafo del proyecto, calcularemos los tiempos de cada suceso, que serán los siguientes:

—EET (*Earliest Even Time*): representa el tiempo mínimo o la fecha más temprana en la que puede comenzar un seceso. El EET del suceso inicial es cero, para el resto de los sucesos el EET se calcula siguiendo las siguientes reglas:

1. Seleccionar todas las actividades que lleguen al suceso.
2. Sumar la duración de cada actividad más el EET del suceso inicial de dicha actividad, para cada actividad que llega al suceso.
3. Seleccionar el valor más alto que se haya obtenido:

$$\forall i \Rightarrow t_j = \max(t_i + t_{ij})$$

—LET *(Latest Even Time)*: valor que representa la fecha más tardía en que puede comenzar una actividad, sin que afecte a la planificación del proyecto. En el suceso final del proyecto se cumplirá: *EET = LET*

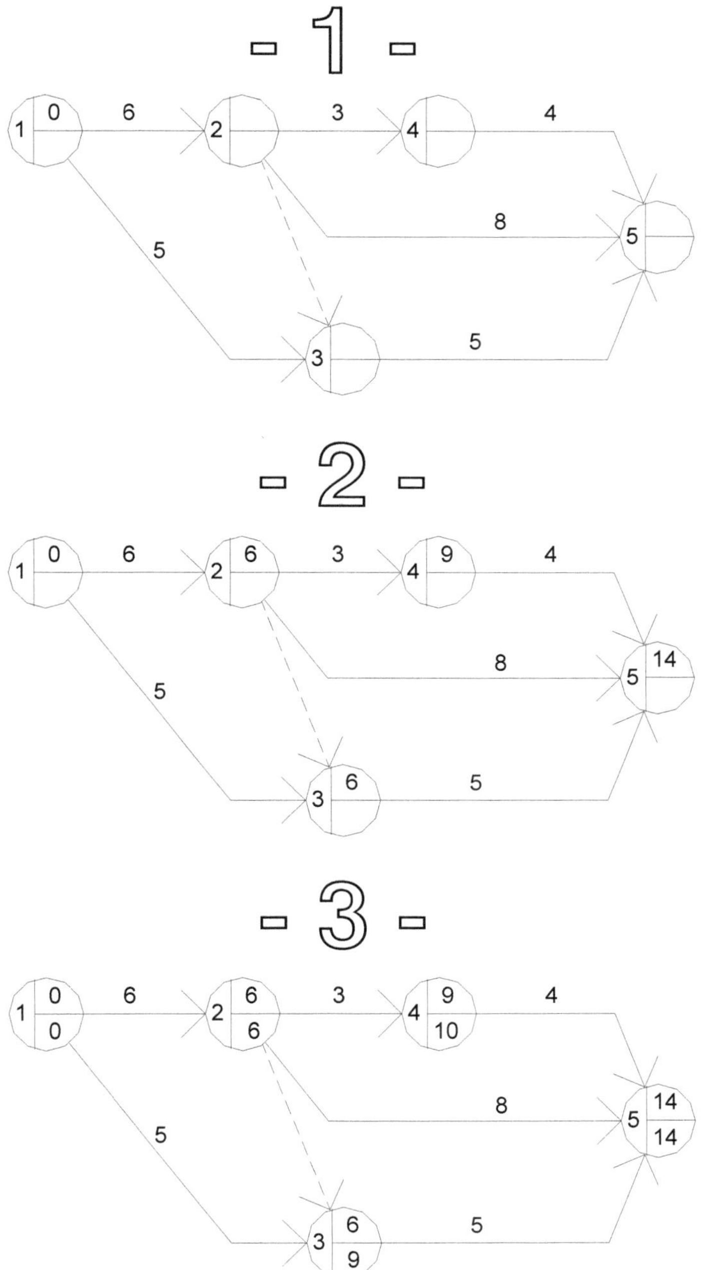

Figura 2.11: Proceso de cálculo de tiempos.

Para el resto de los sucesos aplicaremos las reglas siguientes:

1. Seleccionar todas las actividades que nacen en el suceso a calcular.
2. Restar la duración de cada actividad al LET del suceso final de dicha actividad, para cada actividad que nade del suceso.
3. Seleccionar el menor valor que se haya obtenido:

$$\forall i \Rightarrow t^*_i = \min\left(t^*_j + t_{ij}\right)$$

Apliquemos el cálculo de tiempos al grafo del ejemplo, obteniendo el grafo que la Figura 2.11 muestra esquemáticamente, resultante del proceso de cálculo de tiempos según la anterior explicación. Se ha utilizado una de las notaciones más extendida y que es la que explicamos a continuación.

Los vértices de la red —sucesos— suelen representarse como ya ha visto por circunferencias, en cuyo interior se trazan líneas para separar tres segmentos —o sectores circulares—, que indican la identificación del suceso a la izquierda, en la parte superior el valor del EET y en la parte inferior el LET, sobre los arcos —actividades— se indica numéricamente el valor de la duración. Las unidades utilizadas suelen denominarse *fechas*.

i/j	1	2	3	4	5	t_i
1	–	6	5	–	–	0
2	–	–	0	3	8	6
3	–	–	–	–	5	6
4	–	–	–	–	4	9
5	–	–	–	–	–	14
t^*_j	0	6	9	10	14	*

Figura 2.12: Matriz de Zaderenco

En el caso de grafos que contengan un gran número de actividades y sucesos podremos calcular los valores de los parámetros EET y LET de acuerdo con la *Matriz de Zaderenco.* Este procedimiento consiste en construir una matriz cuadrada de dimensión igual al número de sucesos, cuyos elementos indiquen el tiempo de duración de las actividades que nacen en el vértice correspondiente a la fila y terminan en el correspondiente a la columna.

En la Figura 2.11, se representa el cálculo mediante la *Matriz de Zaderenco* del proyecto anterior.

Holguras y camino crítico.

La *holgura* de un suceso i (H_i) se define como la diferencia entre los dos tiempos —EET y LET— del mismo suceso:

$$H_i = t^*_i - t_i$$

El valor de la holgura, también denominado *oscilación*, indica el número de fechas —unidades de tiempo en cualquier caso— que puede retrasarse la realización del mismo, sin que varíe la fecha final del proyecto. Se denomina suceso crítico a aquel cuya holgura tiene un valor igual a cero. Los sucesos inicial y final de un proyecto son siempre críticos.

La *holgura total* de una actividad ij (H^T_{ij}) se define como el resultado de sustraer al tiempo LET del suceso final de la actividad, el tiempo EET del suceso inicial y la duración de la propia actividad:

$$H^T_{ij} = t^*_j - t_i - t_{ij}$$

La holgura total de una actividad representa el retraso posible de dicha actividad —en unidades de tiempo— con respecto a la duración prevista, sin que sufra retrasos el proyecto. La *holgura libre* de una actividad ij (H^L_{ij}) se define como el resultado de sustraer al tiempo EET del suceso final de la actividad, el tiempo EET del suceso inicial y la duración de la propia actividad:

$$H^L_{ij} = t_j - t_i - t_{ij}$$

La *holgura independiente* de una actividad ij (H^I_{ij}) se define como el resultado de sustraer al tiempo EET del suceso final de la actividad, el tiempo LET del suceso inicial y la duración de la propia actividad:

$$H^I_{ij} = t_j - t^*_i - t_{ij}$$

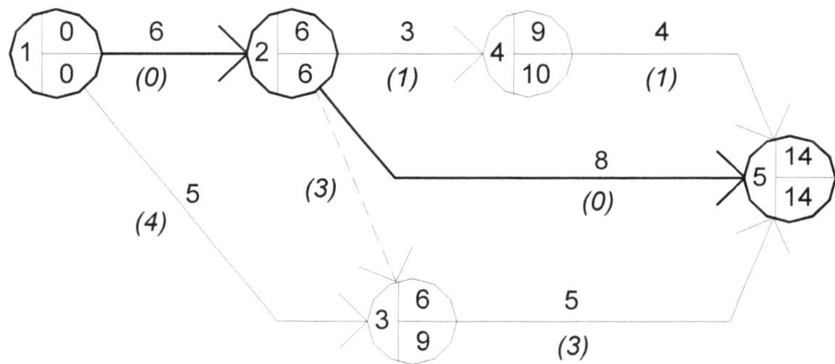

Figura 2.13: Red PERT con el camino crítico representado y la holgura total de las actividades

Se denomina *actividad crítica* a aquella cuya holgura total tiene valor nulo. Una actividad crítica tiene como sucesos inicial y final, sucesos críticos. Una actividad no crítica que sufra un retraso igual a su holgura total se convierte en crítica. El camino formado por actividades críticas se denomina *camino crítico.* Toda actividad crítica forma parte de un camino crítico. Cualquier retraso que se produzca en una actividad crítica, producirá un retraso igual en la finalización del proyecto. En un proyecto puede existir más de un camino crítico. Las actividades ficticias no tienen duración —en realidad su duración es igual a cero—, pero si tienen holgura total, por tanto pueden ser críticas, es decir, formar parte de un camino crítico.

En la Figura 2.13 se representa el grafo del proyecto con la holgura total de las actividades así como el camino crítico.

El PERT-coste

El PERT-coste es una aplicación del PERT, en la que se tienen en cuenta los costes de las actividades,

Distinguiremos dos tipos de costes: los costes directos que se imputan a cada actividad y los costes de estructura, que se aplican al global del proyecto. En general, se entiende que los costes directos aumentan a medida que disminuyen las duraciones, mientras que los costes indirectos serán tanto mayores cuanto mayor sea la duración del proyecto, siendo la duración óptima la que posibilite el menor coste total del proyecto.

La relación entre el coste directo de una actividad y su duración, es el *coeficiente de costes*, y nos indica la variación del coste de la actividad cuando se modifica su duración:

$$C_t = \frac{C_x - C_y}{T_{y'} - T_{x'}}$$

en donde (C_t) representa el coeficiente de costes, que viene dado por la relación $(C_x - C_y)$, o variación de costes que existe cuando se da una variación de fechas $(T_{y'} - T_{x'})$.

2.6. De otros métodos de planificación.

El método CPM

El método CPM —del inglés Critical Path Method, o Método del Camino Crítico—, se desarrolló en los Estados Unidos en la segunda mitad de los años cincuenta, prácticamente al mismo tiempo que el PERT, por parte de la DuPont Chemical Company, junto con la división UNIVAC de la Remington Rand, estando a la cabeza los ingenieros James E. Kelley y Morgan R. Walter, para controlar el mantenimiento de las plantas químicas.

El método CPM es muy similar al PERT, y es adecuado en planificación de proyectos en los que existe una baja incertidumbre en las estimaciones de tiempos. Nos interesa especialmente el sistema desarrollado a partir del CPM llamado MCE —Minimum Cost Expediting, o programación al coste mínimo—, variante introducida posteriormente por Kelly, y que relaciona, con respecto a cada tarea, su duración y su coste.

En este método, existen para cada actividad ij del priyecto, dos tiempos distintos de ejecución, cada uno de ellos con un coste distinto asociado:

T_{ij} = *Tiempo normal de duración de la actividad ij*
C_{ijT} = *Coste de la actividad ij, en tiempo* T_{ij}
t_{ij} = *Tiempo tope de ejecución de la actividad ij*
C_{ijt} = *Coste de la actividad ij, en tiempo* t_{ij}
x_{ij} = *Duración de la ij (incógnita)*

Si se representan los costes frente a las duraciones de las actividades tendremos los puntos:

$A(T_{ij}, C_{ijT})$ = *punto normal* (tiempo máximo y coste mínimo)
$B(t_{ij}, C_{ijt})$ = *punto tope* (tiempo mínimo y coste máximo)

Los puntos A y B están unidos por la curva $C_{ij} = f(x_{ij})$ que constituye la llamada *curva coste-duración.*

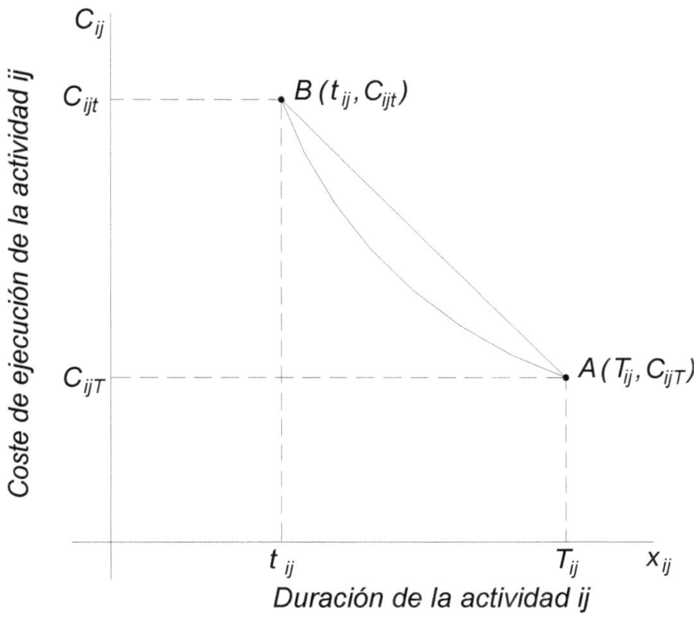

Figura 2.14: Representación del coste-duración de una actividad

Para simplificar el tratamiento, en lugar de trabajar con funciones de coste no lineales, se puede considerar la siguiente aproximación:

- Transformar las curvas coste-duración en líneas rectas.

$$C_{ij} = Ci_{jt} + \frac{C_{ijT} - C_{ijt}}{T_{ij} - t_{ij}}\left(x_{ij} - t_{ij}\right)$$

- Introducir un coste suplementario S_{ij} creciente, con comportamiento lineal respecto a la duración.

$$S_{ijt} = C_{ijt} - C_{ijT}$$

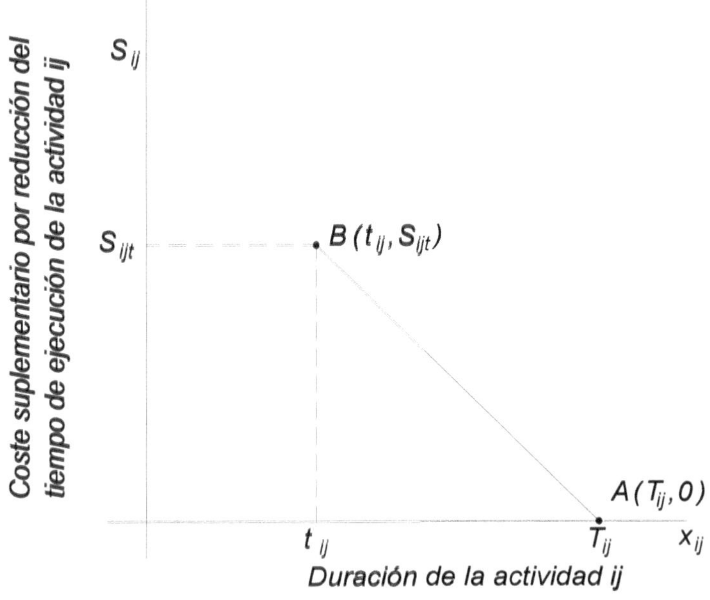

Figura 2.15: Representacón coste suplementario-duración de una actividad

La ecuación correspondiente a la recta coste suplementario duración es:

$$S_{ij} = S_{ijt} - \frac{S_{ijt}}{T_{ij} - t_{ij}}\left(x_{ij} - t_{ij}\right)$$

La pendiente de las rectas coste-duración y coste suplementario-duración representa el coste suplementario que se obtiene al reducir la duración del proyecto una unidad de tiempo. Se denomina *coste unitario de reducción.*

Diferencias entre CPM y PERT

Existen algunas diferencias de notación entre este sistema y el ya explicado PERT, así como que en la asignación de tiempos a las actividades, en CPM existe una única estimación de tiempos. Las diferencias de notación las reflejamos en la tabla de la Figura 2.16, según los elementos definidos en PERT:

En PERT:	**En CPM:**
Suceso	*Nudo*
Actividad	*Trabajo*
Holgura	*Flotantes*
Tiempo EET	*Tiempo más bajo de iniciación*
Tiempo LET	*Tiempo más alto de iniciación*

Figura 2.16: Notaciones en CPM

Otra diferencia es la asignación de tiempos a actividades, ya que como vimos en PERT, se tenían en cuenta tres estimaciones de tiempo, en CPM se hace una estimación única.

La técnica de programación de proyectos a *coste mínimo*, es la técnica con la que se trabaja en el método CPM, ya que se introduce una relación entre el coste de una actividad y la duración de la misma.

Los flotantes u holguras

Los *flotantes* —holguras en PERT— de una actividad son los que indican los diferenciales de tiempo que disponible para retrasar dicha actividad, sin que varíe la fecha final del proyecto. En CPM existen dos tipos de flotantes.

El *flotante libre* (F_{ij}^{L}) de una actividad *(i,j)* es la diferencia entre el tiempo tope de ejecución de la actividad t_{ij} y la diferencia entre los dos tiempos más bajos de iniciación de los nudos entre los que trasciende la actividad (t_j) y (t_i), según la expresión:

$$F_{ij}^{L} = t_j - t_i - t_{ij}$$

El flotante libre representa la cantidad de flotante disponible después de haber realizado la actividad, en el supuesto de que todas las actividades del proyecto han comenzado en sus tiempos más *bajos* de iniciación.

El *flotante independiente* (F_{ij}^{I}) —cuyos valores tienden normalmente a ser muy bajos o incluso negativos— de una actividad *(i,j)* es la diferencia entre el tiempo tope de ejecución de la actividad (t_{ij}) y la diferencia entre el tiempo más bajos de iniciación del suceso de partida (t_j) y el tiempo más alto de iniciación del suceso de llegada (t^*_i) entre los que trasciende la actividad, según la expresión:

$$F_{ij}^{L} = t_j - t^*_i - t_{ij}$$

El flotante independiente representa la cantidad de flotante disponible después de haber realizado la actividad, en el supuesto de que todas las actividades del proyecto han comenzado en sus tiempos más *altos* de iniciación.

El método Roy.

Este método, también llamado *de los potenciales*, fue desarrollado en Europa entre 1958 y 1961 por un grupo de ingenieros encabezados por el profesor emérito de la Universidad de París, Bernard Roy, y contiene similitudes con los métodos mencionados CPM y sobre todo con el método PERT. El método Roy, menos extendido y utilizado que el PERT, es un ejemplo de la diferencia entre los sistemas americanos y europeos en general, el PERT, americano, nació y fue introducido, podríamos decir a bombo y platillo, y el Roy nació *modestamente* en Europa, incluso hoy día es mucho más conocido —no podría asegurar si también es más utilizado— que el el sistema Roy. Como decimos, menos famosos que el PERT, el método Roy, sin embargo, tiene algunas ventajas sobre éste, como es fundamentalmente que permite construir el grafo de la red del proyecto sin necesidad de utilizar actividades ficticias, además de iniciar los cálculos sin la construcción de la red.

Si en el método PERT —también en el CPM— los vértices del grafo representan sucesos así como los arcos representan las actividades o tareas, en el método de Roy los vértices del grafo representan las actividades y los arcos las relaciones de prelación.

El Grafo en Roy se construye introduciendo dos actividades adicionales: inicio y fin del proyecto, de forma que la actividad "inicio" será antecedente de todas las demás actividades del proyecto que no tengan ninguna; la actividad "fin", será la consecuente de todas aquellas que no tengan, a su vez de por sí, ninguna consecuente. Estas dos actividades serán ficticias y por tanto no consumen tiempo ni recursos. Estas actividades podrían ser eliminadas de la construcción del grafo, siempre que tengamos una sola actividad sin antecedentes —inicio—, u otra actividad sola sin consecuentes, que este caso sería la final.

Al igual que en PERT para establecer las prelaciones entre las actividades podemos utilizar cuadros de prelaciones o matrices de encadenamiento.

Cálculo de tiempos y holguras en ROY

Las actividades tienen dos tiempos, tiempo mínimo y tiempo máximo. El tiempo mínimo de una actividad K es el tiempo *lo más pronto posible* que se puede comenzar dicha actividad:

$$\forall J \quad T_K = máx. [T_J + D_J]$$

en donde (D_J) epresenta la duración de la actividad *(J)*, antecedente de *(K)*. El tiempo máximo de una actividad *(K)* es el tiempo "lo más tarde posible" en que se puede empezar dicha actividad:

$$\forall L \quad T^*_K = mín. [T^*_L - D_K]$$

en donde (D_K) representa la duración de la propia actividad *(K)*, y L cualquier consecuente de *(K)*.

Se llama holgura total ($H^T{}_K$) de una actividad K la diferencia entre sus tiempos máximo y mínimo:

$$H^T{}_K = T^*{}_K - T_K$$

Al igual que en el método PERT, en el método Roy podemos utilizar el grafo o bien una matriz de encadenamientos, sustituyendo los encadenamientos —X—, por el valor de la duración de las actividades.

Otros métodos de programación

Cabe citar también otros métodos como el GERT (*Graphical Evaluation & Review Technique*), desarrollado por Alan B. Pritsker (1933-200) quien se basó en trabajos de Eisner y Elmaghraby. El método GERT extiende la incertidumbre en la duración de las actividades a la propia programación, permitiendo considerar un número mayor de situaciones del proyecto que otros métodos. Las actividades precedentes de cada nudo pueden ser de naturaleza determinante o probabilística; el PEP (*Program Evaluation Procedure*) desarrollado por la USAF (Fuerza aérea de los Estados Unidos), y aplicaciones como el PERT-coste o el PERT-tiempo.

También podemos encontrarnos, en relación con sistemas de programación de proyectos otro tipo de notaciones como PDM (*Precedence Diagramming Method*), o ADM (*Arrow Diagramming Method*). Estas dos abreviaturas hacen referencia al tipo de grafo según al cual se adapten bien utilicen los vértices o los arcos de este para representar las actividades, por tanto sabremos que Roy es un método PDM, al contrario que el PERT que es un sistema ADM.

Existen asimismo diversos programas informáticos para desarrollar estas labores, los cuales se basan en los mencionados sistemas con diversos tipos de gráficas, cálculos y asignación de tiempos y relaciones de precedencia entre las tareas, posibilidades de computar diferentes recursos en las actividades.

Cabe mencionar entre ellos el Microsoft Project, y no ya solamente por lo extendido que actualmente está su uso, sino por lo intuitivo que resulta la construcción de gráficas en él, basándose como presentación fundamental de las tareas en una gráfica Gantt en la que se han añadido precedencias en forma de flechas. Estas prelaciones, en este programa, se establecen según distintos criterios, —que otros métodos no manejan—, y que son de máxima utilidad, sobre todo si las aplicamos al desarrollo de un proyecto de construcción. Estas relaciones, se identifican con según las iniciales de las palabras en inglés Start (*comienzo*) por una "S" o Finish (*final*) por una "F", y son las siguientes:

1. SS : no se puede comenzar una tarea hasta que no se haya comenzado su antecedente.
2. SF : no se puede comenzar una tarea hasta que no se haya terminado su antecedente.
3. FS : no se puede terminar una tarea hasta que no se haya empezado su antecedente.
4. FF : no se puede terminar una tarea hasta que no se haya terminado su antecedente.

Así como otros conceptos muy interesantes y adecuados al sistema de programar una obra de construcción. De igual modo, el programa traza automáticamente una red que denomina PERT, aunque como hemos visto en este capítulo, si estudiamos la red que dibuja, simplemente en el monitor, es del tipo PDM, con lo cual no corresponde al método PERT, no empeciendo esto no obstante, las virtudes del programa.

Cualquiera de los métodos que se explican o mencionan, o bien la combinación entre algunos de ellos pueden sernos de utilidad para la construcción, análisis y seguimiento de un proyecto de construcción. Debemos conocer al menos las ventajas e inconvenientes de cada uno de ellos, para utilizarlos en función de la adecuación tanto al proyecto a planificar y su complejidad, como a los medios que contemos para hacerlo. Hay que tener en cuenta que en la fase de estudio previo del proyecto debemos analizar lo más extensamente posible el mismo, y, en general, no debemos escatimar ni tiempo ni complejidad en la división en actividades, ya que de una adecuada planificación en tiempos depende, en gran medida, el éxito de la construcción. Un análisis por medio de sistemas que se basen en grafos, con el establecimiento de caminos críticos puede hacer que nos demos cuenta de las tareas que son verdaderamente importantes en un proyecto desde el punto de vista de planificación, ya que, a veces, tendemos a confundir la criticidad de una tarea con la importancia que esta tarea representa en el proyecto, bien por su volumen, su relevancia en el sistema constructivo o su importe económico.

2.7. Programación lineal

La programación lineal es un método matemático, comprendido dentro del conjunto de técnicas denominado genéricamente *Investigación Operativa*, cuyo origen hay que buscarlo en los postulado de Charles Babbage enunciados en su obra *Tratado de economía de máquinas y de manufacturas* (1832), y que se desarrolló y aplicó por primera vez en Gran Bretaña, cuando, durante la Segunda Guerra Mundial este país tuvo que hacer frente a la optimización del aprovechamiento de sus escasos recursos, tanto para su defensa como para su propia subsistencia. La Investigación operativa está enfocada a la preparación racional de la toma de decisiones, y es aplicable a cualquier campo de la economía, de la industria o de la defensa. La investigación operativa utiliza tres modelos: modelos determinísticos que se basan en datos establecidos, y por tanto llegará a resultados ciertos; los modelos probabilísticos que parten de datos estadísticos y conducen a resultados probables y los métodos de simulación, que reproducen o simulan por medio de diferentes sistemas matemáticos o físicos, las situaciones que se pretende investigar, sacando las deducciones de la investigación correspondientes.

La programación lineal engloba aquellos sistemas matemáticos utilizados en planificación, para maximizar las funciones lineales de un alto número de variables y sujetas a un determinado número de restricciones o condicionantes. Que las funciones que determinan el problema sean lineales, es decir, de primer grado, es una simplificación, que aun conteniendo por tanto, un pequeño y admisible margen de error, permite resolver los problemas de planificación de forma rápida y sencilla.

Todo problema de programación lineal, según lo que se ha expresado, se reduce a una función de objetivo lineal, que se ha de maximizar o minimizar, y un conjunto de restricciones de carácter también lineal. La resolución de los problemas de programación lineal, según los distintos métodos que existen, requiere seguir los siguientes pasos:

I) *Representar las ecuaciones que se obtengan al establecer las restricciones como si fueran igualdades, siempre en el primer cuadrante, ya que las variables no pueden ser negativas.*

II) *Representar la función objetivo tomando un valor arbitrario cualquiera para (Z).*

III) *Si el problema es de maximización, trazar paralelas a ésta última recta tan alejadas como sea posible del origen de coordenadas, hasta determinar la más lejana que tenga algún punto perteneciente a la región de las soluciones posibles.*

IV) *Si el problema es de minimización, trazar paralelas a ésta última recta tan próximas como sea posible del origen de coordenadas, hasta determinar la más cercana que tenga algún punto perteneciente a la región de las soluciones posibles.*

V) *Determinar el punto de la paralela trazada que se encuentra el área de las soluciones posible, que vienen determinadas por las coordenadas de dicho punto; si hay más de un punto el problema no tiene una solución única.*

Función objetivo, restricciones y soluciones

La expresión de un problema de programación lineal será la siguiente: una *función objetivo*, unas ecuaciones o inecuaciones de *restricción* y las *soluciones posibles* que serán solución posible básica y solución posible degenerada.

La función objetivo es una expresión matemática lineal que representa el objetivo del problema, y por tanto será la expresión que haya que optimizar (minimizar o maximizar), de la forma:

$$(\max.\acute{o}\min.)Z = c_1x_1 + c_2x_2 + \ldots c_nx_n \qquad [2.1]$$

Las ecuaciones o inecuaciones de restricción, representan las limitaciones del problema, según expresiones matemáticas de la siguiente forma:

$$\left| \begin{array}{l} a_{11}x_{11} + a_{12}x_{12} + \ldots + a_{1n}x_n \leq b_1 \\ a_{21}x_1 + a_{22}x_2 + \ldots + a_{2n}x_n \geq b_2 \\ a_{31}x_1 + a_{32}x_2 + \ldots + a_{3n}x_n \leq b_3 \\ \ldots\ldots\ldots\ldots\ldots\ldots\ldots\ldots\ldots\ldots\ldots \\ a_{m1}x_1 + a_{m2}x_2 + \ldots + a_{mn}x_n = b_m \end{array} \right| \qquad [2.2]$$

existiendo en cualquier caso también las siguientes restricciones:

$$x_1 \geq 0; x_2 \geq 0; \ldots; x_n \geq 0$$

Llamamos solución posible a cualquier conjunto de valores que satisface al sistema de ecuaciones de la restricción; solución posible básica es aquella en la que ninguna variable toma valores negativos y solución posible degenerada es aquella en la que al menos una variable es nula.

Método gráfico

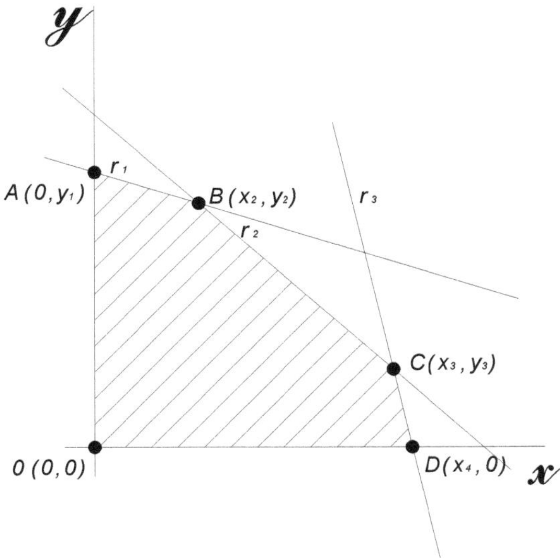

Figura 2.17: Solución posible básica según el método gráfico

Se puede utilizar también un método gráfico de acuerdo con la representación en un sistema de ejes cartesianos de las ecuaciones de restricción, llevando las inecuaciones al caso límite de ser igualdades, en forma de rectas r_1, r_2, $r_3 ... r_n$, cuyos puntos satisfagan a la ecuación. Para saber a qué punto de la rectas deben satisfacer $\geq$ ó $\leq$, comprobaremos con un punto conocido, el punto (0,0) y si satisface para $\leq$ los puntos estarán entre la recta y el origen de coordenadas, y así sucesivamente con todas las restricciones, tendremos un polígono *OABCD* tal que cualquier punto del mismo cumplirá todas las restricciones siendo la solución posible básica (Figura 2.17).

Para encontrar la solución óptima sabemos que, para cualquier punto interior del polígono encontraremos otro en el perímetro del mismo que pueda maximizar o minimizar la función, y dentro de los punto contenidos en las líneas los que maximizan o minimizan las funciones son precisamente los vértices del polígono. Para obtener el vértice igualaremos a cero la función objetivo *(Z)*, con lo cual pasará por el origen de coordenadas, después trazaremos una paralela *(Z')* a la recta así obtenida y la llevaremos hasta el último vértice, siendo éste el punto en que la función se maximiza (Figura 2.18).

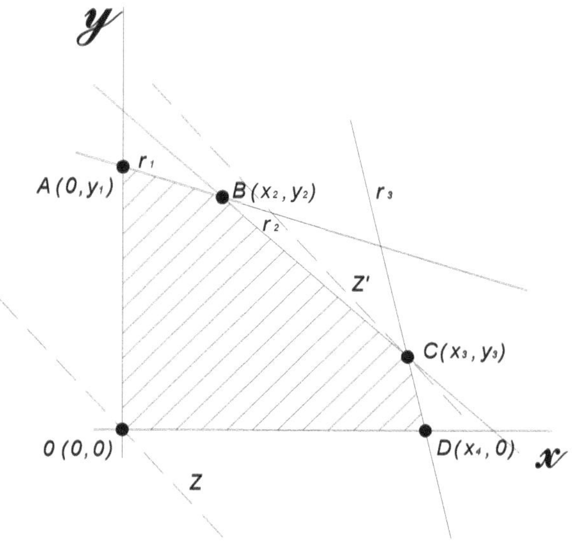

Figura 2.18: Cálculo de la solución óptima

No todos los problemas planteados tienen solución, y no siempre ésta es única, en caso de que no encontremos un polígono como el anteriormente descrito so problema no tendrá solución, también puede darse el caso en que las rectas *(Z)* y *(r_2)* —en este caso— fuesen paralelas, entonces evidentemente $r_2 \equiv Z'$, con lo cual existirían como soluciones los vértices *(C)* y *(D)*.

Existen también los métodos matricial y simplex, sin límite en cuanto al número de variables. Partiendo de la misma función objetivo del tipo [2.1], así como de las restricciones [2.2], en un primer paso calcularemos las variables de holgura, que son variables ficticias que se introducen en las restricciones para convertirlas en un sistema de *m* ecuaciones con *n* incógnitas:

$$(\max. ó \min.) Z = c_1x_1 + c_2x_2 + ... c_nx_n + 0x_{n+1} + 0x_{n+2} + ... + 0x_{n+m}$$

$$\left| \begin{array}{l} a_{11}x_{11} + a_{12}x_{12} + ... + a_{1n}x_n = b_1 \\ a_{21}x_1 + a_{22}x_2 + ... + a_{2n}x_n = b_2 \\ a_{31}x_1 + a_{32}x_2 + ... + a_{3n}x_n = b_3 \\ \dots\dots\dots\dots\dots\dots\dots\dots\dots\dots \\ a_{m1}x_1 + a_{m2}x_2 + ... + a_{mn}x_n = b_m \end{array} \right|$$

Después se establecen las variables de penalización, que son también variables ficticias que se introducen en todas aquellas ecuaciones del sistema en las que no exista una única variable, esto es, una variable que esté en esa ecuación y no en ninguna otra, y además sea del mismo signo que el término independiente. Las variables de penalización pasan a la función objetivo con coeficiente *(-M)* si se trata de maximizar y con *(+M)*, $\forall M \to \infty$, para minimizar:

$$Z = c_1x_1 + c_2x_2 + ... + c_nx_n + 0x_{n+1} + ... + 0x_{n+m} \pm Mx_{n+m+1} \pm ... \pm Mx_{n+2m}$$

y las ecuaciones de restricción:

$$\left|\begin{array}{l} a_{11}x_{11} + a_{12}x_{12} + \ldots + a_{1n}x_n + x_{n+1} + x_{n+m+1} = b_1 \\ a_{21}x_1 + a_{22}x_2 + \ldots + a_{2n}x_n - x_{n+2} + x_{n+m+2} = b_2 \\ a_{31}x_1 + a_{32}x_2 + \ldots + a_{3n}x_n - x_{n+3} + x_{n+m+3} = b_3 \\ \ldots\ldots\ldots\ldots\ldots\ldots\ldots\ldots\ldots\ldots\ldots \\ a_{m1}x_1 + a_{m2}x_2 + \ldots + a_{mn}x_n + x_{m+n} + x_{n+2m} = b_m \end{array}\right|$$

Problema de asignación

Es un problema particular en programación lineal y consiste en encontrar una determinada relación entre dos conjuntos, tal que el rendimiento de dicha relación sea óptimo. Sea los siguientes conjuntos *x* e *y*:

$$x = \{x_1, x_2, \ldots, x_n\}$$
$$y = \{y_1, y_2, \ldots, y_n\}$$

El método de asignación consiste en establecer una aplicación biunívoca $y = f(x)$, entre ambos conjuntos, en la que (a_{ij}) será el rendimiento que obtiene el elemento (x_i) al relacionarse con el elemento (y_j), si estos rendimientos los reflejamos en una matriz, como la siguiente:

	y_1	y_2	y_3	...	y_n
x_1	a_{11}	a_{12}	a_{13}	...	a_{1n}
x_2	a_{21}	a_{22}	a_{23}	...	a_{2n}
x_3	a_{31}	a_{32}	a_{33}	...	a_{3n}
...	...	...	...	...	...
x_n	a_{n1}	a_{n2}	a_{n3}	...	a_{nn}

denominada *matriz de rendimientos*, buscaremos una relación que maximizará o minimizará la asignación. En caso que los dos conjuntos no tengan el mismo número de elementos —lo cual es posible—, crearemos columnas o filas ficticias en uno de los conjuntos para que la matriz siga siendo cuadrada, como en el siguiente ejemplo:

	y_1	y_2	y_3	...	y_n	y_{n+1}
x_1	a_{11}	a_{12}	a_{13}	...	a_{1n}	0
x_2	a_{21}	a_{22}	a_{23}	...	a_{2n}	0
x_3	a_{31}	a_{32}	a_{33}	...	a_{3n}	0
...	...	...	...	...	...	...
x_n	a_{n1}	a_{n2}	a_{n3}	...	a_{nn}	0
x_{n+1}	$a_{(n+1)1}$	$a_{(n+1)2}$	$a_{(n+1)3}$	...	$a_{(n+1)n}$	0

en el que hemos considerado que el conjunto x es mayor que el conjunto y, creando en y un elemento ficticio, asignando para ese elemento un rendimiento igual y constante para todos los elementos de x, siendo asimismo el más desfavorable posible. El elemento considerado es (y_{n+1}), por tanto la columna correspondiente de la matriz de rendimientos es cero, si queremos obtener un valor máximo de la asignación; en caso de querer obtener un valor mínimo el valor de los elementos de la columna (y_{n+1}) será también igual, pero superior al mayor valor que exista en la matriz de rendimientos, ya que según el *"teorema fundamental de la asignación"*, y que se enuncia así: *Si a todos los elementos de una fila o de una columna de una matriz de rendimientos se la suma o se le resta una cantidad constante, la asignación óptima no varía.*

Para minimizar podremos utilizar el *algoritmo húngaro*, llamado así puesto que fue desarrollado por dos matemáticos húngaros, al profesor Dénes König (1884-1944) y su alumno Jenö Egerváry (1891-1958). La aplicación del algoritmo húngaro consiste en los siguientes pasos:

1. *En primer lugar hacer la matriz cuadrada si no lo es, incluyendo las filas o columnas ficticias que fuesen necesarias.*
2. *De cada elemento de la matriz, restar el mínimo valor de cada fila*
3. *De cada elemento de la matriz, restar el mínimo valor de cada columna*
4. *Realizar la asignación de la manera siguiente:*

4.1. *Cada cero que se encuentre en la matriz significa que se puede asignar esa fila a esa columna, pero una vez hecha la asignación, ya no se tendrán en cuenta todos los demás ceros de esa misma fila y esa misma columna, ya que sólo se puede asignar una fila a una columna.*

4.2. *Buscar de arriba abajo la fila que tenga menos ceros, pero que al menos tenga uno (ya que si no tiene ninguno significa que no se puede asignar a ninguna columna), y asignar esa fila a la columna donde está el cero (puede ser el primer cero que se encuentre, de izquierda a derecha). Tachar esa fila y esa columna para indicar que ya fueron asignados, para que los demás ceros de esa fila y esa columna no se tengan ya en cuenta. Repetir este paso hasta que se hagan todas las asignaciones que se puedan.*

Si todas las filas quedaron asignadas a todas las columnas el problema ha finalizado y tenemos la solución optima, si no es así utilizaremos la *Condición de König*, tambien llamada *Método de Flood* (flood: desbordamiento), que consiste en:

5. *Identificar todas las filas que no tienen una asignación.*
6. *Identificar todas las columnas que tengan un cero en la fila señalada.*
7. *Identificar todas las filas que no tengan una asignación en las columnas indicadas.*
8. *Iterar estos pasos hasta que no puedan señalarse o identificarse más columnas o filas.*
9. *Dibujar una línea para cada fila NO señalada y por cada columna SI señalada.*
10. *Encontrar el mínimo valor de los elementos no cubiertos y restarlo a todos los elementos no cubiertos, sumando este valor a cada elemento que se encuentre en la intersección de una línea horizontal con una línea vertical.*

11. *Realizar la asignación. Si no es óptima volver a iterar los pasos de "flood", hasta que se pueda hacer la asignación.*

Problemas de transporte

El problema de transporte es un problema similar al de asignación con la diferencia de que no se asignan elementos de un conjunto a otro sino cantidades de producto que normalmente vienen representadas por costos de transporte. En el caso del problema de transporte la matriz —matriz de rendimientos— no es necesario que sea cuadrada, ya que pueden existir más destinos que orígenes, o bien no coincidir las cantidades que se producen con los pedidos que se reciben, pudiendo éstos sumar una cantidad igual o menor, aunque cuando esto sea así deberemos crear un *mercado ficticio* que absorba el exceso de producción. En la matriz de rendimientos los elementos (a_{ij}) indicarán los costos de transporte entre los puntos de origen (x_i) a los puntos de destino (y_j); también aparecerán unos elementos (C_j) correspondientes a las cantidades a almacenar o fabricar; otros elementos (B_j) que indicarán las necesidades en los puntos de destino y los elementos (Z_{ij}) que indicarán las cantidades que se envían de cada punto de origen (x_i) a cada punto de destino (y_j):

$$\begin{vmatrix} & y_1 & y_2 & y_3 & \cdots & y_m & \\ x_1 & a_{11}Z_{11} & a_{12}Z_{12} & a_{13}Z_{13} & \cdots & a_{1m}Z_{1m} & C_1 \\ x_2 & a_{21}Z_{21} & a_{22}Z_{22} & a_{23}Z_{23} & \cdots & a_{2m}Z_{2m} & C_2 \\ x_3 & a_{31}Z_{31} & a_{32}Z_{32} & a_{33}Z_{33} & \cdots & a_{3m}Z_{3m} & C_3 \\ \cdots & \cdots & \cdots & \cdots & \cdots & \cdots & \cdots \\ x_n & a_{n1}Z_{n1} & a_{n2}Z_{n2} & a_{n3}Z_{n3} & \cdots & a_{nn}Z_{nm} & C_n \\ & b_1 & b_2 & b_3 & \cdots & b_m & \end{vmatrix}$$

Si $\sum C_j \geq b_j \Rightarrow$ el sistema tiene solución, por el contrario, si $\sum C_j < b_j \Rightarrow$ el sistema no tiene solución.

2.7. Del método GAM.

Denominamos método de la *curva de progreso,* o método GAM (Grafica de Avance Mensual) al método que presentamos a continuación y que es el que recomendamos para el seguimiento de una planificación o programación de los trabajos de una obra, independientemente del sistema que utilicemos para la construcción del programa inicial. El método GAM es un método de una extraordinaria simplicidad que combina una gráfica de Gantt y una gráfica lineal en un sistema de coordenadas.

Los procesos que comportan la construcción de edificios con sistemas tradicionales son, por lo general, repetitivos y con unas secuencias muy conocidas, por lo que el técnico que encara una programación de un proyecto cuando ejecuta el programa de trabajos o *planning* de la obra, se enfrenta con una labor en la que conoce perfectamente las tareas en que se subdivide un proyecto, la duración de las mismas o los estándares de rendimiento, las precedencias y demás particularidades necesarias para construir un programa adecuado, y normalmente parte de un "programa patrón" que adapta al tipo de obra.

La experiencia nos dice que lo complicado es la realización material de las actividades en el tiempo, es decir, encajar en plazo las tareas teniendo en cuenta los procesos necesarios para que cada una comience —y termine— en las fechas previstas. Además, por lo general la tarea del seguimiento del programa de trabajos recae en un técnico cuyas funciones suelen ser otras muchas, por no decir que es el único técnico que se encarga del proyecto —jefe de obra—. Entendemos asimismo que la labor de seguimiento del programa de trabajos no debe ser una tarea demasiado laboriosa, sino que debe ser una tarea sencilla y práctica, y esto es también extensible al resto de mandos de la empresa, por no decir al propio gerente, que preferirán en cualquier caso recibir una información lo más resumida, precisa y comprensible que se pueda. Es por todo esto que el método GAM se hace ideal por su fácil manejo y claridad en la representación, aunque debe quedar claro, que es un método recomendable para el seguimiento, no para la planificación, ya que para la planificación se deben utilizar los métodos que establezcan las relaciones de precedencia entre las actividades y que sean adecuados a la complejidad de las obras, la estructura de la empresa y a los recursos con los que cuente.

En primer lugar partiremos de representar en una gráfica Gantt el programa de trabajo, tal como muestra la Figura 2.19, con la escala de tiempos en la parte superior del campo gráfico. La unidad de medición para un programa de trabajos general de una obra será la semana, aunque en la escala de tiempos señalaremos también los meses, y si hay más de un ejercicio, los años. En la parte izquierda representaremos enumeradas las actividades o tareas en que subdividamos el proyecto, como es habitual en cualquier representación Gantt. En la parte inferior añadiremos una escala numérica dividida en cuatro filas con el siguiente título en cada una de ellas:

—progreso mensual previsto
—progreso previsto acumulado
—progreso mensual real
—progreso real acumulado

Nº	ACTIVIDAD	2003			2004				
		OCTUBRE	NOVIEMBRE	DICIEMBRE	ENERO	FEBRERO	MARZO	ABRIL	MAYO
		29 8 13 20 27	3 10 17 24	1 8 15 22 29	5 12 19 26	2 9 18 23	1 8 15 22 29	5 12 19 26	3 10 17 24
1	*Implatación y trabajos previos*								
2	*Movimiento de tierras*								
3	*Saneamiento enterrado*								
4	*Cimentación*								
5	*Estructura*								
6	*Cubrición*								
7	*Albañilería y aislamientos*								
8	*Solados y alicatados*								
9	*Revestimientos continuos*								
10	*Carpintería de taller*								
11	*Cerrajería de taller*								
12	*Fontanería y aparatos sanitarios*								
13	*Electricidad y comunicaciones*								
14	*Instalaciones especiales*								
15	*Ascensores*								
16	*Vidriería*								
17	*Pintura*								
18	*Varios, decoración y limpieza*								
PROGRESO MENSUAL PREVISTO		8	13	12	10	27	37	31	19
PROGRESO PREVISTO ACUMULADO		8	21	33	43	70	107	138	157
PROGRESO MENSUAL REAL									
PROGRESO REAL ACUMULADO									

Figura 2.19: Gráfica Gantt inicial para el método GAM

y con una casilla correspondiente a cada mes del programa en cada una de estas filas, que se cumplimentan de la siguiente forma: las dos primeras —progreso previsto— al confeccionar el gráfico al inicio de la obra y las dos siguientes —progreso real—, sucesivamente cada mes de la obra. Una vez representadas las barras correspondientes al programa de trabajos en sumaremos el número de semanas de cada actividad en cada mes, consignado esta cifra en la casilla correspondiente a cada mes en la primera fila inferior, la denominada "progreso mensual previsto". En la fila "progreso previsto acumulado" calcularemos las cantidades resultantes de sumar la casilla superior y anterior, en el primer mes, lógicamente, será sólo la superior.

Paralelamente dibujaremos otro gráfico entre dos ejes de coordenadas, reflejando en el eje horizontal el tiempo —en meses— y el eje vertical el "progreso acumulado", este eje por tanto estará subdividido en tantas unidades como sume el toral "progreso previsto acumulado", utilizando la escala que estimemos oportuna en función de este número, que será tanto mayor, cuanto mayor desglose en actividades tenga nuestro programa de trabajos así como mayor sea el tiempo en el que se desarrollo —el ejemplo es inusualmente pequeño—. En este gráfico dibujaremos una curva que sea la resultante de unir los valores antes expresados y que será del tipo que representa la Figura 2.20.

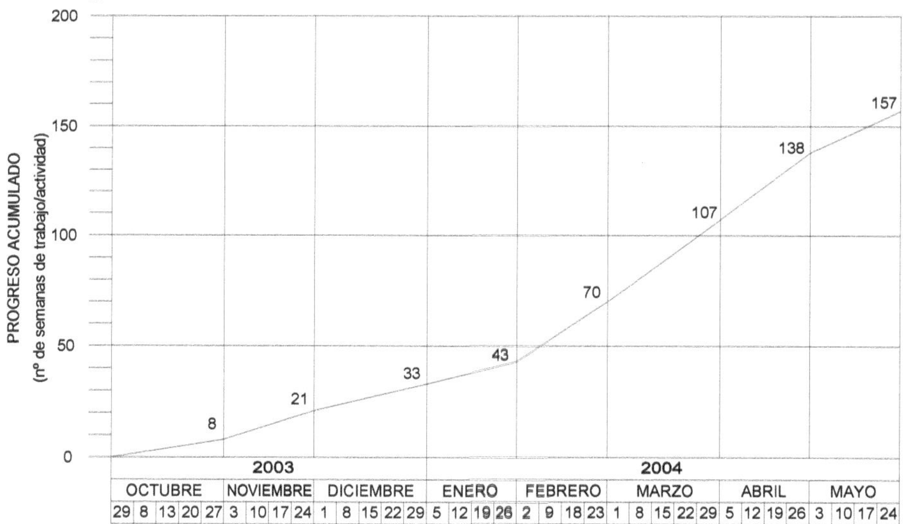

Figura 2.20: Curva de progreso previsto.

La curva que responderá a la unión de los puntos (x_i, y_i), que responden a:

—x_i = *final del mes (i)*
—y_i = *nº de semanas de trabajo previstas en el mes (i)*

tendrá normalmente una configuración tendente a la que se representa en el ejemplo. Sobre esta curva vamos a reflejar con una periodicidad mensual el progreso real de nuestra obra.

El periodo elegido para cada revisión del programa de trabajos es mensual en función del resto de documentos que habitualmente se confeccionan en la obra, y en general en cualquier tipo de empresa o actividad (certificaciones, contabilidad, nóminas, etc.), y es un periodo suficientemente corto para tener en todo momento la información que se requiere y suficientemente largo para que no suponga una tarea laboriosa para el personal encargado de realizarlo. Pero este procedimiento puede hacerse previsto para revisiones semanales, por ejemplo, y con la unidad de medida la "jornada de trabajo", u otros similares, aunque esto lo recomendamos no para un proyecto completo sino para una actividad que se subdivida en otras y que nos interese controlar especialmente.

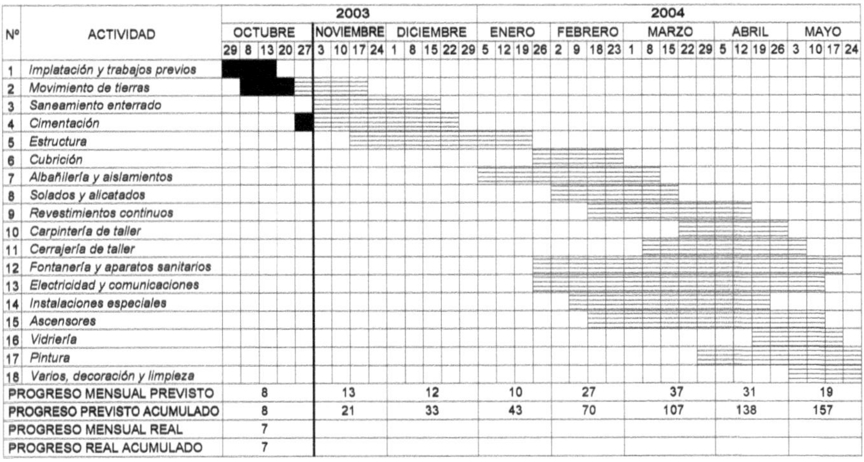

<table>
<tr><th rowspan="3">Nº</th><th rowspan="3">ACTIVIDAD</th><th colspan="14">2003</th><th colspan="21">2004</th></tr>
<tr><th colspan="5">OCTUBRE</th><th colspan="4">NOVIEMBRE</th><th colspan="5">DICIEMBRE</th><th colspan="4">ENERO</th><th colspan="4">FEBRERO</th><th colspan="5">MARZO</th><th colspan="4">ABRIL</th><th colspan="4">MAYO</th></tr>
<tr><th>29</th><th>8</th><th>13</th><th>20</th><th>27</th><th>3</th><th>10</th><th>17</th><th>24</th><th>1</th><th>8</th><th>15</th><th>22</th><th>29</th><th>5</th><th>12</th><th>19</th><th>26</th><th>2</th><th>9</th><th>18</th><th>23</th><th>1</th><th>8</th><th>15</th><th>22</th><th>29</th><th>5</th><th>12</th><th>19</th><th>26</th><th>3</th><th>10</th><th>17</th><th>24</th></tr>
<tr><td>1</td><td>Implatación y trabajos previos</td><td colspan="35"></td></tr>
<tr><td>2</td><td>Movimiento de tierras</td><td colspan="35"></td></tr>
<tr><td>3</td><td>Saneamiento enterrado</td><td colspan="35"></td></tr>
<tr><td>4</td><td>Cimentación</td><td colspan="35"></td></tr>
<tr><td>5</td><td>Estructura</td><td colspan="35"></td></tr>
<tr><td>6</td><td>Cubrición</td><td colspan="35"></td></tr>
<tr><td>7</td><td>Albañilería y aislamientos</td><td colspan="35"></td></tr>
<tr><td>8</td><td>Solados y alicatados</td><td colspan="35"></td></tr>
<tr><td>9</td><td>Revestimientos continuos</td><td colspan="35"></td></tr>
<tr><td>10</td><td>Carpintería de taller</td><td colspan="35"></td></tr>
<tr><td>11</td><td>Cerrajería de taller</td><td colspan="35"></td></tr>
<tr><td>12</td><td>Fontanería y aparatos sanitarios</td><td colspan="35"></td></tr>
<tr><td>13</td><td>Electricidad y comunicaciones</td><td colspan="35"></td></tr>
<tr><td>14</td><td>Instalaciones especiales</td><td colspan="35"></td></tr>
<tr><td>15</td><td>Ascensores</td><td colspan="35"></td></tr>
<tr><td>16</td><td>Vidriería</td><td colspan="35"></td></tr>
<tr><td>17</td><td>Pintura</td><td colspan="35"></td></tr>
<tr><td>18</td><td>Varios, decoración y limpieza</td><td colspan="35"></td></tr>
<tr><td colspan="2">PROGRESO MENSUAL PREVISTO</td><td colspan="5">8</td><td colspan="4">13</td><td colspan="5">12</td><td colspan="4">10</td><td colspan="4">27</td><td colspan="5">37</td><td colspan="4">31</td><td colspan="4">19</td></tr>
<tr><td colspan="2">PROGRESO PREVISTO ACUMULADO</td><td colspan="5">8</td><td colspan="4">21</td><td colspan="5">33</td><td colspan="4">43</td><td colspan="4">70</td><td colspan="5">107</td><td colspan="4">138</td><td colspan="4">157</td></tr>
<tr><td colspan="2">PROGRESO MENSUAL REAL</td><td colspan="5">7</td><td colspan="4"></td><td colspan="5"></td><td colspan="4"></td><td colspan="4"></td><td colspan="5"></td><td colspan="4"></td><td colspan="4"></td></tr>
<tr><td colspan="2">PROGRESO REAL ACUMULADO</td><td colspan="5">7</td><td colspan="4"></td><td colspan="5"></td><td colspan="4"></td><td colspan="4"></td><td colspan="5"></td><td colspan="4"></td><td colspan="4"></td></tr>
</table>

Figura 2.21: Gráfica Gantt revisada en el primer periodo del proyecto.

Construiremos, por tanto, mes a mes una gráfica Gantt haciendo corresponder la longitud de las barras de las tareas, con el porcentaje de la tarea ejecutada y señalando el mes en que hacemos la revisión. Es recomendable utilizar tramas o colores para distinguir parte de la tarea realizada de la no realizada —azul para las barras "previstas" y rojo para las barras "ejecutadas" es lo más habitual—. Contaremos las semanas de trabajo —casillas— que hemos "coloreado" o señalado como ejecutado y pasaremos su valor a la primera celda correspondiente a la fila "progreso mensual real", y, al ser el primer mes consignaremos el mismo valor en "progreso real acumulado". Mes a mes iremos efectuando la misma operación y rellenando las filas de "progreso real" de la misma forma que lo hicimos para las de progreso previsto al construir el programa inicial.

En el segundo gráfico, una curva con los valores reales de forma análoga a la construida con los valores previstos, recomendando, al igual que en el gráfico de Gantt, utilizar distintos tipos de línea o colores. Observaremos lo intuitivo que resulta en el gráfico de Gantt ver la situación de nuestro proyecto por actividades, ya que las que tengan barras "ejecutadas" más allá de la línea del mes estarán adelantadas y las que no lleguen a ella estarán retrasadas, por supuesto, las que correspondan con la línea del mes en que estemos efectuando la revisión estarán en su situación ideal con respecto al plazo previsto (Figura 2.21).

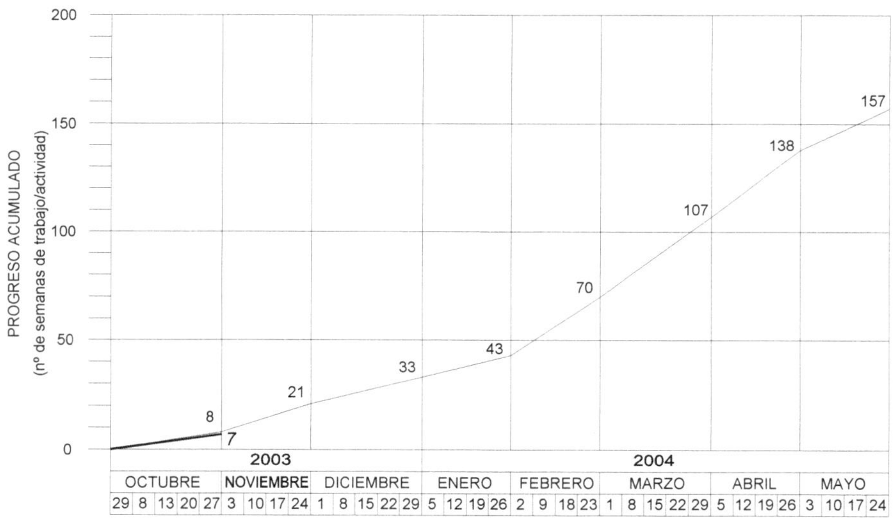

Figura 2.22: Gráfica de la curva de progreso GAM revisada en el primer periodo del proyecto.

Mucho más clarificante es la situación de la curva de progreso real que vayamos trazando al compararla con la prevista —Figura 2.22—, dándonos ésta la situación total de la obra en función si está por debajo de lo previsto ya que en ese caso denota retraso en el plazo, por encima, lo que lógicamente significa adelanto o coincidente, que obviamente es la situación ideal de ejecución del proyecto.

Esta curva que representa el progreso real, responderá a la unión de los puntos (x_i, y'_i), que responden a:

—x_i = *final del mes (i)*
—y'_i = *nº de semanas de trabajo reales en el mes (i)*

debería ser coincidente con la Curva de progreso previsto, siempre que el programa de trabajos se cumpla estrictamente —o bien el adelanto de unas actividades compense el retraso de otras—. Los tramos que presente, sin embargo, por debajo de la Curva prevista representarán retraso y los que estén sobre ésta serán periodos en que la obra esté adelantada.

En algunos casos es conveniente utilizar, tanto en las barras como en la curva reales, colores distintos —o tramas— para cada mes o periodo analizado, dejando constancia de a cual corresponde cada uno o bien estableciéndolo de antemano lo que nos permitirá conocer a posteriori cuales fueron los meses o periodos en los que las tareas tuvieron más o menos avance, y sea útil o interesante extraer conclusiones ello para el futuro, ya que, en cualquier caso, el sistema nos muestra en cada periodo el estado del proyecto, además de la evolución del mismo en el tiempo hasta dicho momento.

El método GAM, como se dice al principio del apartado, es un sistema tan sencillo de llevar a la práctica, como de interpretar, dado lo intuitivo de las dos representaciones que combina, la grafica de Gantt y las curvas de progreso, lo que es determinante para su utilización con escasos recursos y con tiempos limitados, lo cual es desgraciadamente habitual en la mayor parte de las obras de construcción, y lo que comporta sus principal grupo de ventajas. En cuanto a sus inconvenientes hay que señalar en primer lugar que la información, como se ha dicho, puede se engañosa en cuanto a la curva de progreso, ya que puede señalar retraso habiendo actividades adelantadas y viceversa (no sucede en la gráfica e Gantt, en la que se ven las actividades individualmente), además de no ser un método en el que se tengan en cuenta las relaciones de precedencia ni los caminos críticos.

En cualquier caso, la información que proporciona este sistema es normalmente suficiente para conocer el estado de una obra, mes a mes, ya que de encontrar problemas que afecten a actividades en particular, o a secuencias entre ellas, es una tarea, que siempre supone un examen específico, independiente del grado de análisis propio del sistema que se esté utilizando.

2.10. De la planificación de la obra.

Llamamos *planificación de la obra* a la decisión que establece los objetivos técnicos y económicos de la misma, definiéndolos y detallándolos en función de las etapas según las cuales han de desarrollarse.

Elaborar la planificación debe ser la primera tarea que se ha de ejecutar en la obra, formando parte integrante de los procesos normales de la misma. Si así lo hacemos podremos afirmar al igual que Horacio "*Dimidium facti qui coepit habet*" (Aquel que ha empezado, ya ha realizado la mitad de una obra, Epístolas, 1, 2, 40). Cada empresa, o en su defecto, cada profesional ha de tener claro el sistema que adecuado para desarrollar la planificación —y los consiguientes ejecución y control—, estrategia sin la cual no sólo desconoceremos si se alcanzarán los fines que se persiguen, si no que podemos conducir a la empresa constructora al fracaso.

Explicaremos detalladamente los documentos de que debe constar una planificación de obra, así como el procedimiento de elaboración, pero en primer lugar debemos tener en cuenta las tres premisas que una correcta planificación económica debe cumplir:

- "completa": debe abarcar la ejecución de toda la obra, incluyendo el período de conservación en el plazo de garantía; las partes que por su lejanía en el tiempo en el momento en el que se redacta cada planificación al menos deben estar previstas y si no cuantificadas exhaustivamente, al menos estimadas; así como las partes con indefiniciones, o con dudosa definición.
- "concisa": no debiendo contener información superflua, ni datos cuya pequeña relevancia económica implique que el coste de su planificación o control sea mayor que el suyo propio.
- "puntual": como se ha dicho debería estar ejecutada antes del comienzo de la propia obra, ya que los datos que debe contener suponen información que en algunos casos pueden incluso hacer inviable la propia ejecución de la obra. Sabemos que no siempre será esto posible, pero en cualquier caso, debería quedar claro que no se debe empezar nunca una unidad de

obra que no estuviera debidamente planificada, esto nos podrá suceder con las unidades de comienzo de una obra, pero nunca formará parte del método, sino que las consideraremos como excepciones "no evitables"

Asimismo, estará compuesta de dos partes: por un lado elaboraremos la planificación técnica y a continuación el estudio económico.

Para la confección de la planificación de la obra utilizaremos cualquiera de los métodos que se han mencionado en este capítulo —u otro cualquiera—, y habrá que contar para su elaboración con la documentación que a continuación se relaciona:

1. El proyecto de ejecución, así como el resto de proyectos auxiliares que pudieran existir y el estudio (y el plan si está elaborado en esta fase) de seguridad y salud. El estudio geotécnico, plan de control de calidad y cualquier documento o estudio auxiliar.
2. El contrato de ejecución de la obra
3. La documentación que sirvió de base para efectuar el estudio y la oferta económica de la obra, así como la propia oferta o proposición. Hay algunas empresas que no permiten que los equipos de producción, es decir los técnicos de obra tengan acceso a esta documentación, por pensar que podría condicionar de alguna manera precisamente esta planificación o el estudio económico, por tanto si nos encontramos en este caso prescindiremos de esta documentación.
4. Toda la documentación, correspondencia, actas, anotaciones en los libros de órdenes y similares que hasta el momento se hayan producido.
5. La documentación contable que ya se haya podido producir imputable a la obra.
6. Las relaciones de equipos y maquinaria disponibles de la empresa.
7. La legislación y normativa aplicable, tanto genérica, como particular de la obra.
8. Cualquier otro documento o información de que se disponga y tenga, lógicamente, relación con la obra.

La planificación de la obra, no podrá ejecutarse sin un previo y detallado estudio del proyecto de ejecución, incluyendo los sistemas constructivos previstos en él, las fases de ejecución, los tiempos de espera y las tareas auxiliares.

La planificación de la obra no será un documento que nos guíe u obligue a los que ejecutamos la obra, ya que si hemos incluido en el programa de trabajos —planificación técnica—, los hitos correspondiente a las elecciones de muestras o toma de decisiones, éste también obligará a los agentes de la obra externos a la empresa constructora, como la dirección facultativa, promotor o administración, estableciendo y delimitando las responsabilidades.

Servirá también para conocer todas las necesidades de la obra en cuanto a maquinaria, medios auxiliares, personal, empresas subcontratistas, suministros, etc., así como en el tiempo en que debe producirse su incorporación o intervención en el proceso de ejecución de la obra.

La planificación de la obra, como veremos en el siguiente capítulo, no sólo se limitará a reflejar la programación "correcta" y necesaria para cumplir los plazos contractuales, así conocer los parámetros económicos, ya que una vez analizados éstos tendremos que analizarlos y corregirlos en función de lograr los objetivos tanto de plazo como económicos que nuestra empresa, o bien, nosotros mismos nos hayamos marcado. Se introducirán o podrán introducir cuantas variantes o alternativas sean necesarias para conseguir los propósitos esperados, y aún más que los esperados, ya que si éstos son mejorables, no hay porqué desdeñar esta posibilidad, teniendo en cuenta el mayor número de opciones que pueden ayudar en este sentido, tales como disminución de plazos, cambios de secuencias de ejecución o sistemas constructivos, etc.

Como conclusión, aconsejamos siempre que se haba una planificación de tiempos, y sobre todo nos referimos aquí al programa de trabajos, que no nos limitemos a plasmar en un programa —cualquier que sea el que usemos—, los datos de las actividades, su duración, sus fechas de comienzo, así como sus relaciones de precedencia, y admitamos el resultado como bueno, por el hecho de que el sistema es el adecuado. Debemos tener en cuenta otros factores, que con la programación de tiempos no suele verse, estos pueden ser la acumulación de mano de obra o de otros recursos, así como la valoración de las actividades, reflexión que siempre debe hacerse. Es importante que las actividades no se interrumpan, es mejor alargar su duración –*stretch*, es el término inglés que se utiliza comúnmente–, disminuyendo por tanto los recursos asignados. En este sentido, proponemos tener en cuenta las siguientes diez reglas de oro, en cuanto al análisis final de la planificación antes de considerarla como definitiva:

I) Incluir las tareas auxiliares.

No debemos olvidar, al hacer el desglose de las tareas o actividades incluir entre ellas las actividades de implantación y retirada de obra, así como la de las maquinarias o equipos importantes, que supongan instalación y desmontaje complejos, incluyendo los transportes de llegada a obra y de retirada que presente problemas, así como su especificidad en cada caso. Estas actividades forman parte del proceso de la obra, tanto como la ejecución material de la misma, aunque al ser actividades auxiliares o *no productivas*, suelan ser olvidadas. Nosotros debemos tenerlas en cuenta siempre, y contar con ellas, en lo que se refiere a la planificación de tiempos, tanto como con las actividades *productivas*, incluyendo sus relaciones de precedencias con las demás.

II) Incluir las tareas de toma de decisiones.

Introducir en la planificación las fechas de toma de decisión, en forma de tareas sin duración o hitos (aparte de los hitos que haya que considerar por cuestiones contractuales, como son la terminación de una fase concreta de la obra o una parte de la misma). El programa de trabajos no solamente debe obligar al equipo de la obra de la empresa constructora, sino al resto de los agentes que en la misma intervienen. La Dirección Facultativa, la Propiedad y otros departamentos de la empresa influyen en la ejecución de la misma con decisiones tales como elección de muestras, aprobación de sistemas constructivos, elección de materiales, firma de documentos, revisión de elementos de obra para ejecutar actividades consecuentes así como otras múltiples labores en este sentido. Así pues, estas tares deben estar contenidas en el programa de trabajos como hemos dicho, cuando su importancia sea tal que las actividades de que dependan no puedan ser ejecutadas sin el cumplimiento de aquellas.

III) Homogeneizar las duraciones de las actividades.

Debemos homogeneizar los tiempos de duración de las actividades, adaptando los recursos a la duración tipo media del programa, de forma que la secuencia del comienzo de actividades presente un escalonamiento análogo al de finalización. Esta es una consecuencia lógica del resto de condiciones contenidas en este decálogo y la norma empírica que posibilita una ejecución homogénea de la obra, facilitando las labores de preparación, seguimiento y control de la misma.

IV) Situar los comienzos "lo antes posible".

Deberemos comprobar que los comienzos de las actividades se han situado "lo antes posible". Las actividades siempre tienen la posibilidad como sabemos de comenzar y de terminar en una horquilla de fechas de mayor o menor abertura, que influirá después en el cálculo de sus holguras. Aunque conozcamos perfectamente los sistemas constructivos, el proyecto de ejecución y los medios materiales y humanos con los que contamos, la experiencia dice que cada obra es distinta a la anterior, y que la mayoría de las complicaciones se presentan en la fase inicial de cada actividad. Si adelantamos lo más posible los comienzos, no consumiremos las holguras de las actividades que las tengan en la solución de los imprevistos que puedan surgir en el arranque de las mismas.

V) Asignar regularmente los recursos.

Programar las actividades con asignación regular de recursos. Las actividades deben tener, individualmente una asignación de recursos suavemente creciente en su comienzo y suavemente decreciente en su finalización, con un periodo, lo más largo posible durante su ejecución con una asignación fija de recursos. Esto facilita y racionaliza su ejecución, optimiza la utilización de los recursos y beneficia la calidad de su ejecución.

VI) Programar las tareas sin interrupciones.

Programar las tareas sin interrupciones, o con el menor número de ellas posible, solamente con las imprescindibles posibilita uno de los mayores éxitos de las obras en cuanto a su planificación técnica. Debemos procurar, ya desde la planificación que cuando se incorpore un determinado equipo humano para el comienzo de una actividad, dicho equipo no abandone la obra hasta que dicha actividad no haya finalizado. Esto no solo influye en las actividades que, en un primer programa hayan salido con interrupciones, sino al conjunto de la obra, ya que ninguna actividad es independiente. Cuando tengamos, por tanto, actividades con interrupciones debemos reconsiderar tanto su ejecución, como las relaciones con las demás para evitarlo. Esto no es aplicable a tareas que se ejecuten en dos fases, y esta regla está relacionada directamente con la siguiente.

VII) Prever tareas de regulación.

Prever todas las actividades posibles como tareas o tajos de regulación. Se denominan tajos de regulación a aquellos, que dentro del conjunto de cada actividad tienen una máxima holgura, y pueden ejecutarse en una gran parte con independencia del resto. Estos tajos deben comenzarse lo antes posible y pueden servir para absorber un momento determinado un exceso de recursos que surjan por un problema de ejecución, definición, falta de otros recursos u otras causas, en otra actividad similar o en otra parte de la misma actividad. No siempre es posible encontrar estos tajos de regulación, pero cuando existan hay que aprovecharlos al máximo.

VIII) Dar importancia a todas las actividades.

Las actividades críticas no son importantes sino desde el punto de vista de la programación o planificación de la obra. Cuando planificamos los tiempos de la obra, debemos entender que todas las actividades son importantes, independientemente de su volumen o importancia técnica o económica, y no debemos despreciar en ningún momento las actividades o tareas “menores”, máxime cuando estén en el camino crítico. En algunos programas, en el camino crítico están incluidas estas actividades de menor importancia desde otros puntos de vista, pues bien, por el hecho de que estén en el camino crítico adquieren importancia suficiente como para controlar y vigilar el cumplimiento de sus fechas.

IX) Comprobar los recursos humanos.

Debemos hacer siempre la siguiente comprobación: asignar los recursos humanos a cada actividad para representar su fluctuación en una gráfica. Analizaremos tanto el número máximo de operarios necesarios para la ejecución del programa, comprobando que está en consonancia con el dimensionamiento de la obra en el resto de sus servicios, si esta cantidad es muy distinta, debemos revisar el programa de nuevo. De igual manera lo deberemos ajustar si analizamos un número de operarios inusitadamente alto en una concreta especialidad. Esta gráfica de recursos humanos debe aproximarse a una campana de Gauss, siendo de aplicación para toda la obra lo especificado en el punto V) de este decálogo para cada actividad. No es lógico en absoluto ni recomendable que nos salgan gráficos en “dientes de sierra”, o con irregularidades similares. En definitiva: los recursos humanos deben tener una lógica en consecuencia con la obra a ejecutar y su distribución debe ser regular.

X) Comprobar la valoración de la producción.

Debemos de igual forma que en la regla anterior, valorar el programa de trabajos. Esta tarea la deberemos ejecutar necesariamente en la siguiente fase de la planificación (estudio económico), debemos hacerlo en esta fase para analizar que al igual que en la asignación de recursos humanos, la distribución económica de la obra siga también una gráfica en forma de campana de Gauss, otro tipo de fluctuación económica no sería normal en una obra de edificación y nos denotaría algún error de concepto en la programación de la misma.

3. ESTUDIO ECONOMICO DE LA OBRA

> El transporte era el principal problema. La cantera estaba a un día de viaje del emplazamiento de la construcción, y un carretero cargaría probablemente cuatro peniques por viaje, sin poder transportar además más de ocho o nueve de las piedras grandes, so pena de romper el carro o matar el caballo.
>
> *(Ken Follet: "Los pilares de la Tierra".)*

3.1 De la economía.

LA ECONOMÍA ES LA CIENCA QUE ESTUDIA los procesos de producción, distribución y comercialización de los bienes. Entendemos necesarias unas breves notas acerca de lo que es la *economía* y los conceptos que engloba esta actividad, que durante siglos, desarrolló el ser humano de un modo implícito, sin llegar a convertirla en disciplina ni a teorizar sobre ella. Conceptos como, *producción*, *distribución*, *mercado*, etc., forman parte de nuestra vida cotidiana, constituyendo la práctica económica, inherente a la satisfacción de las necesidades humanas. Mientras los distintos grupos sociales satisfacían sus necesidades con productos elaborados, cultivados, cazados, o fabricados por ellos mismos no se sentía la necesidad de un *pensamiento económico*, sin embargo, cuando apareció el *excedente económico*, o producto sobrante, y que suscitaba la posibilidad de un intercambio en un *mercado*, apareció también lo que el economista inglés David Ricardo (1772-1823) denominó como *cálculo económico*, encauzado a obtener el *máximo beneficio* en los intercambios.

El auténtico desarrollo de la *ciencia económica* se establece a partir de los siglos XVIII y XIX, cuando se desarrollan asimismo los sistemas productivos y las revoluciones tecnológicas.

Hoy día, la economía ocupa un lugar destacado entre las ciencias humanas, y los hechos económicos ocupan el centro de la vida de las sociedades modernas, tanto a nivel interior como a nivel exterior, influyendo de una manera decisiva en los niveles social y político, estando prácticamente ligada de una u otra manera en la actualidad toda la economía mundial.

Historia y teorías

Podemos decir que la economía es una ciencia realmente moderna como tal, ya que no se conoce de ninguna manera en la antigüedad. Aristóteles (384-322 a.C.) o Platón (c. 428-c. 347 a.C.), se preocupaban solamente de la política, e indirectamente de algunos conceptos económicos. Algunos escritores como Jenofonte (c. 430-c. 355 a.C.), Varrón (116-27 a.C.), Catón de Útica (95-46 a.C.) o Plinio el Viejo (c. 23 d.C. -79), también desarrollaron teorías difusas sobre estos temas. En la edad media, la doctrina de la Iglesia, que consideraba el comercio una actividad inferior a la agricultura, está representada fundamentalmente por los postulados de Santo Tomás, de Aquino (1225-1274) y de su maestro San Alberto Magno (1206-1280), quienes no considerando pecado el pago de intereses por préstamos que se utilizaran en negocios, puesto que se entendía que eran generadores de riqueza, sí lo consideraban cuando los intereses se referían a prestamos para bienes de consumo. Entonces es cuando surge en Europa una clase social nueva, la burguesía, cuya principal actividad se centraba en la manufactura, el comercio, la banca y el crédito, conceptos que formaron el germen de lo que luego se desarrollaría en la ciencia económica.

En la Europa del Siglo XVI, al formarse los grandes estados —España, Inglaterra, Francia—, comienza a sentirse una preocupación por los temas económicos, por el propio funcionamiento de dichos estados, en financiación de sus guerras, sus expediciones transoceánicas o en la organización de sus estructuras administrativas.

Las primeras teorías económicas surgieron fundamentalmente en Francia en el siglo XVIII, en el seno del pensamiento liberal bajo una monarquía absolutista en crisis, producida en gran parte por los exagerados gastos tanto en campañas militares como en grandes edificios y demás gastos suntuarios. Estas primeras teorías fueron el *mercantilismo y la fisiocracia.*

El *mercantilismo* propugnaba ideas como que el mejor procedimiento para que los resultados comerciales fuesen favorables era progresar en la industria y en el comercio, promoviendo en lo posible una industria nacional fuerte para evitar, o reducir al mínimo, las importaciones, defendiendo que éstas fuesen gravadas con rigurosos aranceles. Estableció la acuñación de moneda con oro y plata, creyendo que la acumulación de dinero por parte de un país le daría mayor riqueza, por tanto se tendía a facilitar la entrada en los países de metales preciosos, dificultando su salida, y defendiendo, en general la autarquía del estado, —en los textos anglosajones nos referimos a *autarky*, y no a *autarchy* que significa gobierno absoluto o autogobierno—. Los mercantilistas consideraban necesario un severo intervencionismo del estado en la actividad económica, mediante legislación apropiada, y supliendo la iniciativa privada que por entonces era aún escasa. Uno de los principales precursores del mercantilismo fue Jean-Baptiste Colbert (1619-1683), que fue ministro de Luis XIV, tras haber sido intendente del cardenal Mazarino (1602-1661) quien lo recomendó al rey, tanto que al mercantilismo se le conoce también como *colbertismo*, aunque la excéntrica personalidad de Luis XIV, así como las numerosas campañas militares en que envolvió Francia, agotaron las arcas del país e impidieron que Colbert pudiera llevar a cabo su sistema económico de forma eficiente.

Al mercantilismo y al gran intervencionismo del estado, producto de la revolución jacobina, se opusieron las doctrinas francesas, influidas sin duda por el escritor suizo, diputado francés tras la restauración monárquica y antibonapartista Benjamín Constant (1767-1830), creando el Estado del Directorio, y la doctrina llamada *escuela fisiocrática*, a la cabeza de la cual se encontraban Robert J. Turgot (1727-1781) ministro de economía de Francia desde 1774 a 1776, de ideas liberales y que estableció una rigurosa política de control del gasto, y François Quesnay (1696-1774) economista y cirujano —fue médico de cabecera de Luis XV—; además de sus discípulos Pierre Samuel du Pont de Nemours (1739-1817) y Víctor Riqueti, marqués de Mirabeau (1715-1789), cuyas teorías le valieron el exilio. Estos son los padres de las teorías más liberales en la economía, pues propugnaban que se considerara la actividad económica como un fenómeno natural, dejando al libertad en los mercados y evitando el intervencionismo del estado, basándose en el famoso enunciado *laissez faire, laissez passer, le monde va de luimême* (dejad hacer, dejad pasar, el mundo va por si mismo), acuñada por los fisiócratas y origen del *liberalismo.*

El principal creador de las *teorías económicas liberales* fue el escocés Adam Smith (1725-1790), considerado además el auténtico fundador de la ciencia económica, desde la publicación de su obra *Investigación sobre la naturaleza y causa de la riqueza de las naciones* (1776), junto con David Ricardo y Tomas Malthus (1766-1834), de la denominada escuela clásica, que culmina con las teorías de también británico John Stuart Mills (1806-1873) uno de los pensadores liberales más destacados, favorable a la reforma social, la emancipación femenina y la democracia, de enorme influencia a lo largo del siglo XIX y sobre cuyas doctrinas se ha basado el sistema capitalista actual. Smith, cuya prolongada amistad con el filósofo David Hume (1711-1776), fue de una gran influencia en su pensamiento ético y económico, basa sus teorías en el *natural egoísmo* del ser humano, en virtud del cual todo hombre tiende a mejorar su situación, contribuyendo con dicho esfuerzo a mejorar la riqueza de su propio país, el Estado debe dejar libres la iniciativas individuales, con el menor número de trabas y reglamentaciones, prospere el bienestar general y la riqueza, según las leyes naturales del libre mercado y la competencia. Para defender el no intervencionismo del estado, base del sistema liberal, Smith dictó la teoría de la *mano invisible*, que en definitiva dice que los individuos, al buscar satisfacer sus propias necesidades e intereses son conducidos inconscientemente por una *mano invisible* que hace que además de alcanzar sus intereses alcancen otros que no estaban en su conocimiento pero que serán de provecho para la sociedad. Smith desarrolla en sus teorías los conceptos de valor de uso y valor de cambio, precio natural y precio de mercado, los salarios y la libre competencia, la demografía y la función del estado. David Ricardo, continuador de las teorías *esmitianas* estudió la división de las mercancías según dependieran o no de la voluntad del hombre, desarrolló estudios sobre la circulación monetaria así como teorías sobre el valor del trabajo y la renta y la tierra. El clérigo y economista británico Malthus, aportó la visión de la economía desde el punto de vista demográfico, en su ensayo *Sobre el principio de la población* (1798), con un pesimismo notable al afirmar que *la capacidad de crecimiento de la población es infinitamente mayor que la capacidad de la tierra para producir alimentos*, relacionando el crecimiento de los alimentos y de la población tal como hemos resumido, sus teorías fueron repetidamente esgrimidas en contra de los argumentos que pretendían mejorar la situación de los pobres, por lo que no debemos extrañarnos cuando posteriormente Marx se refiriera a él con expresiones como *ese delincuente*, aunque hay que reconocerle el mérito de ser el precursor de los estudios demográficos.

El liberalismo es la teoría que mayor éxito ha tenido hasta nuestros días en nuestra sociedad occidental, sin embargo se crearon escuelas críticas con el tales como la *escuela romántica* representada en Alemania por Adam Müller (1779-1829) y representada por Friedrich List (1789-1846), y que defendían la autarquía de el estado, entendiendo éste debía ser proteccionista al ultranza con su producción. La *escuela historicista*, representada por Gustav Schmoller (1838-1917), que sustituyó la deducción *egoísta* por el método *ético-histórico*, rechazando por tanto el núcleo de las teorías liberales. Schmoller defendió una reforma social, en armonía con un libre mercado. Sus teorías alcanzaron resultados prácticos en Alemania, al crearse la seguridad social. Werner Sombart (1863-1941) fue uno de los principales continuadores se las teorías de Schmoller. La *escuela matemática*, surgida al final del siglo XIX, planteó la teoría económica como un problema de relaciones y variaciones de sus magnitudes, introduce el concepto de utilidad e fundamenta matemáticamente la teoría de la distribución, sobre la hipótesis del equilibrio económico, entre todos los factores del proceso económico. Sus principales exponentes son el británico Williams Stanley Jevons (1835-1882) y el francés Léon Waltras (1834-1918). Estos economistas también fueron conocidos como neoclásicos, y explicaban la formación de los precios al fijarse en el estudio de la utilidad o satisfacción obtenida con la última unidad o unidad marginal consumida. El economista británico Alfred Marshall (1842-1924) en su gran obra *Principios de economía* (1890), explica la demanda a partir del principio de utilidad marginal, y la oferta a partir del coste marginal. Esta doctrina, intrínsecamente conservadora, defiende la competitividad sobre la intervención del estado, y no fue cuestionada por sus partidarios hasta la Gran Depresión de la década de 1930.

La *escuela marxista*, quizá la más importante en cuanto a la novedad de sus planteamientos así como el arraigo de éstos en la sociedad, aunque no es la primera ruptura que existe con las teorías clásicas, ya que se inician con el filósofo social francés, Claude Henri de Rouvroy conde de Saint-Simon (1760-1825) quien viajó a los dieciséis años a los Estados Unidos para luchar en la Guerra de la Independencia, apoyó a la Revolución Francesa y renunció a su título nobiliario; el filósofo socialista francés Charles Fourier (1772-1837) que enunció sus teorías acerca de de la organización cooperativista de la comunidad y su sistema social basado en un principio universal de armonía; el utópico socialista británico Robert Owen (1771-1858) que en 1833 participó en la fundación del primer sindicato británico; y el escritor e ideólogo francés Pierre Proudhon (1809-1865) autor del famoso panfleto *¿Qué es la propiedad?* (1840) en el que denunciaba los abusos que genera la concentración de poder económico y la propiedad privada, y que es considerado como el fundador del anarquismo moderno. Pero fue Karl Marx (1818-1883) el autor de las teorías sociales más importantes. Marx conoció en París a Friedrich Engels (1820-1895) con quien, poco después de que Proudhon hubiera enunciado frases tan rotundas como *la propiedad es un robo*, publicó en 1848 el famoso *Manifiesto Comunista*, que quizás sea la obra que mejor resume las ideas marxistas y su establecimiento posterior en la URSS, a partir de la Revolución Rusa de 1917. El *Manifiesto comunista* se centra en ocho puntos fundamentales: expropiación de las tierras para utilizar su renta en el gasto del Estado, aplicar progresiva y gradualmente una tasa sobre los beneficios, abolición de los derechos hereditarios, centralización de créditos mediante la creación de una banca estatal, nacionalización de los transportes, propiedad estatal de las fábricas, redistribución de las tierras y educación estatal para todos. En *El Capital,* publicado entre 1867 y 1894, que es uno de los tratados de economía más completos de cuantos se han escrito, Marx realiza una crítica radical a la economía capitalista, basándose en la metafísica del filósofo alemán George Hegel (1770-1831), y partiendo de la teoría de Ricardo del *valor-trabajo* y establece que el trabajador nunca recibe la totalidad del valor de su trabajo; entre lo que percibe y el valor de lo que produce hay siempre una diferencia, que Marx denomina *plusvalía*. Las teorías marxistas desarrollan lo que desemboca en el *enfrentamiento capital-trabajo* —lucha de clases—, distingue ente los distintos tipos de capital, los principios de reserva industrial, la teoría del pauperismo creciente, y la ley de concentración del capital, desembocando en que el capital estará concentrado cada vez en un menor número de personas, mientras que el proletariado se verá siempre depauperado. Marx y Engels predijeron las repetidas crisis que darán por fin en la crisis final del capitalismo que se reflejarían en un desplome de los beneficios, una mayor conflictividad entre trabajadores y empresarios e importantes depresiones económicas. El resultado de la inevitable lucha de clases culminaría en la revolución y en el avance hacia, en primer lugar, el socialismo, para al fin avanzar hacia la implantación gradual del comunismo. En una primera etapa todavía sería necesario tener un Estado que eliminara la resistencia de los capitalistas. Cada trabajador sería remunerado en función de su aportación a la sociedad. Cuando se implantara el comunismo, el Estado, cuyo objetivo principal consiste en oprimir a las clases sociales, desaparecería, y cada individuo percibiría, en ese porvenir utópico, en razón de sus necesidades. Las teorías económicas de Marx compusieron la base de los sistemas socialistas que primaron en los países del este de Europa durante tres cuartas partes del siglo XX, y que Mijaíl Gorvachov, en su libro *Perestroika, un nuevo pensamiento para nuestro país y para el mundo* (1987), reconocía que había que cambiar en los métodos aplicados, ya que "*en lugar de unos métodos predominantemente administrativos, deberían adoptarse unos métodos predominantemente económicos*", lo que, como sabemos hoy día, no fue precisamente lo que hicieron en la extinta Unión Soviética los dirigentes que han sucedido a Gorvachov.

El economista más importante del siglo XX, y el más influyente tras Adam Smith, fue el británico John Maynard Keynes (1883-1946), profesor y funcionario del gobierno. Sus teorías nacieron en momentos en que tanto Europa como Norteamérica se encontraban en crisis, la Gran Depresión, crisis que demostró que el sistema capitalista era incapaz de recuperase si se le dejaba en manos de sus propios mecanismos, y que supuso el final político de las teorías económicas *laissez-faire*. Las teorías de Keynes se centran en modelos macroeconómicos que explican la determinación de la renta y una política monetaria moderna, en el sistema capitalista puede darse una situación permanente de no utilización plena de los elementos productivos, los sindicatos deben ser tenidos en cuenta, la reducción de los salarios no está directamente ligada a la facilidad para obtener empleo, y en general teorías que determinan que hay un *punto intermedio* entre las teorías anteriores mas opuestas. El actual modelo denominado *estado del bienestar*, debe una gran parte de su esencia a las proposiciones de Keynes.

Economía española

España es uno de los países en los que, dejando aparte la trascendencia exterior de sus doctrinas, la ciencia económica suscitó el interés de los intelectuales de forma más temprana en la historia, si nos remontamos a la Escuela de Salamanca, que fue una corriente de pensamiento puramente española que establecieron algunos juristas españoles del siglo XVI y que se formaron en la Universidad de Salamanca, discípulos en su mayoría del catedrático Francisco de Victoria (1486-1546), dominico alavés —su apellido lo indica—, formado en París y que introdujo en España las teorías de Santo Tomás de Aquino (*Summa Theológica*, 1265-1273) como en las que basó su doctrina, en contraposición con las que imperaban en la época, fundamentalmente las basadas en las *Sentencias* de Pedro Lombardo (c. 1100-1160). De Victoria trató el tema de los derechos de la corona española en la conquista de las indias, así como los derechos de sus habitantes, en su obra *De indis*, y es considerado fundador del Derecho Internacional. Aunque con una orientación moral, ya que en su mayoría eran clérigos, los componentes de la Escuela de Salamanca, estudiaron los problemas causados por la inflación que se generó en España en el siglo XVI por causa de la llegada de la plata americana. Entre las importantes aportaciones de este movimiento español, cabe destacar que sus miembros fueron los primeros en la historia que enunciaron la relación entre el aumento del dinero en circulación y el aumento de los precios, origen de la teoría cuantitativa del dinero. El economista más destacado de los que pertenecieron a la Escuela de Salamanca fue Martín de Azpilicueta (1493-1586), que trató en su *Comentario resolutorio de usuras* (1556) precisamente el poder adquisitivo del dinero en función de la cantidad de metales preciosos en circulación.

En el siglo XVIII, Pedro Rodríguez de Camponames (1723-1803), historiador y economista, noble ilustrado perteneciente a la corriente llamada *regalista* —sistema que defendía los intereses de la corona—, fue ministro de hacienda entre 1760 y 1762, fiscal del Consejo de Castilla en 1762 y presidente de las Cortes y consejero de estado durante el reinado de Carlos IV, tiene la importancia de sus estudios sobre la promoción de la industria y establecer que la riqueza de una nación se basaba en el trabajo en su *Discurso sobre el fomento de la industria popular* (1774); impulsó desde el gobierno las *Sociedades Económicas de Amigos del País*, que fueron asociaciones muy importantes en la ilustración española, y que desde la primera que se creó en el Pais Vasco, se extendieron por todo el territorio, y propugnaban las ideas de la ilustración, así como reformas económicas y sociales con el objetivo de mejorar la vida a través de la cultura y la educación selectiva. Aunque el principal representante de la ilustración en españa fue Gaspar Melchor de Jovellanos (1744-1811), político y escritor pero también economista, que tras varios cargos públicos y teniendo como mentor a Camponanes ingresó en la Junta de Comercio y Moneda y en la Real Sociedad Económica, para la que escribió sus más reconocidos ensayos, entre ellos cabe destacar el *Informe en el expediente de la Ley Agraria* (1795).

De esta misma época, cabe destacar al jurista y economista español, nacido en Perú, José Baquijano (1751-1818), máximo representante del *mercantilismo* en América, basó su pensamiento económico en las teorías del libre comercio, propugnó que Perú debería vivir de su producción minera, fundó el Virreinato del Río de la Plata en 1776 y la Célula de Comercio Libre en 1178.

Luis López Ballesteros (1772-1853), fue ministro de hacienda durante el reinado de Fernando VII, intentó solucionar el déficit de la Hacienda pública española de la época con medidas como la creación de la Caja de Amortización, la reforma del sistema tributario y el intento de reconversión de nuestra economía, dependiente de las divisas americanas, aunque no le quedó más remedio que acudir al endeudamiento exterior, aunque ya en esta época estaba en marcha el principal proceso económico español, la desamortización.

La *desamortización*, fue un proceso que comenzó a mediados del siglo XVIII y terminó a comienzos del siglo XX, y que en definitiva, se trata de un conjunto de medidas gubernamentales que hicieron que pasasen a ser posesiones nacionales una serie de propiedades y derechos que pertenecían a una serie de entidades civiles y eclesiásticas, y que fueron posteriormente enajenadas a favor de particulares, mediante subastas y otros métodos; los bienes principalmente desamortizados, fueron fincas rústicas y urbanas, derechos sobre rentas de diversa índole y patrimonio artístico y cultural compuesto de edificios históricos, archivos y obras de arte. La desamortización, que pretendió crear un sistema de propiedad coherente con la economía liberal y que permitiera que se desarrollase la producción agraria española es, junto con la supresión del régimen señorial y la liquidación de las limitaciones jurídicas a la libre disposición de los bienes, una de las bases de la reforma agraria española del siglo XIX. El patrimonio que era puesto a disposición del mercado mediante la desamortización se consideraba *amortizado*, es decir del mercado libre, además pertenecía a lo que se denominaba *manos muertas*, es decir las entidades civiles y eclesiásticas que no lo explotaban, además el dominio en muchas ocasiones no era pleno, ni individual ya que pertenecía a un colectivo o institución. La primeros bienes desamortizados fueron de los jesuitas, en la época de Godoy (1767-1851), hospitales y conventos. Durante la guerra de la Independencia la administración bonapartista también dispuso medidas de desamortización —bienes de la Inquisición y reducción a un tercio del número de monasterios y conventos—. La más conocida fase de la desamortización fue la efectuada por Álvarez Mendizábal (1790-1853) en el año 1837 cuando era ministro de Hacienda, aunque la más importante por su duración y volumen de bienes enajenados es la que tiene lugar con Pascual Madoz (1806-1870) como ministro en 1855 y que duró hasta 1924, completándose con la enajenación de posesiones de instituciones seculares, municipales, beneficencia y otros.

Pero España, salvo algunas zonas no fue sino un país agrícola hasta la mitad del siglo pasado, época en la que los acontecimientos políticos no hicieron más que empeorar la situación heredada del siglo XIX. En el que en la década de 1950 empezó a crearse el verdadero tejido industrial y pronto adquirió más peso que la agricultura en la economía española, sobre todo a través del Plan de Estabilización de 1959, impulsado por Enrique Fuentes Quintana —quién estudió la aplicación de las teorías de Keynes a la economía española—, y una serie de planes de desarrollo que se iniciaron en 1964. Otros economistas destacados del siglo XX español han sido, Román Perpiñá Grau (1902-1991) considerado como uno de los primeros estructuralistas hispanos, Manuel Torres Martínez (1903-1960), catedrático y partidario también de las teorías keynesianas. Junto a Fuentes quintana, cabe destacar entre los economistas más relevantes de la actualidad en nuestro país a Juan Velarde Fuentes, autor de numerosos ensayos y artículos y Ramón Tamames, catedrático y diputado por el Partido Comunista de España durante la transición es también autor de numerosos e importantes ensayos económicos y sobre ecología.

Algunas definiciones de elementos de economía

La *economía* es la ciencia que trata de la producción, distribución, y consumo de los bienes destinados a satisfacer las necesidades humanas, así como de las riquezas.

El concepto de *necesidad*, es inherente al se humano, ya que la tiene tanto como para subsistir, como para realizarse como se humano. Cuando entre lo que se es o lo que se posee y lo que se quiere ser o se quiere poseer se produce un desequilibrio, surge una *necesidad*. La experiencia demuestra que el hombre no sólo tiene múltiples necesidades, sino que además los medios para satisfacerlas son *escasos*. Entre los medios precisos se encuentra el *tiempo*. Las necesidades a alcanzar pueden ser jerarquizadas en función de su importancia o del deseo que provocan.

Como consecuencia de la *escasez*, surge la obligación de seleccionar las necesidades, o al menos la medida en que serán satisfechas. Es lo mismo por tanto decir *que necesidad se va a satisfacer,* como, *que se va a producir* para satisfacerla.

La *producción de los bienes* se realiza con un gasto mínimo de recursos, o bien los recursos habrá que adecuarlos para que produzcan de manera óptima, para lo cual habrá que: seleccionar la técnica económica de producción, seleccionar el lugar más apto para la producción, y fijar el tiempo más adecuado para la producción.

Existen *bienes económicos y bienes libres.* Los bienes económicos son los que satisfacen una necesidad, son escasos y deben ser producidos o distribuido. Los bienes libres son los que, aun siendo necesarios, no son escasos.

Los *bienes económicos* se clasifican en: bienes de consumo y bienes de producción. Los bienes de consumo son los que por si mismo satisfacen una necesidad, los bienes de producción son los que son necesarios para producir otros bienes. Los bienes económicos tienen tanto valor, el denominado *valor de uso* que es el que depende de su utilidad y el *valor de cambio* o precio de mercado que está en función del resto de parámetros económicos como son su utilidad pero también su escasez o la cantidad de recursos, tiempo, etc., necesarios para su producción,

La forma en que se satisfacen las múltiples necesidades humanas con los bienes económicos, se denomina *consumo.* Las teorías económicas que analizan el consumo, estudian los comportamientos del consumidor ante el deseo de satisfacer sus necesidades. Los consumidores o *unidades de consumo* pueden ser individuos o grupos como la familia, u otras comunidades.

Las *leyes de oferta y demanda* son las que rigen en economía para la determinación de los precios de los bienes de consumo. En esta teoría, cuando la oferta supera la demanda los precios deben bajar, y viceversa.

En economía, se denomina *producción* al conjunto de tareas, actividades y pasos que son necesarios para la elaboración de un bien económico. En la producción intervienen el trabajo, las materias primas y el capital. Los factores productivos se clasifican en tres grupos: los *factores fijos* que son aquellos que se usan en cantidades independientes del volumen del producto —por ejemplo el edificio de una fábrica—, los *factores variables* que son los que se emplean en cantidades proporcionales a la producción —materias primas, energía consumida—, dentro de éstos se denominan *factores limitativos* a aquellos factores variables insustituibles en la producción.

De acuerdo con la *Ley de la productividad marginal decreciente*, o *Ley de los rendimientos decrecientes*, fundamental en la teoría de la producción, siempre que un proceso productivo, manteniendo la técnica invariable, se combina un factor fijo con cantidades variables de otro factor, la productividad de éste último empieza a decrecer en un determinado punto. La razón de este decrecimiento está en la existencia del factor fijo que condiciona la productividad del variable. Esta ley se demuestra de la siguiente manera: si es falsa un terreno podría producir todo lo necesario para la humanidad, sólo con aumentar el trabajo.

El *mercado* es el conjunto de operaciones de comprar y venta de un bien o producto, limitadas en el tiempo y en el espacio. Los mercados se clasifican según el número de personas o unidades de consumo que contengan, la homogeneidad del producto, la apertura o posibilidad de que se incremente o no con nuevas unidades de producción y la libertad de que a él pueda concurrirse o bien que esté regulado o intervenido.

Se denomina *renta*, de acuerdo con el criterio del profesor Ramón Tamames, a la corriente de bienes y servicios recibidos por una comunidad económica durante un período de tiempo determinado.

Se denomina *salario* a la remuneración del factor de producción trabajo. El salario puede ser *individual* o remuneración por trabajador o bien colectivo o total, o sea el ingreso del conjunto de un determinado *colectivo* de trabajadores. *Salario nominal* es la tasa monetaria de salario, es decir, el que se mide en unidades monetarias percibidas. *Salario real* es el poder adquisitivo del salario nominal, o remuneración del salario expresado en bienes reales, estando en función de ambos parámetros.

El *capital* es el inventario de todas las existencias o bienes de valor económico en poder de un individuo o de una colectividad. Comprende todos los bienes, originarios y naturales, de consumo o de producción. También se utiliza *capital* en sentido monetario para indicar una determinada cantidad de dinero que puede ser cedida en préstamo, que cuando se devuelve hay que hacerlo incrementado en una parte, cuyo cálculo se fija de antemano, denominada *interés*. También se conoce como capital al dinero considerado como instrumento de producción, y más propiamente, potencia económica en dinero, crédito, influencia, etc., capaz de proporcionar los elementos necesarios para el establecimiento y marcha de una industria, empresa o negocio cualquiera.

Se denomina *dinero* a cualquier medio generalizado y aceptado de cambio para el pago de bienes y servicios, así como la amortización de deudas. El dinero sirve de medida para tasar el valor económico de los bienes y servicios. Las clases más importantes de dinero son el *dinero material*, el *dinero crediticio* y el *dinero fiduciario*. El valor de un bien considerado como dinero material es el valor del material que contiene. Los principales materiales utilizados en esta clase de dinero han sido el oro, la plata y el cobre. El dinero crediticio consiste en un papel avalado por el emisor, ya sea un gobierno o un banco, para pagar el valor equivalente en metal. El papel moneda no convertible en ningún otro tipo de dinero y cuyo valor está fijado meramente por decreto gubernamental es lo que se conoce como dinero fiduciario. La mayoría de las monedas en circulación son también un tipo de dinero fiduciario, porque el valor del material con el que están hechas suele ser inferior a su valor como dinero.

Se conoce como *inflación* a la disminución del valor del dinero en función de la cantidad e bienes que con el pueden ser adquiridos. Se denomina *deflación* al aumento del valor del dinero. La inflación es la continua y persistente subida del nivel general de precios y se mide mediante un índice del coste de diversos bienes y servicios.

3.2 De la planificación económica.

En Egipto, en el Imperio Antiguo, hace aproximadamente cuarenta y siete siglos, se construyeron las grandes pirámides de Gizeh. Tras depurar las técnicas construcción de la época del primer monarca de la IV dinastía, Snerfu, ensayadas en Dashur, sus sucesores Keops, Kefrén y Mikerinos, ordenaron la construcción de sus tumbas, edificios, en forma de sencilla pirámides cuadrangulares, que hasta nuestros días nos maravillan. La gran pirámide de Keops —la mayor de las tres—, tiene más de doscientos treinta metros de lado en su base y más de ciento cuarenta y seis metros de altura, con unas depuradísimas formas y proporciones, así como una asombrosa ejecución material. Conocemos a través de Herodoto, el costo, en moneda de la época de la manutención de los trabajadores que durante veinte años dejaron su vida en los casi dos millones y medio de bloques de piedra de más de una tonelada que la forman. Pronto se abandonó la construcción de pirámides, cuyo costo arruinaba, no solamente al faraón sino a toda su descendencia, por sistemas más "asequibles", que ni siquiera reyes posteriores, tan absolutistas o más que los citados, tales como Seti I, de la XIX dinastía y padre de Ramsés II, en cuyo reinado se comenzó una obra de mucha más utilidad, el Canal de Suez, nunca pensaron en promover este tipo de obras, que los reyes de la IV dinastía afrontaban sin ningún tipo de planificación económica, como veremos, absolutamente necesaria. Sirva este ejemplo para recordarnos la importancia de la planificación económica de cualquier obra, y las consecuencias nefastas de la falta de planificación.

La *planificación económica de la obra* es el documento o conjunto de documentos, organizados de a cuerdo a un sistema previamente establecido, que constituyen la decisión que establece los objetivos de la misma desde el punto de vista de la rentabilidad para la empresa.

De acuerdo con esta definición, todas o prácticamente todas las facetas y actividades de la ejecución de una obra de edificación —incluso el propio estudio o planificación de la misma— deben tener reflejo en la planificación económica, lo que posibilita desde que la obra o elemento a planificar se lleve al objetivo previsto, o bien al más absoluto desastre económico con consecuencias del mayor alcance, tanto para la obra como para el que la acomete.

Con objeto de diferenciar la planificación de la obra que puede ser tanto técnica como económica, hablaremos en lo que se refiere a temas de planificación económica del *estudio económico* de la obra, compuesto por los documentos antes mencionados.

Para elaborar el estudio económico de la obra, habremos de tener en cuenta, y de hecho, como veremos, en el mismo se estudiarán y analizarán:

—subcontratos de ejecución de obra
—contratos de suministro de materiales
—contratos de transportes, alquileres y servicios
—mano de obra y posible destajos
—elaboración de modificados o adicionales
—propuestas de cambio de sistemas de ejecución o procedimientos constructivos

Será asimismo, el elemento que servirá de referencia para llevar a cabo el *control económico* de la obra, según los parámetros que veremos en el capítulo correspondiente.

La Planificación Económica de la obra, nos permitirá, por otra parte —y sin ello no se podrá redactar correctamente—, conocer perfectamente tanto el proyecto adjudicado como todos los documentos y anexos que contenga, así como las circunstancias del solar y su entorno, la obra que debemos ejecutar con adecuación al proyecto, el resultado económico previsto de la misma y las posibilidades de optimización del citado resultado, ya que sin el citado conocimiento no podríamos realizarla correctamente.

Los parámetros económicos que intervienen y en los que se resume la planificación económica son los siguientes:

—Valor de la obra
—Coste de la obra
—Resultado

El *valor de la obra* (*V*) es el importe económico que percibirá la empresa constructora, una vez haya completado los trabajos y hayan sido recibidos definitivamente por el promotor, por los trabajos ejecutados en la misma. De este importe económico excluiremos, de acuerdo con la reglamentación impositiva actual española —y de casi toda Europa—, el Impuesto sobre el Valor Añadido o I.V.A.

El *coste de la obra* (*C*) es el importe económico que habrá desembolsado la empresa constructora a todos sus proveedores, subcontratistas, industriales, trabajadores (personal laboral, administrativo o técnico incluso con sus cargas sociales) y terceros, así como de las tasas o arbitrios, una vez concluidos los trabajos y liquidado todos los contratos, así como los gastos producidos en el período de garantía, y los gastos proporcionales o de otro tipo que se produzcan por la estructura de la empresa o por cesiones o prestaciones de otros centros de trabajo (excluyendo asimismo el I.V.A.).

El *resultado de la obra* (*R*), o margen, es la diferencia entre los dos parámetros anteriores:

$$\boxed{R = V - C} \qquad [3.1]$$

Cada uno de los parámetros especificados y que componen la fórmula más simple que existe en economía, necesitará de un análisis distinto e independiente, ya que tanto el tiempo como la forma que se producen, estudian, prevén y controlan obedecen a premisas y variables distintas.

En este sentido, el valor puede ser el resultado de multiplicar la medición de cada unidad presupuestaria por su precio unitario de proyecto, o simplemente una cantidad fija o "tanto alzado" si es que la obra se ha contratado a "precio cerrado", los precios pueden estar afectados por coeficientes de alza o baja, o por cantidades porcentuales que sumen o resten, tales como, impuestos, control de calidad, manifestación artística, y otros; pueden incluir, por contrato, cláusula de revisión de precios. En general, diremos que establecimiento del valor de la obra dependerá del tipo de contrato ("precio cerrado" o "a medir"), tipo de cliente (público o privado), cláusulas particulares del contrato o del Pliego de Condiciones, forma de pago, penalizaciones o bonificaciones en función del plazo y cualesquiera circunstancias que o bien el Cliente exija o bien la Empresa, en función de sus intereses haya podido reflejar en el contrato de la obra.

En el valor de la obra no siempre podremos influir desde la gestión de jefe de obra, y generalmente desde cualquier estamento de la empresa constructora una vez que el contrato ya se ha establecido, excepto en algunos casos como puedan ser los que en el devenir de la obra se planteen modificados o adicionales con incremento económico, que, en la medida de lo posible deberemos tener previstos en la planificación.

El coste de la obra si será, por el contrario, un parámetro que deberemos establecer uniformemente para todas las obras, siendo el más importante para planificar y controlar, ya que será en el que más podrá influir la labor del jefe de obra, y del resto del equipo que, ya en la propia obra o ya en otros departamentos de la empresa colabore en su función, ya que en éste intervendrán:

—la gestión de compras y subcontrataciones
—la dotación y utilización de equipos, maquinaria, medios auxiliares y otros recursos.
—la aportación y control de la mano de obra
—los plazos de ejecución de la obra
—la previsión de los trabajos a ejecutar con la debida antelación
—la calidad en la ejecución
—la planificación técnica y su seguimiento
—el control en el consumo de materiales
—la aprobación por parte de la D.F. y/o Propiedad de cambios de unidades de obra que sin detrimento de la calidad ofrezcan un coste más bajo
—la aplicación de la Normas de Seguridad y Salud

y otros muchos que comporta la propia tarea de la ejecución y supervisión de la obra, disciplinas que componen la actividad fundamental de jefe de obra y el equipo de producción, y en las que se debe centrar básicamente su esfuerzo, tanto a la hora de planificar, como a la hora de realizar su seguimiento.

El coste de la obra vendrá dado por la suma de tres apartados:

—costes directos
—costes indirectos
—costes proporcionales

Componen los costes directos la cuantificación económica de materiales, mano de obra, subcontratos, maquinaria, medios auxiliares, transportes y varios, necesarios para ejecutar exclusivamente las unidades de obra que tengan reflejo presupuestario y sean de abono directo por parte del promotor (unidades presupuestarias, partidas, capítulos, anexos, adicionales, etc.)

Llamaremos costes indirectos a la cuantificación económica de materiales, mano de obra, subcontratos, maquinaria, medios auxiliares, transportes y varios, que no puedan ser de aplicación directa a una unidad de obra concreta, o que no tengan reflejo presupuestario en una unidad de abono por parte del cliente (personal de supervisión, grúas, andamios, acometidas provisionales, etc.)

Costes proporcionales son los que se establecen proporcionalmente al valor (o "producción", que se verá más adelante) de la obra, y que fijará o podrá fijar la empresa en función de sus gastos generales.

Como resumen de lo anteriormente expuesto, distribuiremos la Planificación Económica de la obra en las siguientes expresiones:

$$V = V_{pa} + V_m$$

$$C = C_d + C_i + C_p$$

$$R = V - C$$

en las que:

V = Valor total de la obra
V_{pa} = Valor del proyecto adjudicado (Valor inicial)
V_m = Valor del $\sum$ de las modificaciones del proyecto
C = Coste total
C_d = Costes directos
C_i = Costes indirectos
C_p = Costes proporcionales
R = Margen o resultado de la obra

Este resultado será el resultado previsto, y una vez llegado a él incluiremos un cuarto apartado que denominaremos *estudio de alternativas,* en el que se recogerán todos aquellos cambios, modificados, adicionales que puedan derivarse del primer estudio del proyecto, entorno de la obra, etc., ya los supongamos por deficiencias, contradicciones o errores del proyecto, o por observaciones el propio promotor o la dirección de obra, u otros motivos; así como propuestas de unidades con menor coste o plazo de ejecución, cambios de sistemas constructivos, etc., y que se estudiarán y relacionarán con el mayor detalle posible.

De este estudio de alternativas se desprenderán unas variaciones en el valor y/o en el coste de la obra, y por tanto del resultado. El resultado así obtenido lo denominaremos *resultado objetivo* y una vez que la planificación económica esté completamente terminada —aprobada en su caso por quién corresponda dependiendo del tipo de empresa, por la Dirección o el departamento correspondiente—, encaminaremos nuestra labor a conseguir que estas alternativas se lleven a cabo, si bien nuestra primera obligación será la de cumplir los parámetros que hagan que se cumpla en resultado previsto.

Es intención de este estudio de alternativas, fijar un procedimiento en el que se deje constancia de que la labor del jefe de obra debe estar siempre encaminada a mejorar el resultado de la obra, y por supuesto será de estricta obligación en el caso de que el resultado previsto de la planificación económica no supere los mínimos exigibles.

3.3. Metodología y procedimiento.

Para que la materia que tratamos en el presente capítulo sea de aplicación a la gestión de una obra cualquiera de edificación, hemos desarrollado un procedimiento concreto, y que denominamos CPO (Control Presupuestario de obra), de forma que pueda ser el sistema de gestión de obras de una empresa constructora, incluyendo en dicho sistema una completa colección de impresos o formularios, que pueden ser fácilmente reproducibles en hojas de cálculo con ordenador para informatizar el sistema, ordenados, clasificados e identificados formando parte de un conjunto uniforme. Pudiera pensarse que el sistema está tomado de una empresa en concreto, lo cual es solamente una impresión, aunque los conceptos que aquí vertimos vienen a tenernos incorporados muchas empresas actuales en diferentes partes de sus manuales y procedimientos, es en si mismo completamente independiente y original. Se ha pretendido que sea útil y sencillo en su forma, así como completo en sus posibilidades.

El control presupuestario de la obra, en adelante CPO, se compone de los siguientes documentos:

1. COSTE DIRECTO—PRODUCCIÓN
2. COSTES INDIRECTOS
3. ALTERNATIVAS A LA PLANIFICACIÓN
4. RESUMEN
5. RESUMEN DE LA PRODUCCIÓN
6. DISTRIBUCIÓN DE LA PLANIFICACIÓN

El documento CPO—1 se divide en de cinco grupos de columnas —Figura 3.1— y un número indeterminado de filas (en función del presupuesto de la obra). Estos grupos de columnas y las propias columnas, cuya denominación se incluye en el encabezamiento son los siguientes:

1. Datos de las unidades presupuestarias de la obra:
   - 1.1. Posición
   - 1.2. Unidad de medición
   - 1.3. Designación de la clase de obra

2. Producción de obra ejecutada
    2.1. Medición
    2.2. Precio
    2.3. Importe

3. Valoración del Proyecto
    3.1. Medición
        3.1.1. Proyecto adjudicado
        3.1.2. Modificados
        3.1.3. Actual
    3.2. Importes
        3.2.1. Proyecto adjudicado
        3.2.2. Modificados
        3.2.3. Actual

4. Producción de la obra pendiente de ejecutar
    4.1. Medición
    4.2. Importes

5. Coste Directo de obra Pendiente de ejecutar
    5.1. Precios unitarios
    5.2. Importes

Además de sentar las bases de la toma de referencias, análisis de documentos, etc., vamos a estudiar como se reflejan en el CPO los datos de los que derivarán los resultados tanto de la planificación económica, como de su seguimiento (Control Económico de la Obra). En la siguiente figura se representa el formato completo del documento CPO-1.

El documento CPO—2 es el que contiene pormenorizados los Costes Indirectos de la obra, y que formarán parte del estudio de coste de la obra. Se han dividido en cuatro grupos:

1. Inmovilizados de obra
2. Gastos anticipados
3. Gastos corrientes
4. Gastos diferidos

Y de sus detalles, forma de cumplimentarlo, datos a tener en cuenta nos ocuparemos en el apartado de correspondiente.

El documento CPO—3, pretende reflejar un resumen de aquellas alternativas, enfocadas a mejorar el resultado de la obra, pretendiendo ser el recordatorio para el Jefe de Obra, en todo momento de que su meta es no sólo cumplir con las premisas que se reflejan en la Planificación Económica, para llegar al Resultado Previsto, sino que además debe intentar mejorarlo.

El documento CPO—4, es el que reflejará tanto para la Planificación inicial como para el Seguimiento de la misma los resultados, previsto y objetivo.

La hoja de cálculo que es la aplicación de estos documentos lo rellenará automáticamente, excepto en la columna "Datos Contables" que tendremos que consignar los datos realmente contabilizados.

El CPO—5, y el CPO—6 los estudiaremos más adelante.

POS	UD	DESIGNACIÓN DE LA CLASE DE OBRA	PRODUCCIÓN DE OBRA EJECUTADA			
			TIPO	MEDICIÓN	PRECIO	IMPORTE
		CAPÍTULO I – ACOND. DE TERRENOS				
1.01	Ud.	Desbroce y limpieza	1	*1,00*	*1.470,00*	*1.470,00*
1.02	Ud.	Replanteo general de la edificación	1	*1,00*	*1.078,00*	*1.078,00*
1.03	M^3	Terraplenado y compactado, medios mec.	1	*164,45*	*16,97*	*2.790,72*
1.04	M^3	Desmonte de tierras a cielo abierto	1	*2.472,35*	*11,43*	*28.258,96*
1.05	M^3	Excavación mecánica de pozos y zanjas	1	*285,62*	*12,56*	*3.587,39*
1.06	M^3	Excavación en bataches para recalces	1	*97,65*	*18,54*	*1.810,43*
1.07	M^3	Excavación en zanjas de saneamiento	1	*36,96*	*12,56*	*464,27*
		TOTAL CAPÍTULO I:				***39.459,76***
		CAPÍTULO II – SANEAMIENTO				
2.01	Ml.	Tubería enterrada de PVC Ø 90 mm	1	*22,50*	*22,87*	*514,58*
2.02	Ml.	Tubería de PVC Ø 160 mm.	1	*3,50*	*26,68*	*93,38*
2.03	Ml.	Tubería de PVC de presión Ø 200 mm.	1	*63,40*	*38,22*	*2.423,15*
2.04	Ml.	Tubería de PVC de presión Ø 315 mm.	1	*27,10*	*47,30*	*1.281,83*
2.05	Ud.	Arqueta registrable 38*26	1	*1,00*	*84,19*	*84,19*
2.06	Ud.	Arqueta de paso de 50*50	1	*8,00*	*95,05*	*760,40*
2.07	Ud.	Arqueta sifónica de 50*50	1	*3,00*	*96,97*	*290,91*
2.08	Ud.	Arqueta sifónica de 62*62	1	*1,00*	*107,68*	*107,68*
2.09	Ud.	Pozo de regisrro Ø 0,80 m., 1,50 m. pr.			*305,41*	
2.10	Ud.	Acometida a la red general de saneam.			*736,84*	
2.11	Ml.	Drenaje hormigón poroso Ø 150 mm.	1	*36,15*	*54,11*	*1.956,08*
		TOTAL CAPÍTULO II:				***7.512,19***
		CAPÍTULO IIII - CIMENTACIONES				
3,01	M^2	Hormigón de limpieza, 10 cms. Espesor	1	*9,51*	*3.948,84*	*415,23*
3,02	M^3	Hormigón armado HA-35, recalces ciment	1	*148,78*	*14.663,76*	*98,56*
3,03	M^3	Hormigón armado HA-25, ciment. Muros	1	*161,07*	*31.928,91*	*198,23*
3,04	M^3	Hormigón armado HA-25, en zapatas	1	*158,62*	*8.703,48*	*54,87*
3,05	M^3	Hormigón armado HA-25, vigas riostras	1	*160,22*	*6.934,32*	*43,28*
3,06	M^3	Hormigón armado HA-25, en muros	1	*221,05*	*19.812,71*	*89,63*
3,07	Ud.	Arriostramiento Del muro C, micropilotes	1	*135,08*	*5.673,36*	*42,00*
3,08	M^2	Fábrica de bloques de hormigón 40*20	1	*32,59*	*2.147,36*	*65,89*
		TOTAL CAPÍTULO III:				***93.812,73***
		CAPÍTULO IV - ESTRUCTURA	1	*600,74*	*54,41*	*32.686,26*
4,01	M^2	Forjado unidireccional 25+5	1	*750,96*	*61,25*	*45.996,30*
4,02	M^2	Forjado reticular 25+5	1	*45,80*	*103,15*	*4.724,27*
4,03	M^2	Losa de hormigón, canto 18 cms.	1	*85,00*	*35,32*	*3.002,20*
4,04	M^2	Solera de hormigón, incluso mallazo	1	*600,74*	*54,41*	*32.686,26*
		TOTAL CAPÍTULO IV:				***86.409,03***

Figura 3.1: Ejemplo del Documento CPO—1:

VALORACÓN DEL PROYECTO						PRODUCCIÓN DE OBRA POR EJECUTAR	
MEDICIÓN			IMPORTE				
ADJUDICADO	MODIFICAD.	ACTUAL	ADJUDICADO	MODIFICAD.	ACTUAL	MEDICIÓN	IMPORTES
1,00		1,00	1.470,00		1.470,00		
1,00		1,00	1.078,00		1.078,00		
164,45		164,45	2.790,72		2.790,72		
2.472,35		2.472,35	28.258,96		28.258,96		
326,50	-40,88	285,62	4.100,83	-513,44	3.587,39		
91,20	6,45	97,65	1.690,85	119,58	1.810,43		
36,96		36,96	464,27		464,27		
			39.853,62	**-393,86**	**39.459,76**		
22,50		22,50	514,58		514,58		
3,50		3,50	93,38		93,38		
63,40		63,40	2.423,15		2.423,15		
27,10		27,10	1.281,83		1.281,83		
1,00		1,00	84,19		84,19		
8,00		8,00	760,40		760,40		
3,00		3,00	290,91		290,91	1,00	107,68
2,00		2,00	215,36		215,36	1,00	305,41
1,00		1,00	305,41		305,41	1,00	736,84
1,00		1,00	5.969,20		736,84		
36,15		36,15	1.956,08		1.956,08		
			13.894,48		**8.662,12**		**1.149,93**
404,91	10,32	415,23	3.850,69	98,14	3.948,84		
100,80	-2,24	98,56	14.997,02	-333,27	14.663,76		
195,64	2,59	198,23	31.511,09	417,82	31.928,91		
53,76	1,11	54,87	8.527,25	176,23	8.703,48		
45,99	-2,71	43,28	7.368,52	-434,20	6.934,32		
84,34	5,29	89,63	18.644,02	1.168,69	19.812,71		
40,00	2,00	42,00	5.403,20	270,16	5.673,36		
176,70	1,19	177,89	5.758,65	38,78	5.797,44	112,00	3.650,08
			96.060,45	**1.402,36**	**97.462,81**		**3.650,08**
600,74		600,74	32.686,26		32.686,26		
1.708,09		1.708,09	104.620,51		104.620,51	957,13	58.624,21
93,08		93,08	9.601,20		9.601,20	47,28	4.876,93
195,00		195,00	6.887,40		6.887,40	110,00	3.885,20
			153.795,38		**153.795,38**		**67.386,34**

COSTE DIRECTO—PRODUCCIÓN.

COSTE DIRECTO DE OBRA POR EJECUTAR		*COSTE PREVISTO DE OBRA EJECUTADA*		*MEDICIÓN REAL DEL PROYECTO*		
PRECIOS (P.U.P.)	IMPORTES	*PRECIOS UNITARIOS*	*IMPORTES*	*MEDICIÓN*	*P.U.C.*	*COEFICIENTE C*
850,00		*850,00*	*850,00*	*21,50*	*18,50*	*0,9556*
950,00		*950,00*	*950,00*	*8,32*	*21,30*	*2,3771*
12,50		*12,50*	*2.055,63*	*57,42*	*31,68*	*0,9057*
8,50		*8,50*	*21.014,98*	*25,63*	*25,39*	*0,9458*
12,50		*12,50*	*3.570,25*	*1,00*	*68,23*	*1,0000*
12,50		*12,50*	*1.220,63*	*7,00*	*78,56*	*0,8750*
12,50		*12,50*	*462,05*	*6,00*	*81,60*	*2,0000*
			30.123,53			
17,68		*17,68*	*397,75*	*21,50*	*18,50*	*0,9556*
50,63		*50,63*	*177,22*	*8,32*	*21,30*	*2,3771*
28,69		*28,69*	*1.819,07*	*57,42*	*31,68*	*0,9057*
24,01		*24,01*	*650,72*	*25,63*	*25,39*	*0,9458*
68,23		*68,23*	*68,23*	*1,00*	*68,23*	*1,0000*
68,74		*68,74*	*549,92*	*7,00*	*78,56*	*0,8750*
163,20		*163,20*	*489,60*	*6,00*	*81,60*	*2,0000*
42,95	*42,95*	*42,95*	*42,95*	*1,00*	*85,90*	*0,5000*
256,30	*256,30*	*256,30*		*1,00*	*256,30*	*1,0000*
550,00	*550,00*	*550,00*		*1,00*	*550,00*	*1,0000*
32,09		*32,09*	*1.160,05*	*35,26*	*32,90*	*0,9754*
	849,25		***5.355,51***			
6,50		*6,50*	*2.699,00*	*415,23*	*6,50*	*1,0000*
112,60		*112,60*	*11.097,86*	*98,56*	*112,60*	*1,0000*
145,30		*145,30*	*28.802,82*	*198,23*	*145,30*	*1,0000*
137,60		*137,60*	*7.550,11*	*54,87*	*137,60*	*1,0000*
146,90		*146,90*	*6.357,83*	*43,28*	*146,90*	*1,0000*
189,60		*189,60*	*16.993,85*	*89,63*	*189,60*	*1,0000*
112,30		*112,30*	*4.716,60*	*42,00*	*112,30*	*1,0000*
24,13	*2.702,56*	*24,13*	*1.589,93*	*177,89*	*24,13*	*1,0000*
	2.702,56		***79.807,99***			
43,68		*43,68*	*26.238,09*	*589,62*	*44,50*	*0,9815*
52,67	*50.415,44*	*52,67*	*39.555,73*	*1.698,21*	*52,98*	*0,9942*
80,65	*3.813,16*	*80,65*	*3.693,80*	*95,63*	*78,50*	*1,0274*
21,98	*2.417,99*	*21,98*	*1.868,45*	*175,89*	*24,37*	*0,9020*
	56.646,59		***71.356,06***			

Figura 3.1: (Cont.)

3.5 Del estudio del valor de la obra.

El primer paso será la detenida lectura del Contrato de la Obra, teniendo en cuenta las siguientes particularidades que pueden aparecer reflejadas o no en el mismo, pero que influirán definitivamente en el cálculo del Valor del Proyecto Adjudicado:

—forma de abono de los trabajos
—forma de establecer las certificaciones de obra
—forma de pago
—plazo de ejecución
—retenciones en concepto de garantía, avales o fianzas
—penalizaciones o bonificaciones
—documentos contractuales y su orden de prelación
—revisiones de precios

así como cualquier otro extremo que circunstancialmente pudiera aparecer y tuviera o pudiera tener influencia en el valor de la obra.

Realizaremos una medición completa del proyecto (que además de servir para incluirla o calcular el valor servirá, como se verá más adelante, para calcular el coste directo), esta medición será exhaustiva, minuciosa y completa, y será la que sirva de base tanto para la Planificación Económica, como para el establecimiento de subcontratos y pedidos, será un documento en sí mismo a tener siempre presente y sobre ésta se establecerán los cambios y/o modificaciones que vayamos conociendo o se vayan produciendo en el proceso ulterior de la obra. Esta medición, por tanto, como documento en el que se basa como hemos dicho todo el proceso de Planificación Económica, seguimiento, control, subcontrataciones, certificaciones, etc., debemos realizarla, por utilizar una expresión fácil, *de escuela*, especificando perfectamente las líneas de medición, conceptos, partes de la obra y demás. Esta medición nos permitirá conocer perfectamente la obra, y si se realiza exhaustivamente y con rigor nos servirá durante toda la ejecución de la misma. Prestaremos especial atención en este proceso a la descripción de los epígrafes de las unidades presupuestarias, comprobando que se ajustan a la unidad que estamos midiendo, y que incluye todos los trabajos que la componen. En esta fase anotaremos dudas, indefiniciones, errores y contradicciones, y que si es necesario aclararemos en reunión con la Dirección Facultativa de la obra. Incluiremos unidades que pudieran faltar para la correcta y completa ejecución de los trabajos. Así, esta recopilación de datos, si procede, será base para reclamaciones a la Propiedad, modificados, adicionales o precios contradictorios.

POS	UD	DESIGNACIÓN DE LA CLASE DE OBRA

Figura 3.2: CPO—1, grupo de columnas 1. Datos de las unidades presupuestarias de la obra

El primer grupo de columnas —Figura 3.2—, es común, y contendrá los datos de las unidades presupuestarias, en el orden y forma en que están en el presupuesto de la misma:

—Posición: Código de la Unidad de obra
—Unidad de Medición: M^3, M^2, Ml, Ud, Kg, P/A
—Designación de la clase de obra: Descripción breve del epígrafe

Completaremos este grupo con el número y el título de cada capítulo, subcapítulos, presupuestos parciales, partes de la obra o fases, etc., de la misma forma que esté el propio Presupuesto de la Obra. Del segundo grupo de columnas —Figura 3.2—, o Producción de la Obra Ejecutada, al elaborar la planificación económica no tendremos más que rellenar la columna PRECIO, correspondiente a cada fila de cada unidad presupuestaria que hayamos consignado anteriormente. El resto de datos veremos como se cumplimentan en capítulos siguientes del manual.

En cada casilla colocaremos el Precio Unitario de cada partida, correspondiente al Presupuesto de la Obra, teniendo en cuenta que debe ser el precio total que se percibe por cada unidad de obra, es decir, si el presupuesto está afectado por algún coeficiente de alza o baja, gastos generales, beneficio industrial u otros, que suelen estar en el resumen, éstos precios deben estar, uno a uno, afectados por el coeficiente que proceda.

PRODUCCION DE OBRA EJECUTADA			
TIPO	MEDICIÓN	PRECIO	IMPORTE
	M_{ej}	P	

Figura 3.3: CPO—1, grupo de columnas 2.Producción de la obra ejecutada

El siguiente grupo de columnas que representamos en la Figura 3.4, es el que corresponde a Valoración del Proyecto, y, en la planificación inicial, cumplimentaremos únicamente los datos de medición e importe del proyecto adjudicado.

El cálculo se realiza como siempre al calcular un presupuesto multiplicando el precio P, del grupo de columnas anterior, por la medición, ya sea del proyecto adjudicado, de un modificado, que, sumándose nos darán la medición actual:

$$M_a = M_p + M_m$$
$$I_a = I_p + I_m$$

siendo $I = M \times P$, en todos los casos. Este sistema nos permitirá conocer en todo momento de la obra, las diferencias entre el proyecto adjudicado y el modificado, siendo asimismo muy útil para elaborar los propios modificados o adicionales que haya que tramitar ante el promotor, sobre todo cuando se trata de un contrato con las Administraciones Públicas.

VALORACIÓN DEL PROYECTO					
MEDICIÓN			IMPORTES		
PROYECTO ADJUDICADO	MODIFICADOS	ACTUALES	PROYECTO ADJUDICADO	MODIFICADOS	ACTUALES
M_p	M_m	M_a	I_p	I_m	I_a

Figura 3.4: CPO—1, grupo de columnas 3. Valoración del Proyecto

La primera columna será la de proyecto adjudicado, y en la que consignaremos la medición que figure en el presupuesto de la obra. La siguiente columna a rellenar será "Actuales", y procederemos de la siguiente manera, en función de los dos tipos de contratos que básicamente nos podemos encontrar y que ya de han mencionado:

—en caso de contrato "a medir", es decir aquel en el contratista tiene derecho a percibir el importe resultante de multiplicar el número de unidades de obra realmente ejecutadas a los precios de proyecto (caso típico en las obras contratadas con las Administraciones Públicas), consignaremos en la columna "Actuales" la medición real de la obra.

—en caso de contrato "a precio cerrado", es decir aquel que el contratista percibe una cantidad fija por el conjunto de la obra, independientemente de las diferencias de medición real o de proyecto, asumiendo estas diferencias, en más o en menos, consignaremos la citada columna "Actuales" la medición de proyecto.

Además de los grupos de columnas mencionados, en el documento CPO—1, estableceremos otros que estarán "ocultos", es decir que sólo servirán para calcular, no teniendo porqué presentarse en el impreso, por razones que iremos comprendiendo a lo largo del presente capítulo y siguientes.

Uno de estos grupos que hemos denominado "ocultos" es el que representamos en la Figura 3.5, y es la Medición Real del Proyecto.

MEDICIÓN REAL PROYECTO		
MEDICIÓN	P.U.C.	COFECICIENTE C
M_p		

Figura 3.5: CPO—1, grupo de columnas "oculto".Medición real Proyecto

En ambos casos, —a medir o a precio cerrado—, reflejaremos la medición real de obra en la columna "Medición real del proyecto"/"Medición", dejando el resto de columnas para más adelante.

Siempre pueden existir modificados o adicionales, si éstos son conocidos y por tanto los vamos a incluir (en esta fase o en adelante) obraremos de la siguiente forma:

—si corresponden a una diferencia de medición (en el caso de "precio cerrado", normalmente será si se modifica el Proyecto Adjudicado, con autorización del Promotor o por su propia iniciativa) consignaremos la nueva medición en "Actuales".

—Si corresponden a un adicional o precio contradictorio añadiremos este precio en una nueva fila, al final del capítulo que corresponda, de esta forma en las columnas de "Proyecto Adjudicado" no aparecerá ni medición ni importe, y los valores de las columnas "Modificados" serán iguales a los de "Actuales".

La columna "Modificados" se rellenará por diferencia. Con este sistema tendremos claro en todo momento los importes (totales, de capítulos y por partidas) del Proyecto Original, y sus modificaciones. Lógicamente el sistema no sólo permite añadir partidas nuevas, sino capítulos, adicionales, etc., en consonancia a como se produzcan los modificados de obra.

CPO - 4: RESUMEN				
CONCEPTO	**DATOS CONTABLES**		**OBRA**	**TOTAL**
	MES	**ORIGEN**	**PENDIENTE**	**OBRA**
1. PRODUCCIÓN				
2. COSTE				
2.1. COSTE DIRECTO				
2.2. COSTE INDIRECTO				
2.3. COSTES PROPORCIONALES				
TOTAL COSTE:				
3. RESULTADO				
4. ALTERNATIVAS				
4.1. VARIACIONES EN PRODUCCIÓN				
4.2. VARIACIONES EN COSTE				
4.2.1. COSTE DIRECTO				
4.2.2. COSTE INDIRECTO				
4.2.3. COSTES PROPORCIONALES				
TOTAL VARIACIONES EN COSTE:				
4.3. VARIACIONES EN RESULTADO				
5. RESULTADO OBJETIVO				
	PREVISTO EN PLANIFICACIÓN			
6. ANÁLISIS DE COSTES	**MES**	**ORIGEN**		
6.1. COSTE DIRECTO				
6.2. COSTES INDIRECTOS				
6.3. COSTES PROPORCIONALES				
TOTAL:				

Figura 3.6:Formato completo del documento CPO—4

En el grupo de columnas 4. Producción de la obra pendiente de ejecutar rellenaremos ambas columnas, calculando en primer lugar el valor de la medición:

$$M_{pte} = M_a - M_{ej}$$

siendo en la planificación inicial el valor de M_{ej} = o, se corresponderán los valores de corresponder M_{pte}, con los de M_a.

EL resumen se reflejará en documento CPO—4: RESUMEN, en la columna “Obra Pendiente”. En el caso de la primera Planificación de la obra, serán los mismos valores para la columna “Total Obra”.

3.6. Del estudio del coste de la obra.

El estudio de costes de la obra lo dividiremos en dos grupos: estudio de coste directo y estudio de coste indirecto, los cuales han sido definidos anteriormente.

Para la elaboración de los costes directos nos basaremos en la medición real de la obra, y en un estudio de los precios unitarios de cada partida, reflejándolos en los documentos correspondientes tal como se explicará más adelante.

Para el estudio de costes indirectos, es imprescindible basarnos en los documentos de la planificación técnica o programa de trabajos, así como elaborar un estudio de la maquinaria y equipos a incorporar en la obra, personal técnico y de supervisión así como el tiempo durante el cual estos recursos permanecerán asignados a la obra.

PRODUCCIÓN DE OBRA	
PENDIENTE DE EJECUTAR	
MEDICIÓN	IMPORTES

COSTE DIRECTO DE OBRA	
PENDIENTE DE EJECUTAR	
PRECIOS (P.U.P.)	IMPORTES

Figura 3.7: CPO—1 Grupos de columnas 4. Producción de obra pendiente de ejecutar y 5. Coste directo de la obra pendiente de ejecutar

Costes directos

Para el estudio de costes directos utilizaremos el documento CPO—1, y en su Grupo 5, "Coste directo de la Obra pendiente de ejecutar", rellenaremos la columna "Precios Unitarios", teniendo en cuenta lo que se define a continuación.

Para elaborar los precios unitarios de cada partida, debemos conocer los precios elementales y auxiliares que entran a formar parte de cada uno, y elaborar detalladamente la descomposición de los precios. Para elaborar un Precio Unitario Descompuesto debemos tener conocer perfectamente, al menos los siguientes datos:

—la descripción de la partida o unidad de obra
—la unidad de medición
—el criterio de medición
—la propia medición de la partida
—los detalles especificados en planos
—los sistemas constructivos a emplear
—si la mano de obra será subcontratada o propia

POS	**UD**	**DESIGNACIÓN DE LA CLASE DE OBRA**		
4.01	M^2	*Cerramiento de fachada formado por LHD de ½ pié, enfoscado interiormente con m.d.c. 1:4, cámara de aire, manta de vidrio de 45 mm. y pared de LHD de 9 cms. A tabicón, tomado todo con m.d.c. 1:6, incl. p.p. de colocación y recibido de carpintería exterior, formación de mochetas laterales y cargaderos. Medido a cinta corrida.*		
DESCOMPOSICIÓN				
CANT.	UD.	DESCRIPCIÓN	PRECIO	IMPORTE
0,075	‰	Ladrillo hueco doble 9 cms.	*15.000*	*1.125,00*
0,012	‰	Ladrillo perforado 10 cms.	*20.000*	*240,00*
0,075	M^3	Mortero de cemento 1:6	*6.900*	*517,50*
1,000	M^2	Fibra de vidrio en planchas	*345*	*345,00*
0,333	Ml	Semivigueta pretensaza	*425*	*141,53*
0,980	H	Cuadrilla "B" (1 oficial + ½ peón)	*3.290*	*3.224,20*
			SUMA:	*5.593,23*
			REDONDEO:	*-0,23*
			PRECIO UNITARIO DE COSTE:	***5.593,00***

Figura 3.8: Precio unitario descompuesto (P_{uc})

Cada precio unitario tendrá una descomposición como la que se muestra en la Figura 3.8.

Los precios unitarios resultantes se incluirán en la columna "Coste Directo de Obra Pendiente de Ejecutar"/"Precios unitarios" según el siguiente criterio:

a) si la obra es "a medir", con la misma cantidad obtenida por en la descomposición realizada, es decir lo que hemos llamado Precio Unitario de Coste (P_{uc})

b) si la obra es "a precio cerrado", el P_{uc} lo convertiremos en Precio Unitario de Planificación (P_{up}) de acuerdo con la siguiente expresión:

$$P_{up} = P_{uc} \times C$$

dónde *C* es el coeficiente, resultante de la siguiente relación:

$$C = \frac{M_r}{M_p}$$

en dónde:

M_r = Medición real de la partida
M_p = Medición de proyecto de la partida

De esta forma los precios que aparezcan en el documento CPO – 1 en el Grupo "Coste Directo de la Obra Pendiente de Ejecutar", estarán tanto más "desvirtuados" cuanto más grande sea la diferencia entre la medición real y la medición de proyecto, sin embargo los importes serán reales, ya que teniendo en cuenta:

Importe = Medición x Precio

considerando el valor del importe total de Coste Directo de cada partida como "*I*", tenemos que:

$$P_{up} = P_{uc} \times \frac{M_r}{M_p}$$

y los importes obtenidos, por tanto serán:

$$I = P_{up} \times M_p$$

de dónde,

$$P_{up} = P_{uc} \times \frac{M_r}{M_p} \times M_p$$

por tanto,

$$\boxed{I = P_{uc} \times M_r}$$

Esto lógicamente se cumplirá, tanto para los importes totales que obtendremos en la Planificación inicial, como los parciales, según se vaya ejecutando la obra, ya para obra ejecutada, ya para obra pendiente.

Para cumplimentar el documento, esto se soluciona consignado el P_{uc} en la columna correspondiente del grupo oculto que mostrábamos en la Figura 3.4., en dónde asimismo figura en coeficiente *C*, que aquí se explica. Por tanto calcularemos todo el documento de acuerdo con las indicaciones que aquí se han explicado.

Para la elaboración de precios, deberemos contar con el apoyo de los todos los departamentos de la empresa (Estudios de Obras y Compras si existen), en cuanto a tener bancos de precios, ofertas de subcontratistas e industriales, sobre todo los que sirvieron de base para elaborar la oferta económica de la obra. También nos podremos apoyar en bancos de precios, del tipo de la Fundación y Codificación del Banco de Precios de la Construcción, Colegio de Aparejadores de Guadalajara, (por citar los más usados), aunque recomendamos que éstos se usen como ayuda para obtener los rendimientos y consumos, y no para usarlos como guía en los precios.

El Precio Unitario de Costo, obtenido así de cada partida lo colocaremos en la columna oculta "Medición Real del Proyecto"/"P.U.C.", posteriormente se calculará el P.U.P., en la columna "Coste Directo de la Obra Pendiente de Ejecutar"/Precios P.U.P.", tal como se ha explicado.

Costes indirectos

Para el estudio de Costes Indirectos, utilizaremos el documento CPO – 2, "Costes indirectos", de cuyo formato y contenido se desprende fácilmente su función y cumplimentación, y que se explica a continuación.

CPO - 2: GASTOS INDIRECTOS					
COD.	**ESPECIFICACIÓN**	**UDS.**	**COST/MES**	**Nº MESES**	**IMPORTE**

Figura 3.9: Encabezamiento del formato CPO—2

El documento CPO—2, está encabezado como representa la Figura 3.9, y dividido en las columnas que se observan en dicha figura. Asimismo estará ya "precumplimentado", es decir, con las dos primeras columnas rellenas, ya que debe consistir en una guía que iremos rellenando, según tengamos o no en nuestra obra la especificación correspondiente. Esto se ha hecho así, ya que es más fácil "olvidar" que "recodar", por tanto si tenemos una relación exhaustiva y completa de todos los gastos indirectos o partidas que puedan ocasionarles, es muy fácil dejar en blanco el que con corresponda. Aportamos a continuación la relación completa para elaborar este documento, dividido, como ya se explicó anteriormente, en cuatro apartados, que tratan de agrupar los Costes Indirectos en función de la forma en que se producen, su naturaleza y control:

1 Inmovilizados de obra

1.1 Medios auxiliares, útiles y herramientas

—Herramientas

—Medios auxiliares

1.2 Mobiliario, enseres y equipos

—Muebles

—Ordenadores

—Fotocopiadoras
—Fax

1.3 *Edificios provisionales*
—Oficinas
—Almacenes
—Talleres
—Aparcamientos
—Laboratorios
—Albergues

1.4 *Acometida de electricidad*
—Acometidas
—Redes
—Transformador
—Grupo electrógeno

1.5 *Acometida de fontanería*
—Acometidas
—Redes
—Grupos de presión
—Aljibe

1.6 *Acometida de gas*
—Acometida de gas

1.7 *Acometida de teléfono*
—Acometida de teléfono

1.8 *Vallas*
—Vallados
—Puertas

1.9 *Caminos provisionales*
—Accesos
—Viales provisionales de obra

2 *Gastos anticipados*

2.1 *Adquisición del proyecto y gastos de inicio*
—Compra del proyecto
—Copias de planos y documentos
—Gastos de estudio de la obra
—Gastos de fianza provisional
—Anuncio del concurso
—Gastos de notaría del contrato

2.2 Colaboraciones y estudios a terceros
—Estudios topográficos
—Proyectos previos
—Cálculos de estructuras
—Otras colaboraciones

2.3 Gastos de fianza del contrato
—Fianza definitiva

2.4 Gastos iniciales de obra
—Importe de gastos varios desde la adjudicación de obra hasta el comienzo de la producción

2.5 Traslados de personal
—Gastos de incorporación al centro de trabajo
—Traslados
—Dietas
—Gastos de hotel

2.6 Montaje de maquinaria llegada a obra
—Montaje de grúas
—Plantas de hormigonado
—Montacargas

2.7 Gastos sociales
—Gastos sociales

3 Gastos corrientes

3.1 Explotación de almacenes
—Almacenero

3.2 Explotación de laboratorios
—Personal de laboratorio
—Gastos de ensayos
—Materiales consumibles en laboratorio

3.3 Explotación de oficinas
—Material de oficina y papelería
—Impresos
—Fotocopias

3.4 Explotación de albergues de personal
—Mano de obra en limpieza
—Mano de obra en mantenimiento
—Gastos varios

3.5 Explotación de talleres
—Mecánico
—Electricista

3.6 Explotación de medios auxiliares
APARATOS DE PRECISIÓN:
—Taquímetro
—Nivel
ANDAMIOS:
—Andamios colgados
—Andamios tubulares
—Andamios y borriquetas interiores
VARIOS:
—Equipo para mecánico
—Cubas de hormigonado
—Castilletes de hormigonado
—Carretillas
—Bateas

3.7 Explotación mobiliario, enseres y equipos
—Mobiliario (explotación)
—Equipos de oficina (explotación)

3.8 Explotación transporte de obra
—Camión
—Furgoneta
—Conductores

3.9 Personal de supervisión
—Jefe de obra
—Ayudante de obra (jefe de producción)
—Encargado
—Capataces
—Administrativos
—Topógrafo

3.10 Gastos personal supervisión
—Comidas
—Desplazamientos a obra
—Viajes
—Otros

3.11 Personal obrero en servicios generales
—Gruistas
—Guardas
—Oficial de replanteos

—Peón de ayudas a replanteos
—Conductor de carretillas o dúmper
—Peones de descarga y distribución de materiales
—Peones en montaje de andamios
—Peones en montaje y desmontaje de maquinaria y equipos
—Peones en limpieza de instalaciones provisionales
—Peones en protección de unidades ejecutadas

3.12 Gastos personal obrero
—Autobuses y transportes públicos
—Comidas
—Pluses de desplazamiento

3.13 Comunicaciones
—Emisoras
—Teléfonos
—Correos y telégrafos

3.14 Gastos exteriores, atenciones y propaganda
—Carteles de obra
—Fotografías
—Comidas de relaciones públicas
—Obsequios de Navidad
—Gratificaciones a terceros

3.15 Tiempos inactivos
—Paros por rigor climatológico
—Paros por huelgas

3.16 Maquinaria
DE ELEVACIÓN:
—Grúas torre
—Grúas móviles
—Montacargas
—Elevadores de planta
—Plataformas
—Cintas transportadoras
DE DISTRIBUCIÓN:
—Dúmper
—Carretilla
—Manipulador
HORMIGONES Y MORTEROS
—Planta de hormigonado

—Hormigoneras
—Elevadores de mortero
—Vibradores
—Convertidores
FERALLA:
—Dobladoras
—Estribadotas
—Cortadoras
ENCOFRADOS:
—Tronzadoras
VARIOS (Otra maquinaria)

3.17 Consumos
—Consumo de electricidad
—Consumo de agua
—Consumo de gas

4 Gastos diferidos

4.1 Gastos desde fin de obra a liquidación
—Gastos finales de obra

4.2 Limpieza final de obra
—Peones en limpieza final
—Personal especializado en limpieza final
—Camiones de escombro
—Palas o retroexcavadoras
—Contenedores
—Tolvas

4.3 Quebranto de almacenes
—Quebranto de almacenes

4.4 Retirada de instalaciones y equipos
—Desmontaje de grúa
—Desmontaje de equipos
—Portes

4.5 Tasas
—Tasas de inspección
—Tasas de ensayos
—Tasas de replanteos
—Tasa de liquidación
—Otras tasas

4.6 Seguros

—Seguro de construcción
4.7 *Gastos de liquidación*
—Gastos de conservación en período de garantía (entre el 0,75% y el 1% de la producción)

Hemos agrupado en *inmovilizados de obra*, aquellos gastos correspondientes a equipos, instalaciones, etc., que se incorporan a la obra normalmente a su comienzo, aunque pueden ser durante su ejecución. Serán compras propias de la obra, o cesiones de otros departamentos y u obras, y podrán ser amortizados a lo largo de la misma o ser cargados contablemente en el momento que se produzcan, según decida la dirección financiera de la empresa. En cualquier caso, nosotros los preveremos en función de la tasa mensual que la Empresa nos marque, o del costo de alquileres o compras si se trata de servicios externos, o bien como un costo único o puntual.

Los gast*os anticipados* son aquellos que se producen en general antes de que la obra entre en el proceso de producción, pero que son propios e inherentes a la misma. Normalmente estos gastos existirán cuando el jefe de obra se haya incorporado.

Los *gastos corrientes* son los que se producen con periodicidad regular, y dependen fundamentalmente de la duración de la obra. Este apartado tiene una gran importancia, y abundado en la premisa de que el jefe de obra ha de dirigir sus esfuerzos hacia optimizar el resultado, tendremos en cuenta la relación tan directa que hay entre el plazo de obra y estos gastos.

Gastos diferidos son los que se producen cuando ha finalizado el proceso de producción. Está claro según la guía que se facilita, cuales son estos gastos y porqué se producen, pero nos detendremos en el punto 4.7.- "Conservación en período de garantía (entre el 0,75 y el 1% s/producción)". Más adelante veremos la diferencia entre "gasto" y "coste", conceptos que por el momento usamos casi sinónimamente, pero por ahora baste decir que cuando no hay producción no debe haber coste, y por eso, los gastos que se produzcan en el período de garantía de la obra deben haber sido asumidos ya. Por tanto dotaremos a la contabilidad de la obra una provisión con este porcentaje mensualmente, sabiendo que este gasto se producirá siempre y podrá ser mayor, igual o menor que la dotación presupuestaria hecha, la diferencia entre el coste real de los trabajos que se ejecuten por este concepto y la provisión hecha irá a favor o en contra del resultado de la obra. Esto está directamente relacionado con la buena ejecución de la obra, tema sobre el cual, coloquialmente aunque no sin falta de razón se suele decir que "la calidad es barata". Estimamos que el 1% del total del valor de la obra es una cantidad razonable en obras de edificación de tamaño medio, aunque se puede bajar el porcentaje hasta el 0,75% en obras grandes, en cualquier caso, el porcentaje puede variar y ser estimado en función de otras experiencias anteriores, etc.

Una vez repasados los tipos de gastos indirectos y éstos en sí, vamos a señalar los datos que debemos conocer, imprescindiblemente para poder cumplimentar este documento:

—el plazo de la obra
—el personal de supervisión que se incorporará
—la maquinaria y equipos que se van a emplear
—los medios auxiliares
—el tiempo que van a estar asignados a la obra los recursos humanos y materiales
—el proceso de ejecución de la obra
—las zonas de acopio, paso e instalaciones en el solar o recinto de la obra
—los servicios con los que cuenta el solar
—los impuestos, tasas, arbitrios que sean de cuenta de la empresa contractualmente

Durante la elaboración del estudio de gastos indirectos, estableceremos consultas a los distintos departamentos de contabilidad, personal y maquinaria —si es que nuestra empresa cuenta con ellos, o bien a las personas que tengan responsabilidad en estos campos—, quienes nos facilitarán los datos que necesitemos.

Como se verá, el documento contiene una relación bastante completa de los conceptos que pueden componer los Gastos Indirectos de una obra, aun así puede que quepa añadir algunos que particularmente puedan existir en una obra determinada, y por supuesto, no tener en cuenta los que no sean de aplicación.

En este sentido, también cabe señalar que pueden existir dudas o diferencias de criterio entre lo que puede significar Coste Indirecto o Directo, y aunque ya han sido definidos convenientemente, nos vamos a detener para incidir un poco más en su comprensión. Pongamos el ejemplo de un equipo o maquinaria específica para una unidad de obra, como puede ser una grúa móvil para el montaje de una estructura metálica, caso en el que podríamos, bien incluir su coste proporcionalmente en las unidades presupuestarias que componen la estructura, y por tanto convertirlo en un *coste directo* o bien prever en el documento CPO—2, punto 3.16.- "Maquinaria", el coste mensual y el número de meses que vaya a durar su trabajo en la obra, y considerarlo un *gasto indirecto.*

Realmente con cualquier maquinaria —equipos, medios auxiliares, instalaciones, incluso personal— podríamos obrar de igual manera, es decir calculando la incidencia que tienen en cada unidad de obra, y después controlar pormenorizadamente el tiempo que se ha invertido en cada operación —pongamos el caso de una maquinaria de elevación y descarga por ejemplo—, de descarga, elevación y distribución mediante partes diarios de trabajo. Ni que decir tiene que el sistema es mucho más complejo tanto para calcular como para controlar. El criterio lo debe marcar el jefe de obra, si el sistema de trabajo de la empresa se lo permite. Cualquiera de los dos supuestos anteriores podríamos considerarlo correcto, sin embargo, si esto sirve de ayuda para tomar una decisión, a modo de comentario hacemos la siguiente observación: entendemos que es más sencillo controlar el tiempo de estancia de la grúa —continuando con el mismo ejemplo—, directamente que, una vez repercutido en las unidades presupuestarias, "volver para atrás" para comprobar si esa cantidad se cumple, además, si varían las circunstancias de la estructura (cantidades, tipos de perfil, etc.) automáticamente la repercusión habría que revisarla.

Asimismo, hay unos gastos que históricamente, las empresas ha considerado como indirectos, y son los correspondientes a Seguridad y Salud, y en algunos casos podríamos dudar si esto es correcto. Por definición de coste directo, estos gastos lo son, ya que desde que entró en vigor la actual legislación en materia de Seguridad y Salud (antes Seguridad e Higiene), este capítulo es de abono directo para el contratista.

El importe de los gastos indirectos en una obra, es proporcional al plazo de una obra, tanto que en muchos casos se diseña o estudia el programa de obras en función de su valor, normalmente para optimizarlo, aunque realmente no es fácil optimizarlo. La variación de los gastos indirectos de una obra de edificación, que representamos en la Figura 3.10 de forma esquemática, en general, aumentará a medida que aumente el plazo, siempre que nos encontremos en un intervalo de plazo normal, esto es en una obra con un solo turno de trabajo y considerando unos rendimientos medios así como una asignación de recursos tradicionales, y con unas secuencias de ejecución de obra tradicionales (actualmene el plazo medio de una obra de edificación media, digamos un edificio de 80 viviendas, está alrededor de los dieciocho meses), es decir en el intervalo *{B-C}* de la gráfica, en el que nos moveremos entre el plazo óptimo *(t_o)* y el plazo normal *(t_n)*, y en costes entre el coste mínimo *($C_{mín}$)* y el coste máximo *($C_{máx}$)*, intervalo en el que el costo aumentará con el aumento del plazo.

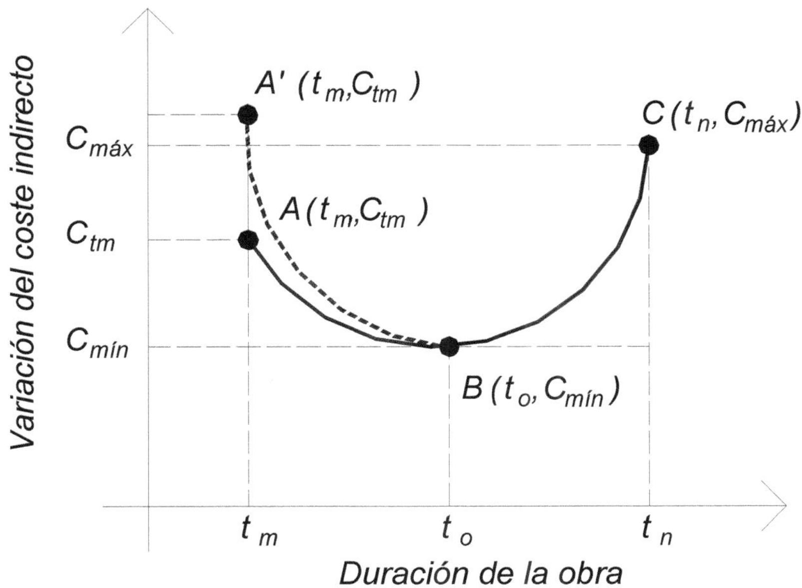

Figura 3.10: Variación de los costes indirectos

En el intervalo *{A-B}*, habremos pasado el punto de inflexión *(B)*, y nos moveremos entre el plazo mímimo *(t_m)*, plazo en menos del cual no se puede realizar la obra bajo ningún concepto, y el plazo óptimo *(t_o)*; veremos sin embargo que para disminuir el tiempo necesitaremos aumentar los costes indirectos ya que deberemos incrementar algunos recursos como pueden ser el personal de supervisión, equipos para turnos nocturnos, u otros; lo que hará que aunque aplicados en menos tiempo aumentarán el global del costo hasta llegar al mencionado plazo mínimo, dónde se produce un nuevo máximo de coste: coste del tiempo mínimo *(C_{tm})*, que puede ser incluso mayor que el coste máximo *(C_m)*, caso de *(A')*.

Costes proporcionales

Debemos pensar, si estamos al frente de una obra, que nuestra obra no es la única de la empresa, así como que el personal que compone la empresa, así como sus instalaciones no está todo en las obras, es decir, hay una estructura en toda empresa ajena a las obras y necesaria para su funcionamiento. Esta estructura va desde una simple oficina dotada con los elementos mínimos para gestionar el trabajo de la propia empresa, hasta una gran estructura con oficinas centrales a nivel nacional —o internacional—, delegaciones, subdelegaciones, oficinas de zonas, etc., y consiguientemente con el personal correspondiente a esa organización. Los costes que comporta toda esa organización deberá estar repercutido en los centros de producción de la empresa, es decir en las obras. Es, en alguna forma, otro gasto indirecto, y la suma de todos estos gastos, repartidos *proporcionalmente* entre la producción de cada obra, y que aquí llamamos *costes proporcionales*, y que son los gastos generales de empresa.

La forma en que cada empresa reparte, o asume estos costes es, lógicamente potestativo de ella, no obstante, la forma más lógica y generalizada de hacerlo es de la forma que aquí se explica: mediante un porcentaje que viene dado por la relación entre los gastos generales de la empresa que no pueden ser de aplicación directa a ningún centro de producción en concreto y que son necesarios para su funcionamiento, y que se aplican como un porcentaje de la producción. En algunos casos, los costes proporcionales no los compone un solo concepto, sino que existen más de uno. Por ejemplo: %gastos de oficina central + %gastos de delegación.

El cálculo de este porcentaje es primordial para el funcionamiento de la empresa, pues es el que da su dimensión, así como el cálculo de la producción necesaria por ejercicio para que estos gastos se mantengan dentro del baremo establecido. En la actualidad, entre unas y otras empresas, los costes proporcionales suelen estar entre el 6% y el 8% de la producción, para hacernos una idea.

El porcentaje de los costes proporcionales *(%C_p)* se calcula según la siguiente expresión:

$$\%C_p = \frac{C_g}{P_t} \times 100 \qquad [3.2]$$

expresión en la que *(G_g)* indica el valor de los gastos generales de la empresa y *(P_t)* la producción total, en un mismo ejercicio.

Baste conocerlo, para saber que, al incluir este coste en la Planificación y Control de la obra, los resultados serán *netos*, además de tenerlo siempre en cuenta a la hora de pasar un precio contradictorio o adicional a una Propiedad, ya que si no lo incluimos, el beneficio (resultado) con el que hayamos contado en este adicional se verá disminuido en este coste.

Otros costes.

Pueden existir, otros costes que no estén aquí recogidos, pero, en primer lugar no serían frecuentes o importantes y en segundo lugar tendrían un tratamiento conforme a su naturaleza que se podría incluir en cualquiera de los apartados explicados, excepción hecha de los *costes financieros.*

Especialmente hoy día es importante que es el coste financiero, y que podría echarse de menos en el presente capítulo, y es por tanto que no queremos terminarlo sin hacer al menos una referencia a tal coste.

El coste financiero es el que se produce por causa de utilizar capital exterior, es el precio o interés del dinero. La política financiera de la empresa constructora no es objeto de este tratado, y en cualquier caso, con sus particularidades, es similar a cualquier otra de otro tipo de empresas, y afecta —aunque también a los técnicos—, fundamentalmente al personal especialista —economistas, contable, ect.—. Además el coste financiero, que se produce por utilizar capital, puede convertirse rápidamente en un ingreso financiero, en el momento en que se genere capital, aunque normalmente no tendría el mismo valor, pero en cualquier caso, entendemos que por este motivo debe tener un tratamiento aparte.

Lo más frecuente es que los diferenciales económicos que se produzcan por intereses financieros —ya sean gastos o ingresos—, formen parte de la política económica de la empresa a nivel general, con lo cual estarán incluidos —en más o en menos— en el cómputo global que se haga de sus gastos generales, que como hemos visto se repercuten de forma proporcional a la producción de sus centros de trabajo.

3.7. Del estudio de alternativas

Obtenido el resultado según se ha visto en los apartados anteriores, ya sea este satisfactorio para las expectativas de la empresa o no, realizaremos un estudio de alternativas en el que incluiremos conceptos como los siguientes:

—propuestas de cambio de unidades, sin detrimento de la "calidad", pero de inferior coste, que pensemos que puedan ser aprobadas
—propuestas de cambio de unidades o sistemas constructivos, id.id. al punto anterior pero que supongan un ahorro en el plazo de la obra
—modificados que podamos conocer, o al menos intuir que puedan realizarse, bien por que creamos en su necesidad, bien porque nos lo haya comunicado o anticipado la propiedad
—unidades de obra o capítulos, que aun no teniendo una oferta en firme de algún proveedor o subcontratista (de ser así lo hubiéramos reflejado en los precios en el CPO – 1) pensemos, o sepamos que puedan contratarse a menor costo
—adicionales o precios contradictorios que no estén perfectamente definidos pero cuya necesidad se derive del análisis del proyecto, solar, estudio geotécnico, etc.

y en general todos aquellos extremos que no estando perfectamente definidos, ni mucho menos aprobados por la propiedad o la dirección facultativa de la obra, supongan un cambio en el valor y/o coste de la obra.

CPO - 3: ALTERNATIVAS A LA PLANIFICACIÓN				
Nº	**DESCRIPCIÓN**	**VALOR**	**COSTE DIRECTO**	**COSTE INDIRECTO**

Figura 3.11: Modelo para el formato CPO—2. Alternativas a la planificación

Relacionaremos estas alternativas en el documento CPO—3, numerándolas correlativamente, y consignado los resultados en el resumen (CPO—4), en el apartado correspondiente

Es importante ver, que en las alternativas —y potenciales modificados económicos— pueden variar tato el valor de la obra, como los costes directos e indirectos, y en cualquiera de los casos tanto en positivo como en negativo.

Podemos decir que en esta fase hay un gran trabajo de imaginación y creatividad para, una vez conocidos el proyecto, el solar, la propiedad e incluso la dirección facultativa, o una relación valorada de todos aquellas cambios o adicionales que pensemos puedan tener viabilidad. En general debemos incidir en mayor medida en los cambios que supongan reducción de costo, es una máxima en el oficio que todo el mundo conoce que el mejor *modificado es aquel que se cobra y no se hace*, y no debemos entender nunca esta frase como que el contratista pretenda cobrar algo sin ejecutarlo, no muy al contrario, sino que la mayor incidencia en nuestros esfuerzos la debemos hacer, como ya hemos dicho, en optimizar nuestros costes.

3.8. Resumen del estudio económico de la obra.

El resumen del estudio económico de la obra lo componen dos documentos: el documento CPO—4: RESUMEN, del que ya hemos hablado y representamos en la figura 3.6, y que rellenaremos con los datos obtenidos según se ha explicado, hasta el punto 5. RESULTADO OBJETIVO, ya que el análisis de costes —punto 6—, pertenece a la fase de control de costes, que veremos más adelante.

Nos queda el CPO—6: DISTRIBUCIÓN DE LA PLANIFICACIÓN, como último documento por analizar en esta fase de estudio de la obra. Este documento es el que refleja la distribución temporal de, Producción (Valor de la Obra), Costes, Certificaciones y Cobros. Documento de suma importancia tanto para la gestión particular de la obra como para la gestión general de la empresa, ya que, con la integración de todas las distribuciones de planificación tendrá una visión global de su producción estimada, cobros, costes, cartera, etc., lo que será fundamental para plantear su estrategia económica, comercial, de contratación de personal, y otras que forman parte del funcionamiento y proyección de futuro de cualquier empresa.

Veremos, según el modelo que representa la Figura 3.12, como se elabora en cada uno de los apartados, además de con la periodicidad que está previsto que se cumplimente.

En primer lugar se cumplimentará la columna correspondiente a los datos contables del mes anterior al que elaboramos la planificación. En producción, costes, certificaciones y cobros. El mes anterior será siempre uno d los finales de cuatrimestre —abril, agosto o diciembre— ya que se ha estimado que debe hacerse de forma cuatrimestral, o lo que es lo mismo tres veces al año. En el caso del estudio económico inicial, esto valores serán normalmente nulos.

Después los datos al cuatrimestre. En el caso del ejemplo elegido corresponde al primer cuatrimestre del año, aunque los dos restantes se confeccionan de forma análoga, seguidamente el resto de columnas, según se desprende fácilmente de su encabezamiento. Los datos Total Obra serán la suma de todos los datos de la fila.

CPO - 6: DSITRIBUCIÓN DE LA PLANIFICACIÓN

CONCEPTOS	DATOS CONTABLES AL: 31.DIC.01	MESES				RESTO DEL EJERCICIO	EJERCICIOS RESTANTES	TOTAL OBRA
		ENERO	FEBRERO	MARZO	ABRIL			
PRODUCCIÓN								
COSTE:								
COSTE DIRECTO								
COSTES INDIRECTOS								
COSTES PROPORCIONALES								
TOTAL COSTE								
RESULTADO								
CERTIFICACIONES								
LÍQUIDO CERRTIFICACIONES*								
COBROS*								

Figura 3.12: Modelo para el formato CPO—6. Distribución de la planificación

Los datos de la fila "certificaciones", serán los valores de las certificaciones previstas (excepto en la columna "datos contables al:...") sin tener en cuenta las retenciones ni el I.V.A., es decir de forma análoga a cómo calculábamos el valor de la obra (que aquí se consigna en producción), en cambio en las dos filas siguientes: "liquido certificaciones*" y "cobros*", consignaremos el valor del importe líquido o "a percibir" de cada certificación o cobro previsto —esto es lo que indica el símbolo (*) en el enunciado de la fila—, es decir deducidas retenciones si corresponden y añadido el I.V.A., ya que es el que nos interesará en este aspecto. Para rellenar la fila "cobros*" tendremos en cuenta lo que dice el contrato de ejecución de la obra con respecto a esta cuestión, es decir, si el cobro se realiza "al contado" o por medio de letra de cambio o pagaré con un determinado vencimiento previsto, el tiempo de este vencimiento, si existe será el que desfasemos los cobros previstos de las certificaciones.

Como se verá, analizando y estudiando el sistema propuesto, la planificación de obra y el estudio económico de la misma, tal como aquí proponemos, se revisa —o puede revisarse cada mes—, periodo en el que normalmente se realizan los cierres contables de la empresas, las certificaciones, los pagos de salarios, etc. Esto significa, que si seguimos escrupulosamente el sistema, conoceremos en cada momento de la ejecución de la obra la situación económica de la misma, en lo que se refiere a las previsiones económicas, o de resultado final, lo que siempre será una ayuda para tomar decisiones. Otros sistemas necesitan revisar toda la planificación en el periodo que se establezca —trimestral o cuatrimestralmente por regla general— para tener una previsión del resultado final de la obra, lo que genera una incertidumbre a medida que nos alejamos de la fecha en que se ejecutó —o revisó— la planificación, y a medida por tanto que avanza la marcha de la obra. Es en estos casos cuando generalmente y sobre todo si los resultados parciales no van siendo muy satisfactorios cuando se suelen pedir sobreesfuerzos y "adelantar" planificaciones, hacer grandes revisiones o avances de resultados, etc. Pretendemos con este sistema, que cada mes, tanto el jefe de obra, como cualquier persona responsable de la empresa, al tiempo de los datos de la "obra ejecutada" los datos de la "obra pendiente de ejecutar", que, con vistas al futuro son los que realmente interesan.

Quedan por explicar algunas partes de los documentos que se han visto en este capítulo, pero cuyos contenidos no son objeto del estudio económico ni de la planificación, sino del seguimiento y control de la obra, que desarrollaremos los capítulos siguientes. Al ser el sistema CPO (Control Presupuestario de la Obra) diseñado de forma integral, son los mismos documentos —básicamente— los que conforman la planificación y seguimiento, de esta forma cada análisis comporta una revisión.

Memoria de la planificación

Una vez concluidos los dos documentos más importantes de la Planificación de la obra, es decir, la planificación técnica (programación) y la planificación económica (estudio económico), completaremos la información incluyendo una breve memoria del documento (unos breves folios), en la que resumamos las características del edificio a construir, así como sus detalles o particularidades más importantes, unas fotos del solar, y alguna documentación que pueda ser relevante. Incluiremos un análisis de riesgos y reservas que puede efectuarse siguiendo las directrices del sistema denominado Análisis SWOT. La palabra SWOT es el acróstico de Strengths, Weaknesses, Opportunities y Threats, es decir *fuerzas, debilidades, oportunidades y amenazas,* que tenga nuestra planificación y que resumiremos en dos apartados como hemos dicho antes: un apartado de riesgos y otro de reservas. En el apartado de *riesgos* valoraremos los conceptos que hayamos incluido en el estudio económico de la obra, que sumen para el Resultado Previsto, y que pueda depender de algún factor que no se cumplan, es decir aquello que pueda hacer *disminuir* el resultado. En el apartado de reservas incluiremos conceptos que no hemos tenido en cuenta en la planificación, pero que tengan una cierta posibilidad de que sucedan, aunque por prudencia no lo hemos hecho, es decir, conceptos que pueden hacer *aumentar* el resultado.

4. CONTROL DE LA PRODUCCIÓN

Cada día, la creciente masa de ladrillos tapaba una línea de paisaje. Parecía que los albañiles, al poner cada hilada, no construían, sino que borraban.

(Benito Pérez Galdós: "Fortunata y Jacinta".)

4.1 De la producción.

LA CREACIÓN DE RIQUEZA MEDIANTE EL TRABAJO del hombre se llama *producción*, y es uno de los principales procesos económicos, que engloba el conjunto de tareas que están dirigidas a la concepción, creación, procesamiento, financiación y puesta a disposición de bienes y servicios, que, por un lado servirán para satisfacer las necesidades de unos seres humanos —los consumidores— y por otro lado, servirán para desarrollar profesional y socialmente a otros —los productores—. Los distintos elementos, materiales o recursos que intervienen en la producción, se denominan *factores* de producción, entre los cuales el más importante es el trabajo del hombre, en cualquiera de sus diferentes facetas, desde las labores manuales más elementales hasta las actividades profesionales intelectuales de la mayor cualificación.

Factores que intervienen en la producción.

Para potenciar e integrar la productividad del trabajo el hombre se vale de elementos externos auxiliares que se dividen en dos categorías generales: *capital* y *naturaleza.* El capital proviene de procesos previos de producción, abarcando bienes instrumentales y de consumo. La naturaleza representa el aporte suministrado a la actividad productiva por fuerzas y elementos originarios, es decir, no creados a partir del *trabajo* del hombre, como son la tierra, el clima, cursos de agua, estructura geológica o yacimientos mineros.

Por tanto los tres elementos que forman parte de la producción son: *naturaleza, capital y trabajo.* Estos factores se combinan entre sí en forma y proporción variable, puesto que la cantidad disponible de cada uno de ellos no representa una limitación en el uso de los demás. De este modo, por ejemplo, una misma cantidad de un cierto producto agrícola se puede producir con una pequeña superficie de tierra trabajada con gran intensidad por un gran número de hombres y equipos, o por el contrario, con una gran extensión de tierra cultivada por unos pocos agricultores y sin apenas máquinas. Esta posibilidad de combinación entre los factores de la producción plantea problemas de decisiones en la elección de sistemas y alternativas, tanto desde el punto de vista económico como desde el puramente técnico. La elección de la combinación idónea en un determinado proceso productivo de los factores de la producción es una de las principales tareas del *empresario,* que por ende, acaba convirtiéndose en el *cuarto factor* de la producción.

Unas ciertas tendencias económicas incluyen también entre los factores de la producción al Estado —hoy día también a los organismos supranacionales—, debido al papel que desempeña y su influencia en toda la sociedad, y que se recoge en los distintos ordenamientos jurídicos y se manifiesta en actuaciones tales como el mantenimiento del orden público y la defensa, la ejecución de infraestructuras y obras públicas, la educación, la sanidad, la administración de justicia o la política fiscal o de subvenciones. Actuaciones que por sí mismas justifican que se entienda el beneficio que causan en el conjunto de la sociedad, y por tanto en la producción de la misma.

Todos los factores o elementos que intervienen en la producción tienen una determinada retribución: el que contribuye con el trabajo percibe el *salario*; el que proporciona el capital o permite el uso de los factores naturales percibe el *interés* o la *renta*; el que idea y pone en funcionamiento el proceso productivo obtiene el *beneficio*; y el estado recibe los *impuestos*.

Clasificación de las actividades productivas.

Según uno de los factores de la producción predomine sobre los demás, se pueden diferenciar varios tipos de actividad productiva. Cuando el capital y el trabajo están destinados al aprovechamiento del elemento natural se obtienen las *actividades primarias*, como son la pesca, la agricultura o la minería. Estas actividades son las que forma la base sobre la que se apoyan en fases sucesivas otras formas de producción, denominadas *actividades secundarias*, como es la industria en sus múltiples facetas, ya que transforma los bienes que proporciona la actividad primaria. Ahora bien, estas no son las únicas actividades productivas, existen otras que son necesarias para que puedan llevarse a cabo las actividades primarias y secundarias, como son el comercio, el transporte, los seguros, los créditos, etc. Todas estas actividades se denominan *actividades terciarias*. Forman parte del sector terciario también la enseñanza, la medicina, la ciencia, la pintura, la música, la literatura, etc. No haya que olvidar que estas actividades forman parte de la producción ya que, de una u otra forma satisfacen necesidades humanas, aunque hace años que algunos economistas consideran adecuado incluir en el sector terciario actividades ligadas a actos precedentes de producción, y de crear otro sector para agrupar estas *actividades cuaternarias*, es decir, las actividades artísticas y las profesiones liberales, entre otras. La construcción se considera que forma parte del sector terciario de la economía.

El producto.

El proceso de la producción da lugar a la obtención del *producto*, o bien apto para satisfacer las necesidades humanas del consumo, como hemos dicho. Estos bienes son materiales, de uso, de consumo, materias primas semielaboradas, bienes instrumentales o de capital; y también inmateriales consistentes en la prestación de servicios, como la asistencia técnica, la medicina, el asesoramiento o la educación, o en fases intermedias de la producción como el transportes de mercancías, la construcción y conservación de edificios comerciales o industriales, publicidad, o cualesquiera que colaboren en alguna medida o sean necesarias para la producción.

El valor total de la producción de bienes y servicios de un país, calculado generalmente en periodos de un año, se denomina *Producto Interior Bruto* o PIB. Para calcular el PIB no se tiene en cuenta la nacionalidad de la propiedad de los activos, al contrario que para calcular el *Producto Nacional Bruto* o PNB. Es decir la producción de las empresas extranjeras en un determinado país, contribuyen en el PIB de este país, al tiempo que en el PNB el país propietario de las empresas. Actualmente se considera el PIB el mejor indicador económico de un país, en lugar del PNB, tendencia más anticuada.

Productividad y eficiencia.

La medida en la que cada factor de la producción, naturaleza, trabajo y capital, participa en ella se denomina *productividad*, concepto que tiende a confundirse con el de *eficiencia* —o eficacia—, y, aun estando ligado a ella no debe confundirse puesto que la productividad dependen de la capacidad de un determinado factor para integrarse en un proceso productivo concreto, de las características particulares de este proceso y de las finalidades para las que haya sido dispuesto, cualitativa y cuantitativamente. La eficiencia de un determinado elemento o equipo en una característica intrínseca del mismo, y debe se tenida en cuenta para que se traduzca en una alta productividad, aunque si no se utiliza adecuadamente no la tendrá.

Productividad total y productividad marginal.

La productividad puede se total y marginal. La *productividad total* se calcula en función de la relación entre el valor del producto obtenido y el coste del factor o factores empleados en su obtención *—output-imput-ratio* según la terminología anglosajona—. Por tanto la productividad depende de la racionalidad con que se organice la producción, de la eficacia de los factores productivos, y de las condiciones ambientales fundamentalmente. La *productividad marginal* de cada factor se determina por la relación entre el incremento obtenido en el producto y el incremento de la cantidad empleada de dicho factor.

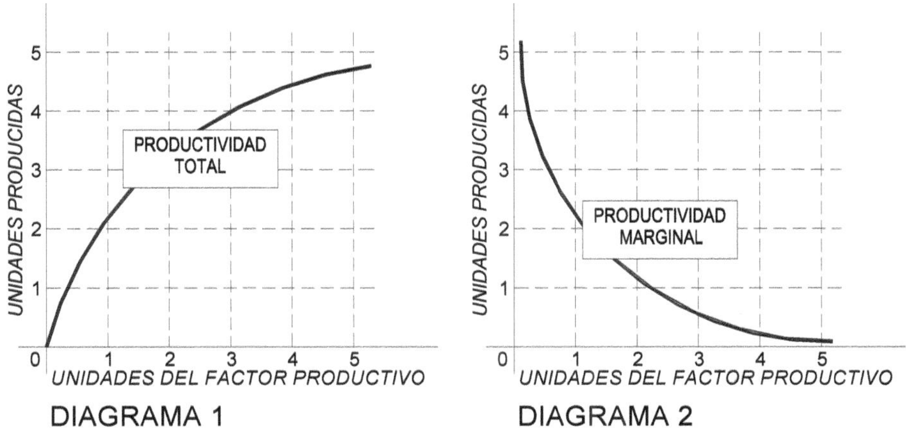

Figura 4.1: Productividad total y productividad marginal.

En la Figura 4.1 podemos ver los diagramas que representan la productividad. El diagrama 1 indica la curva de la productividad total, que tiende a aumentar al crecer el número de unidades empleadas en un determinado factor productivo. Sin embargo a causa de la *Ley de los rendimientos decrecientes* (ver Cap. 3, 3.1), este aumento no es proporcional al aumento de las unidades del factor. En efecto, el diagrama 2 muestra que la productividad marginal, es decir, la productividad de la última de las unidades del factor productivo que se introduce, tiende a disminuir a medida que aumenta el número de tales unidades. El cálculo de la productividad marginal, es fundamental para la economía de una empresa, ya que la dimensión óptima de la misma se determina en función de su valor, aun cuando en la práctica sea sumamente difícil calcularlo. Un empresario contratará trabajadores, empleará más recursos del capital o bien explotará más tierras cuando el coste de estos factores sea inferior al incremento de la productividad que vayan teniendo. Si se tiene en cuenta que la productividad marginal tiende a disminuir en un determinado punto, con el sucesivo aumento de unidades productivas, se llegará forzosamente a este punto en que el costo del factor coincida con el valor de su productividad. Este punto marcará la dimensión óptima de la empresa, ya que estará aprovechando al máximo su capacidad productiva.

Reseña histórica y social de la productividad.

La productividad aparece como uno de los rasgos fundamentales de la Revolución Industrial en el siglo XIX. El control de la productividad y la necesidad de su aumento han comportado la instauración de sistemas como el taylorismo y las exigencias de fórmulas de cronometraje en gran escala de las cadenas de producción. Asimismo, la productividad aparece ya como un factor de las sociedades industrializadas del bloque de los países denominados socialistas, con economía estatalizada, dentro de una competencia global con el bloque capitalista, cuyas consecuencias comenzaron a dibujar un cuadro sociológico negativo, al identificar la noción de progreso con los criterios de máxima producción, máximo consumo, etc. El agotamiento de los recursos naturales, la degradación del medio ambiente y las alineaciones derivadas del consumismo aparecen como los fundamentos de nuevas actitudes críticas de las sociedades industriales basadas en la productividad. Herbert Marcuse (1898-1979), filósofo y sociólogo norteamericano de origen alemán, enunció que el sistema de producción no tiende ya a satisfacer las necesidades esenciales, sino otras nuevas y artificiales, presentadas como indispensables a fin de aumentar la productividad, a partir de aquí la tradicional concepción de la lucha de clases tiende a desaparecer en la medida en que cambia el tipo de alienación, ya que se desplaza de la condición de proletario a la de consumidor manipulado y hombre unidimensional.

Producción en serie y producción en cadena.

Dos términos que pueden confundirse son el de producción en serie y producción en cadena, son conceptos distintos pero que están muy relacionados. La *producción en serie* es la fabricación de objetos en gran cantidad, todos iguales, de forma automatizada normalmente, suprimiendo las labores de ajuste o rectificación. La *producción en cadena* es la que se realiza cuando los operarios, uno tras otro, se limitan a ejecutar una tarea determinada sobre un mismo elemento.

A finales del siglo XVIII, tuvo lugar la primera Revolución Industrial en el Reino Unido, que supuso una profunda transformación de la sociedad británica, y posteriormente la de toda Europa, en general. En parte los cambios fueron debidos al perfeccionamiento de los sistemas productivos, impulsados por los adelantos tecnológicos, y también la industria creció enormemente alimentada a su vez por la creciente demanda de la sociedad, trasladándose el trabajo de las zonas agrícolas a las zonas industriales. Es por tanto que en el Reino Unido es dónde se inventan y desarrollan los principales elementos y sistemas que sirvieron para la producción en serie, pero no es extraño que siendo Europa la cuna del sistema, se le conozca aún hoy día como “sistema americano”, ya que fue en Estados Unidos donde se perfeccionó y desarrolló con mayor éxito. Un año después de la Declaración de Independencia de los Estados Unidos en 1776, y en plena Guerra de la Independencia, George Washington (1732-1799), en colaboración con su jefe de artillería Henry Knox (1750-1806), previendo la necesidad de un gran número de armas idénticas, instaló en Springfield, Massachussets, el primer arsenal de armas del país, empezando a fabricar armas. Unos años después, en 1819 y basándose en el invento del torno de matriz que permitía *copiar* con rapidez elementos de acero —algo así como las máquinas que copian llaves—, del mecánico Thomas Blanchard (1788-1864), se dio paso por primera vez a la fabricación den serie. El sistema se extendió rápidamente por todo el país, de forma que un gran número de ciudadanos británicos visitaban Estados Unidos, para aprender los detalles de este tipo de sistema industrial. Aunque de alguna manera la producción en serie hacía que se empobreciera el trabajo ya que se suprimía la artesanía, y el trabajo mental, de alguna manera, el éxito de Springfield fue el éxito de Estados Unidos. Hoy día la producción en serie hace que el coste de la producción sea tan bajo, que la mayor inversión se realiza en las labores de control, desechando sencillamente las piezas defectuosas, habiéndose desarrollado en las empresas toda una tecnología alrededor de estas tareas, basada en la utilización de métodos estadísticos para averiguar la probabilidad de aparición de defectos, la fiabilidad de los procesos o los intervalos de tolerancia que puedan admitirse.

La producción en cadena o trabajo en cadena es la que se deriva de la aplicación de las teorías y experiencias de Frederick Taylor, en cuanto a la optimización de los tiempos necesarios para cada operación, eliminando los movimientos innecesarios, y obligando a que el trabajador realice siempre la misma operación, encadenando una operación tras otra sobre el mismo elemento, cuya crítica feroz aparece en las inolvidables secuencias de la película *Tiempos modernos* de Charles Chaplin (1889-1977), rodada en 1936 e inspirada en la Gran Depresión de 1929 de Estados Unidos, tras la cual los índices de precios al por mayor cayeron un 20% anual, los precios mundiales de los materiales básicos —el trigo, la avena, la cebada, el azúcar, el café, el algodón, la lana, el yute, la seda, el cobre, el estaño, el cinc, el caucho ente otros— bajaron en un año el 50%; el índice de la producción en Estados Unidos cayó un 20%, y en Gran Bretaña, Alemania y Estados Unidos había al menos diez millones de trabajadores sin empleo, en palabras de Keynes.

Basándose en la descripción del ciclo completo de la fabricación de alfileres de Perronet en 1760, Adam Smith, en su libro *Investigación sobre la naturaleza y causa de la riqueza de las naciones*, analiza también este ciclo de fabricación, pero comparando su fabricación entre la producción en cadena —división del trabajo—, describe:

> *"Un hombre estira el alambre, otro lo endereza, un tercero lo corta, un cuarto lo afila, un quinto lo lima en un extremo para colocar la cabeza; el hacer la cabeza requiere dos o tres operaciones distintas, el colocarla es una tarea especial y otra el esmaltar los alfileres; hasta el empaquetarlos es por sí mismo un oficio;...*

Smith llega a la conclusión de que si de esta forma diez personas podrían fabricar cuarenta y ocho mil unidades diarias, trabajando de forma independiente fabricarían apenas veinte alfileres, en el caso más favorable.. Es curioso lo que un simple alfiler a aportado al mundo de la economía moderna, ya que Charles Babbage, también publicó estudios de tiempos en trabajo hacia 1820, con datos que, curiosamente también había tomado de una fábrica de alfileres. Smith demuestra claramente las excelencias de la división del trabajo, que el taylorismo se encargaría de llevar a la práctica un siglo más tarde, y que se desarrollaron hasta que en 1913, Henry Ford (1863-1947), industrial norteamericano fundador de la Ford Motor Company, implantó junto con una alta mecanización, para fabricar el célebre Ford modelo "T", primer automóvil fabricado en cadena, y que gracias a este sistema de fabricación redujo su precio inicial de 850 dólares, a 250, proporción que debería ser aumentada ya que en esta época Ford duplicó el salario medio de los trabajadores. Ford también introdujo elementos en la economía tales como créditos al consumo, que junto con el resto de sistemas, se extendieron rápidamente por la industria americana.

No hay que olvidar que el taylorismo desdeñaba por completo la opinión del trabajador y de los sindicatos, dejando los criterios de decisión en todos los campos a los empresarios, los sindicatos se opusieron siempre a este sistema, aunque acabaron aceptándolo a cambio de recibir un porcentaje en las ganancias que suponía el aumento de la productividad. Estos acuerdos sólo fueron aceptados por un pequeño número de empresarios, incluyendo a Henry Ford. A pesar de la importancia que grandes economistas a nivel mundial, encabezados por Keynes, estas acuerdos sólo se generalizaron tras la Segunda Guerra Mundial. El *fordismo*, denominación que se ha dado al sistema derivado se la aplicación de los metodos de Ford, fue el sistema económico que primó en los Estados Unidos desde entonces hasta la década de los 1960, así como en Europa y el extremo oriente gracias a la fuerte ayuda que recibió de los Estados Unidos, como el Programa de Reconstrucción Europea *(European Recovery Program)*, –conocido como el Plan Marshall, ya que su promotor fue el militar y político norteamericano George C. Marshall (1880-1959), secretario de estado a la sazón (1947-1949)– en la intención de este país de frenar la expansión del comunismo.

La producción en la obra de construcción.

La construcción, desde el punto de vista de la actividad productiva, utiliza los mismos criterios y elementos del resto de las actividades industriales, habiendo experimentado las mismas transformaciones en sus métodos de trabajo y teniendo en cuenta que la construcción engloba a un gran número de otras industrias auxiliares que suministran los bienes económicos que en la construcción se utilizan, en distintos grados de elaboración. En la construcción de un edificio, desde el punto de vista del empresario–constuctor, el producto es el propio edificio, y toda su tarea se centra en *fabricar* un solo producto durante un periodo de tiempo relativamente largo.

Todo lo explicado y concerniente a la producción, es aplicable a la obra de edificación. Dependiendo del sistema constructivo de que se trate incluso podremos hablar de producción en *serie*, en el caso de prefabricados, por ejemplo, o de producción en *cadena*, en la mayoría de los casos de la construcción en la actualidad, por tanto los criterios de producción tendrán mucho que ver con estos sistemas. El ejemplo de la producción en cadena que elegimos sobre la fabricación del Ford "T", es absolutamente demostrativo en lo que se refiere a la organización de la producción, y esto debe ser tenido en cuenta, por ejemplo, cuando se incluyan cambios *sobre la marcha* en la ejecución de un proyecto. Estos cambios habrá que saber valorarlos –ver capítulo 8, artículo 8.4 del presente manual– pero lo más importante y lo realmente difícil de valorar –por lo que no daré ninguna indicación además de ésta en este libro– es lo que significa en cuanto a costes pasar de una producción en cadena a otra que no lo sea –en el ejemplo, tres veces y media en el coste total del producto, y es un dato real—, lo que nos lleva a pensar que debemos evitar, a toda costa los cambios en el proyecto sobre la marcha, las reformas puntuales, etc.

Otro punto a tener en cuenta, y que mencionaremos en el capítulo 9, es la *Ley de los rendimientos decrecientes* o *Ley de la productividad marginal*, ya explicada, y que deberemos tener en cuenta a la hora de asignar los recursos necesarios para conseguir realizar la producción necesaria.

Del cálculo del valor de la producción

Podríamos pensar que para calcular el valor de la producción basta con conocer el valor total del contrato, pero como hemos visto y seguiremos viendo a lo largo de este manual, esto no es siempre el resultado de una sencilla consulta a la página correspondiente del contrato, sino que está sujeto a múltiples variables, causadas por modificaciones al proyecto de ejecución, incrementos de precios, errores en el cómputo inicial del mismo y otros motivos que analizaremos en este capítulo.

Nos interesa, además, conocer el valor de la producción en cada momento, no solamente al final de la obra, de forma análoga a como controlamos el resto del parámetros que manejamos en la misma —tiempo, costo, etc.—, por lo tanto debemos implementar un sistema que de forma inequívoca y objetiva nos permita conocer el valor de la obra ejecutada en cada momento, así como definir de que se compone ese valor.

A estos efectos, a dicho valor le llamaremos *producción*, y lo definiremos como *esperanza razonada de cobro.*

Siendo la definición que hemos dado a la producción, aparentemente *poco técnica*, veremos que es absolutamente rigurosa: el importe de la producción de la obra será la valoración real que tenga la obra ejecutada y que haya tenido, tenga o vaya a tener reflejo en un documento de cobro, sea certificación o factura. Tendremos en cuenta que no siempre coincidirá con una relación valorada como resultado de multiplicar las mediciones realmente ejecutadas por precios de proyecto adjudicado o aprobados por la Propiedad, ya que en nuestro contrato puede que esto no esté contemplado así, por ser, por ejemplo a *precio cerrado,* asimismo habrá otros conceptos que puedan o no ser certificables y por tanto cobrables, en un momento intermedio de la obra.

Para calcular e valor de la producción y analizarlo adecuadamente, clasificaremos la producción en tres clases: producción cierta, producción provisional y producción potencial, cuyas definiciones y métodos de cálculo veremos a continuación.

La producción es el parámetro que compararemos con el coste de la obra, independientemente de la certificación, que veremos más adelante.

4.2 De la producción cierta

Es el importe, resultado de aplicar los conceptos anteriormente dichos, y que pueda ser certificable en cada momento. Se clasifica en los apartados que veremos a continuación.

Producción cierta por proyecto adjudicado

Es el importe resultante de valorar, la obra realmente ejecutada con los precios del proyecto que está definido en el contrato firmado por la propiedad o en el proyecto adjudicado, teniendo en cuenta las condiciones del citado Contrato, pudiendo establecerse, normalmente dos casos generales:

a) Si la forma de abono reflejada en el contrato es *a medir,* como por ejemplo, si se trata de una obra oficial y se sigue el Reglamento de Contratación de las Administraciones Públicas, se realizará aplicando a la medición realmente ejecutada de cada unidad de obra, el precio de proyecto, afectado, si ha lugar de los porcentajes de Gastos Generales, Beneficio Industrial, etc. que corresponda, así el porcentaje de baja de adjudicación, si existiera.
b) Si la forma de abono es por *tanto alzado* o *precio cerrado,* tendremos en cuenta que, ya que el precio de la obra es fijo, y tal precio se alcanza como resultado de aplicar a las mediciones que figuran en el proyecto los precios del mismo, no tendremos derecho a cobrar en ningún caso los excesos de medición que se produzcan, como resultado de algún error en ella, así como tampoco debemos renunciar a los defectos de medición por tal concepto, por tanto tendremos en cuenta la proporción entre la medición real de la obra y la medición de proyecto en cada unidad de obra, y se la aplicaremos a la hora de calcular el importe de la producción, minorando o mayorando la medición realmente ejecutada de cada unidad, según corresponda. Si las diferencias —excesos o defectos—

de medición entre el proyecto adjudicado y la realidad de la obra no fueran producidas por errores en la misma, sino por cambios introducidos en el transcurso de la obra, no tendrían este tratamiento, ni habría que contemplarlas en este capítulo.

Producción cierta por adicionales aprobados

Es el importe resultante de valorar la parte realmente ejecutada de cualquier Presupuesto Adicional que cuente con la aprobación expresa, en documento firmado, de la Propiedad y Modificados con aprobación Técnica y Económica (obras oficiales).

Producción cierta por revisión de precios

Es el importe resultante de calcular la revisiones de precios que figuren en el contrato y se cumplan las condiciones para ser aplicadas o que cuente con la aprobación expresa, en documento firmado, de la Propiedad.

El caso más habitual en el que tiene cabida este concepto es en obras oficiales, y consideraremos que existe cuando se den, conjuntamente, las siguientes condiciones:

a) En el Contrato o Pliego de Condiciones de la obra figure que se tiene derecho a revisión de precios y se incluya la fórmula polinómica a aplicar.
b) Hayan sido publicados los índices correspondientes al mes en el que estamos calculando la producción de la obra.
c) Se haya superado el 20% de obra ejecutada, y conste en las certificaciones de obra.

Producción cierta por liquidación

Es el importe correspondiente la liquidación de la obra, cuándo ésta haya sido aprobada, en documento firmado, por la Propiedad y a Liquidaciones de Obra con aprobación técnica y económica (obras oficiales)

Producción cierta por otros conceptos

Corresponde incluir en este capítulo los importes de cualquier concepto que origine cobro a la obra, y que se cuente con documento aprobado por la Dirección de la Empresa y o la Propiedad y no pueda incluirse en ninguno de los conceptos anteriores; obras o trabajos que hayan de facturarse a un tercero y que hayan sido aprobados por la Dirección de la Empresa o bien hayan sido cobrados por anticipado, aunque en este último supuesto los incluiremos cuándo se ejecuten.

4.3. De la producción provisional.

Básicamente es igual que la producción cierta explicada en el punto anterior, y la única diferencia es que, en el momento de ejecutarla, y por tanto de valorarla, no puede ser incluida en la certificación mensual.

Es necesario incluir la *producción provisional* puesto también es *esperanza razonada de cobro*, así como el valor de trabajos realizados que debemos comparar con el costo, etc., y por tanto la incluimos, no obstante, hemos de tener en cuenta siempre que el importe de producción provisional debe ser siempre lo menor posible, ya que, por propia definición, supone un riesgo para la empresa.

Que la producción provisional sea lo menor posible, no quiere decir que seamos necesariamente pesimistas al elaborarla, sino que nos debe servir esta premisa para procurar en todo momento, y dentro de nuestras posibilidades que cuando una propiedad no solicita una adicional, obras fuera de contrato, etc., nos firmen un documento por el cual esas obras puedan ser certificadas, cobradas y por tanto sean producción cierta.

Producción provisional por adicionales pendientes de aprobación

Incluiremos los importes de:

a) Presupuestos Adicionales o unidades con precio contradictorio que se hayan ejecutado y no hayan sido firmados por la persona o personas de la Propiedad o Dirección Facultativa de la obra que tengan poder para hacerlo y que por tanto obligue a su cobro.

b) Importes correspondientes a obras o trabajos ejecutados, que estén en periodo de discusión con la Propiedad o D.F., y que tengamos plenamente derecho a reclamar porque deriven de órdenes de la D.F., cambios introducidos en la obra por la Propiedad, etc,.

c) En obras oficiales, el importe que corresponda a unidades de obra incluidas en un Proyecto Modificado, que no cuente con la aprobación económica, y que por alguna circunstancia se hayan tenido que ejecutar.

Producción provisional por estimación de revisión de precios

Es el importe resultante de calcular la revisiones de precios que figuren en el contrato, pero que el momento de calcularla aún no se cumplen las condiciones para ser aplicadas o que no cuente con la aprobación expresa, en documento firmado, de la Propiedad.

Al igual que en la producción cierta, el caso más habitual en el que tiene cabida este concepto es en obras oficiales, y consideraremos que existe cuando se den, conjuntamente, las siguientes condiciones:

d) En el Contrato o Pliego de Condiciones de la obra figure que se tiene derecho a revisión de precios y se incluya la fórmula polinómica a aplicar.

e) No hayan sido publicados los índices correspondientes al mes en el que estamos calculando la producción de la obra, y por tanto la calcularemos con los índices publicados del último mes, aplicándolos a los meses siguientes.

f) Se haya superado el 20% de obra ejecutada, y conste en las certificaciones de obra.

Producción provisional por estimación de liquidación

Este concepto será de aplicación cuando haya sido calculada la liquidación de la obra, y se tenga constancia de alguna manera fehaciente de que se va a tramitar, aunque todavía no tenga reflejo en documento firmado, y lo compondrán los importes de los trabajos que hayan sido ejecutados con cargo a la citada liquidación.

Producción provisional por otros conceptos

Corresponde incluir en este capítulo los importes de cualquier trabajo realizado y que origine cobro a la obra, pero no pueda ser incluido en ninguno de los casos anteriores y que el momento de ejecutarse no pueden ser incluidos en Certificaciones o Facturas por alguna causa.

4.4 De la producción potencial.

Incluiremos en este capítulo los importes, estimados o calculados de todos aquellos conceptos que pensemos, en el momento de calcular la producción mensual de la obra, pudieran ser causa de reclamación, presupuesto adicional o modificado, etc., y que aún no tengamos muy claro si podremos materializarlos en documento o si pudieran ser reconocidos por la propiedad, y estén realmente ejecutados.
Los importes de la producción potencial no suman en la Producción de la obra, se consignan a modo de recordatorio de la obligación que tenemos de cualquier reclamación deba ser tenida en cuenta como posible adicional o modificado.
Al no sumar en la Producción total, como hemos indicado, la producción potencial no supone riesgo alguno para la Empresa, sino, al contrario, es un indicativo de que estamos trabajando en el sentido de no olvidar nuestra obligación de intentar cobrar todo aquello a lo que realmente tenemos derecho.

Según lo explicado hemos de establecer siempre el objetivo de que la producción potencial pase a ser lo antes posible producción provisional, así como esta debe también tender a convertirse en producción cierta.

4.5. Del procedimiento para calcular la producción.

Mensualmente, y teniendo en cuenta los conceptos de las diferentes partes que componen la producción, según se ha visto en los apartados anteriores, se elaborará el informe de producción.

POS	UD	DESIGNACIÓN DE LA CLASE DE OBRA

PRODUCCION DE OBRA EJECUTADA			
TIPO	MEDICIÓN	PRECIO	IMPORTE
	M_{ej}	P	I_{ej}

VALORACIÓN DEL PROYECTO					
MEDICIÓN			IMPORTES		
PROYECTO ADJUDICADO	MODIFICADOS	ACTUALES	PROYECTO ADJUDICADO	MODIFICADOS	ACTUALES
M_p	M_m	M_a	I_p	I_m	I_a

PRODUCCIÓN DE OBRA PENDIENTE DE EJECUTAR	
MEDICIÓN	IMPORTES
M_{pe}	I_{pe}

Figura 4.1: CPO—1: COSTE DIRECTO – PRODUCCIÓN, grupos de columnas a tener en cuenta a la hora de cuantificar la producción mensualmente

Para lo cual cumplimentaremos los distintos documentos que componen el CPO, una vez obtenidos los datos de medición de la obra ejecutada en el mes, comenzando por el CPO-1 (Figura

4.1). Esta labor se realizará comenzando por rellenar el segundo grupo de columnas de este documento: "producción de la obra ejecutada". En la primera columna "tipo", especificaremos un número del 1 al 9, que diferenciará los distintos tipo de producción que pueden existir, de acuerdo con la tabla de la Figura 4.2, en la fila correspondiente de cada unidad de obra, que ya figurarán en este documento, puesto que lo cumplimentamos al ejecutar el estudio económico de la obra.

TIPO DE PRODUCCIÓN	Nº
Producción cierta por proyecto adjudicado	*1*
Producción cierta por adicionales aprobados	*2*
Producción cierta por revisión de precios	*3*
Producción cierta por liquidación	*4*
Producción cierta por otros conceptos	*5*
Producción provisional por adicionales ptes. aprob.	*6*
Producción provisional por estimación de rev. prec.	*7*
Producción provisional por estim. de liquidación	*8*
Producción provisional por otros conceptos	*9*

Figura 4.2: Tipos de producción

Con este procedimiento tendremos siempre identificado el tipo de producción que es en cada partida, o incluso nos servirá para desglosar una misma partida en distintos tipos de producción, además de poder servirnos para clasificarla fácilmente, si hemos informatizado los documentos del CPO en una hoja de cálculo, como se recomienda.

A continuación rellenaremos las columnas correspondientes a "medición" e "importe" en cada fila, el importe se calcula directamente multiplicando la medición por el precio, que ya figurará en el documento, puesto que es otro de los datos que hemos rellenado de antemano.

Los totales de este cómputo se verterán en el documento CPO—5: RESUMEN DE LA PRODUCCIÓN, que muestra la Figura 4.3.

Tal como se puede ver en el documento y como ya se explicó en capítulos anteriores, el TOTAL PRODUCCIÓN, solamente está compuesto por la producción cierta y la producción provisional, y es la que se reflejará después en el

CPO—4: RESUMEN, consignándose la producción potencial meramente a título informativo.

CPO - 5:RESUMEN DE LA PRODUCCIÓN			
1. PRODUCCIÓN	***MES***	***ORIGEN***	***EJERCICIO***
1.1. PRODUCCIÓN CIERTA			
1.1.1. PROYECTO ADJUDICADO		$\sum I_{ej(1)}$	
1.1.2. ADICIONALES APROBADOS		$\sum I_{ej(2)}$	
1.1.3. REVISIÓN DE PRECIOS		$\sum I_{ej(3)}$	
1.1.4. LIQUIDACIÓN		$\sum I_{ej(4)}$	
1.1.5. OTROS:		$\sum I_{ej(5)}$	
TOTAL PRODUCCIÓN CIERTA:			
1.2. PRODUCCIÓN PROVISIONAL			
1.2.1. ADICIONALES PTES. APROBACIÓN		$\sum I_{ej(6)}$	
1.2.2. ESTIMACIÓN DE REV. DE PRECIOS		$\sum I_{ej(7)}$	
1.2.3. ESTIMACIÓN DE LIQUIDACIÓN		$\sum I_{ej(8)}$	
1.2.4. OTROS:		$\sum I_{ej(9)}$	
TOTAL PRODUCCIÓN PROVISIONAL:			
TOTAL PRODUCCIÓN:			
1.3 PRODUCCIÓN POTENCIAL			
TOTAL PRODUCCIÓN POTENCIAL:			

Figura 4.3: Formato del documento CPO—5: RESUMEN DE LA PRODUCCIÓN

Nos referimos ahora a la cumplimentación del grupo de columnas nº 4 del CPO—1, "producción de obra pendiente de ejecutar" que también figura en la anterior Figura 4.1, y que se hará rellenando en primer lugar la columna "mediciones", siendo el valor que corresponde el siguiente:

$$M_{pe} = M_a - M_{ej}$$

dónde cada parámetro corresponde al que representa la Figura 4.1. Asimismo, la columna "importes", se calculará de acuerdo a la expresión:

$$I_{pe} = M_{pe} \times P$$

Cuyos valores también corresponden a los que se consignan en la misma figura.

De esta forma, tendremos en el documento CPO—1, el importe total de la producción, por partidas que trasladaremos al documento CPO—5, según el tipo de cada producción:

$$\sum I_{ej(t)}$$

en dónde el subíndice (*t*) indica numéricamente el tipo de producción según se establece en la tabla de la Figura 4.2. Como se ve en el documento, hemos consignado los datos de la producción en la columna "origen", ya que es como lo hemos calculado —de forma análoga a la que tienen de redactarse las certificaciones de obra—, y para calcular el importe en el "mes", lo haremos lógicamente por diferencia con el "origen" del mes anterior. Se añada la información de los datos anuales en la columna "ejercicio", como información suplementaria de los datos acumulativos del año en curso.

En cuanto al cálculo de la producción potencial no hemos considerado aportar ningún tipo de formato de documento, ya que los importes de esta producción pueden ser calculados de forma estimativa, y como se explica en el punto 4.4 del presente capítulo, podrá depender de muchos factores. Es esta una producción sujeta a interpretaciones subjetivas —que hay que intentar objetivar en la medida de lo posible—, de la que estimamos oportuno dejar libertad a la forma de expresarse documentalmente, pudiendo ocupar en el documento CPO—5 las filas que se necesiten. Siempre hay que tener en cuenta que las cantidades consignadas en esta producción serán las que correspondan, por descontado, exclusivamente a la obra ejecutada en el momento de elaborar el control de producción.

Finalidad y criterio del cálculo

Para finalizar, diremos que para calcular la producción los criterios que debemos tener en todo momento son los de la máxima *objetividad*, y en su defecto los de la prudencia. Debemos pensar que el dato de la producción es la información que en primer lugar recibirá el propio jefe de obra —o su equipo—, que la elabora, y posteriormente el resto de estamentos de la empresa. Este parámetro ha de servir para calcular el resultado de la empresa —como suma de datos de cada obra—, en contrapartida con el coste, que analizaremos en los siguientes capítulos. El coste se calcula por métodos contables, es decir con puramente aritméticos, y por tanto del mayor rigor, siendo por tanto un dato absolutamente aséptico de interpretaciones, el coste es un dato objetivo y cierto. Es por esto que la producción, debe serlo también, ya que si somos excesivamente optimistas al realizar su cálculo —recordemos la palabra *razonada* que contenía su definición—, al maximizar su valor maximizaremos también el resultado, y cualquier circunstancia haría que los datos siguientes fueran negativos, es decir empeoraran, además que la empresa podría contar con cifras del resultado que no fueran realistas, en el grado de optimismo que tengamos al calcularla, y obrar en consecuencia, con políticas basadas en resultados ficticios, a crecer por encima de sus posibilidades, al sobrevalorar su activo. Si somos, por el contrario, pesimistas, tenderemos en un grado similar a contribuir a que la empresa tenga una información peor de la realidad, y tener políticas contrarias a las anteriormente citadas. En ambos casos, los datos estarían conteniendo errores que figurarían en una de las informaciones más importantes para una empresa. Queremos hacer constar, que en general, la tendencia habitual de los jefes de obra, y el resto de los equipos de producción de las obras, es la de ser optimistas a la hora de calcular la producción, ya que su valor es también una de las medidas de su trabajo, y es conocido que todos intentamos volcarnos más en aquella faceta de nuestro trabajo más fácilmente tabulable, y es por esto que debemos recordar siempre el criterio de la objetividad, en aras a proporcionar a la empresa una información de calidad y con el mayor grado de fiabilidad posible.

5. CONTROL DE COSTES

Fuera, en la obra, reinaba una atmósfera preñada de incomprensión.
(Tom Sharpe: "Wilt".)

5.1 De la contabilidad

LA CONTABILIDAD ES EL ARTE DE REGISTRAR, clasificar, resumir y analizar de una manera científica y en términos monetarios, las transacciones y sucesos que son, cuando menos en parte, de carácter financiero, así como interpretar sus resultados.

Como hemos dicho en algunas páginas anteriores, el principal destinatario y potencial usuario de este manual es el jefe de obra, y en general al personal técnico de una empresa constructora. La experiencia nos dice que la contabilidad es una disciplina que se aleja notablemente de los gustos de los técnicos. En los numerosos cursillos, jornadas y reuniones de formación y reciclaje del personal técnico de empresas constructoras a los que hemos asistido —reuniones que todas las empresas de mediano y gran tamaño suelen hacer periódicamente, o bien de otro tipo organizadas por organismos distintos a las empresas— en los que normalmente se suelen impartir conocimientos de disciplinas de organización, control, ejecución de obra, etc., siempre suele haber un apartado dedicado a la contabilidad. Pues bien, llegado el momento en que la persona o personas dedicadas a presentar su ponencia sobre esta materia, hemos podido comprobar, casi indefectiblemente, que la atención de los asistentes deja mucho que desear bajando considerablemente, aun cuando el resto de proposiciones hayan sido seguidas con las ansias mayores del aprendizaje. En general, podemos decir que a los técnicos no nos gusta esta materia, y aquí debemos expresar dos ideas, en este sentido, la primera es que no encontramos motivos para que esto sea así y la segunda es que a los técnicos, sobre todo a los que trabajan en empresa, la contabilidad es una disciplina que es no solamente conveniente sino necesario conocer. No vamos a ser en ningún caso especialistas, ni se pretende, pero alcanzar al menos el conocimiento de algunos conceptos básicos.

Historia

Desde que el hombre tuvo en su poder la escritura, los números, el concepto de propiedad y la moneda, podemos decir que ya utilizó la contabilidad. La escritura, inventada como sabemos por los sumerios, precisamente está ligada a la construcción, y deriva sin duda de la observación de los constructores en que las marcas en la arcilla permanecen después de cocerla, y con este método algunos empezaron a dejar sus propias marcas, a modo de señal de identificación. Existe una tablilla de barro fechada aproximadamente en el año 6.000 a.C., de origen sumerio, en la que, según los investigadores, se recogen apuntes de contabilidad, con gastos e ingresos, incluso algunos mas audaces creen identificar en estos escritos registros de doble partida.

Existen testimonios de ejercicios contables en Egipto y en Mesopotamia. En la Atenas de Pericles, siglo V a.C., se imponía a los comerciantes la obligación de anotar las operaciones que realizaban en unos determinados libros. Los banqueros griegos llevaban una contabilidad de sus clientes, la cual debían mostrar cuando se les demandara, y su conocimiento era tal en esta ciencia que con frecuencia se les solicitaba su asesoramiento para examinar las cuentas de la ciudad.

En Roma se encuentran ya testimonios fehacientes y reales acerca de la práctica de la contabilidad, además en todos los ámbitos sociales, ya que incluso todo jefe de familia asentaba todos sus ingresos *—acceptum—* y todos sus gastos *—expensum—* en un libro diario *—adversaria—* cuyos datos se pasaban a otro libro mensualmente *—codex* o *tabulae—*. Las labores contables en Roma eran llevadas a cabo por plebeyos pero las de inspección de la cuentas *—auditores—*, por patricios, y ambos estaban agrupados en organizaciones colegiales. Quizás el desarrollo de la contabilidad en Roma —al igual que otras ciencias— no fue mayor pues manejaban un sistema de cifras bastante inadecuado para los cálculos aritméticos, el sistema de numeración arábiga, que es el que usamos en la actulidad fue desarrollado por los hindúes aproximadamente en el siglo III a.C., siendo adquirida por los árabes alrededor del siglo VII d.C., y se introduce en Europa entre los siglos IX y X, a través de al—Andalus. La gran aportación del sistema arábigo de numeración es la notación posicional, en la que los números o cifras, cambian su valor en función de su posición, y la introducción del cero —la palabra *cifra* deriva del árabe *sifr*, que significa *cero—*, facilitando y simplificando todos los cálculos matemáticos por escrito.

En los siglos posteriores la contabilidad se desarrolla de forma paralela al resto del conocimiento humano durante los siglos posteriores, teniendo un impulso fundamental, como el resto de las ciencias aritméticas, con la incorporación de los números árabes. Se tiene conocimiento que en las ciudades estado italianas se conocía la contabilidad de doble entrada, conservándose libros de cuentas del año de Francesco Datini (1335-1410). Asimismo en oriente la contabilidad también se había desarrollado, utilizándose en China ciertos tipos de formularios y registros así como ábacos. Benedikt Kotruljevic (1416-1469) comerciante de profesión, humanista por educación, científico por vocación y diplomático por invitación, al servicio del la corona de Aragón, —de quien es más fácil encontrar referencias con el nombre de italiano "*Benedetto Cotrugli Raguseo*", lo que podría tomarse como que era natural de Ragusa, Sicilia, aunque realmente era natural de Dubrovnik, Croacia, ciudad que en italiano también es llamada Ragusa—, fue el pionero de la contabilidad por partida doble, según explicó de manera muy clara en su libro *Della mercatura et del mercanti perfecto* (1458), así como los distintos tipos de libros contables —el borrador o *memoriale*, el diario o *giornale* y el mayor o *cuaderno—*. El veneciano Luca Pacioli (1445-1514), matemático y monje, uno de los tratadistas más importantes en aritmética y álgebra del siglo XV, coetáneo y colaborador de Leonardo da Vinci, escribió en 1949 su *Summa*, libro en el que se recoge el método contable denominado *alla veneziana*, y que amplia el conocimiento de las prácticas comerciales, tipos de sociedades, ventas, intereses, letras de cambio y otros.

El siguiente paso importante hay que buscarlo ya en el siglo XIX, tras el código de Napoleón, la Revolución Industrial y las teorías de Adam Smith. La contabilidad empieza a sufrir transformaciones importantes a finales de este siglo cuando se funda la American Association of public Accountants y otras sociedades similares en Europa, y en los que se establecen los principios de la contabilidad actual.

Definiciones

De acuerdo con la definición que encabeza este capítulo, la contabilidad es el proceso mediante el cual se determina, calcula, registra y comunica una determinada información económica, ya sea a nivel particular o bien a nivel de una organización o empresa, con el fin de que cualquier persona interesada pueda conocer y valorar la situación económica de la persona o entidad a que corresponda. La contabilidad se lleva en lo que se denominan libros o registros contables, llamándose esta actividad teneduría de libros.

Cuando se lleva a cabo una contabilidad personal se suele utilizar un sistema sencillo mediante el cual se van registrando las cantidades de los gastos en columnas. Este sistema refleja la fecha del apunte o transacción, su naturaleza y obviamente el importe, sin embargo para llevar la contabilidad de organizaciones o empresas se suele usar un sistema doble entrada —sistema de partida y contrapartida—, ya que se refleja cada movimiento tanto en la posición financiera de la empresa —balance— como sobre los resultados de la misma —cuenta de pérdidas y ganancias—, así como los todos los datos de la estructura financiera de la empresa y sus ingresos. Normalmente, el estado de liquidez se refleja en una memoria o informe económico–financiero independiente, y suele estar encaminado no solamente a proporcionar la información citada sino a sacar conclusiones que permitan planificar el futuro de la organización o empresa.

Contabilidad externa y contabilidad interna

Podemos clasificar la información contable en dos grandes categorías: la contabilidad financiera o contabilidad externa y la contabilidad de costos o contabilidad interna. La contabilidad financiera muestra la información que se facilita al público en general, y que no participa en la administración de la empresa, como son los accionistas, los acreedores, los clientes, los proveedores, los sindicatos y los analistas financieros, entre otros, aunque esta información también tiene mucho interés para los administradores y directivos de la empresa. Esta contabilidad permite obtener información sobre la posición financiera de la empresa, su grado de liquidez —es decir, las posibilidades que tiene para disponer u obtener con rapidez dinero en efectivo—, así como sobre la rentabilidad de la empresa.

La contabilidad de costos estudia las relaciones costos-beneficios-volumen de producción, el grado de eficiencia y productividad, y permite la planificación y el control de la producción, la toma de decisiones sobre precios, los presupuestos y la política de capital. Esta información no suele difundirse al público. Mientras que la contabilidad financiera tiene como objetivo genérico facilitar al público información sobre la situación económico-financiera de la empresa, la contabilidad de costos tiene como objetivo esencial facilitar información a los distintos departamentos, a los directivos y a los planificadores para que puedan desempeñar sus funciones.

Contabilidad especializada

De las diversas áreas de la contabilidad especializada, hay dos de especial relevancia: la auditoría y la fiscalidad. La auditoría consiste en la evaluación, por parte de un auditor —persona o empresa encargada de la revisión o ejecución de la auditoría—, independiente, de los datos financieros, los registros contables y los documentos de la empresa, así como de otro tipo de documentación sobre la empresa que permita verificar la validez de sus registros contables. Las grandes empresas y las empresas públicas suelen, además, tener un equipo de auditores para que evalúen las cuentas, pero a veces se ocupan más de controlar la eficiencia operativa y de la administración que de verificar la veracidad de los datos contables.

La segunda área especializada de la contabilidad se refiere a la fiscalidad. La preparación de las declaraciones de la renta impositiva requiere la recogida previa de información, y la presentación de los datos de una forma coherente; para ello, tanto los individuos particulares como las empresas contratan a profesionales especializados, o contadores públicos nacionales, para hacerles la declaración de la renta, tanto de personas físicas como de sociedades. Sin embargo, las reglas que determinan cómo se han de pagar los impuestos rara vez coinciden con la teoría y práctica de la contabilidad. Los reglamentos impositivos surgen a partir de leyes dictadas por políticos, son interpretadas por los tribunales y reguladas por determinadas instituciones administrativas. Sin embargo, la mayor parte de la información necesaria para calcular la base impositiva suele utilizarse también en la contabilidad, pública y privada, de las empresas. Muchas técnicas son comunes a las dos áreas.

Información financiera

De forma tradicional, la función de la información financiera debía permitir a los propietarios conocer la evolución de sus empresas. Pero cuando las responsabilidades de la administración fueron comúnmente relegadas a personal contratado, la información financiera adquirió una orientación más administrativa, es decir, se trataba de reflejar ante los propietarios la administración llevada a cabo por los agentes o administradores. El objetivo consistía pues en demostrar el grado de eficacia con el que se estaban gestionando los activos de los propietarios, tanto basándose en el mantenimiento del capital como en la generación de beneficios.

La generalización de las corporaciones, la aparición de grandes corporaciones multinacionales y la generalización de la contratación de gestores o administradores profesionales, con propietarios cada vez más anónimos y alejados de su empresa, dio un nuevo giro a la orientación de la información financiera.

Aunque la orientación administrativa no ha desaparecido, la información financiera está hoy mucho más encaminada a informar a los inversores. Dado que tanto los inversores privados como los inversores institucionales consideran que la propiedad de acciones es tan sólo una alternativa más para su inversión, exigen tener una información más a largo plazo que la que proporcionaba el concepto clásico de información administrativa. Puesto que los inversores utilizaban las cifras financieras para predecir los resultados de sus decisiones de inversión y desinversión, la contabilidad se orientó a facilitar este tipo de información. Una de las consecuencias más importantes de este cambio fue el crecimiento de la información que podía proporcionar la contabilidad financiera.

Un claro ejemplo de este efecto es el hecho de que a partir de entonces proliferaran las memorias que ampliaban la información otorgada por la contabilidad financiera. Estas memorias desagregan y amplían la información de la contabilidad financiera. Por lo general, una memoria explica los métodos contables aplicados cuando existen otros métodos alternativos que también podían haber sido utilizados, o cuando debido a la naturaleza específica del negocio desarrollado por la empresa es necesario aplicar métodos distintos a los utilizados de forma habitual.

En las memorias también se ofrece información sobre operaciones de menor importancia, pasivos, planes de pensiones, evolución del precio de las acciones, operaciones en el exterior e información detallada sobre deuda a largo plazo (como tipos o tasas de interés y fechas de vencimiento). Las empresas cuyo capital está repartido entre muchos accionistas también suelen presentar una memoria que incluye información sobre ingresos trimestrales, precio medio trimestral de las acciones, evolución de éstos, e información sobre el volumen de ventas y de los beneficios obtenidos en cada uno de los sectores en los que opera la empresa.

Elementos de la contabilidad

El *patrimonio* de una empresa o sociedad es el conjunto de todos sus bienes susceptibles de estimación económica. El patrimonio se divide en dos partes, por un lado el *activo*, compuesto por todos los derechos económicos, cosas materiales, relaciones ciertas jurídico-económicas, o derechos económicos. Por otro lado el *pasivo* representado como lo que se puede exigir a esa sociedad, es decir el importe total del conjunto de los débitos y gravámenes que tiene contra sí la sociedad, así como el coste o riesgo que se opone a los provechos de su negocio. Se llama *neto del patrimonio* de una entidad, empresa o sociedad, a la diferencia entre los importes de su activo y su pasivo. El neto patrimonial representa el importe económico que la empresa tendría en el supuesto que enajenase por los valores contabilizados todos los valores de su activo, y con tal ingreso de dinero procediese a cancelar todas sus obligaciones o pasivo. Por medio del *inventario* se establece la situación del patrimonio, detallando los valores que lo componen.

El balance

El *balance* refleja la situación de la empresa, mientras que la *cuenta de pérdidas y ganancias* muestra el resultado de la actividad. El balance proporciona información sobre los activos, pasivos y neto patrimonial de la empresa en una fecha determinada (el último día del año natural o fiscal). A la izquierda, en la hoja del balance, aparecerán los activos de la empresa, ordenados de menor a mayor liquidez. En el lado derecho se reflejarán los pasivos de la empresa, ordenados de menor a mayor exigibilidad. El neto patrimonial refleja lo que queda de la empresa tras compensarse activos y pasivos.

Los activos se pueden dividir en activo *circulante* e *inmovilizado*. El activo circulante viene determinado por aquellos activos que pueden hacerse líquidos (convertirse en dinero) con relativa rapidez (menos de un año); estos activos incluyen el dinero en caja, las cuentas corrientes, los pagos pendientes, los productos almacenados y las inversiones a corto plazo en acciones y bonos. El inmovilizado está constituido por los activos físicos de la empresa —terrenos, edificios, maquinaria, vehículos, equipos informáticos y mobiliario. En el inmovilizado también se incluyen las propiedades que tiene la empresa en otras y activos intangibles como las patentes y las marcas registradas.

Los pasivos pueden ser *exigibles* a corto y a largo plazo. El pasivo *exigible a corto plazo* viene determinado por lo que hay que pagar en un periodo inferior al año, incluyendo salarios, impuestos, préstamos a corto plazo y el dinero adeudado a los proveedores de bienes y servicios. El pasivo exigible a largo plazo está constituido por las deudas con plazo de vencimiento superior al año, como los bonos, las hipotecas y los préstamos a largo plazo.

Mientras que el pasivo representa las obligaciones de la empresa con terceros, el capital social de la empresa refleja la inversión de los propietarios para adquirir los activos de la organización. Cuando la empresa pertenece a una sola persona o a un reducido número de individuos, en el balance puede aparecer el porcentaje de cada individuo sobre el capital social. Cuando la organización se constituye en sociedad anónima, el balance refleja el capital social total, es decir el capital al que tienen derecho los accionistas, desglosado en dos grandes categorías: 1) el capital desembolsado por los accionistas y 2) las reservas creadas a partir de los beneficios no distribuidos generados por la actividad de la empresa.

La cuenta de pérdidas y ganancias

La *cuenta de pérdidas y ganancias* es el documento en el que se refleja el resultado económico de la empresa, en periodo determinado obtenido a partir del desarrollo de la actividad de la empresa en un plazo determinado —mes, trimestre, año—, mostrando los ingresos, gastos y pérdidas y beneficios obtenidos durante dicho periodo. Los ingresos son las cantidades obtenidas por las ventas del producto de la empresa, o por la prestación de los servicios, siendo los gastos son los desembolsos económicos que la empresa necesita hacer para desarrollar su actividad.

La memoria

Par completar la información que no puede incluirse ni el los balances ni en las cuentas de pérdidas y ganancias, se realiza la *memoria*. La memoria es el documento contable en el que se describe el objeto social de la empresa así como la actividad que realiza. También debe reflejar la memoria los principios y bases de las cuentas que refeljan los dos documentos anteriores, es decir el balance y cuenta de pérdidas y ganancias, así como los criterios utilizados, y los principios contables aplicados, así como todas las explicaciones necesarias para entender los procedimientos utilizados en la elaboración y cálculo de dichos documentos.

5.2 De la contabilidad interna.

Como hemos dicho anteriormente, hay dos grupos fundamentales de contabilidad, de ellos, en nuestro tratado nos interesa fundamentalmente la contabilidad interna, por las razones que en su desarrollo exponemos. La *contabilidad interna* se denomina también *contabilidad analítica* o *contabilidad de costes*, y es aquella rama de la contabilidad que identifica, mide, clasifica, informa y analiza los diferentes elementos de los costes, directos o indirectos asociados a la fabricación de un bien o a la prestación de un servicio.

La contabilidad general ofrece una información económica de la empresa, en concreto de su excedente una vez se han remunerado todo tipo de agentes exteriores a la misma; la contabilidad de costes se preocupa de la información contable relativa a la eficacia alcanzada por los diferentes factores productivos.

En el proceso de acumulación de costes para la valoración de inventarios y la determinación de beneficios, se satisfacen las necesidades de los usuarios externos y de la dirección de la empresa. La contabilidad analítica proporciona a la dirección de la empresa información exacta y puntual para la planificación, control y evaluación de las operaciones de la empresa.

El desarrollo de la contabilidad analítica —ya sea como contabilidad de costos o contabilidad de costos basados en actividades— se produjo de forma paralela al de los métodos de organización y planificación de los sistemas productivos. Estos métodos tienen sus raíces en la segunda mitad del siglo XIX, y en particular en el seno de la gran industria norteamericana, llegando a un punto crucial cuando el ingeniero americano Donaldson Brown (1885-1965) ingresó en la empresa DuPont. DuPont Chemical Company es una de las empresas más importantes de Estados Unidos, con origen en la fábrica de pólvora que el industrial de origen francés Eleuthère Irénèe du Pont de Nemours (1771-1834) construyó en 1802 cerca de Wilmington, Delaware. DuPont, entre otras muchas aportaciones, desarrolló en la década de 1930 la resina sintética llamada *nailon* —o *nylon*— y, más recientemente el *teflón* o el *corian*, y es una de las treinta empresas cuyas acciones sirven para elaborar el índice Dow Jones Industrial Average —como Coca-Cola, Walt Disney o

IBM—, por la empresa Dow Jones & Co, editora del Wall Street Journal.

Donaldson Brown estudió ingeniería en el Virginia Polytechnic Institute, e ingresó en DuPont en 1909, en el departamento de ventas de explosivos. Su perspicacia financiera se hizo patente en 1912 cuando presentó un brillante informe al Comité Ejecutivo que incluía una fórmula de retorno de la inversión. Brown colaboró desde entonces con la dirección de la empresa en su política de expansión y diversificación, propiciada por los sistemas ideados por él. En 1920, formaba ya parte del comité ejecutivo de DuPont, que en 1921 controlaba la debilitada General Motors Corporation, compañía de la que Pierre du Pont (1870-1954) le nombró vicepresidente financiero. Brown se retiró como directivo en activo en 1946, aunque se mantuvo en los consejos de las empresas DuPont y General Motors, hasta el año 1959 en que abandonó el consejo de GMC, en virtud de una decisión del Tribunal Supremo, de acuerdo con la legislación norteamericana *antitrust*.

Todo el trabajo, el éxito personal de Donaldson Brown y el consiguiente de sus empresas se basaba en análisis contable, de acuerdo con la fórmula que relaciona el índice de rentabilidad del capital, el índice de rentabilidad de la explotación y el índice de rotación del capital. Por primera vez los distintos tipos de contabilidad utilizados hasta entonces de manera independiente —contabilidad financiera, contabilidad de costos, contabilidad del capital— estaban enlazados en un modelo único, global y coherente, constituyendo una imagen económica completa de la empresa, modelos que enseguida se extendieron por todas las empresas norteamericanas y que todavía hoy, sirven de base para la gestión de la empresa.

Los descubrimientos de Brown y equipo culminaban un esfuerzo de cinco años, auspiciado por los hermanos Du Pont. Se introdujo sucesivamente la asignación de costes indirectos para calcular los costes completos de la producción de un bien —algo que hoy día nos suena "normal"—, la contabilización de activos a su valor de adquisición y el índice de rentabilidad del capital invertido por división. Los DuPont y equipo se inspiraron ampliamente en las enseñanzas de un hombre que habían tenido como colega en la Johnson & Lorain Steel Company, nada menos que Frederick W. Taylor, quien une al resto de sus aportaciones al mundo empresarial, ser también uno de los padres de la contabilidad analítica, tal como lo fue de la asignación de costes indirectos, el cronometraje y el seguimiento de los tiempos de mano de obra directa, los estándares, la gestión de los inventarios y las primas por rendimiento. El concepto de coste estándar, inspirado en estas teorías se generalizó y adoptó tanto en DuPonts como en su filial General Motors.

A lo largo del siglo pasado, los sistemas de análisis de costos se desarrollan en diversos aspectos, con ejemplos como investigación aplicada CMS —Cost Management System— promovido por el Consortium for advanced Manufacturing Internacional, CAM-I, asociación creada en 1972 por iniciativa de los grandes grupos industriales norteamericanos para organizar y financiar conjuntamente la investigación en el campo de la producción, así como universidades —Stanford y Harvard— y los grupos bitánicos de auditoría y asesoramiento —los *Big Eight* —. El programa CMS perseguía el objetivo de crear un nuevo tipo de contabilidad analítica adaptado al entorno de las industrias altamente automatizadas. En apenas un año, el programa absorbió a la mitad de sus patrocinadores y financiaciones de la CAM-I. La publicación en 1988 del libro *Cost Management for Today´s Manufacturing*, que fue galardonado en el año siguiente con el premio de la American Association of Accountants reservado a la mejor contabilidad de gestión. En el año 1990 el CMS ya reunía a una cuarentena de empresas, de las cuales dos tercios era americanas y el resto europeas —General Motors, Siemens, IBM, Procter & Gamble, Phillips, Alcatel, Lucas, British Aerospace, por citar algunas—. El concepto de la contabilidad por actividades o el cálculo del coste basado en las actividades es un singular en la historia de la contabilidad, por la rapidez con la que ha pasado de la teoría a la práctica. Traemos aquí esta exposición, entre teórica e histórica, intentando dar la importancia a un hecho que se produce casi en la época presente, y que por lo tanto no forma parte de la formación de muchos profesionales y empresas de hoy día.

El sistema de costos basado en actividades, conlleva una estructura de medición de costos que se proyecta en todos los ámbitos de la empresa, y no solamente sobre los departamentos de producción. Amplia la perspectiva temporal abarcando todas las etapas de producción —antes, durante y después de la producción—. Constituye en cierto sentido un sistema que choca frontalmente con los sistemas convencionales, ya que surge de la filosofía inherente a la gestión de las actividades no a la gestión de los costos. No invalida, sin embargo, los sistemas contables tradicionales, sino que los complementa, reforzando la fiabilidad de la información de forma significativa.

En general la contabilidad de costos o contabilidad analítica tiene como principales objetivos proveer la información requerida para las operaciones de planificación, evaluación y control, participar en la toma de decisiones estratégicas de la empresa y transmitir información financiera a la dirección de la empresa para que esta pueda planificar, evaluar y controlar los recursos.

Los sistemas basados en la contabilidad por actividades establecen las actividades de la empresa, el coste y el rendimiento de estas actividades, imputa el coste de la actividad a los objetivos del coste —los productos de los cuales se estudian los costes—, los objetivos corporativos a corto y a largo plazo y evalúa la eficacia y la eficiencia de las actividades. Asimismo contribuye a que la empresa mejore las decisiones tanto de comprar como de fijar los precios de sus productos, elimine los gastos excesivos en las tareas de producción, identifique las fuentes de coste, vincule su estrategia corporativa a la toma de decisiones, mejore el control de calidad de sus productos, mejore específicamente su rentabilidad, tenga un conocimiento mas profundo y mayor de los componentes de sus costes menos visibles y de los de mayor crecimiento, se garantice el logro de sus planes de inversión, pueda tomar adecuadamente las medidas correctivas al detectar desviaciones, evalúe de forma continua la eficacia de las actividades, incorpore y establezca objetivos de cote y objetivos de rendimiento y en definitiva elimine muchas situaciones críticas de la empresa, ya que trata las causas de los problemas y no los síntomas.

La contabilidad de costes proporciona una estrecha colaboración entre los departamentos financiero y productivo o técnico de las empresas, existiendo información en los dos sentidos. El departamento de contabilidad medirá la eficacia del departamento de producción, mediante la información suministrada por éste. El departamento de producción recibirá la información procesada y analizada y podrá aplicarla optimizando sus operaciones.

La contabilidad de costes, en definitiva es la que da la medida de la eficacia de proceso productivo de una empresa así como la información necesaria para optimizar dicho proceso por un lado y por otro conocer el valor real, con todos los costes aplicables, de la producción.

Como hemos dicho, la contabilidad de costes o contabilidad analítica es la que forma parte cuando existe de los sistemas de organización y gestión propios de la empresa, estando vinculada intrínsecamente a los procesos de producción. En este sentido, en contabilidad analítica de manejan conceptos puramente económicos, como son coste, precio, ingreso, margen o resultado; pero también conceptos técnicos como son factor, proceso, producto (o servicio) y rendimiento.

Llamamos *factor* a cualquier recurso económico necesario para la producción. *Proceso* es el conjunto de operaciones necesarias para transformar un factor en un producto. *Rendimiento* es la cantidad de producto que se obtiene en un determinado tiempo.

La comparación de la capacidad potencial de rendimiento con lo realmente producido servirá para definir el grado de eficacia del proceso:

$$R = \frac{P_t}{F_t}$$

expresión en la que *(R)* es el rendimiento, y *(P_t)* y *(F_t)* indican la cantidad de producto elaborado así como la cantidad de factores consumidos en un tiempo *(t)*, y si consideramos el mismo espacio de tiempo, si llamamos *(Rr)* al rendimiento real y *(Rp)* al rendimiento potencial, tendremos que la eficacia técnica *(E)*, será.

$$E = \frac{R_r}{R_p}$$

Aplicación a la actividad de la construcción

Tener en cuenta los costes de construcción, ya sea antes, durante o tras la ejecución de la obra es algo tan intuitivo como importante. Ya Vitrubio destacaba que entre las partes en que se divide la arquitectura, una de ellas es la distribución que "*consiste en el debido y mejor uso de los materiales y de los terrenos, y en procurar un menor coste de la obra conseguido de un modo racional y ponderado*". En algunos casos, un estudio de costes adecuado puede ser la solución para la viabilidad de una determinada obra, si estudiamos los costes no solamente desde el punto de vista económico sino desde el punto de vista técnico-económico, aplicando el estudio económico de diferentes alternativas constructivas. En el Siglo XV, Filippo Brunelleschi (1377-1446), solucionó el problema que se presentaba para la ejecución de la cúpula de la Catedral de Santa Maria de las Flores de Florencia, después de una época de crisis en los constructores y una consiguiente escasez de recursos que imposibilitaban la ejecución de una cimbra de madera de las dimensiones requeridas. Brunelleschi diseñó la cúpula con dos bóvedas esquifadas octogonales, una dentro de otra, lo que suponía que era una estructura autoportante basada en la forma ligeramente apuntada de la bóveda, nervaduras internas en la misma y membrana externa y el uso del ladrillo con aparejo de espinapez en lugar de la piedra, posibilitando la obra que hoy conocemos, y que fue modelo para la construcción de cúpulas en el Renacimiento y en los siglos posteriores. He de decir, que el ejemplo histórico elegido aquí lo es para ilustrar exclusivamente el tema de que trata el capítulo, ya que muchos autores han ensalzado esta obra como la *cima de la arquitectura* y cosas por el estilo, y no voy a quitar mérito a esta obra, muy al contrario, la traigo a colación precisamente por su indudable mérito. Ahora bien, sepamos también que Brunelleschi no inventó nada, como ningún arquitecto del Renacimiento, período en el cual la arquitectura no hizo sino copiar de modelos anteriores. Hemos de saber que el sistema constructivo de la cúpula de la Catedral de Florencia, —cuyo tamaño por cierto, proporcionalmente con respecto al resto de la Catedral es absolutamente inadecuado, máxime teniendo en cuenta que la obra de Arnolfo di Cambio (c. 1245-c. 1302) el arquitecto que comenzó la Catedral en 1294, no es precisamente un ejemplo en esto, el estilo gótico nunca se entendió en Italia, pero realmente, ese si es otro tema—, no es absoluto original, nos lo encontramos en el propio Baptisterio de Florencia, en el siglo XIV, y con anterioridad en la Catedral vieja de Salamanca (s. XII), con un resultado estético superior sin duda. Aunque el origen del sistema hemos de buscarlo en la arquitectura oriental, como por ejemplo la Mezquita de Sultanieh, en Persia. Si estudiamos también la arquitectura bizantina veremos que su elemento fundamental es la bóveda, cuya construcción se realiza siempre sin cimbra, ya que los arquitectos persas y sus discípulos los bizantinos, repugnaban de su uso. Para resolver el problema usaban materiales ligeros, como ladrillos muy delgados, procedimientos especiales de aparejo, tejas contrapeadas, etc., y jamás cubrieron las bóvedas con armaduras de madera, siendo siempre la cubierta única y absoluta del edificio.

Pero para optimizar los resultados económicos minimizando los costes, no basta con conocer el coste de una actividad global, generalmente es mejor conocer y analizar los costes de las tareas o actividades de una forma pormenorizada. Frank Gilbreth, que antes de ser ingeniero y constructor había sido albañil, dentro de sus estudios de movimientos publicó en su libro "Sistemas para asentar ladrillos", el estudio pormenorizado y minucioso de las tareas que realizaba un albañil desde que tomaba un ladrillo con una mano para asentarlo, hasta que iniciaba el siguiente movimiento para coger el siguiente. Sus estudios y creaciones, como por ejemplo un andamio con plataforma regulable en altura con repisas para colocar los ladrillos y el mortero, evitando así los movimientos inútiles, redujeron los movimientos de dieciocho a cuatro. Gilbreth aportó otras innovaciones al mundo de la empresa en general y a la construcción en particular, para reducir el costo de diversas actividades, entre las que cabe destacar el sistema de empaquetamiento de ladrillos en rejales sobre plataformas de madera, lo que hoy denominamos palés.

Actualmente en el sector de la construcción en España, existen multitud de profesionales y empresas que, en relación con las teorías aquí expuestas así como el desarrollo de las mismas, no conciben la gestión de una obra o una empresa constructora sin la aplicación de una rigurosa contabilidad analítica, entre los cuales nos encontramos. La mayoría de las empresas que utilizaban estos sistemas —podríamos pensar, si se quiere, que con criterios desafortunados— en la actualidad los han abandonado, en función —paradójicamente— del abaratamiento precisamente de los costes de control. En cualquier proceso, que comporte coste, se establece un equilibrio entre el costo y su necesidad para el proceso productivo, pero en el caso de los costes de control, las tendencias son, como decimos, a reducirlos al máximo incluso a casi eliminarlos —como otro tipo de costes fijos—, pero no por la vía de dotar de medios que mejoren el rendimiento y la eficacia —por tanto reduzcan los costes—, sino, sencillamente de eliminar el proceso. Mantenemos, por consiguiente que una adecuada contabilidad de costos ayuda a una empresa constructora a:

—conocer el funcionamiento de las obras de acuerdo con la producción de las mismas
—conocer los ratios de costes indirectos sobre los directos según los tipos de obras
—conocer los rendimientos de los distintos equipos, medios auxiliares, o sistemas constructivos
—conocer sus procesos productivos en función de los distintos sistemas
—conocer las desviaciones de costes, no a nivel general sino a nivel particular
—mejorar las tomas de decisiones para corregir las desviaciones de coste en el tiempo adecuado
—establecer los precios de las unidades de obra en función de un mejor conocimiento de sus costes
—aquilatar los recursos de todo tipo
—clasificar los orígenes de los costes
—mejorar la gestión de los equipos técnicos y administrativos de las obras, así como mejorar su dimensionamiento y cualificación
—optimizar en general la gestión de las obras en particular así como de la empresa globalmente, al contar con una información más precisa y fiable en todo momento
—dotar a la empresa de valiosísimos bancos de información acerca de rendimientos, costes unitarios e incluso procedimientos para su utilización a posteriori.

La decisión de adoptar o no contabilidad de costes en la empresa constructora depende lógicamente de la dirección de la misma, pero los técnicos deben conocerla para poder optar, precisamente por una u otra decisión. La contabilidad de costes ha demostrado sobradamente su eficacia como herramienta de gestión en el sector de la construcción, por los motivos expuestos, por lo que, modestamente abogamos por su utilización, máxime, cuando los medios que nos brinda la informática en los albores del siglo XXI, pueden reducir enormemente los tiempos y costes de los procesos de control que conlleva la contabilidad de costes, teniendo en cuenta que quien escribe esto, ha trabajado durante años con estos sistemas, a pié de obra y sin ayuda de computadoras.

La aplicación de una contabilidad analítica en una obra de construcción consiste en controlar y clasificar todos los costes pormenorizadamente, ya sean directos o indirectos, de acuerdo con un esquema de clasificación que previamente se haya establecido, y que es particular para cada obra. Según la contabilidad general de la empresa sabremos la naturaleza de los costes —materiales, mano de obra, alquileres, transportes, subcontratos y varios, por regla general—. Según la contabilidad analítica o de costes podremos saber los costes detallados de las actividades, *tal como nosotros queramos*, es decir, podemos clasificar capítulos, actividades, unidades presupuestarias, subcontratos de un mismo tipo, partes de la obra, etc., todo según el esquema que la dirección de la empresa pretenda llevar, o bien según le interese a la gestión de la propia obra, ya que la contabilidad de costos es una herramienta de extraordinaria flexibilidad, de manera que podemos saber —en cualquier momento y sin necesidad de hacer esfuerzos de recopilación de documentos—, desde lo que nos hemos gastado en hormigón hasta lo que nos hemos gastado en tornillos, si es esto lo que hemos pretendido desde el principio.

En los programas de contabilidad de la empresa se pueden utilizar las cuentas que no se utilicen —por ejemplo las del grupo nueve—, o bien crear un sistema específico independiente de la contabilidad general de la empresa y luego comprobar, aunque recomendamos que se haga de forma integral.

Para establecer, una contabilidad analítica o de costos en una obra de construcción hay que tener en cuenta dos principios básicos:

A) La decisión de establecer contabilidad de costos tiene que estar clara desde antes del comienzo de la obra, así como el nivel del análisis a realizar, teniendo estudiadas las cuentas o partidas que utilizaremos

B) La contabilidad de costos alcanzará a toda la obra en su duración y en sus actividades, no pudiendo dejar fuera algunas partes aunque *no nos interesen.*

Una vez tomada la decisión de llevar contabilidad analítica en una obra determinada —si es que nuestra empresa no tiene el sistema establecido—, seguiremos el siguiente esquema de procedimiento:

1º. Establecer una relación exhaustiva de todas las tareas, unidades de obra o partidas que compongan las cuentas de la obra, separando en dos grupos los costes directos de los indirectos.

2º. Asignar un número de cuenta a cada una de las partidas en que hayamos dividido el proyecto.

3º. Divulgar entre todo el personal interesado tanto de la obra como de la empresa la relación establecida.

4º. Al tiempo que se contabilice cualquier apunte contable que suponga coste (ver el siguiente apartado del presente capítulo) en la contabilidad general, asentar el mismo apunte codificado en función de las cuentas de coste establecidas.

Confeccionar una relación exhaustiva de todas tareas, actividades, cuentas, o partidas en las que queramos dividir el costo de la obra, para analizarlo, supone definir individualmente las partes que vamos a poder incluir en dicho análisis. Si, por ejemplo, elegimos la división en capítulos de obra y uno de ellos es *cimentación*, no podremos saber sino el coste real de la cimentación, su comparación con lo que teníamos previsto en el total del capítulo, etc., pero nunca sabremos el costo pormenorizado de sus distintas unidades presupuestarias, como podrían ser: *hormigón de limpieza, hormigón en zapatas, hormigón en vigas de riostra, hormigón en muros, encofrados en las distintas partidas, acero corrugado id. id.*, etc. Por tanto, hemos de meditar la relación de cuentas a utilizar en función de los parámetros que queramos establecer en el ulterior análisis. Siguiendo con el ejemplo, podríamos querer saber realmente el precio unitario de coste (o precio auxiliar de coste) del *hormigón* de un determinado tipo usado en la obra, y este hormigón está incluido en varias posiciones del presupuesto, incluso en distintos capítulos; si esto nos interesa abriremos una cuenta para este hormigón, en donde se incluirán todos los costes necesarios para su puesta en obra, no solamente del precio del material, sino de la mano de obra, subcontratos, maquinaria, alquileres, transportes, y otros que intervinieran. Lo mismo podría ser válido para cualquier material, actividad, etc. El número total de cuentas de gastos indirectos estará en función tanto del análisis que se quiera establecer como de los medios que contemos para llevarlo a cabo, como estimación aproximada entendemos que una obra de edificación normal puede estudiarse con un número cuentas de costos no mayor que medio centenar.

En cuanto a la codificación de gastos indirectos, insistimos en utilizar la relación incluida en el Capítulo 3-3.6 del presente manual. Asimismo, entendemos que la codificación de los gastos indirectos podría establecerse como fija para cualquier obra según la citada relación, o cualquier otra que se pueda establecer.

Como quiera que es mucho más sencillo operar con dígitos numéricos que con códigos alfabéticos —nombres de la cuentas para entendernos—, las cuentas deben codificarse, estableciendo una listado de los códigos y las actividades a las que pertenecen. La codificación estará de acuerdo con los sistemas que utilicemos para su seguimiento. Si la contabilidad analítica se lleva de acuerdo con el departamento correspondiente de la empresa, el tipo de códigos nos los marcará el departamento contable.

Una vez ejecutado el desglose de actividades y la codificación de sus cuentas, este listado no se deberá alterar hasta la liquidación de la obra y será del conocimiento de todos los departamentos que intervengan, es decir tanto del personal de producción como del personal contable y administrativo. El personal contable, conociendo el listado, podrá asignar los códigos analíticos a múltiples apuntes, sin necesidad que pasen por la supervisión del departamento de producción —que es quién realmente conoce la imputación real de cada costo—, si de su naturaleza se desprende la asignación analítica de su costo. Teniendo en cuenta la comunicación fluida y permanente que se debe establecer en todo equipo humano de trabajo —a la que contribuye enormemente también la contabilidad de costes—, incluyendo la comunicación entre departamentos, siempre podremos supervisar o aclarar previamente la imputación de un costo determinado, que por las causas que sea deba ir a una unidad concreta de obra.

Pongamos un ejemplo, imaginemos que usamos la relación de costes indirectos del capítulo 3-3.6, y los costes de las *grúas móviles* los imputamos a la cuenta correspondiente: 3.16 Maquinaria, de elevación, grúas móviles; el contable no necesitará que alguien del departamento de producción codifique los documentos de costo —facturas o albaranes— ya que el contable conocerá la cuenta correspondiente, lo cual ahorrará trabajo. Ahora bien, supongamos que alguna de las actividades de una determinada grúa móvil está contemplada en nuestra planificación incorporada en el coste directo de una partida, lógicamente deberemos saber que este coste no irá en la analítica a la cuenta referida de gastos indirectos, sino a la de la partida en cuestión, lo que no nos será difícil de advertir, llegado el momento.

El siguiente paso será contabilizar todos los apuntes contables tanto en las cuentas de la contabilidad general, como en las de analítica, para ello el departamento de producción codificará los documentos soporte de la contabilidad, según las citadas cuentas.

Estos documentos, los formarán según los conceptos que integran el coste —y que trataremos a continuación en este capítulo—, pero a modo de avance diremos que serán, básicamente:

—las facturas de subcontratistas (no las de proveedores)
—los partes de mano de obra
—las salidas de almacén
—las provisiones de gastos
—las cesiones de otras obras u otros departamentos de la empresa

Como veremos a continuación, no se codificarán como costes las facturas de proveedores, ya que los materiales se contabilizarán en *almacén*, y solamente las *salidas* de éste serán imputadas a costo. Puede que haya otros documentos que excepcionalmente originen costo, pero su procedimiento se desprende si los comparamos con los aquí mencionados. También puede darse el caso que algunos apuntes contables supongan un menor costo o un *abono*, lo cual trataremos sencillamente imputándolos en cada cuenta con signo negativo.

OBRA: "75 VIVIENDAS DE PROTECCIÓN OFICIAL"	
CUENTA: 990028 Cerramientos de fachada	***Fecha: feb-02***

FECHA	CONCEPTO	SUBC.	MATER.	M. DE OBRA	TRANS.	ALQU.	VARIOS
	SUMA MES ANTERIOR:	*35.748,79 €*	*18.479,36 €*	*568,25 €*			
05-02-02	Factura nº 3456 Albañiles, S.L.	*7.415,81 €*					
08-02-02	Factura nº 1400 Aislamient. S.L.	*2.478,25 €*					
28-02-02	Importe nómina			*125,84 €*			
28-02-02	Importe salidas de almacén		*3.145,58 €*				
	TOTAL MES:	*9.894,06 €*	*3.145,58 €*	*125,84 €*			
	TOTAL ORIGEN:	*45.642,85 €*	*21.624,94 €*	*694,09 €*			

Figura 5.1: Diario de contabilidad analítica

El la Figura 5.1 se muestra el extracto de una determinada cuenta de coste, así como una hoja resumen mensual dónde esta cuenta se incluye, en la Figura 5.2., en el que se figuran de cada actividad así como de los totales los datos del mes y acumulados, estos últimos con trama, cada cuenta en el diario supone un par de renglones en el resumen. En cualquier obra en que se lleve contabilidad de costes, será muy sencillo, en primer lugar comparar el coste previsto con el coste real, y en segundo lugar acumular una información de suma utilidad para posteriores aplicaciones a la hora de calcular costes previstos, ya sea para estudios de obras, materia que se trata en el capítulo 12 del presente manual, o bien para el estudio económico de la obra, explicado en el capítulo 3.

OBRA: "75 VIVIENDAS DE PROTECCIÓN OFICIAL"							
FEBRERO 2002							*Pág. 3 de 14*
CUENTA	SUBC.	MATER.	M. DE OBRA	TRAN.	ALQU.	VARIOS	TOTAL
SUMA ANTERIOR:	*8.652,36 €*	*2.163,09 €*	*648,93 €*				*11.464,38 €*
	250.367,27 €	*185.251,78 €*	*4.586,35 €*	*1.622,35 €*	*699,99 €*	*265,38 €*	***442.793,12 €***
990021 Muros de contención							
	4.528,69 €	*12.875,85 €*	*1.892,75 €*	*111,10 €*		*25,80 €*	***19.434,19 €***
990022 Drenajes							
	148,58 €	*98,56 €*				*45,28 €*	***292,42 €***
990023 Estructura de hormigón							
	187.289,63 €	*145.328,65 €*	*5.636,98 €*		*852,32 €*	*325,71 €*	***339.433,29 €***
990024 Estructura metálica							
	21.536,87 €				*251,52 €*	*222,37 €*	***22.010,76 €***
990025 Cubiertas no transitables							
990026 Cubiertas transitables							
990027 Cubiertas inclinadas de teja	*2.258,44 €*	*2.365,33 €*	*1.472,04 €*				***6.095,81 €***
	2.258,44 €	*2.365,33 €*	*1.472,04 €*				***6.095,81 €***
990028 Cerramientos de fachada	*9.894,06 €*	*3.145,58 €*	*125,84 €*				***13.165,48 €***
	45.642,85 €	*21.624,94 €*	*694,09 €*				***67.961,88 €***
990029 Albañilería interior							
SUMA Y SIGUE:	***20.804,86 €***	***7.674,00 €***	***2.246,81 €***				***30.725,67 €***
	511.772,33 €	***367.545,11 €***	***14.282,21 €***	***1.733,4 €***	***1.803,83 €***	***884,54 €***	***898.021,47 €***

Figura 5.2: Hoja resumen de contabilidad analítica

5.3 Definiciones. Coste y gasto.

Hasta ahora hemos venido usando los términos coste y gasto casi como palabras sinónimas, pero a la hora de realizar una planificación y control de costes debemos tener clara la diferencia que existe entre ellos, fundamentalmente para entender los significados y diferencias que comportan. Incluso en los manuales de contabilidad podemos encontrar capítulos enteros destinados a hacer comprender esta necesaria discriminación, nosotros intentaremos centrar estos conceptos con las definiciones que exponemos a continuación.

Definimos *gasto* como el importe de todo desembolso económico que la una empresa debe hacer como consecuencia de sus obligaciones con terceros por causa de su propia actividad. Y llamaremos *coste* a la incorporación al proceso productivo de cualquier gasto. Expresado de otra forma podemos decir que el coste pertenece al ámbito interno de la empresa mientras que el gasto es un concepto relativo a su entorno.

Pondremos un ejemplo de fácil compresión: para ejecutar una obra compramos ladrillos, esta compra comporta una factura y por tanto un pago, es decir un gasto. Estos ladrillos los tenemos acopiados en obra y los vamos consumiendo a medida que la obra se ejecuta, el importe de los ladrillos que se vayan consumiendo producirá un coste.

Puesto el proceso productivo de una obra entran a formar parte elementos que comportan coste y gasto de diferentes naturalezas, esta diferenciación se producirá asimismo de diferentes formas, así el gasto podrá ser, con relación al momento en que se produce, ton respecto al coste:

—anterior
—posterior
—coincidente

Se produce un gasto anterior al coste cuando compramos un material que no incorporamos inmediatamente a la obra, cuando hacemos una instalación que se amortizará a lo largo del tiempo, o en general cuando pagamos algo por adelantado. El gasto es posterior al coste cuando en general pagamos algo de forma diferida, o cuando se refiere a retenciones en concepto de garantía o cuando efectuamos una previsión de gastos. Será coincidente cuando se produzcan ambos en el mismo periodo contable.

Según el control presupuestario de la obra que proponemos, y que establecemos como método, y puesto que el parámetro con el que comparamos los costes es la producción, durante el proceso de ejecución de una obra, por propia definición manejaremos el concepto de coste, aun sabiendo que cuando una obra está totalmente liquidada tanto con la propiedad como con los terceros con quien la empresa constructora tenga obligaciones, el coste será igual al gasto.

También tendremos en cuenta, aunque pueda parecernos obvia esta precisión que el IVA no supone ni coste ni gasto —esto último es lógicamente un convencionalismo— para la empresa, así como tampoco supone incremento del valor de la misma.

Asimismo, todo lo relativo al control de costes que tratamos en el presente capítulo se referirá al necesario control periódico —mensual, normalmente—, de los mismos, aunque de la forma en que elaboraremos los documentos de control presupuestario, tendrán una proyección automática en el total de la obra.

5.4 Conceptos que integran el coste.

El coste está formado, según la definición anterior, por el valor del consumo realizado —o previsto—, por la aplicación de los factores necesarios para la realizar la producción, en el momento de incorporarse al proceso de dicha producción. El coste realizado de una obra, o coste contabilizado, entran a formar parte una serie de elementos, como veremos, unos *sumando* es decir con signo positivo, y otros con signo negativo, es decir, *restando*. En el coste mensual de una obra suman:

—las facturas de proveedores, subcontratistas y otros contabilizadas en ese mes
—la nóminas, con su parte proporcional de vacaciones, pagas extras, cargas sociales, etc., del personal asignado a la obra, tanto de supervisión como el resto de operarios.
—las cesiones o cargos de otras obras o departamentos de la Empresa
—las amortizaciones de gastos que la Empresa haya autorizado a hacer en la citada obra así como las provisiones de gastos diferidos, proporcionalmente a la producción
—la provisión de gastos del mes
—los costes proporcionales

y restan:

—la provisión de gastos del mes anterior
—las existencias de materiales en el mes

Como hemos visto al estudiar la contabilidad analítica, y ya que los materiales tienen el tratamiento de gasto cuando se compran y coste cuando se consumen, otra forma de tener en cuenta los conceptos que entran a formar parte del coste mensual de una obra es, no restar la existencias de materiales y sumar las facturas de proveedores, sino sumar directamente la diferencia, que son las *salidas de almacén*, como ya hemos visto. El resultado, obviamente, es el mismo.

Los departamentos de contabilidad o financieros, —o directamente la dirección de la empresa—, son los que suelen establecer, las formas contabilizar los costes, amortizaciones, facturas, provisiones, etc., pero nosotros debemos conocer que en la relación anterior, con todas las subdivisiones o variantes que quieran hacerse, se encuentran reflejados todos los conceptos que computan o pueden computar en el coste de una obra.

5.5 De las facturas

Son los documentos que legalmente reflejan la obligación de un pago entre un cliente –receptor– y una proveedor –emisor–, por causa de la venta o arrendamiento de un bien o la prestación de un servicio por parte del segundo al primero, y que son la cuenta normalmente detallada de los bienes o los servicios que comprende dicha operación, con expresión normalmente detallada de los conceptos, las cantidades, y los precios de los mismos, así como los datos del emisor y el receptor, el I.V.A. u otros impuestos que legalmente haya que reflejar, las retenciones o descuentos previamente pactados, la fecha y un número de orden. Desde el punto de vista de la empresa constructora, las facturas que consideraremos para el coste serán las que se produzcan con motivo de las compras que hayamos efectuado o bien los servicios que nos hayan prestado.

Las mayor parte de las facturas que se producen en una obra provienen de dos tipos de empresas: las empresas *subcontratistas* y las empresas *suministradoras*, el tratamiento que tienen ambas es ligeramente distinto en cuanto al procedimiento de su comprobación, verificación y aprobación para su contabilización y consiguiente abono, también en cuanto al tratamiento del proceso que sigue la contabilización de su importe o imputación al coste de la obra.

De acuerdo con los sistemas y procedimientos que rijan en nuestra empresa será una determinada persona o departamento quien verifique las facturas en sus diferentes aspectos. En primer lugar el contenido, es decir, los conceptos, cantidades y precios, en segundo lugar las operaciones aritméticas y finalmente su aspecto formal, en lo que se refiere a fechas, números de identificación fiscal, aplicación correcta del tipo de impositivo y conceptos similares. La comprobación de los aspectos formales será siempre común a todas las facturas, y generalmente lo hará una persona del departamento contable o administrativo, sin embargo la comprobación del contenido de la factura debe llevar un proceso diferente si se trata de subcontratistas o de proveedores.

Facturas de empresas subcontratistas

Las facturas de subcontratistas las debemos tratar, como una certificación de obra, trasladando a ellas el paralelismo que hay entre la relación entre el promotor y el constructor y la de constructor subcontratista, desde los contratos entre ellos, la realización de los trabajos, las retenciones, garantías, recepción de trabajos, etc. Por tanto, la factura que nos presentan, habitualmente, cada mes las empresas subcontratistas no supondrá que la comprobación de la misma empezará en ese momento. El procedimiento a seguir deberá ser el siguiente:

1. Medir la obra realmente ejecutada a la fecha en que se cierra la factura.
2. Calcular el importe aplicando los precios contratados a la medición
3. Introducir en las relación valorada los cargos o deducciones que se hayan producido
4. Confrontar este cálculo con los datos del subcontratista
5. Elaborar una relación valorada conjunta, y autorizar la emisión de la factura correspondiente.

De esta forma, cuando la factura se reciba, su aspecto más importante y complejo de comprobar, es decir, su contenido, ya estará comprobado, y solamente restará hacer las rutinarias comprobaciones formales. Suele ser habitual que se la relación valorada se adjunte, firmada por el representante de la empresa y del subcontratista, incluyendo los cálculos finales de las retenciones, si las hay, y los impuestos, en lo que normalmente se conoce como *factura proforma*.

Como hemos dicho, el tratamiento de la facturación de los subcontratistas debe ser el mismo que se le da a la certificación de obra, por tanto, la facturación se hará siempre *a origen*, y con una numeración correlativa —aparte de la numeración de la factura, según se produzcan los meses de la obra—, de forma que los posibles errores de medición que pudiera contener la factura de un mes, se corrijan automáticamente con la del siguiente mes. Por el mismo motivo, deberemos considerar que la facturación será *a buena cuenta*, hasta tanto no se reciba la obra objeto de la subcontratación. Hemos de procurar advertir el sistema de facturación a origen, incluso en el momento de subcontratar, para que las empresas puedan adaptar su sistema de facturación si es que lo tienen informatizado a este que es el que nos debe interesar. La experiencia demuestra que esto se puede hacer en la mayoría de los casos y si esto no fuera posible por causas de una total rigidez en los sistemas de facturación de la empresa subcontratista, consideraremos que la relación valorada o la factura pro forma, será un documento inseparable de la propia factura, en la cual será suficiente reflejar, como concepto un texto similar a este:

> *"Importe total de los trabajos correspondientes a la certificación de obra núm. ..., efectuados en la obra de referencia, durante el mes de..., según la relación valorada adjunta a la presente, por un importe de..."*

El importe de cada factura —sin tener en cuenta las retenciones ni el I.V.A., como hemos ya explicado—, será un factor que sume en el coste mensual, aunque de cada subcontratista, normalmente habrá también una *provisión de gastos,* que explicaremos a continuación en el apartado 5.9 de este capítulo, junto con lo que denominaremos la *ficha* de cada subcontratista.

Con referencia a la aplicación del I.V.A, cuando existen retenciones en la factura, hay un error muy extendido que conviene explicar en este apartado, y es el siguiente: aplicar el I.V.A. al importe del coste de la factura *antes* de haber detraído la retención, cuando en realidad hay que aplicarlo *después* de la retención. A este respecto nos remitimos a lo publicado en el B.O.E. num. 228, del martes 23 de septiembre de 1986, pág. 32773, y que se explica en el capítulo 8, apartado 8.4 (en relación con las certificaciones de obra) de forma extensa. Baste decir aquí que es de aplicación lo que allí se dice de las certificaciones de obra, a las facturas o certificaciones de los subcontratistas, ya que tienen el mismo origen, y el mismo concepto de *a buena cuenta* y *a origen*, así como que las retenciones en concepto de garantía. La resolución, por tanto, a la que nos referimos une la razón a la lógica más elemental.

En cuanto a la contabilidad de costes, si es que es el caso, en la factura o bien en la pro forma de la misma, tendremos que detallar el importe del coste mensual que haya que distribuir en cada cuenta analítica, siendo esta labor, claramente de una persona del departamento técnico o de producción de la obra.

Facturas de proveedores

Las facturas de proveedores tienen un tratamiento distinto, en cuanto a la comprobación de su contenido, y como veremos a continuación no requerirán, normalmente, la intervención de nadie del departamento técnico o de producción en esta labor, limitándose por tanto esta tarea al departamento contable o administrativo. Los proveedores son las entidades que nos suministran los materiales de la obra, que llegarán a la misma siempre acompañados de un *albarán*, que es un documento que emite el proveedor, por duplicado, que acompaña a cada suministro, y que consiste en una relación pormenorizada de los materiales que incluye dicho suministro. Cuando un material llegue a obra, la persona indicada por la empresa como autorizada para recibir los materiales, revisará el suministro, revisará los materiales, contará, pesará o medirá los mismos, y si está conforme con la calidad y cantidad de éstos, firmará el albarán, devolviendo una copia al proveedor, si encuentra errores en los números, medidas, etc., lo hará constar en el albarán correspondiente. El proveedor, con la copia de todos los albaranes de un periodo emitirá una factura, y, por tanto, si los albaranes son correctos la factura será correcta en cuanto a cantidades, los precios estarán establecidos según un contrato de suministro o pedido, o bien en una tarifa aprobada, o procedimiento similar. Puede darse el caso que se detecte un defecto en algún material que no se haya visto en el momento de la recepción, o bien cuya calidad dependa de resultados de ensayos que comporten un periodo determinado de tiempos, como es el caso del hormigón, por ejemplo, en cuyo caso habrá que hacerlo constar de manera fehaciente antes de que el proveedor emita la factura —si no puede ser así, se descontará en ulteriores facturaciones—, y se advertirá al departamento o persona que haya de comprobar la facturación.

En lo que se refiere a la imputación de costes es válido lo expresado hasta ahora, pero en este sentido hay dos formas de actuar, teniendo en cuenta que los materiales suponen coste solamente cuando se consumen:

1. Contabilizar el importe de la factura a coste y deducir el importe de la existencias —materiales no consumidos— al final de cada mes.
2. Contabilizar el importe a una cuenta de almacén, que no es una cuenta de coste y contabiliza al final de mes en el coste las salidas —materiales consumidos—.

Como se ve, con cualquiera de los dos métodos el resultado será el mismo, el método será el que el departamento de contabilidad de la empresa o el que nos interese más.

Otras facturas

Existen otros tipos de trabajos que pueden originar facturas que tengamos que comprobar, verificar, contabilizar y autorizar su pago, como pueden ser las derivadas de alquileres, transportes, colaboraciones de profesionales, las derivadas de las compañías de suministros —electricidad, agua, teléfonos—, o cualquier otro tipo de bien o servicio que la obra adquiera y tenga que pagar. El general, dependiendo del concepto que origine la factura el tratamiento será asimilable a los que se han explicado aquí, con las excepciones y particularidades que puedan establecerse y que siempre podremos estudiar o asesorarnos en cada caso de dichos detalles, y lo deberemos hacer, si es que tenemos que expresar nuestra conformidad o autorización para que esa factura se curse.

Como norma general tendremos siempre en cuenta que hay que procurar dar curso a las facturas en el menor tiempo posible. Hay jefes de obra u otro tipo de profesionales, que por las causas que sea, no están conformes con algún aspecto formal de una factura y dilatan los trámites de comprobación y autorización más tiempo que el necesario —se suele decir que "la guardan en su cajón" —, y debemos expresar que esta es una práctica que no beneficia a ninguna de las partes, si una factura no es correcta hay que devolverla lo antes posible, para que se corrija, y si es correcta tramitarla, no nos debe preocupar que el importe de la factura falte en el cómputo del coste de la obra si se devuelve y no se contabiliza, ya que para corregir esto existen las provisiones de gastos que veremos en este capítulo. Recordemos siempre que una factura *guardada en un cajón* sólo ocasiona problemas.

5.6 De los gastos de personal

Los gastos de personal corresponden a importe de las nóminas de todo el personal asignado a la obra, tanto del personal obrero, como el personal de supervisión de la obra, es decir los que supongan costes directos o variables o los que supongan costes indirectos o fijos. En estos gastos, estarán incluidos todos los conceptos de impuestos, seguros sociales, parte proporcional de pagas extras, etc., de los que el departamento de personal —administrativo, contable, o en casos de empresas muy pequeñas, una asesoría externa— hace un cómputo para que se carguen proporcionalmente cada mes.

Es este un coste para cuya elaboración no tendrá mucha influencia el personal técnico o de producción de la obra, ya que es algo inherente a la función de cualquier empresa y común a todas ellas, regulado por legislación específica. La única intervención que tenemos en la elaboración de estos costos son los partes de trabajo que se deben elaborar diariamente, normalmente por los capataces de la obra, o por el encargado, y en los que deben figurar los siguientes datos:

—nombre y apellidos de cada trabajador
—categoría profesional
—horas trabajadas, especificando si hay horas extraordinarias, y si son a destajo
—tajo, tarea o función desempeñada

La distribución del trabajo por horas, es decir, la especificación de lo que cada trabajador ha ejecutado —no hace falta que en parte se diga la cantidad de trabajo ejecutado, es decir, si ha estado trabajando en "Tabiquería Interior", basta con decir esto, sin tener que decir la superficie ejecutada de tabiquería, otro caso será el de los destajos, que explicaremos a continuación— es importante tanto si llevamos contabilidad de costes o analítica o no. Si llevamos contabilidad analítica, la razón es obvia, para poder imputar el coste de la mano de obra en cada cuenta. Pero, si no se lleva, también, porque en cualquier caso siempre debemos saber si son costes directos o indirectos. La imputación de costes se hace calculando el precio medio horario y por categoría profesional cada mes, y repartiendo las horas valoradas en el grupo que corresponda.

El coste de la mano de obra cobra una importancia mayor en la construcción, ya que de los costes directos que integran una unidad de obra —o costes variables—, es el menos cierto de todos, y del que menos conocimiento tenemos a priori, para valorar una determinada unidad de obra. Es fácil calcular el consumo de materiales, por cálculo de volúmenes, áreas o pesos, y asignando un determinado porcentaje de pérdidas, roturas o desperdicios, pero el cálculo de mano de obra no se puede calcular si no se tiene una experiencia acumulada del rendimiento de cada tarea. Por eso hemos hecho tanto hincapié en el apartado dedicado a la contabilidad analítica en lo que esta tiene de información que acumulada supone un caudal para la utilización de la empresa en futuros estudios de obras. Asimismo, hay que ser muy riguroso en la elaboración de los partes de trabajo y hay que inculcarle al personal que los elabora, la importancia de esta tarea. Recuerda el autor del presente manual, de los tiempos en que trabajó en la empresa constructora Laing, S.A., que los impresos de partes de trabajo de la empresa —que lo eran de mano de obra y maquinaria, cuyo coste, en algunos casos guarda un gran paralelismo con el de la mano de obra—, tenían impresa en los mismos la siguiente leyenda: *"recuerde que el documento que está Vd. rellenando es el más importante de la sociedad",* lo que en absoluto debe ser tomado como una exageración, sino como la expresión de la importancia que los dirigentes de la empresa, daban a este tema, y así querían hacerlo llegar a todos los estamentos de la misma.

Destajos

Una modalidad muy extendida en nuestra cultura es el trab*ajo a destajo*. Un *destajo* es la asignación a un determinado trabajo de un precio, ya sea a tanto alzado o por unidades ejecutadas, de común acuerdo con el trabajador, o grupo de trabajadores que lo realiza, independientemente del tiempo que se tarde en ejecutar la tarea. El beneficio que para la empresa supone el trabajo a destajo es que conoce de antemano el coste de mano de obra de cada tarea o unidad de obra, siendo este como sabemos el coste que más desviación suele tener en la construcción, y a priori, el más difícil de estimar, en unidades de obra de las que no se tienen estadísticas de rendimientos. El beneficio para el trabajador es que sabe perfectamente el salario que va a percibir, normalmente por encima del salario establecido en los convenios o en su contrato, y será tanto mayor cuanto más trabaje.

Para calcular el coste de los destajos hay que actuar de la siguiente forma:

1) Hacer figurar en los partes de mano de obra las horas que cada trabajador está trabajando a destajo.
2) Medir el trabajo realizado, normalmente en periodos mensuales. Esto se puede hacer "a origen", aunque los trabajadores suelen ser reacios a este sistema.
3) Calcular el importe de los destajos multiplicando la medición por el precio estipulado.
4) Hallar la diferencia entre este importe y el importe de las horas trabajadas a destajo. De haber trabajado a destajo todo el mes, este importe será el total de su nómina mensual. Este importe se añadirá a su nómina como "beneficio de destajo".

Hay que hacer constar que el precio que hay que estipular y pactar con los trabajadores, debe ser, siempre que se pueda *bruto*, es decir, análogo al su sueldo antes de las deducciones legales impositivas que hay que incluir en la nómina. Dado que los trabajadores suelen ser más proclives a hablar del sueldo *neto*, es decir del líquido a percibir en cada nómina, debemos tener en cuenta esta diferencia que será calculada por el administrativo de la obra o el departamento de personal de la empresa, que tendrán también en cuenta los prorrateos que correspondan de otras pagas extraordinarias y demás conceptos. Esto debemos tenerlo siempre muy claro para no confundir el líquido que perciben los trabajadores, con el importe que para nosotros supone en costo unitario de la tarea que realizan.

5.7 De las provisiones de gastos

Llamamos *provisión de gastos* a la dotación anticipada que hay que establecer en la contabilidad de los importes económicos correspondientes a cualquier concepto del que no se tenga documentación o constancia del gasto, pero del que se pueda conocer o estimar su valor, al tiempo que dicho concepto se haya incorporado al proceso productivo.

Deberemos hacer esta dotación, es decir una provisión de gastos —también llamada *previsión de gastos*—, siempre que nos encontremos en los siguientes supuestos:

—cuando no hayamos recibido una factura, pero conozcamos su importe, o podamos estimarlo, y dicha factura corresponda a trabajos realizados, y que lógicamente tengamos que abonar. Si no hacemos incluimos en la contabilidad una provisión de gastos por dicho importe el costo del mes estará desvirtuado en ese importe.

—cuando devolvamos o rechacemos una factura, por alguna cuestión formal de la misma, o por no estar de acuerdo con el importe, y por tanto esta factura no se contabilice. En este caso deberemos actuar igual que en el punto anterior, y por los mismos motivos.

—cuando el importe de una factura sea inferior, por alguna circunstancia al importe de los trabajos realmente ejecutados (si el importe es mayor debemos rechazarla, en cuyo caso actuaremos como en el punto anterior). Esto puede suceder si el proveedor o subcontratista ha "cerrado" su facturación en una fecha anterior a la que nosotros lo hacemos. La diferencia entre el importe de la factura y el importe de los trabajos realmente ejecutados constará en le provisión de gastos, de forma análoga a los puntos anteriores.

Se comprende fácilmente que porque no hayamos recibido una factura de un determinado proveedor no vamos a pensar que su servicio no nos ha costado nada, conclusión absurda de todo punto, pero no es tan absurdo intentar considerar el costo correspondiente en el mes en que se contabilice la factura, lo que sería un error casi comparable al anterior, puesto que si hemos sido rigurosos a la hora de elaborar el Resumen de la Producción, nos faltará este elemento para que la comparación sea homogénea.

Obra:					
Empresa :					
Actividad:				**Fecha:**	
MEDICIONES		DESIGNACIÓN DE LA CLASE DE OBRA	PRECIOS	IMPORTES	
REAL	FACTURADO			REAL	FACTURADO
			TOTAL IMPORTES:		
			TOTAL PROVISIÓN DE GASTOS:		

Figura 5.3: Modelo de ficha de subcontratistas

Pero aún debemos ir mas lejos, no tiene por qué corresponder la factura de un subcontratista o proveedor, con los trabajos realmente ejecutados en cada mes (al igual que no tiene porqué coincidir el importe de la certificación de obra con el de la producción), sobre todo en el caso de subcontratistas, por diferentes motivos: porque el proveedor cierre sus facturas antes del día treinta, porque olvide algún albarán, porque haya alguna duda en la facturación y se deje pendiente para el mes siguiente, etc. Pero nosotros, cuando elaboramos la producción, tenemos en cuenta la obra realmente ejecutada al final de cada mes, por tanto, para que la comparación sea homogénea debemos incluir en la provisión de gastos la diferencia entre la factura contabilizada y la obra ejecutada realmente.

En general, como ya hemos visto las facturas tienen dos fuentes principales en una obra: los subcontratistas y los proveedores. En lo referente a la provisión de gastos derivados de las facturas de proveedores, su mecanismo de control ya explicado, hace que el cálculo de la provisión, si procede sea automático por el departamento administrativo o contable de la obra. Sin embargo, en lo relativo a las facturas de subcontratistas, debe ser el departamento técnico el que elabore una relación valorada correspondiente a las provisiones de gastos de los subcontratistas, que por alguna de las causas que se han enumerado, siempre suele existir, ya que es el departamento técnico —jefe de obra— quien conoce y calcula el importe de estas facturas, tal como se ha explicado en el apartado correspondiente. Para calcular la provisión de gastos de subcontratistas, que siempre se realizará a origen, de forma sistemática y para que nunca se nos pueda olvidar, por tanto, ningún importe que haya que incluir en ella, deberemos elaborar, de cada subcontratista un estadillo o ficha, con la relación valorada de sus trabajos, en el que figuren los importes contabilizados, y por diferencia la provisión de gastos. Esta ficha puede elaborarse de acuerdo con el modelo que aparece en la Figura 5.3.

Como se desprense del contenido de las fichas de subcontratistas, independientemente de los importes que figuren en la columna FACTURADO —que, como es lógico nunca admitiremos que sean mayores que la realidad—, los importes que van a suponer costo, y por tanto, son los importantes, son los que figuran en la columna REAL, que los elaboraremos nosotros. Para calcular estos importes debemos hacerlo de forma análoga o paralela a la que se expresaba en Capítulo 4 en cuanto a los criterios de cálculo. Muchas veces, la medición que hayamos calculado para elaborar la producción mensual será la misma que en las fichas del subcontratista correspondiente, y siempre deberá ser la misma, si las unidades de obra son las mismas y han de medirse con el mismo criterio.

Provisión de gastos diferidos

Existe otro tipo de provisiones de gastos que llamamos *provisión de gasto diferidos*, y son las que corresponden a las dotaciones que hacemos en la contabilidad de los gastos que esperamos se produzcan en el futuro, normalmente al final de la obra. La mayor parte de estos costes corresponderán a desmontaje de equipos, maquinaria, etc., y que provisionaremos mensualmente en la contabilidad para homogeneizar durante el transcurso de la obra los costes, con un porcentaje normalmente con relación a la producción.

Formará parte importante en este capítulo la previsión de los gastos que se puedan producir desde la finalización de obra hasta su recepción definitiva que llamamos "Gastos de conservación en periodo de garantía", y que ocupa el punto 4.7 de la relación de gastos indirectos que figura en el Capítulo 3 del presente manual. En el citado capítulo, apartado 3.6 Estudio del coste de la obra, se explica en sentido y significado que tiene este concepto, que se irá dotando a la contabilidad de forma periódica en función de la producción.

Lo que se pretende con las provisiones de gastos diferidos es acumular un importe económico que haga frente a los gastos que sabemos se van a producir. Si no hiciéramos esta dotación, estos gastos irían contra el resultado de la obra, puesto que cuando se producen ya no existe producción puesto que la obra ha terminado.

5.8 De las existencias

Llamamos *existencias* al valor de los materiales que estén acopiados en obra, a final de mes. Este será un dato que tendremos que aportar a la Contabilidad, y será resultado de multiplicar los materiales por sus precios unitarios, una vez contados minuciosamente, es decir una vez elaborado el *inventario.*

Tal como hemos dicho antes que es este un concepto que entra a formar parte con signo negativo en el costo de una obra, esto es así por la definición de coste que se da en este capítulo —además del claro ejemplo aportado—, no supondrá coste aquellos materiales que no hemos incorporado al proceso productivo, es decir que no hemos consumido, y como el importe de su compra, ya ha sido sumado en el coste del mes —o en algún mes anterior—, bien mediante la contabilización de su factura o bien por haber hecho una provisión, debemos detraer del mismo los importes de los materiales no consumidos.

Otra forma, como ya se ha indicado no es contabilizar las existencias como abono en la contabilidad —un abono contable es una cantidad que *resta*—, sino contabilizar como cargo las salidas de almacén, para lo cual las facturas de los proveedores de los materiales no serán cargadas en costo, sino en una cuenta de almacén. Al final de la obra no debe, como es lógico quedar nada en almacén, aunque siempre es posible *aprovechar* materiales para otras obras, no es la práctica más recomendable. En este segundo caso, también partiremos de un minucioso inventario que realizaremos cada mes, y ya que el control de todos los elementos contables de la obra lo realizamos a origen para no acumular posibles errores, el almacén también lo manejaremos así. Calcularemos las *salidas en el mes* como se explica a continuación.

Partiendo de la expresión:

$$I = E - S$$

en la que *(I)* es el importe del inventario o existencias, *(E)* el de las entradas totales de materiales en almacén y *(S)* las salidas totales —o a origen—, podemos establecer:

$$\boxed{S = E - I} \qquad [5.1]$$

si,

$$S_m = S - S_a$$

expresión en la que (S_m) representa el importe de las salidas en el mes, y (S_a) el importe de las salidas totales en el mes anterior, tendremos que:

$$\boxed{S_m = E - I - S_a} \qquad [5.2]$$

El importe de las salidas totales *(S)*, se convertirá en el importe de las salidas en el mes anterior al mes siguiente. Como se verá es lo mismo sumar las entradas en el costo y detraer las existencias que solamente sumar al costo las salidas en el mes. Ahora bien, como decimos en el apartado 3.4 del presente capítulo, si se utiliza el sistema de abonar las existencias, estas serán las del mes, pero como quiera que el inventario se hace, necesariamente a origen, deberemos cargar en la contabilidad el inventario del mes anterior, ya que, partiendo de la anterior expresión [5.2], y que teniendo en cuenta tanto que:

$$E_m = E - E_a$$

es decir, que el valor de las entradas en el mes (E_m), es igual a diferencia entre de las entradas *(E)* totales y las entradas (E_a) en el mes anterior, y que, de forma análoga:

$$S_m = S - S_a$$

sustituyendo en esta expresión en valor de *(S)* según [5.1], así como el de (S_m), aplicando la misma expresión tendremos:

$$S_m = E - I - (E_a - I_a) = E - I - E_a + I_a$$

de dónde:

$$S_m = E_a + E_m - I - E_a + I_a$$

y despejando $+(E_a)$ con $-(E_a)$, tendremos la expresión:

$$\boxed{S_m = E_m - I + I_a} \qquad [5.3]$$

que nos dice que es exactamente igual imputar al coste mensual las salidas en el mes (S_m), que las entradas en el mismo mes (E_m), mediante las facturas, deducir en inventario en el mes (I), y sumar en inventario del mes anterior (I_a), tal como dice la expresión [5.3], y como se enunciaba al comienzo de esta demostración.

5.9 De las amortizaciones y otros costes

Amortizaciones

Si se producen gastos al inicio o durante el transcurso de una obra de cuantía importante, es una práctica frecuente para homogeneizar los costes de la obra mensualmente y "laminar" los resultados —de forma análoga a la provisión de gastos diferidos, pero en sentido inverso—, se puede optar por amortizar estos gastos de forma periódica y proporcional a la producción. Esto suele ser criterio de las direcciones financieras o contables de las empresas, y en algunos casos es la Dirección de la Empresa quien autoriza qué gastos pueden ser amortizables y cuáles no, y por tanto podrá autorizar a que se vayan a una cuenta de amortizaciones —cuenta de gasto y no de costo—, y que el importe vaya siendo periodificado proporcionalmente a la producción de cada mes. En el caso de que exista este concepto, se referirá a instalaciones costosas al principio de la obra, traslados de maquinaria para incorporarla a la misma, u otros similares.

Cesiones internas de la empresa

Son los importes correspondientes a la prestación de materiales, medios auxiliares, maquinaria, mano de obra, servicios, u otros que se hayan producido desde otra obra a la nuestra, o del Departamento de Maquinaria u otros de la Empresa. También por medio de estas *cesiones* o *cargos internos* nos llegará a la contabilidad de las obra el importe de los costes proporcionales, así como los gastos del personal de supervisión adscrito a la obra y que, por discreción del departamento de personal de la empresa, no figure pormenorizado.

5.10 Resumen seguimiento y control

Una vez cerrada la contabilidad del mes, el departamento de contabilidad o servicio correspondiente de la empresa nos facilitará el coste de la obra, elaborado según lo expuesto en este capítulo, y cuyos datos nos servirán para completar el documento CPO—4: RESUMEN, mensualmente.

Cumplimentado dicho documento con todos los datos que hasta aquí hemos estudiado, tanto en su definición, como en el procedimiento a seguir para calcularlos, podremos tener la información que responde a las preguntas enunciadas y que dan lugar al sistema de control presupuestario aquí desarrollado. Conoceremos ahora todos los datos necesarios y que muestra el citado CPO - 4, que eran enunciados en la introducción del presente manual en forma de cuestión, en este caso, sin los interrogantes:

—Qué valor tiene la obra hasta ahora ejecutada.
—Cuánto ha costado la obra hasta ahora ejecutada.
—Existe desviación con lo que tenía previsto que costara, y en cuánto se cifra tal desviación.

Todos los datos se deducen del resto de documentos del CPO y se resumen aquí, y por supuesto también sabemos en este momento el valor y el costo de la obra pendiente de ejecutar, por medio del resto de documentos del sistema.

En lo que se refiere a control de costes, que es el objeto del presente análisis, este documento y que nos servirá para estudiar las desviaciones entre el coste previsto y el coste real que se ha producido, tanto en costes directos como en costes indirectos y proporcionales. Si lleváramos a cabo contabilidad ce costes, podríamos llegar más lejos, sin tener que hacer un estudio especifico cada vez que nos interese o se nos demande, y poder comparar el costo previsto con el real de las actividades o tareas que hubiésemos previsto al configurar las cuentas analíticas, tal como se ha explicado. Podríamos establecer como norma general estudiar y analizar de forma de tallada las desviaciones que superen el entorno del 3%, si la normativa de la empresa no nos obliga a un mayor rigor y exactitud. El 3% entendemos que es un porcentaje razonable, para entender que por debajo del cual los errores pueden considerarse admisibles.

6. ORGANIZACIÓN DE LA OBRA EN FUNCIÓN DE LOS AGENTES QUE INTERVIENEN

la ciudad / al triste sol / se despuebla / excavada una vez más / en la guerra de treinta años / de los planes urbanísticos / máquinas / empresas / comisiones / excavadoras / grúas / inmuebles derribados / tras la aplicación durante treinta años / del plan del martillo neumático / caídos / cautivos / victorias / en el alzado y la demolición / avance sin resistencia / ... / milagrosamente crece el polvo administrado / en el proyecto y la construcción / leucémicas fachadas / de los usureros

(Heinrich Böll: "Poemas")

6.1 De las personas y entidades que intervienen en una obra de edificación.

LA CONSTRUCCIÓN DE UN EDIFICIO, la construcción, en general, es fruto de la colaboración de muchas personas, la labor de un equipo de hombres que intervienen en distintas partes o en distintos momentos del proyecto y de la obra. Esta intervención es reflejo de los diversos aspectos, así como las sucesivas fases que tiene tanto el proyecto como la construcción de un edificio. El *aspecto económico*, como bien que es de consumo, desde el punto de vista de quien financia o procura financiación de la obra, de quien recibe el encargo a cambio de un importe económico, de quien cubre su trabajo recibiendo un salario. El *aspecto técnico*, desde el punto de vista de los que tienen que pensar y calcular soluciones constructivas para resolver el diseño, o elegir los materiales adecuados así como su forma de colocación, de los que tienen que llevar a la realidad esas soluciones constructivas, de los que tienen que fabricar ingenios que posibiliten la construcción, de los que tienen que calcular los costes y la viabilidad del proyecto. El *aspecto artístico* y creativo, ya que la arquitectura es el arte de proyectar y construir edificios, según los principios de la belleza, ¿quién puede dudar esto después de visitar el Partenón de Atenas, la Mezquita de Córdoba o la Catedral de Reims? Estos y otros aspectos hacen que la edificación sea una cuestión de equipos humanos, que desde siempre han estado organizados, de una forma más o menos análoga: promotor, arquitecto y constructor, como síntesis de todos ellos. Esta organización ha tenido el consiguiente desarrollo y transformación que podemos considerar paralelos a los que corresponden tanto a los sistemas constructivos como a la organización de la propia sociedad.

Fundamentalmente, lo que hoy en día la legislación española denomina como *agentes de la edificación* —Ley de Ordenación de la Edificación, Ley 38/1999 de 5 de noviembre, publicada en el B.O.E. núm. 266, de 6 de noviembre de 1999, páginas 38.925 a 38.934, y con fecha de entrada en vigor 8 de mayo de 2000, cuyo texto entendemos que es de obligado conocimiento para cualquier profesional que intervenga en dicha actividad—, son los tres citados en el párrafo anterior: el *promotor* o propiedad, el *arquitecto* junto con otros técnicos, y el *constructor*; aunque la ley los define mucho más rigurosamente, y en ello nos centraremos en este capítulo.

El *promotor* como persona o entidad que toma la iniciativa de construir un edificio, bien para sí mismo, bien para el uso de una institución, bien como mero negocio. Los promotores de las principales obras que la historia nos ha legado han sido los estados, los propios gobernantes o las entidades religiosas, aunque por supuesto, siempre ha habido particulares o instituciones privadas que han promovido obras, esto es, han sido construidas a sus expensas. El *arquitecto*, como persona o cabeza de un equipo de personas, que diseña y desarrolla el proyecto así como dirige la construcción del mismo, y que tanto con el nombre de arquitecto —como con el de ingeniero, aparejador, maestro de obras, geómetra, alarife u otros— ha existido siempre como figura a la cabeza de las demás; en algunos aspectos, la actual figura del jefe de obra asume funciones que era propias de los directores de las obras. Los *constructores* ya en forma de empresa, gremio, corporación o grupo de distintos colectivos unidos para el mismo fin, como la figura que aporta el trabajo físico, la tecnología y equipos, los materiales y el resto de elementos propios de la ejecución material de la obra. Las combinaciones que con estos tres elementos podamos imaginar, así como las ramificaciones en otros subalternos o auxiliares, se han dado a lo largo de la historia; así como la titularidad de los mismos.

Las primeras noticias que tenemos de la organización de los agentes de las obras son prácticamente las mismas que tenemos de las propias obras construidas, datando por tanto desde que se termina la época prehistórica, en la que el hombre también construía, como una de las actividades que se conocen, aunque obviamente sin referencias documentales.

En Mesopotamia, civilización comparable en antigüedad a la egipcia, el arte de la construcción estaba muy jerarquizado y desarrollado, alcanzando ya una gran perfección. Hablar de la construcción en Mesopotamia es hablar de Gudea (c. 2144-2124 a. C.), soberano de Lagash, la actual Tell Al-Hiba, en Irak, que fue sin duda el más notable gobernante del periodo *guti*, bajo cuyo dominio Lagash atravesó una edad dorada, progresando en paz. Gudea, que era también sacerdote, es el más antiguo de los reyes caldeos de quien se conservan imágenes, en una de la veintena de estatuas suyas aparece representado como un arquitecto, extendiendo un plano sobre sus rodillas y sosteniendo en la mano el instrumento con la escala que permite su trazado, lo que indica la importancia social que esta profesión llegó a alcanzar, ya que el propio soberano *hacía* de arquitecto —tenemos su relato de cómo Dios le dijo, en sueños, cómo quería establecerse dándole también las instrucciones oportunas—. Hay noticia de que construyó al menos quince templos y reformó y embelleció otros tantos que ya existían. En el periodo de Gudea se aprendió a trabajar la diorita, —una piedra de gran dureza de la familia de las *diotritas*, compuesta de feldespato y hornablenda—, que era transportada desde el exterior.

Hammurabi (c. 1815 -1750 a. C.), quién reinó en Babilonia entre los años 1792 y 1750 a. C., fue el sexto miembro del linaje amorreo y que durante un largo periodo de guerras asumió en 1750 un vastísimo imperio. Hammurabi fue un gobernante brillante y un gran trabajador, además de organizar con gran esmero y dedicación su imperio, redactó el primer tratado legal de la historia que ha llegado a nuestros días —sabemos que hay algunos anteriores, pero no nos han llegado—. Grabado en una estela de diorita azul de casi tres metros de altura que está actualmente en el Museo del Louvre de París, el código recoge preceptos y costumbres antiguas. Nos fijamos en dos artículos que regulan la construcción, eso sí, con la misma dureza y criterios que el resto de actividades y relaciones humanas, los artículos 299 y 300, que dicen así:

> *"Si un albañil ha construido una casa para alguien pero no ha reforzado su obra y la casa que ha construido se ha derrumbado provocando la muerte del propietario de la casa, se matará a este albañil. Si es a un hijo del propietario de la casa al que ha provocado la muerte, se matará al hijo de este albañil".*

Los constructores tenían una gran responsabilidad de su trabajo —la lectura del Código de Hammurabi hace que esto se comprenda—, comparable a la de la importancia e incluso el prestigio de su profesión, cuyo trabajo no solamente estaba remunerado como un simple esfuerzo físico. En la obras mesopotámicas un grandísimo esmero y cuidado en el labrado de fábricas y en los aparejos de las mismas. Los obreros y constructores estaban organizados en corporaciones, corriendo a cargo de éstas la formación de sus miembros. Los artesanos recibían sus salarios y tenían bastante prestigio, en los cimientos hallados en la ciudad de Pasargadas se puede encontrar la marca del cantero que labró cada piedra. También eran aficionados a dejar sellos o figurillas que representaban, fundamentalmente al promotor de las obras —el monarca en la mayoría de los casos—, lo que nos ha permitido conocer el sistema constructivo empleado en las fábricas de ladrillo, que estaban simplemente secados al sol los que colocaban en el interior de los muros y cocidos en hornos los que colocaban al exterior.

En Egipto, como casi toda la historia, el gran promotor de las obras era el Estado, y los propios faraones. Los arquitectos en principio existían como tales, aunque no lo eran en exclusividad.

Provenían siempre de la aristocracia, única clase ilustrada en Egipto, y eran los llamados *escribas*, que se ocupaban asimismo de la administración del estado, y sus criterios de diseño solían obedecer a motivos teológicos y tradicionales. En algunos casos los arquitectos egipcios llegaron a alcanzar la categoría de divinidades como el caso de Imhotep, arquitecto de Zoser (c. 2737-2717 a. C.), rey de la III Dinastía, qué fue además astrólogo, médico, científico, filósofo y primer ministro, —es decir, no era propiamente arquitecto—, quien construyó el conjunto de Saqqara; o Senenmut, arquitecto del templo de Dayr-el-Bahari, para la reina Hatshepsut (c. 1520-1483 a. C.) de la XVIII Dinastía. También en Egipto los constructores se agrupaban en corporaciones de organización gremial y endogámica, de artesanos u obreros especialistas, quienes realizaban las labores que requerían conocimiento del oficio, quedando los trabajos mas duros y pesados para el gran número de refugiados y esclavos que existían, así como también estacionalmente al grueso de los campesinos *—fellahs—*, durante los largos periodos de inundaciones del Nilo. A diferencia de las obras de Mesopotamia, en Egipto se observa una descuidada ejecución en la ejecución de las fábricas en sus detalles, lo que sin duda es fruto de la poca responsabilidad de sus obreros, que aun siendo especialistas estaban sometidos a la tiranía más cruel, y obligados a trabajar en su mayoría por la fuerza, y en cualquier caso en las condiciones arduas que ya hemos señalado.

De la civilización griega tenemos noticia por cuentas y convenios grabados en mármol, acerca de algunos detalles del régimen interior y del funcionamiento de las obras. El Estado era el principal proveedor de materiales, de los cuales el más importante era el rico y abundante mármol de sus canteras, explotadas por esclavos públicos. Las obras las ejecutaban las empresas constructoras, cuyos obreros y artesanos eran ciudadanos libres, realizando los esclavos las labores más duras y de peonaje. El arquitecto era a menudo el propio empresario, incluso como nos cuenta Vitrubio, en algunas ciudades tenían obligaciones legales en este sentido, llegando hasta nuestros días la memoria de muchos como Ictino (s. V a. C.) y Calícrates (s. V a. C.), constructores del Templo del Partenón o Libón de Elis (s. V a. C.), arquitecto del Templo de Zeus en Olimpia. Los arquitectos griegos provenían del gremio de artesanos, y aun siendo conocedores de la geometría y otras artes, tendían a desarrollar sus proyectos en forma rudimentaria, ya que se sentían muy cercanos al resto de los artesanos de la construcción a los que prácticamente pertenecían, utilizando métodos de representación ciertos tipos de maquetas, en general, más que el dibujo en planos.

En Roma la organización de los constructores sigue siendo similar a la griega: organizaciones gremiales llamadas corporaciones locales –*collegia fabrorum*– que solían destinar esclavos –*servus*–, al peonaje. Los oficios, a semejanza de todo el resto de la sociedad romana, estaban extraordinariamente especializados –*faber, structor, caementarius, lapidarius*–, así como los dirigentes, el arquitecto –*architector*–, destacando sobre todo, la figura del ingeniero –*machinator, munitor*–. Pongamos como ejemplo a Cayo Julio Lacer (siglo I d.C.), autor del magnífico Puente de Alcántara sobre el río Tajo, que salva una luz de 194 m. con seis soberbios arcos, y está rematado por un arco en honor al emperador Trajano (c. 53-117 d.C.). Aunque el gran arquitecto de la época de Trajano, así como de su sucesor Adriano (76-138 d.C.), ambos emperadores nacidos en la Itálica, Hispalis –la actual Sevilla–, fue el arquitecto sirio Apolodoro de Damasco (s. I-II d.C.), quien construyó el Panteón, el foro de Trajano, la basílica Ulpiana en Roma, así como un célebre puente de más de un kilómetro de longitud, sobre el Danubio en Hungría, durante la conquista de Dacia.

Roma necesitó innumerables obras públicas, de acuerdo con el gran desarrollo de su imperio. De los romanos sobre todo, aunque esto ya lo habían conocido en los griegos, nos llega la cultura del urbanismo y la planificación de una ciudad en su conjunto, con todos los servicios, y edificios de viviendas plurifamiliares –*insulae*– que eran explotadas en régimen de alquiler, habiendo en la ciudad de Roma más viviendas de este tipo que viviendas unifamiliares –*domus*–. Tenemos gran noticia en una gran parte por la desgracia acaecida el 24 de agosto del año 79 d.C., cuando entró el en erupción el Vesubio, enterrando y conservando para la historia las ciudades de Pompeya y Herculano, hasta 1748, aunque a finales del siglo XVI cuando Domenico Fontana (1543-1607) construía un canal para el Sarno asomaron algunos restos.

En base a este gran desarrollo y a las necesidades expresadas de la administración del estado romano, las corporaciones de constructores tenían la obligación legal de prestar su concurso a las obras públicas, cada vez que el Estado lo exigía, para lo que Roma había establecido los llamados *fondos dotales,* de los que las corporaciones participaban.

El sistema de organización gremial en los constructores, y los arquitectos como proyectistas y directores de obra, así como figuras de cierta relevancia social, formando parte de los gremios o bien de forma independiente, siguió durante siglos. Quedan constancia de algunos *arquitectos,* como Anthemius de Talles (s. VI) e Isidorus de Mileto (s. VI), quienes construyeron la Basílica de Santa Sofía de Constantinopla (hoy Estambul, Turquía) entre años 532 y 537, siendo verdaderamente formidable la tarea de Anthemius, fundamentalmente, para organizar la logística y la ejecución de tan formidable obra, con trabajadores que vinieron de *todas las partes del mundo,* y que costó el equivalente a la cantidad actual de 3.500 millones de dólares (en 2004) .

En cualquier caso, nos parece más interesante la Edad Media, cuando la figura relevante del arquitecto dejó de serlo, no por esto, naturalmente, sino por la importancia que empezó a tener la organización de los gremios de constructores. La dirección de la construcción de los edificios así como su diseño era ejecutada por los maestros constructores de los gremios, a los que también les tocaba administrar la economía de las obras e incluso gobernar la comunidad a la que pertenecían. Decimos que incluso el nombre de arquitecto dejó de utilizarse, siendo más común el de *maestro de obras,* o el de *alarife* (del árabe *al-arif, "el maestro"*) que se usaba en Al-andalus. Tenemos noticia por ejemplo de alarifes como Heschalno Ben Abdelazri (s. VIII) quien restauró la ciudad de Úbeda en el 886, o Leví Ben Obaidalla (s. VIII) quien hizó lo propio en Cazorla. Ahmad ibn Baso (s. XII) y Alí Al-Gumari (s. XII) fueron los alarifes que construyeron el alminar almohade que aún conserva, rematado por un cuerpo de estilo renacentista obra de Hernán Ruiz (c. 1500-1569) en 1558, en la actualidad la Catedral de Sevilla como campanario, y que se conoce como *Torre de la Giralda,* torre que ha sido repetidamente *reproducida* en la historia, entre otros por el arquitecto norteamericano Stanford White (1853-1906) quién la *copió* exactamente para construir una torre en el Madison Square Garden de Nueva York, y que fue posteriormente demolida y sustituida por otra. Durante esta época en nuestro país, es decir desde el siglo VIII al XV, lo que se denomina la Reconquista y es el periodo de convivencia entre la cultura árabe y cristiana, se produce una mezcla entre las costumbres de todo tipo entre ambas culturas —con la judía en medio—, que conviene entender, existiendo un trasvase social que deja su huella entre otros ámbitos culturales y económicos, en el de la construcción. Recordamos algunos términos que a veces nos parecen confusos, como *muladíes* —del árabe *muwallad*, o "adoptado"—, nombre que recibían los hispanos que se convertían al islam; los *mozárabes* —del árabe *musta'rab*, o "arabizado"— que eran aquellos que vivían entre los musulmanes pero conservando sus costumbres y religión cristiana; los *mudéjares* —*mudayyan* en árabe significa "aquel a quien le es permitido quedar"—, por el contrario son los musulmanes que quedaban en los territorios cristianos una vez reconquistados, manteniendo su religión; y por último los *moriscos*, descendientes de éstos, una vez que se convirtieron al cristianismo, por obligación en el siglo XVI. En cuanto a la arquitectura de unos y de otros nos interesa lógicamente la que supone un caso especial, por distinguirse del entorno en la época, los *maestros mozárabes* construían de acuerdo con sus usos tradicionales —con obra de cantería—, destacando entre estas obras San Miguel de la Escalada, cerca de León, construida en el siglo XI. Los *alarifes mudéjares*, construían en las regiones cristianas al uso propio, asimilando las formas y usos árabes —con fábrica de ladrillo—, a construcciones cristianas, como en la Iglesia de San Lorenzo de Sahagún, León. Ambos son claros ejemplos de costumbres mixtas, tal como fue la sociedad española en general durantes los citados siglos.

En el periodo medieval, cabe destacar en España fuera de las fronteras de al-Andalus, y, podríamos decir de las influencias anteriores, la figura San Juan de Ortega (1080-1163), quién fue discípulo de Santo Domingo de la Calzada (1019-1109). Ambos maestros de obras y clérigos. Juan Velázquez, que así se llamaba, fue un hidalgo burgalés del pueblo de Quintanaortuño, y que por no mostrar de niño aptitudes para las armas —aun siendo como se sabe hoy un hombre de gran estatura y corpulencia—, fue destinado por su familia a las letras, enviándolo de su pueblo natal, a Burgos, donde conoció a Santo Domingo de la Calzada. Juan fue aprendiz de Domingo, colaborando con el como *aparejador* de sus obras, construyendo por si mismo a la muerte de su maestro puentes, carreteras, hospitales e iglesias a lo largo del Camino de Santiago, llegando a ser el considerado *el mayor arquitecto del reino*. Fue amigo, confesor y consejero del Rey

Alfonso VII, *el Emperador*, quien en el año 1142 le concedió el realengo de las tierras de Montes de Oca y Ortega, junto con otros fueros y privilegios, desde entonces usó el título de *Señor de Ortega*. San Juan de Ortega es, desde el día 26 de mayo de 1971 patrono *ante Dios, del Colegio Nacional de Aparejadores y Arquitectos Técnicos de España*, a partir de la iniciativa que tomó en 1966 el Colegio de Valladolid.

En cuanto a que uno de los señoríos que recibió Juan de Ortega se llamara Montes de Oca, permítaseme un pequeño e inocuo paréntesis, acerca de tal nombre, en concreto de *Oca*, ya que este animal, la *oca* —como la acacia—, es un antiguo símbolo de los constructores, como después lo fue de los masones, y de otras asociaciones antiguas de comunes orígenes, así como el antiguo juego que lleva su nombre. El mundo de los constructores siempre ha estado unido al de la simbología y a otras ciencias misteriosas. Quede dicho esto a título de mera curiosidad, y para quien guste las de este tipo.

La organización del trabajo en el periodo gótico, es tema apasionante y no conocido hoy día en su totalidad. Después del florecimiento de los arquitectos monjes en Europa, comenzaron a tener importancia los arquitectos laicos, a los que se agrega el obrero como colaborador con libertad y responsabilidad en su trabajo en cierto grado, y esto determinó el gran avance de la construcción en la época, cuando los obreros dejaron de sentirse esclavos como sus antecesores en la baja Edad Media, agrupándose en corporaciones de defensa y fraternidad mutuas, origen de las llamadas de *Franc-Maçons*. En estas corporaciones se guardaban celosamente los secretos del oficio, los procedimientos y las formas. Como dato curioso podemos encontrar en autores incluso de la primera mitad del siglo XX referencias a restos de lenguajes crípticos o jergas empleadas por los canteros gallegos y portugueses, solo entendibles por ellos y trasmitidas de forma reservada de una generación a otra. De estas prácticas de los maestros medievales de cantería y mazonería —la palabra también existe en castellano— deriva el uso de los llamados signos lapidarios, que dejaban los maestros en todos los sillares labrados de los edificios. Hay teorías sobre si eran marcas para contabilizar los *destajos*, aunque no está demostrado que los obreros medievales utilizaran este sistema de abono de los trabajos, y las que apuntan a signos secretos incluso *mágicos*, como son la cruz esvástica o el macrocosmos (estrella de Salomón). En cualquier caso, se sabe que los maestros de obras, llegaban a serlo, partiendo de los oficios —albañiles, canteros, carpinteros— en los que aprendían las artes de la construcción. Según su talento podrían obtener el cargo de *maestro de obras*, pudiendo algunos a alcanzar fama, como Robert de Luzarches (s. XII) o Tomás de Cormont (s. XII), autores de la Catedral de Amiens; Robert de Couchy (s. XIII) maestro de obras de la Catedral de Reims, o el legendario Villard de Honnecourt (c. 1225- c.1250), a quien le debemos un cuaderno o álbum de dibujos de geometría y arquitectura (Biblioteca Nacional de París), que supone un documento de extraordinario valor para conocer los procedimientos de los constructores medievales, también conocemos gran movilidad de los artesanos de la época, encontrando huellas del trabajo de Villard en Laon, Chartres, Laussanne y hasta en Hungría.

A través de la obra de Villard de Honnecourt —de quien no todos los autores parecen estar de acuerdo en reconocer el talento evidente que muestra su trabajo— nos podemos hacer la idea de lo que era un joven muchacho que empezando en la cantera termina en la propia obra, donde se convierte, no en un arquitecto ya que el término no se usaba en la época, pero si en un maestro, un *—magister laetomus—*, lo que podemos traducir por *maestro de obras,* es decir un hombre que era capaz no sólo de asumir todas las funciones del oficio que Vitrubio había descrito doce siglos antes, sino que además era capaz de impartir su magisterio al resto de artesanos. Para llegar a ser maestro de obras, se debía pasar por el grado de aprendiz, periodo en el que recorría diferentes obras, habitualmente en diferentes lugares, y dónde perfeccionaba sus conocimientos. Para abandonar el grado de aprendiz y alcanzar el de oficial debería pasar unas pruebas que sus superiores les proponían cuando lo consideraban digno de ello, para llegar a ser maestro debía justificar y demostrar asimismo sus conocimientos, su capacidad y su amor por el oficio realizando lo que se denominaba su *obra maestra.*

Es en la Edad Media, y sobre todo en el periodo gótico, cuando los constructores reflejan un comportamiento más interesante de toda la historia, desde el punto de vista de la pureza del mismo, el modo de vida y la organización de su trabajo. Los constructores medievales europeos, en su mayoría fueron artífices anónimos que vivían y trabajaban imbuidos de modestia y de fe —y no sólo cristiana, fe en sentido general de la palabra—, y que edificaban para la afirmación de su ideal, para la propagación del ennoblecimiento de su ciencia, desarrollando sus conocimientos y oficio, de mayor manera en los edificios públicos, palacios, monasterios, iglesias pero sobre todo en las magníficas catedrales de toda esta época. El urbanismo y las infraestructuras ciudadanas de la época romana desaparecieron y a la vivienda privada del común del pueblo no se le daba importancia siendo construcciones con fábricas elementales utilizando los materiales más sencillos, y con cubriciones de chilla y bálago.

A partir del siglo XV, cuando comienza el Renacimiento, los arquitectos empiezan a preocuparse de su personalidad, ayudados por el innegable talento de algunos así como de la importancia que los poderosos dieron siempre a sus encargos. El maestro de obras medieval aprendía en el taller de su maestro —su propio padre en muchos casos—, como el resto de los obreros, en el Renacimiento los arquitectos se independizan y entienden que su labor es la misma o más próxima a la de otros artistas —escultores, pintores—, actividades que muchas veces se combinan con la arquitectura. Pero no hay que olvidar nunca lo que nos dejaron los constructores de la época medieval, sobre todo si lo comparamos con el Renacimiento, es decir, pura creación desde la modestia y la honestidad en contra de la fidelidad servil a la copia de los modelos clásicos. Fulcanelli nos resume esta idea magistralmente:

> *"En la obra gótica, la hechura permanece sometida a la Idea; en la obra renacentista, la domina y la borra. Una habla al corazón, al cerebro, al alma: es el triunfo del espíritu; la otra se dirige a los sentidos: es la glorificación de la materia. Del siglo XII al XV, pobreza de medios, pero riqueza de expresión; a partir del XVI, belleza plástica, mediocridad de invención. Los maestros medievales supieron animar la piedra calcárea común; los artistas del Renacimiento dejaron el mármol inerte y frío".*

Incluso la imitación renacentista llegó a tanto que algunos arquitectos escribieron tratados a modo de canon, el primero fue Leon Alberti (1404-1472), *De Re Aedificatoria* (1485), al que siguieron entre otros Sebastiano Serlio (1475-1554), *L'Architettura* (primera edición completa en 1584) o Andrea Palladio (1508-1580), *Quatro libri de l'acrchitettura* (1570). Desde el código lingüístico de Brunelleschi con su sistema simbólico basado en la comparación *suprahistórica*, con el ejemplo principal de la antigüedad, hasta la *maniera* de Bramante de Urbino (1444-1514) —sus seguidores se llamaron manieristas—, pasando por la racionalización del *historicismo mítico*, que hizo el propio Alberti traduciendo los valores del tiempo antiguo al tiempo presente, hicieron que poco a poco se olvidase y se despreciase, inmerecidamente el arte gótico, quizás por que venía de un país como Francia —el gótico es llamado algunas vecer *opus francigenum*— y que nunca se entendió en Italia. Son también interesantes los tratados españoles *De las medidas del romano,* escrito por Diego (López) de Sagredo (s. XVI) en 1526, o el extraordinario tratado *Los veintiún libros de los ingenios y de las máquinas* (manuscrito de finales del siglo XVI y publicado por primera vez en 1983) atribuido al ingeniero Juanelo Turriano (c. 1511-1585) —el ingeniero J. Antonio García-Diego, principal estudioso de este manuscrito concluye en que éste es anónimo, después de estudiar incluso la posibilidad de que fuese el autor José Francisco Sitoni (1532-1608) —. Parte también de esta época la insólita y duradera disociación, que hasta hoy perdura en nuestra sociedad, entre el arquitecto y el constructor, cierto es que pudiera ser una natural evolución, como los reyes que en la época medieval y anteriores eran los propios capitanes de sus ejércitos, combatiendo como adalides a la cabeza de ellos y empuñando ellos mismos las armas y sin embargo hoy día los consentimos instalados cómodamente en sus palacios, viviendo de su apellido y heredando sus privilegios de dudoso derecho.

No debemos olvidar, en cualquier caso, que el arte gótico, el sistema arquitectónico gótico, no fue la invención de una conclusión de soluciones técnicas basadas en rígidas reglas, sino en la implementación de estas soluciones en una consecuencia final de trascendencia única. El arte gótico es el que mejor ha satisfecho en disposición, en espíritu, en facilidad de medios, en posibilidad de economía, en todo en definitiva, las necesidades y los fines que persigue la arquitectura.

Hasta la época del renacentista, la arquitectura desde el punto de vista de creación y composición, tiene un lugar entre las artes, y como tal la creación artística de la arquitectura está disociada completamente del resto de facetas de la construcción, incluso de la redacción de los proyectos, y la dirección de obra, que son labores de alguna manera puramente técnicas. La arquitectura, como lenguaje artístico, forma parte de la expresión plástica sujeta a las mismas reglas de creación, composición, y forma que el resto de las actividades creativas y de pensamiento, ocupando un lugar los *creadores* de la arquitectura entre los intelectuales, asimismo se han ido adaptando a las distintas tendencias que han imperado desde entonces en la historia: el barroco, el neoclasicismo, el eclecticismo, el racionalismo, modernismo, etc. Dentro del la libertad que supone el mundo del arte, cuyos encasillamientos en movimientos o tendencias son más bien fruto del análisis posterior que de la propia intención de los autores, que están siempre en la vanguardia de la sociedad, tanto los arquitectos como artistas, como otro tipo de artistas o pensadores han hecho incursiones en sus respectivos campos. En el primer grupo podríamos destacar, aunque como ejemplo ilustrativo, al americano Richard B. Fuller (1895-1983), arquitecto innovador y autor de teorías, en las que concluía que muchos problemas de la sociedad podrían resolverse mediante la adaptación de nuevas tecnologías. En el segundo citaremos el ejemplo poco conocido del filósofo austriaco Ludwig Wittgenstein (1889-1951), uno de los pensadores más importantes del siglo XX, y que aplicó sus principios filosóficos al proyecto de una casa, la casa Kundmanngasse en viena, que construyó para su hermana Margaret Stonborough-Wittgenstein 1882-1952), y que según algunos expertos es un ejemplo único, dentro de la línea del arquitecto racionalista Adolf Loos (1870-1933), quien fuera amigo de Wittgenstein, pero incluso más austera y rigurosa en cuanto a la nula inclusión de elementos ornamentales. Ejemplos en cualquier caso, de intelectuales, de arquitectos, de artistas.

Esto sólo debe considerarse a los efectos de conocer mejor la idiosincrasia actual del arquitecto, y que en otros países ha sido mejor comprendida en cuanto a la actuación profesional de los arquitectos, a los que se reconoce sin duda la autoría de la creación arquitectónica, la idea y su transformación en un edificio, aunque la labor correspondiente tanto al desarrollo de los proyectos como a la dirección puramente técnica de las obras queda en manos de auténticos especialistas. El mérito fundamental del actual arquitecto se centra en dos aspectos: el primero la *solución del problema*, es decir idear el proyecto que solucione las necesidades requeridas teniendo en cuenta las múltiples circunstancias que deben conjugar: solar, normativa, economía, plazos, etc.; y en segundo lugar la *creación artística,* que reviste con el carácter de arquitectura a la pura obra de ingeniería. Tanto estos dos aspectos se realizan y se desarrollan de forma más eficaz y brillante cuanto mayor es la calidad del trabajo de su autor, que para ello necesita innegablemente las dosis correspondientes de conocimientos y talento. El arquitecto, en general, encuentra su verdadera dimensión mucho más en la creación que en la organización de las tareas de la construcción, aunque en algunos países como el nuestro, asumen esta función, al menos a titulo de responsabilidad, cuando a la mayoría de ellos —en apariencia— les disgusta, abandonando su ejercicio con desidia, y dando por consiguiente, la impresión de no saber o no querer hacerla.

En cualquier caso, no hay nada en el final de esta reflexión que ensombrezca la labor de creación y la aportación a la humanidad de su obra, ya que entre los arquitectos modernos — como entre los arquitectos de toda la historia—, podemos incardinar a hombres que han sido luz y guía de las vanguardias artísticas, como es el caso de algunos arquitectos modernos que no cabe calificarlos sino como auténticos genios, y que, a modo de ejemplo, citaré a Wright, Mies van der Rohe y *Le Corbusier*. El estadounidense Frank Lloyd Wright (1867-1959), con obras como la Casa Kaufmann o *Casa de la Cascada* en Bear Run, Pensylvania, EEUU (1936) —en la que existe la anécdota de que el propio Wright tuvo que empuñar una herramienta y comenzar el desencofrado de la estructura por que los obreros no se atrevían— o el edificio de la Johnson Wax Company en Racine, Wisconsin (1939). El alemán Ludwig Mies van der Rohe (1886-1969), con obras como magnifico Pabellón de Alemania para la Exposición Universal de Barcelona (1929), la Casa Farnsworth en Plano, Illinois, EE.UU. (1950) —que terminó con una demanda por de la propietaria Edith Farnsworth (1903-1978) que no prosperó pero que había declarado: *"algo habría de hacerse y decirse sobre este tipo de arquitectura, o la arquitectura no tendrá futuro"* —; o el Seagram Building de Nueva York (1958). El suizo *Le Corbusier* (1887-1965), quien en realidad se llamaba Charles Edouard Jeanneret, arquitecto, pintor, urbanista, y ensayista sobre teoría artística. Entre sus obras significativas están la Unité d'Habitation, en Marsella, Francia (1947) donde puso en práctica su sistema de proporciones que el denominó Modulor, y la Iglesia de Notre Dame du Haut en Ronchamp, Francia (1950).

Las competencias profesionales de los técnicos de la edificación se empezaron a separar de los técnicos que intervenían en las obras civiles, es decir la arquitectura de la ingeniería. En España se funda la Real Academia de Bellas Artes de San Fernando en 1752, de la que fue primer director el arquitecto Ventura Rodríguez (1717-1785), y en la que se graduaban los arquitectos y también los aparejadores; también la Academia de las Tres Nobles Artes de Sevilla en 1757, con los mismos criterios, siendo incluso directores de la misma los aparejadores José Martín Aldehuela (+1802) y Lucas Cintora (1732-1800). Posteriormente y siguiendo el ejemplo francés de L'Ecole des Ponts et Chaussées (1733) de la que fue primer director Jean-Rodolphe Perronet, Agustín de Betancourt y Molina (1758-1824) fundó la Escuela de Ingenieros de Madrid, después fundaría el Colegio de Ingenieros de Caminos. Este insigne ingeniero canario también fundó la Escuela de Ingenieros de San Petersburgo (Rusia), ciudad en la que terminó sus días.

A partir del siglo XIX y en el XX, en España se van conformado y desarrollando los diferentes estudios académicos, que poco a poco van pasando a las universidades, al tiempo que se delimitan las competencias profesionales de cada especialidad.

La separación de competencias profesionales y la especialización no supuso que las distintas facetas de la construcción se separen de forma absoluta. La construcción, en sus distintas ramas, está y ha estado siempre relacionada, y en este sentido no es desdeñable en absoluto la aportación de los ingenieros de caminos a la edificación en España, contando entre estos profesionales con personas tan ilustres como el barcelonés Ildefons Cerdá (1815-1876), el más destacado urbanista español —junto con el arquitecto madrileño Arturo Soria (1844-1920)—, artífice de uno de los más innovadores proyectos urbanísticos: el ensanche de Barcelona, conocido como Plan Cerdá, que presentó en 1859 y fue dura e injustamente criticado, sobre todo por algunos arquitectos de la época, como diría la necrológica del diario *La Imprenta* en su edición del 23 de agosto de 1876, dos días después de la muerte de Cerdá, tomando los baños sin saber que padecía una afección cardiaca: *"El Señor Cerdá era liberal y tenía talento, dos circunstancias que en España perjudican y suelen crear muchos enemigos"*. El Plan Cerdá, por causa de la especulación no fue respetado en su totalidad en cuanto a los volúmenes a edificar; conserva eso sí, el trazado racional de las calles con esquinas achaflanadas que podemos contemplar en la lápida de la tumba del autor, como curiosidad, o bien simplemente paseando por el ensanche barcelonés. Otro ejemplo insigne es Eduardo Torroja Miret (1899-1961), uno de los mayores especialistas en hormigón armado de su época a escala internacional, y el primero en utilizar el hormigón pretensado en nuestro país en el año 1926, en el acueducto de Tempul, Jerez de la Frontera (Cádiz), le debemos sobre todo los logros en el campo de la investigación en esta materia, así como obras tan innovadoras como el mercado de Algeciras o el hipódromo de la Zarzuela.

Los ingenieros, de los que empezamos a saber que reciben este nombre en nuestro país a finales del siglo XVI, en textos como por ejemplo el atribuido a Turriano cuando el autor se refiere a *los architectos, y hoy dia de los que el vulgo llama yngenieros y por mejor decir de los que se hazen llamar ingenieros...*, son profesionales que han aportado mucho a la edificación en España, aunque en realidad su aportación hay que buscarla fundamentalmente en el campo de la empresa constructora, hasta tal punto que hoy día en España no se concibe una gran empresa constructora que no esté regida por ingenieros de caminos. A partir de la segunda mitad del siglo XIX y sobre todo en el siglo XX, son los ingenieros de caminos los que mayoritariamente crean y ocupan los puestos directivos en las empresas, tanto puramente constructoras como las que desarrollan tecnología y productos para la construcción, siendo especialmente importante las que se dedican a la gran y nueva tecnología sin la cual no se entiende la construcción del siglo XX: el hormigón armado. Basando la construcción en este sistema innovador el ingeniero José Nicoláu y Sabater y más tarde el ingeniero Francesc Macià i Llusà (1859-1933) —conocido fundamentalmente por ser el primer presidente de la Generalitat de Calaluña—, construyen traviesas de ferrocarril de hormigón, aunque la primera empresa la funda Claudio Durán i Ventosa (+1926) —que era arquitecto, y por tanto una excepción en el mundo de la empresa constructora en España— y se denomina "Construcciones Sistema Monier de Cemento y Hierro" —el nombre *Monier* viene de Joseph Monier (1823-1906), que fue un jardinero francés, el primero en patentar el hormigón armado en 1864 y lo hizo para construir maceteros—; al igual que a partir de 1898, la empresa del ingeniero de caminos José Eugenio Ribera Dutaste (1864-1936), quien lo hizo con la patente del ingeniero francés François Hennebique (1843-1921), que utilizaba armaduras planas y láminas de acero de metal *deployé*. (Curiosamente este sistema —metal *déployé* o chapa desplegada como única armadura para el hormigón—, casi en desuso, fue propuesto por el autor de este libro, y aceptado, para construir la estructura del Pabellón de la Comunidad Valenciana para la Exposición Universal de Sevilla (1991), y construido de acuerdo con el Proyecto del arquitecto valenciano Emilio Jiménez Julián).

Las modernas y grandes empresas constructoras españolas se fundan en la primera mitad del siglo XX, y podemos considerar que su historia comienza aun el siglo XIX, con la fundación en Barcelona de la empresa Fomento de Obras y Construcciones, en el año 1900; en 1911 se crea en Vizcaya, la Sociedad General de Obras y Construcciones, Obrascon; la constructora MZOV, tiene su origen en 1916, como empresa concesionaria de las obras del ferrocarril Medina del Campo-Zamora-Orense-Vigo —en 1978 se fusionó con Cubiertas y Tejados, S.A. dando lugar a Cubiertas y MZOV—; en 1926, el ingeniero y banquero José Maria Aguirre Gonzalo (1897-1988) fundó Agromán en colaboración con el también ingeniero Alejandro San Román, ambos con la experiencia de las obras del Metro de Madrid; en 1927 se crea en Pamplona, Huarte; en 1928 Vías y Construcciones, S.A., empresas especializada en ferrocarriles; En 1931 Entrecanales y Távora, S.A.; en 1935 Sociedad Anónima Trabajos y Obras, SATO, especialista en obras marítimas y portuarias; también con origen en obras portuarias, se crea en Cádiz Dragados y Construcciones, en 1941; en 1944 comienza su actividad la empresa Construcciones y Contratas; en 1951, el ingeniero Rafael del Pino Moreno, constituye Ferrovial; y en 1963, en grupo británico John Laing Ltd., creado en 1813 por el maestro de obras James Laing (1816-1882), instaura en España su filial Laing, S.A.

En la década de 1990, siguiendo la tendencia del resto de sectores empresariales, las empresas constructoras se tienden a unir, ya sea por fusión o por absorción, en macroempresas en las que la construcción no es el único negocio. De esta forma se crean los grandes grupos de construcción españoles cuya actividad no sólo se centra en el territorio nacional, ya que todos tienen una gran presencia en el extranjero, sobre todo en Hispanoamérica, África, Medio y Extremo Oriente. Como ejemplo citaremos que en 1992 Construcciones y Contratas, S.A. y Fomento de Obras y Construcciones forman el grupo FCC; en 1993 Ocisa y Construcciones Padrós, S.A., forman OCP, que en 1997 junto con Auxini y Ginés Navarro formarán la gran empresa Actividades de

Construcción y Servicios, S.A., ACS, que a la postre absorberá a Dragados y Construcciones, S.A; y en 1995 Ferrovial adquiere Agromán; en 1998, tres de las empresas más dinámicas del sector, Obrascon, Huarte y Lain, S.A. —no exactamente Laing, S.A., ya que John Laing Limited vendió la filial española a un grupo financiero español en 1989, cambiando ligeramente su razón social—, forman el grupo OHL .

El mundo de la empresa constructora parece disociado, como hemos dicho ya desde el Renacimiento, de la personalidad de los arquitectos, quienes, sin embargo, por su lado, toman la responsabilidad como autores y directores de las obras, estando a la cabeza de equipos formados por arquitectos o distintos profesionales, configurando una profesión con una sólida formación académica en la actualidad así como de gran prestigio social. Cabe destacar, en España, además de los ya mencionados a Antonio Gaudí (1852-1926): autor del Templo de la Sagrada Familia —obra aún inacabada— y el Parque Güell en Barcelona o el Palacio Episcopal de Astorga (León); José Antonio Coderch (1913-1984) Edificio Trade en la Diagonal de Barcelona; Francisco Javier Sáenz de Oiza (1918-2000): Edificio Torresblancas en Madrid o Banco de Bilbao en Azca, Madrid, Rafael de la Hoz (1924-2000) Viviendas para el Ejército, Córdoba o Sede central de Cajasur, Córdoba; así como a los contemporáneos Rafael Moneo, Santiago Calatrava y Javier Pioz. Todos ellos son arquitectos que no solamente que están el la elite de la arquitectura universal, sino en la propia elite de los artistas e intelectuales.

En la actualidad, la mencionada Ley de Ordenación de la Edificación (LOE), define tanto la edificación como concepto jurídico como los agentes que intervienen el ella así como sus responsabilidades; son agentes de la edificación, dice la LOE, *Todas las personas, físicas o jurídicas, que intervienen en el proceso de la edificación*, y son: el promotor; el proyectista; el constructor —y al jefe de obra—; el director de la obra; el director de la ejecución de la obra; las entidades y los laboratorios de control de calidad de la edificación; los suministradores de productos; los propietarios y usuarios; y el coordinador de seguridad y salud. Todos ellos, entidades o personas, los vamos a analizar a continuación.

6.2 Del promotor.

Será considerado promotor cualquier persona, física o jurídica, pública o privada, que, individual o colectivamente, decide, impulsa, programa y financia, con recursos propios o ajenos, las obras de edificación par sí o para su posterior enajenación, entrega o cesión a terceros bajo cualquier título (LOE, Art. 9.1).

Es el promotor sin duda un agente, quizás sea el principal, de la edificación, y además es el que tiene contacto con el proyecto desde antes incluso de su gestación, hasta el final de la obra, o hasta el final de su propia vida, si el edificio es para uso personal. Sobre todo cuando el promotor hace de la obra su trabajo, y participa activamente en ella, y siendo el promotor quien financia la obra, de alguna manera el dueño de la misma, llega a un entendimiento tal con el resto de agentes de la obra, en particular con el arquitecto que se dan situaciones curiosas.

Felipe II colaboró activamente en la traza inicial de El Escorial —la *traza universal escurialense*—, con el arquitecto designado para llevar a cabo el proyecto, Juan Bautista de Toledo (c. 1515-1567), y a la muerte de éste siguió haciéndolo con Juan de Herrera (1530-1597) hasta el 13 de Septiembre de 1584, fecha en que se concluyeron las obras. Hasta el punto llegó la relación entre el monarca-promotor con el arquitecto y los aparejadores de las obras, sobre todo con Fray Antonio de Villacastín, a quien el Rey apreciaba tanto que quería que Herrera comunicase con Fray Antonio siempre sus decisiones:

> *"le mandó llamar a menudo y oía sus pareceres, y vino a estimarle en tanto que ninguna cosa quiso hiciese el arquitecto Juan Herrera que no lo comunicase con Fray Antonio primero y, si no le contestaba, tampoco le asentaba al Rey; tanto concepto tuvo de su juicio y de sus pareceres asentados y seguros",*

tal y como cuenta el aparejador Eduardo González Velayos en su libro *Aparejadores, breve historia de una larga profesión* (1980). La relación del monarca con la obra era tan frecuente que más de una vez se produjeron situaciones tan anecdóticas, como la que ocurrió en una visita de Felipe II a las obras, y que ilustra perfectamente la relación del rey con su arquitecto. Fue concretamente en la zona que corresponde a la entrada a la basílica a través del sotacoro, esta sala está cubierta por una bóveda plana que es una maravilla de la estereotomía de la piedra, ocho hiladas concéntricas de piedra quedan entre los pilares, justamente bajo el gran peso del facistol. Guando el monarca la vio por primera vez, quedó fascinado aunque un tanto extrañado por un pilar sobre el que *apoyaba* la bóveda. Herrera, que había construido un falso pilar que no llegaba a tocar el techo, pasó una hoja de papel entre el pilar y la bóveda para demostrar que se *suspendía sola*, (según la versión del profesor D. Juan Manuel Macías, el pilar era de cartón-piedra o material similar y Herrera lo tumbaba de una patada ante el asombro de todos incluido, el destinatario de la broma, Felipe II), en cualquier caso, se cuenta que el rey, por una vez ocurrente, reprendió a su arquitecto diciendo: *Herrera, Herrera, con los reyes no se juega.*

En otros casos el promotor es el simple encargante del proyecto y la construcción del edificio, y su participación se limita a la financiación del mismo, o como mucho, a aceptar los diseños del arquitecto que luego serán proyecto y más tarde edificio. En cualquiera de los casos, quien se erija en promotor de una obra de edificación tiene, de acuerdo con la LOE las siguientes obligaciones:

—ostentar sobre el solar la titularidad de un derecho que le faculte para construir en él

—facilitar la documentación e información previa necesaria para la redacción del proyecto, así como autorizar al director de obra las posteriores modificaciones del mismo

—gestionar y obtener las preceptivas licencias y autorizaciones administrativas, así como suscribir el acta de recepción de la obra

—suscribir los seguros previstos en el artículo 19

—entregar al adquiriente, en su caso, la documentación de obra ejecutada, o cualquier otro documento exigible por las Administraciones competentes (Art. 9. 2)

Los seguros previstos en el artículo 19, varían y deben cubrir responsabilidades de distintos tipos, entre uno y diez años, y son obligatorios para poder inscribir en el Registro de la Propiedad escrituras públicas de declaración de obra nueva (Art. 20).

El promotor podrá ser una persona física o jurídica, o un órgano de la Administración pública. Cuando se trabaja con un promotor que es una entidad, ya sea pública o privada, hay una persona normalmente encargada de las relaciones con el constructor; en algunos casos esta función la asume la propia dirección facultativa de la obra. Puede ser que la empresa sea tan compleja que para según que temas haya que dirigirse o tratar con una persona o departamento distinto, aunque no hay que olvidar que la dirección de la obra la llevará a cabo el arquitecto, en conjunto con el aparejador, como veremos en los próximos apartados.

Desde el punto de vista del constructor, o del jefe de obra, el promotor o representante del mismo debe ser una persona que tenga más trato con la dirección facultativa que son el propio constructor, opinamos, al igual que Alfonso Miranda, en su magnífico tratado *Manual del promotor inmobiliario* (1995) que el promotor debe limitarse a su propio trabajo, exigir las responsabilidades que correspondan pero no intervenir directamente en la ejecución de la obra, salvo excepciones: *debe el promotor abstenerse de hacer pronunciamientos sobre cuestiones técnicas con el contratista, pues ello puede suponer una asunción de funciones que no le son propias.* El constructor o jefe de obra, debe saber, en cualquier caso que el promotor es quien paga, y nunca debe entrar en juzgar la actitud del mismo, desde el punto de vista profesional, normalmente la relación mayor será con la dirección facultativa, arquitecto y aparejador, en caso de duda en cuanto a la actitud a tomar, aconsejamos que consulte con cualquiera de ellos.

6.3 Del arquitecto.

El arquitecto, en la práctica habitual en España es el profesional que asume los cargos de *proyectista* y de *director de obra*, agentes distintos y que, en cualquier caso pueden ser independientes.

La denominación *arquitecto* viene del griego *architekton*, que en origen significaba *maestro carpintero*. Esta denominación se usó desde antiguo en Grecia y Roma, cayendo en desuso en la época medieval, para recuperarse de nuevo en el Renacimiento. Para entender la importancia que tiene la ciencia de la arquitectura —o el arte de la arquitectura, ya que es tanto ciencia como arte—, recordemos lo que Vitrubio exigía que un arquitecto debería saber: *"Debe, pues, éste estudiar Gramática; tener aptitudes para el Dibujo; conocer la Geometría; no estar ayuno de Óptica; ser instruido en Aritmética y versado en Historia; haber oído con aprovechamiento a los filósofos; tener conocimientos de Música; no ignorar la Medicina; unir los conocimientos de Jurisprudencia a los de Astrología y movimientos de los astros"*. Doce siglos después, Villard de Honencourt decía, con algo más de modestia y sentido práctico, que el arquitecto debía ser *un experto en albañilería, carpintería, geometría, máquinas, escultura, pintura, pero también en diplomacia ¡para convencer a príncipes y sacerdotes de que adopten el criterio de uno!* Después de veinte siglos, muchas cosas han cambiado pero valgan las citas para ilustrar la figura de un buen arquitecto y lo poco exento que debe estar del conocimiento humanístico, y de los demás.

Dice la LOE (Art. 10.1) acerca del proyectista: *es el agente que, por encargo del promotor y con sujeción a la normativa técnica y urbanística, redacta el proyecto,* y en Art. 10.2.a, define que titulación profesional se debe tener para ser proyectista *según corresponda*: arquitecto, arquitecto técnico, ingeniero o ingeniero técnico, asignado el tipo de obras según el Art. 2, y dejando además esto a las competencias que cada profesional tenga para cada caso según las disposiciones legalmente vigentes para cada uno de ellos. No obstante, será no muy frecuente encontrarse el caso del que un proyecto de edificación no esté redactado por un arquitecto, o bien, por un equipo o gabinete al frente del cual se encuentre un arquitecto.

Tampoco será muy frecuente encontrarse a alguien que no sea arquitecto como *director de obra* —cargo que no conviene confundir con el de *director de la ejecución de la obra,* labor propia del aparejador y de la que nos ocuparemos en el apartado siguiente—, aunque la LOE admita supuestos en los que tal titulación pueda ser otra —las mismas que para el caso del proyectista—. En este sentido, además, lo habitual es que sea la misma persona —o grupo de personas— que ha redactado el proyecto, quien sea nombrado director de obra, no estando obligado el promotor, obviamente, a hacerlo así.

La figura del proyectista, para la empresa constructora, no reviste ninguna importancia, pero si la del director de la obra, y si son la misma persona, el *arquitecto de la obra,* como se suele simplificar, la importancia la tiene como director de la obra y no como redactor del proyecto. El director de la obra tiene las obligaciones que a continuación se relacionan, y que están directamente ligadas tanto a sus responsabilidades, como a la autoridad que se desprende de las mismas:

—verificar el replanteo y la adecuación de la cimentación y de la estructura proyectadas a las características geotécnicas del terreno
—resolver las contingencias que se produzcan en la obra
—consignar en el Libro de Ordenes y Asistencias las instrucciones precisas para la correcta interpretación del proyecto
—elaborar, eventuales modificaciones al proyecto, siempre que se adapten a las disposiciones normativas del proyecto
—suscribir el acta de replanteo o de comienzo de obra
—suscribir el certificado final de obra
—conformar las certificaciones de obra así como la liquidación
—elaborar toda la documentación de obra ejecutada para entregarla al promotor
—asumir todas las funciones del *director de la ejecución de la obra,* en las obras que dicha figura no exista.

Como de puede desprende fácilmente, el arquitecto tiene unas competencias y responsabilidades muy amplias y completas en edificación, prácticamente es el factótum de la edificación en cuanto se refiere a proyectar y dirigir obras, alcanzando los conocimientos que componen los programas de los estudios universitarios de esta profesión prácticamente todos las disciplinas relacionadas con la arquitectura y el urbanismo. Es posible que si trabajamos fuera de España encontremos unos arquitectos más centrados en el diseño que en las cuestiones puramente técnicas estructurales o de instalaciones, que se dejan en manos de ingenieros especializados. También en España en cada día más frecuente encontrar equipos multidisciplinares con especialidades concretas en los distintos ámbitos de la edificación, pero son los arquitectos los que en nuestro país tienen todas las competencias, no necesitando de otros técnicos, más que de otros arquitectos, si es hablamos de un proyecto que no pueda ser abarcado por un solo técnico.

El arquitecto, como director de obra, es una figura importantísima para el constructor, y su representante el jefe de obra. Normalmente el arquitecto colaborará con el aparejador de la obra, figura de la que veremos en el apartado siguiente, y que es obligatoria en la práctica totalidad de las obras de edificación, pero que en cualquier caso, como tal director de la obra tomará las decisiones importantes, que lógicamente influirán siempre en la obra: elegirá los materiales aprobando las muestras y colores, rechazará o aceptará las unidades de obra ejecutadas, firmará las certificaciones así como todos los expedientes económicos que surjan en la obra, complementará toda la documentación de proyecto que se necesite, aprobará o rechazará las propuestas de cambios o de alternativas —recordar el estudio de alternativas en el Estudio Económico de la obra—, firmará el certificado final de obra y la liquidación de la misma y en general deberemos someter a su juicio prácticamente todo el proceso constructivo de la misma.

Normalmente será una persona —o personas—, que no será conocida por el jefe de obra sino desde el comienzo de la misma, por lo cual, sobre todo al principio el jefe de obra debe procurar plantear todas las dudas que estime oportunas acerca de la ejecución y seguimiento de la obra, estableciendo o intentando comprender los criterios que el arquitecto va a seguir a lo largo de la obra, ya que la costumbre en España es que los proyectos no estén completamente definidos (esto no es una crítica, es sencillamente nuestra forma de trabajar, en otros países como EEUU los proyectos no contienen el documento Mediciones, sin embargo los planos y las especificaciones son realmente exhaustivas, en los países del este Europeo, como Rusia, los proyectos describen hasta los movimientos y secuencias de las grúas en la obra, indicando hasta el modelo de la misma), lo que hace que sea muy importante la labor de definición durante la obra. Es costumbre, establecer reuniones periódicas en la obra, en las que los temas a tratar estén preparados de antemano, y si desde el punto de vista de jefe de obra nos es posible, al menos proponerlo, debemos hacerlo.

6.4 Del aparejador.

El aparejador, como tal es una figura muy propia de la construcción en España. Aparejar es disponer y ordenar todos los elementos y partes que componen un edificio para la correcta construcción del mismo, y lógicamente es una labor que se realiza y se ha realizado en la construcción siempre. Ya hemos visto, como desde antiguo las personas que intervienen el los procesos constructivos se han ido especializando al mismo tiempo que se han ido conformando las profesiones y los estudios académicos que las capacitan, pero creo que conviene pararse un poco en el estudio de esta tan antigua y tan nuestra profesión.

La historia de la profesión en larga y prolija existiendo como abundante documentación y numerosas reseñas históricas acerca de los aparejadores de las obras, sus nombramientos, sus trabajos, etc., junto con el resto de profesionales con los que compartían el trabajo, maestros de obras y arquitectos, fundamentalmente.

La primera referencia del título de la profesión de aparejador aparece a mediados del siglo XV, concretamente en el año 1449, en la Catedral de Sevilla, en documentos que se refieren al "nombramiento del aparejador de las obras" a Pedro Sánchez de Toledo(s. XV). También de mediados del siglo XV es una lápida de un sepulcro que está en la Capilla de Santa Clara de Tordesillas (Valladolid), que fue construida en el año 1430, con la siguiente inscripción: *Aquí llace Guillen de Rohan, maestro de la Iglesia de León et aparejador desta capilla*, de lo que podemos deducir que este nombre se otorgaba a los maestros de obras —o maestros mayores, arquitectos, ingenieros, alarifes, jefes de obra— en España desde hace al menos seiscientos años.

Del siglo XVI sobre todo, cuando se regulaban tanto el ámbito de trabajo como las obligaciones y deberes de los aparadores mediante las Reales Células, siglo en el que se construyó el Monasterio de San Lorenzo de El Escorial por Felipe II, entre los años 1563 y 1586, para conmemorar la Victoria de San Quintín, que ocurrió el día de San Lorenzo de 1557, hay numerosas referencias a los aparejadores de las obras, entre ellas la definición de aparejador que encontramos en el libro de Fray

José de Sigüenza (1544-1606), *La Fundación del Monasterio del Escorial,* escrito en 1602:

> *"aparejador se llama el que, después de que el arquitecto ha dispuesto toda la fábrica, apareja la materia, hace los cortes y divide las piezas para que traben bien, con igualdad y hermosura, en toda la fábrica, y por él se trazan los modelos particulares por donde se gobiernan los destajeros, que en lengua latina se llaman* redemptores*".*

Al primer *aparejador* que podríamos mencionar en esta época, podría ser el propio arquitecto Juan Bautista de Toledo, autor del proyecto inicial del monasterio, junto, no hay que olvidarlo al propio rey, Felipe II, sobre la que se terminó el edificio Juan de Herrera quién, sin modificar estas trazas iniciales rediseñó el edificio. Pues bien, Toledo trabajó como aparejador nada menos que de Miguel Angel Buonarroti (1475-1564) en las obras de la Basílica de San Pedro de Roma, según él mismo relata en una carta dirigida a Felipe II en 1564. El ejemplo de Juan Bautista de Toledo y otros muchos, que el oficio de aparejador muchas veces era un aprendizaje para el de arquitecto, siendo aparejadores antes que arquitectos Ventura Rodríguez o Felipe de la Cajiga (+1605). En otros casos tenemos designaciones de dirección de obra únicos a aparejadores como Pedro de Silva (1712-1784), aparejador de la Real Fábrica de Tabacos de Sevilla. Otros aparejadores están ligados a trabajos con arquitectos, siendo sus ayudantes y personas de mayor confianza como Juan Ribero Rada (1540-1600), maestro mayor de la Catedral de Salamanca y aparejador de Rodrigo Gil de Hontañon (1505-1577) en el Palacio de los Guzmanes, en León; Francisco de Isla (s. XVI-s. XVII), aparejador de Diego Gómez de Sisniega (s. XVI-s. XVII), en las obras del Seminario de Salamanca —por cierto, conocemos hasta los honoraios de este aparejador que fueron de 100 ducados—; Pedro de Lizagárate (s. XVI-s. XVII), aparejador de Juan Goméz de la Mora (1586-1648); Juan de Maeda (s. XVI), padre de Asensio de Maeda (1547-1607), maestro mayor y arquitecto, aparejador de las obras de la Catedral de Granada con Diego de Siloe (1495-1563). O aparejadores titulados *jefes de obras* como lo fue de la Catedral de Toledo entre 1773 y 1786 el aparejador Eugenio López Durango (s. XVIII). En algunos casos hemos encontrado referencias en distintos textos consultados de algunos de los profesionales mencionados nombrándolos o titulándolos tanto como arquitectos en unos como aparejadores en otros, como son el caso, por ejemplo de Juan de Maeda, Ribero Rada o Aldehuela. Es amplia la lista de grandes aparejadores que trabajaron en El Escorial, como fueron Lucas Escalante, Juan de Minjares, Diego de Alcántara, Francisco de Mora o Pedro de Tolosa (el primero que se incorporó a las obras). Sin duda podemos también considerar al ya mencionado y muy ilustre Fray Antonio de Villacastín, precursor de los actuales aparejadores –tanto en dirección de obra como los numerosos que ejercen como *jefes de obra*, ya que en ambos campos se pueden clasificar las labores que el ejerciten la fábrica de El Escorial– aunque, si se me permite, para referirme a él, debo hacer *punto y aparte*.

Fray Antonio de Villacastín (1512-1603), fue el *Obrero principal* de las obras de El Escorial, y fue un hombre excepcional, con una personalidad y una dedicación admirables al trabajo de constructor y a la que se debe una gran parte del mérito de la fábrica. Fray Antonio, a quien gustaba que le llamaran Fray Antón *–parece que me repulieran el nombre*, decía– quien de empezar en el oficio con un *maestro asentador de ladrillos*, y habiendo ingresado con 27 años en el convento de Sisla de Toledo, perteneciente a la orden de los Jerónimos, empezó a trabajar en las obras de El Escorial desde su inicio, como *obrero mayor*, destacando pronto por sus conocimientos de las artes de la construcción, y dirigiendo las obras con Juan Bautista de Toledo y con Juan de Herrera. Fue una persona en la que Felipe II tenía mayor confianza, como ya hemos mencionado, confianza que estaba firmemente basada en las numerosas muestras que Fray Antonio dio durante los veintiún años que duró la construcción del Monasterio de sabiduría y buen juicio, de perseverancia en el trabajo, así como de discreción y ejemplar comportamiento. Fray Antonio huía siempre de los honores, dedicándose con modestia y humildad a su trabajo, esquivaba siempre que podía las frecuentes visitas reales a las obras, y Felipe II, solía consultarle siempre cualquier decisión. Cuenta el padre Sigüenza que cierta vez que las obras iban lentas, mandó preguntar a Fray Antonio la solución, a lo que este respondió, *Si su majestad quiere ver hecha pronto la iglesia, traiga muchos cabos,* refiriéndose al necesario aumento de los recursos humanos, que el monarca atendió,

En cierta ocasión Felipe II, *mudando de pensamiento,* determinó doblar el número de religiosos, como quiera que los cimientos estaban llegando ya a la altura de la planta baja, el tema fue un grave apuro, y ocasionó múltiples propuestas y proyectos, así como diversos conflictos de opiniones y pareceres, hasta que fue consultado Fray Antonio: *Supuesto, dijo, que los cimientos pueden resistir doble peso del proyectado, dóblese la elevación y con ella la cabida del edificio,* a lo que ni siquiera Juan Bautista de Toledo objetó nada.

En otra ocasión Preguntó un día el Rey a su arquitecto Juan de Herrera que le parecía que le costaría una cierta fábrica, quien *echando un juicio, como dicen, a montón, respondió: millón y medio, y aun pensó que decía poco.* Como quiera que le pareciera una suma muy alta mandó consultar a Fray Antonio, de lo que nos cuenta su amigo y biógrafo Fray José de Sigüenza: *quien mirando atentamente los diez estajos y partidas, considerando la cantidad y las piezas, por la experiencia grande que tenía de atrás y conocer la piedra y entender la labor, halló que no llegaba a la suma de seiscientos mil ducados; pareciole poca esta suma, imaginó que se engañaba en el tanteo, porque lo hacía sin pluma, con sólo el discurso de su cabeza, estando en la cama enfermo (que tan capaz la tiene para esto y para más); tornó poco a poco a dar vuelta por todo, y aunque le parecía que en algunos particulares se alargaba, no pudo pasarlo de seiscientos mil ducados; quedó tan cierto de su resolución y de su juicio, que no dudó de certificádselo al Rey, que le dio mucho contento, no porque en el ánimo real había alguna escasez o porque le espantara la costa, sino por la inmurmuración de su reino, que tan indiscretamente hablaba de esta fábrica; de lo uno y de lo otro diremos en otra parte más largo.* Afortunadamente conocemos mucho de la vida de Fray Antonio de Villacastín, ejemplo a seguir por los constructores actuales y futuros, en su entereza, su sencillez, en su talento y en su aplicación en el trabajo, hasta casi el final de su vida, que le alcanzó nonagenario, en su celda del Monasterio.

Teniendo el cuenta el cargo y las funciones de Fray Antonio como maestro de obras o, como se le titulaba, *obrero principal* podemos hacer una comparación entre los aparejadores del siglo XVI y los actuales, con relación al resto de agentes o personas que intervienen en las obras en el siguiente esquema, en el que podemos apreciar el cambio de jerarquías, así como, de una forma sintética las funciones de los profesionales de hoy día, que asumían los de entonces:

Siglo XVI		Siglo XXI
Arquitecto	Arquitecto, Aparejador	
Obrero Principal	Aparejador, Jefe de obra	
Aparejador	Jefe de obra, Encargado	

Como he dicho, una profesión de más de seiscientos años de historia puede dar para una lista mucho mayor, por citar algunos de los que me enseñaron lo que la profesión significa me gustaría destacar a los aparejadores Juan Manuel Macías (1938-1999), Juan Manuel Raya (1932-2001) y Fernando Mansilla (1926-1987), todos ellos catedráticos de la Universidad de Sevilla, y en base a sus enseñanzas así como a las de tantos otros me permitiré utilizar este nombre, el de aparejador, que se deberá leer, a todos los efectos en este manual, cuando corresponda, como sinónimo de *arquitecto técnico*, si algún compañero no estuviere de acuerdo con mi *falta de rigor* al llamar indiscriminadamente aparejador tanto al que tiene ese título como al que tiene el de arquitecto técnico —cual es mi caso, por cierto—, le ruego me disculpe y piense que lo hago por que, sencillamente, prefiero utilizar el nombre que durante seiscientos años utilizaron nuestros antecesores en la profesión, a ser inexorable, en este sentido, con la significación del título.

Como curiosidad, citaré aquí algunos personajes famosos, que estudiaron la carrera de aparejador o arquitecto técnico, y que son o fueron famosos por otras causas, y que a muchos aparejadores les resultará curioso tener como compañeros. Entre ellos están: César Manrique (1919-1992), artista; Rafael Vera, Ex–

Secretario de Estado para la Seguridad; Moncho Borrajo, humorista; Juan Palacios, dibujante y humorista; Joaquín Sierra *Quino*, futbolista internacional (Betis y Valencia); Teofila Martínez, alcaldesa de Cádiz; y Nuria Roca, actriz y presentadora de televisión.

La fundación de la Real Academia de Bellas Artes de San Fernando, en 1752, por el rey Fernando VI, supone para los aparejadores, desde el punto de vista profesional, y a través de los caminos oficiales, lo mismo que por motivos propios supuso para los arquitectos el Renacimiento, es decir, el cambio de ubicación y de sentido gremial. Los aparejadores pasaron de obtener la cualificación profesional por medio de la experiencia en el trabajo, siendo miembros de la corporación en la que trabajaban y aprendían, a obtenerla por el camino de los estudios profesionales, comenzado la profesión con *título oficial.* En la Academia se empiezan a impartir las enseñanzas tanto de aparejador, como de arquitecto y de maestros mayores, con quienes convive desde entonces. Esto supone un gran cambio, como decimos, al orden gremial existente, a la vez que instaura un nuevo orden que pasa de ser el que marcaban las corporaciones que hasta entonces eran las que sancionaban la cualificación de los profesionales al nuevo basado en los privilegios que confiere un título oficial, otorgado por el Estado, de una forma similar a la que hoy se entiende la profesión.

Un siglo después, el Real Decreto de 24 de enero de 1855, conocido como el *Decreto Luján*, dispone que el título de aparejador sustituya al de maestro de obras, esto pone fin a las disputas entre ambas profesiones por cuestiones de solape de competencias, y otros conflictos con los arquitectos. Los maestros de obras, lógicamente ante la desaparición de su titulación así como la merma de competencias que esto suponía, reaccionaron con ímpetu, tanto que el gobierno se vio obligado a dictar una ley, la Ley Moyano de 1857, sólo dos años más tarde, volviendo a implantar las enseñanzas de maestro de obras, prácticamente con el mismo nivel que los aparejadores.

Siguen las rivalidades entre maestros de obras y aparejadores, en 1864, un Real Decreto de Ministerio de la Gobernación pretendió esclarecer las competencias entre ambos, aunque no tuvo mucho éxito. En 1870 se equiparan las competencias entre maestros de obras y arquitectos, y en 1871 vuelve a cambiarse la ley esta vez a favor de los arquitectos, además de suprimirse los títulos de aparejador y de maestro de obra como cualificación profesional.

El Decreto de 20 de agosto de 1895 *reinstaura* el título de aparejador, aunque como si se tratase de una nueva titulación, disponiendo que los estudios se cursaran en las Escuelas de Artes y Oficios.

Las competencias y atribuciones profesionales se definirán en años sucesivos, no acabándose de fijar hasta 1905, en la R.O. de 5 de enero, en la que se regula el *derecho preferente para ocupar los cargos de Aparejadores de las obras que dirijan los Arquitectos del Gobierno dependientes de los ministerios*, a los aparejadores con título profesional, logro de la Sociedad Central de Aparejadores. El R.D. de 28 de marzo de 1919 fija la *intervención obligada* del aparejador en todas las obras dirigidas por arquitectos del Estado, provincia o municipio, cuyo presupuesto supere las 15.000 pesetas, se establecía también que en las poblaciones donde no exista arquitecto, los aparejadores podrán proyectar y dirigir toda clase de obras cuyo presupuesto no exceda de 10.000 pesetas; este Decreto también alude a las responsabilidades legales de los aparejadores de las obras. En 1924, la R.O. de 11 de Septiembre, establece que los estudios de aparejador se cursen en las escuelas de Arquitectura de Madrid y Barcelona, separándose de la ingeniería industrial, con la que hasta entonces los estudiantes de aparejador habían compartido aulas.

En 1932 la legislación confirma la *intervención obligada* de los aparejadores en las obras así como amplias competencias para proyectar y dirigir obras. Esto produjo la contestación activa de sectores estudiantiles de arquitectura e ingeniería, y en decreto de 9 de mayo de 1934, se vuelven a definir competencias de los aparejadores, entre otras como *perito de materiales*, así como *la intervención obligada en toda obra de nueva planta, de reforma, reparación, ampliación, o demolición que se ejecute por contrata*, amén de otras muchas facultades, que deroga la ley de 26 de junio de 1934. En 1935 un decreto de 31 de mayo considera al aparejador como el técnico constructor de la obra, modificando anteriores facultades aun manteniendo gran amplitud en la misma. Ese mismo año el Decreto de Atribuciones de 16 de junio de 1935, que vuelve a confirmar fundamentalmente al aparejador como perito de materiales, así como la intervención obligada; también se considera necesario que para ejercer de aparejador se necesite el título oficial, también establecía el porcentaje de honorarios que correspondía al aparejador.

En 1940, por Orden del Ministerio de la Gobernación de 9 de mayo, se crean los Colegios Oficiales de Aparejadores, así como la Federación Nacional de Aparejadores que centraliza las actividades colegiales. La obligatoriedad de la colegiación se fija en 1974, de acuerdo con la Ley reguladora de los Profesionales, Ley 2/1974 de 13 de febrero, modificada en 1997 por la ley 7/1997 de 14 de abril, y más tarde por el Real Decreto-Ley 6/2000, de 23 de junio de Medidas Urgentes de Intensificación de la Competencia de Mercados de bienes y servicios.

En 1969, en virtud del decreto 148/1969 de 13 de febrero, la titulación oficial de aparejador se cambia por la de *Arquitecto técnico, especialidad en Ejecución de Obras,* y en 1970 las Escuelas se incorporan a la universidad.

Los ya *arquitectos técnicos*, heredan en 1971, todas las atribuciones de los aparejadores, según el Decreto 265/1971 de 19 de febrero, según el cual de definen exhaustivamente sus competencias. La Ley 12/1986 de 1 de abril, de Atribuciones, añade algunos aspectos significativos a las atribuciones de los arquitectos técnicos, en analogía con los ingenieros técnicos, que ocasionan algunos problemas en cuanto a competencias por este hecho. En este sentido hay que hacer constar que en la *lucha de competencias* de esta época llevaron la antorcha las ingenierías e ingenierías técnicas, no existiendo nunca reivindicaciones propias de los aparejadores, que estuvieron de alguna manera metidos en el mismo saco, no debiendo haber entrado nunca en esto ya que la relación entre ingenierías técnicas e superiores no es la misma que entre arquitectos y aparejadores, y que conste que esto no lo digo como desprecio a ninguna profesión distinta a la de aparejador, sino más bien como aprecio a ésta. La propia LOE en 1999, resuelve en cierto modo algunos puntos oscuros de la anterior disposición, al establecer las obligaciones y responsabilidades de los agentes de la edificación, así como especificar las titulaciones competentes en cada caso.

También se promulgan los decretos en los que se establecían las competencias de los aparejadores en materia de seguridad e higiene y posteriormente en seguridad y salud, el célebre Real Decreto 555/1986, de 21 de febrero, por el que estableció la obligatoriedad de inclusión de un Estudio de Seguridad e Higiene en los proyectos de edificación y obras públicas, modificado por el Real Decreto 84/1990, de 19 de enero, norma aquella que en cierta manera inspiró el contenido de la Directiva 92/57/CEE. De acuerdo con esta legislación, los aparejadores y arquitectos técnicos asumen prácticamente en exclusiva las competencias en materia de seguridad y salud, en el ámbito de las obras de edificación. En lo referente a seguridad y salud no hay que olvidar la posterior legislación: Ley 31/1995 de 8 de noviembre de de Prevención de Riesgos Laborales, el Real Decreto 39/1997 de 17 de enero, Reglamento de los Servicios de Prevención y el Real Decreto 1627/1997 de 24 de octubre, sobre Disposiciones Mínimas de Seguridad y Salud en las en las Obras de Construcción,

En resumen, las competencias profesionales más relevantes en la actualidad son: dirección de la ejecución material de las obras de edificación; control de calidad de las mismas; contratación y organización de obras; mediciones, presupuestos, valoraciones y control de costes en general de las obras; seguridad y salud de las obras en todas sus facetas; redacción de proyectos de rehabilitación, demolición y decoración; redacción de informes, peritaciones y levantamiento de planos, principalmente. En definitiva las competencias de los aparejadores así como sus conocimientos derivados de las enseñanzas de la profesión impartidas en las distintas universidades, hacen que sea esta una profesión tanto con un reconocido prestigio como con un amplio campo de trabajo, no solamente como dirección de obra, sino en el mundo de la empresa constructora; en las empresas relacionadas con la construcción que fabrican productos para la misma; en estudios de arquitectura e ingeniería; en laboratorios de control de calidad; en órganos de la administración nacional, autonómica y local; en organismos de control técnico y de inspección técnica de edificios; en sociedades de tasación, por enumerar los más relevantes. Esto hizo, además del gran crecimiento que el sector de la construcción había experimentado, que en a mediados del año 2003, según las estadísticas de la prensa especializada la profesión que ocupaba en primer lugar en las ofertas de trabajo, es decir, la más solicitada era precisamente la de aparejador.

El aparejador de las obras, pasa a ser según la legislación actual (LOE) el *director de ejecución de la obra*, ya que según el Art. 13.2.a la titulación académica y profesional habilitante que será la de arquitecto técnico en la mayoría de los casos, y es *El agente que, formando parte de la dirección facultativa, asume la función técnica de dirigir la ejecución material de la obra y de controlar cualitativa y cuantitativamente la construcción y calidad de lo edificado* (Art. 13.1), asimismo son sus obligaciones:

—verificar la recepción en obra de los productos de construcción, ordenando la realización de ensayos y pruebas precisas.

—dirigir la ejecución material de la obra comprobando los replanteos, los materiales, la correcta ejecución y disposición de los elementos constructivos, y de las instalaciones, de acuerdo con el proyecto y con las instrucciones del director de obra.

—consignar en el Libro de Órdenes y Asistencias las instrucciones precisas.

—suscribir el acta de replanteo o de comienzo de obra y el certificado final de obra, así como elaborar y suscribir las certificaciones parciales y la liquidación final de las unidades de obra ejecutadas.

—colaborar con los restantes agentes en la elaboración de la documentación de obra ejecutada, aportando los resultados del control realizado (Art. 13.2).

También suele ser labor del aparejador de la obra encargarse de ser Coordinador de Seguridad y Salud. La Disposición adicional cuarta de la LOE, no especifica tanto como el resto del articulado, diciendo que las titulaciones académicas y profesiones habilitantes serán las de arquitecto, arquitecto técnico, ingeniero o ingeniero técnico, de acuerdo con sus competencias y especialidades, siendo una de las competencias de los arquitectos técnicos, ésta, y que habitualmente se desempeña conjuntamente con la de Director de la ejecución de la obra. La labor del Coordinador de Seguridad y Salud, regulada por legislación específica en la materia será desarrollada en el capítulo 10 de este manual.

Como se desprende fácilmente de la LOE, la dirección de obra es una dirección colegiada entre el arquitecto y el aparejador, los que forman la dirección facultativa de la obra. Las competencias y responsabilidades del aparejador, por tanto, complementan o suplen las del arquitecto, pero como de hecho y de derecho no pueden actuar por separado deben formar necesariamente un equipo, colaborando, por consiguiente, estrechamente en la dirección de la obra. La práctica, las especialidades, la costumbre o bien la decisión que entre ambos quieran establecer, claro está sin hacer dejación nunca de los preceptos legales que les obligan a cada uno. Desde el punto de vista del constructor, el director de la ejecución de la obra tendrá un valor similar al del director de la misma, ya que ambos forman parte de una misma entidad, la que hemos llamado dirección facultativa o simplemente la *dirección* de la obra, siendo de aplicación también, por tanto, lo expresado en el apartado correspondiente al arquitecto.

En resumen, las competencias de los arquitectos técnicos actualmente, en función de la legislación aplicable, tal como lo especifica la Escuela de Aparejadores de la Universidad de Sevilla, son las que siguen:

Las atribuciones profesionales que contempla la LOE para los arquitectos técnicos son:

—Proyectar edificios industriales destinados a oficinas para ventas, atención a clientes o similares, al tratarse de una actividad independiente a la industrial y no relacionada con la producción (art. 2.1.b).

—Redactar proyectos de obras de nueva construcción o intervenciones en edificios existentes (art. 2.1.c), y que incluyen entre otros el uso de almacén, comercial, funerario o deportivo y comprendiendo su equipamiento y urbanización.

—Proyectos de obras de nueva construcción de escasa entidad sin carácter residencial y público (2.2.a) y desarrollados en una planta.

—En obras de ampliación, modificación, reforma o rehabilitación en edificios existentes (2.2.b) siempre que se cumplan determinados requisitos.

—Redacción de proyectos parciales en proyectos realizados por otros profesionales, arquitectos o ingenieros, tales como cálculos de estructuras, cálculos de instalaciones de agua, electricidad, aire acondicionado, u otras, mediciones de unidades de obra y su valoración.

Y en concreto, la siguiente relación no exhaustiva de tipologías:

—Proyectos de demolición de cualquier tipología o uso.
—Proyectos de urbanización para implantación de naves almacén, para uso comercial, deportivo o de estacionamiento de vehículos.
—Proyectos de ampliación de urbanización para la implantación de los usos anteriores.
—Proyectos de reparación, refuerzo, consolidación, modificación de urbanización para cualquier uso.
—Proyecto de ampliación, de reparación, de sustitución, de modificación, de rehabilitación de almacén, comercial, deportivo o aparcamientos.
—Proyecto de nueva planta para almacén.
—Proyecto de instalación deportiva para piscina descubierta.
—Proyecto de instalación deportiva para campos de juego grandes o pequeños.
—Proyecto de instalación deportiva para circuitos de atletismo, ciclismo, motociclismo, automovilismo, patinaje, motocross, etc. (sin cubierta y sin fachada exterior).
—Proyecto de instalación deportiva para campo de golf.
—Proyecto de centro comercial en edificación existente y con fachada creada, pudiendo proceder a la ampliación de entreplantas.
—Proyecto de estacionamiento subterráneo para vehículos.
—Proyecto de estacionamiento de una planta sobre rasante sin composición de fachada.
—Proyecto de edificación auxiliar, anexo a residencial u otros usos de una planta (de escasa entidad y sencillez técnica).

—Trasteros
—Vestuarios
—Para instalaciones de la edificación principal.
—Garaje.
—Invernadero.

—Proyecto de refuerzo y consolidación de todo tipo de edificación.
—Proyecto de ampliación de vivienda creando sótano o entreplanta.
—Proyecto de edificio funerario. Nichos. (Siempre que no sea uso religioso o público).

—Proyecto de conservación y mantenimiento de cualquier tipo de edificación.
—Proyectos de mejora de instalaciones: Obra civil, de escalera de salida de emergencia, de las obras necesarias para la instalación de ascensor.
—Proyecto de control de calidad.
—Proyectos de construcciones efímeras. Caseta de ventas, Kioscos, taquillas, etc.
—Excavación y movimiento de tierras.
—Cimentaciones parciales.
—Construcción y consolidación de apoyos.
—Muros de tapial, refuerzo y sustitución.
—Cambio por rotura de cargaderos, cerchas y forjados.
—Sustitución de sillares y vigas.
—Escalera de comunicación interior.
—Cambio de material en fachada.
—Apertura de puertas y ventanas o supresión.
—Cambio de puertas por ventanas y contrario.
—Apertura de huecos en medianerías.
—Escaparates, marquesinas.
—Construcción, sustitución, consolidación. Sustitución por terraza.
—Modificación, sustitución y supresión de tabiquería.
—Instalación eléctrica, fontanería, aire acondicionado, frío industrial, acometida de agua.
—Ampliación vivienda rural (pabellón de nueva planta).
—Incorporación de porche a vivienda.
—Creación de dos viviendas procedentes de desván.
—Adaptación de locales, a oficina bancaria, a bar cafetería (una o más plantas), laboratorio.
—Rehabilitación protegida.
—Proyectos de legalización de todos los anteriores.
—Coordinación de Seguridad y Salud y la redacción del Estudio de Seguridad y Salud en obras de construcción, en todas y cada una de sus distintas modalidades. Sin embargo los ingenieros solo serán habilitados para su especialidad concreta.

Además, el arquitecto técnico tiene atribuciones en trabajos varios tales como:

—Deslindes, mediciones y peritaciones de terrenos, solares y edificios.
—Levantamiento de planos topográficos de fincas, parcelaciones o de población a efectos de trabajos de arquitectura y urbanismo.
—Reconocimientos, consultas, dictámenes, exámenes de documentos títulos, planos, etc. a efectos de certificación objetiva.
—Inspección Técnica de Edificios (ITE).
—Informes sobre el estado físico y utilización de fincas.
—Actuaciones como perito forense, interviniendo en juicios por designación de la Administración de Justicia, con titulación reconocida según convenio entre el Consejo de la Arquitectura Técnica y la Consejería de Justicia.
—Actuaciones como tasador de siniestros.
—Actuaciones como tasador de bienes inmuebles, actuando para sociedades de tasación o en nombre propio.
—Estudio y realización de mediciones y relaciones valoradas.
—Estudios de racionalización, planificación y programación de obras.

—Asesoramiento técnico en la fabricación de materiales, elementos y piezas para la construcción.

—Control y aval de la calidad de materiales, elementos y piezas para la construcción

6.5 Del resto de agentes.

El resto de agentes que forman parte de la edificación, según la LOE son:

—Las entidades y los laboratorios de control de calidad en la edificación (Art. 14)
—Los suministradores de productos (Art. 15) y
—Los propietarios y usuarios (Art. 16).

Así como, por supuesto el Constructor (Art. 11), así como *el jefe de obra que asumirá la representación técnica del constructor en la obra* (Art. 11.2.c). Del constructor y específicamente del jefe de obra, nos ocuparemos en el siguiente capítulo, y se desarrollará en este apartado lo referente a los tres primeros agentes arriba mencionados.

Las entidades y laboratorios de control

Tanto la inclusión de estas entidades y organismos como agentes, suponen que el legislador entiende la importancia y responsabilidad que vienen teniendo, cada vez más los laboratorios en el control de la calidad de la obra. Son entidades de control de calidad de la edificación, aquellas capacitadas para prestar asistencia técnica en la verificación de la calidad del proyecto, de los materiales y de la ejecución de la obra y sus instalaciones de acuerdo son el proyecto y la normativa aplicable (Art. 14.1). Son laboratorios de ensayos aquellos capacitados para prestar asistencia técnica, mediante la realización de ensayos o pruebas de servicio de los materiales sistemas o instalaciones de una obra de edificación (Art. 14.2). Y resumiendo el Art. 14.3, son obligaciones de estas entidades prestar asistencia técnica y justificar su capacidad, en su caso, con acreditación oficial otorgada por la administración.

Los laboratorios realizan el control de calidad de la obra que previamente se ha establecido en el Plan de Ensayos de la misma, que bien puede ser elaborado por la dirección de obra, puede formar parte del proyecto de ejecución, puede ser un documento contractual o bien puede ser propuesto por el constructor y aprobado por la dirección facultativa. Asimismo, el laboratorio de ensayos puede estar contratado directamente por el promotor o por el constructor, esto lo deberá decir el contrato de la obra, y si es por cuenta del constructor normalmente se establece una cantidad que deba ser destinada a este fin.

Elijamos o no al laboratorio, o bien, esté contratado por el constructor o no, lo más importante a tener en cuenta es que el laboratorio, o los técnicos que para el trabajan, no pueden saber en que fase está la obra a no ser que nosotros los avisemos. El jefe de obra debe disponer siempre lo necesario para que ningún ensayo se deje de efectuar, así como no interferir nunca en la toma de muestras o manejo de las mismas o en los resultados de los propios ensayos. No se debe dejar pasar tampoco, ni un momento la noticia de un resultado negativo, lo mejor es informar de inmediato a la dirección facultativa.

Los suministradores de productos.

Estos son los proveedores, o, como dice la LOE: *Se consideran suministradores de productos los fabricantes, almacenistas, importadores o vendedores de productos de construcción* (Art. 15.1). La ley entiende por *producto de construcción* aquel que se fabrica para su incorporación permanente en una obra incluyendo materiales, elementos semielaborados, componentes y obras o parte de las mismas, tanto terminadas o en proceso de ejecución (Art. 15.2). Son obligaciones de los suministradores:

—realizar las entregas de los productos de acuerdo con las especificaciones del pedido, respondiendo de su origen, identidad y calidad, así como del cumplimiento de las exigencias que, en su caso, establezca la normativa técnica aplicable.

—facilitar, cuando proceda, las instrucciones de uso y mantenimiento de los productos suministrados, así como las garantías de calidad correspondientes, para su inclusión en la documentación de obra ejecutada. (Art. 15.3).

Es sin duda un avance, incluir la responsabilidad de los suministradores de productos y materiales a la obra. Estas entidades son de todo tipo: desde grandes empresas multinacionales a pequeños artesanos locales; la responsabilidad y obligaciones están en función de la importancia del producto que fabriquen. Normalmente las empresas con cierta entidad deben conocer sus responsabilidades, no con respecto a la LOE, sino a otras muchas, pero en cualquier caso, aconsejamos que se haga referencia en los contratos de suministro o pedido a este artículo, que como se puede ver, no sólo hace responsables a los fabricantes sino también a los almacenistas, importadores o vendedores, es decir, a los intermediarios. Desde el punto de vista del constructor, esto nos debe servir para saber elegir a nuestros suministradores, y como se ha indicado, hacérselo constar, en cualquier caso.

Los propietarios y usuarios.

Son agentes en cuanto la obra se termina, por tanto no nos afecta sino en el periodo de garantía. La LOE les asigna unas obligaciones, que desde el punto de vista del constructor, no vamos a entrar a valorar. Solo quiero decir en este punto, que los tengamos presentes, que pensemos en ellos cuando hacemos nuestro trabajo, todos somos propietarios o al menos usuarios de edificios, y sabemos lo que significa que todo funcione. Extendamos una política de calidad a nuestro trabajo pensando que va destinado a personas como nosotros.

6.6 De la coordinación durante la obra.

La coordinación de todos los agentes que intervienen en la obra no corresponde precisamente al constructor, como tal, sino más bien al promotor en rasgos generales, pero realmente, durante la fase de ejecución de la obra es función inequívoca del director de obra, es decir del arquitecto. Esto significa, que mirándolo desde la óptica del constructor, o como siempre lo hacemos, desde su representante el jefe de obra, parece que poco podemos hacer en este sentido.

Situémonos en esta posición. En una obra podemos encontrarnos con varias personas que *parece* que tienen poder sobre nosotros: el promotor o su representante o representares, el arquitecto o arquitectos, el aparejador o aparejadores, y otros. El autor de este libro ha sido jefe de obra de alguna obra en que la dirección de obra la componían dos arquitectos, un ingeniero de caminos, un ingeniero industrial y tres aparejadores, además de existir un aparejador representante la propiedad —es decir, ocho personas—. Sin una organización por parte del propio jefe de obra, así como del grupo dirección de obra–promotor, la jornada de trabajo del jefe de obra se puede ir perfectamente entre visitas, llamadas telefónicas, correspondencia o reuniones con todas estas personas. Lo normal es que cualquier profesional entienda que el tiempo del jefe de obra es limitado, como el de cualquier otro, y las relaciones con la dirección facultativa o promotor son solamente una parte de sus tareas, y por tanto, organice un interlocutor por parte de la dirección —a lo sumo dos: uno para los temas técnicos y otro para los temas económicos, por ejemplo—, o al menos uno por cada fase de obra según sus especialidades, o cualquier otro sistema que no *atosigue* al jefe de obra. En cualquier caso, en forma de propuesta debemos hacérselo llegar a la dirección de obra, y estudiar nosotros un modelo de organización, visitas, reuniones, etc., que posibilite una agenda medianamente lógica, al menos en lo que se refiere al trabajo diario sin las extraordinarias contingencias de las que una obra no suele carecer.

Lógicamente, el equipo de obra del constructor debe estar dimensionado en consonancia con la obra, y, por tanto, ante una obra con una dirección facultativa numerosa y multidisciplinar, el equipo de obra también debe serlo, si las competencias de los técnicos de la dirección son específicas, también pueden serlo las de los técnicos de la empresa constructora, con lo cual se pueden establecer relaciones cruzadas entre ellos de forma que no pasen siempre por el jefe de obra, salvo en la toma de decisiones cruciales.

Como decimos, al jefe de obra, no le toca otra cosa que proponer los sistemas que más le puedan convenir, así como las fechas y horarios de la reuniones y visitas, pero siempre tendrá que someterlo a la aprobación de la dirección facultativa, o propiedad.

Una vez que las reuniones se hayan establecido, es conveniente:

—tener los *temas preparados*, las listas de consultas, las muestras o proposiciones sobre las que la dirección debe pronunciarse. En este sentido puede ser interesante enviar un adelanto de la lista de asuntos a tratar a la dirección o sus representantes

—tomar nota, si es posible en un acta que contenga los acuerdos, decisiones y demás temas que se traten en la reunión.

Debemos pensar, también si somos jefes de obra, que salvo casos excepcionales, nuestra labor se centra en una sola obra, así como la de los técnicos de la dirección suele repartirse en más obras, y por tanto, nosotros disponemos de más tiempo para dedicarnos a los asuntos de la obra. En algunos casos extremos, la persona que toma las decisiones visita la obra esporádicamente y si no decide en una visita hay que esperar a la siguiente. Por esto, es una buena práctica tener todos los temas preparados, y junto a una pregunta haber pensado siempre una lista de posibles respuestas. Es mejor preguntar: *"Para solucionar el problema A, caben las posibilidades 1, 2 y 3, ¿cuál le parece más apropiada?"*, que "*Tenemos el problema A, ¿cuál es la solución*?". La experiencia y el conocimiento de la dirección de obra nos irán marcando el camino a seguir según los criterios tomados en decisiones anteriores. El jefe de obra, pues, debe adelantarse siempre a los acontecimientos y decisiones.

Algunos jefes de obra, piensan que por que la obra se desarrolla en el terreno de su ámbito diario de trabajo, son de alguna manera *anfitriones* de las visitas de la dirección de obra. Esto no es así, fuera de los puros límites de la cortesía, ya que realmente el director de obra, y en su defecto el director de la ejecución de la obra, son los que tienen la autoridad total en el recinto de la obra, por encima incluso del promotor. El jefe de obra debe tener siempre presente en todo lo que se refiera a las relaciones con las personas que forman parte de la dirección facultativa y los representantes del promotor, si los hubiere, que las órdenes las debe recibir, de la dirección de obra. Si en algún momento recibe una indicación directa del promotor, aconsejo que la comunique a la dirección de obra, sin que esto suponga *hacer de menos* a nadie. Las órdenes e indicaciones de la dirección de obra debe cumplirlas con el mayor rigor posible, en todo momento. La experiencia nos dará el punto exacto del trato y de las relaciones. Todo lo que se dice aquí con referencia a la dirección de la obra, es extensible al Coordinador de Seguridad y Salud en la fase de ejecución, quien a todos los efectos, entenderemos que forma parte de la dirección facultativa.

En cuanto al resto de agentes que existan durante la obra, como son los laboratorios y los suministradores, entiendo suficientes las referencias en el resto de capítulos del presente manual; con respecto a los usuarios o propietarios, además de reiterar lo dicho en el apartado 6.5, y en este sentido añadiré solamente algunas líneas.

Los laboratorios, podrán estar contratados por el promotor directamente, o bien por el constructor. Esto, sin duda estará reflejado en el contrato, así como el importe o porcentaje del presupuesto que habrá que destinar a este concepto. En ambos casos la labor del constructor, será la de preocuparse de, siguiendo el plan de control de calidad de la obra, avisar al laboratorio para que tome las muestras correspondientes de los materiales. Especialmente importantes son las muestras de hormigones, ya que han de tomarse en el momento de hormigonar.

Acerca de los propietarios y usuarios, sólo añadiré que en muy raras ocasiones el constructor tendrá que tener relación profesional durante la obra con ellos, y si lo hace será por delegación del promotor, con lo cual solamente deberá tener el respeto y la cortesía que se merecen. Puede, en algunos casos que el usuario o propietario sea el mismo promotor de la obra, con lo cual será de aplicación lo expresado para este agente.

7. ORGANIZACIÓN DEL EQUIPO DE SUPERVISIÓN DE LA OBRA

> Mientras los hombres trabajaban, Bálder se sentó a su mesa y repasó sus planos, los que había hecho dos días antes y apenas había retocado en la jornada anterior. Confrontó las formas ideales que su cerebro y su mano habían llevado al papel con el espacio real al que tenía que adaptarlas.
>
> *(Lorenzo Silva: "La sustancia Interior")*

7.1 De los sistemas de organización

EN CUALQUIER GRUPO HUMANO, bien de forma premeditada o bien de forma espontánea, existe, en el grado que sea una organización. En un grupo o sociedad, pues, de cualquier tipo que persiga uno o varios objetivos, la organización estará enfocada a la consecución de este o estos objetivos. La *organización* de una sociedad es la disposición ordenada de las funciones o tareas, la asignación de estas tareas a los individuos, de las relaciones entre los individuos o grupos de ellos así como el establecimiento de las responsabilidades y jerarquías.

Tan esencial es la organización en cualquier agrupación que la palabra *organización* sirve tanto para definir el sistema estructural o funcional de una entidad, como a la entidad misma. Las teorías de la organización, tanto en el campo social como en el campo empresarial son múltiples y complejas, y varían según el enfoque o el objetivo desde el cual se estructuren. Los sistemas van desde los fundamentos de la pura jerarquía hasta los de la funcionalidad, de la burocracia a la *adhocracia*, de la *mano invisible* esmitiana, a las teorías del equilibrio, que propugnan sistemas para procurar las condiciones de que las personas que integran una organización tiendan a continuar su participación así como a asegurar la propia supervivencia de la organización.

Dentro del campo de la organización de las empresas, o de cualquier otra asociación de personas (como pueden ser clubes, sindicatos, corporaciones, colegios, comunidades, etc.), la organización es el elemento diseñado para coordinar los esfuerzos de los componentes, en la consecución de las metas que se pretendan. La organización estará estructurada deliberadamente para dividir el trabajo y asignar las partes procedentes de esta división a los miembros del grupo. En una empresa, la imagen de su organización, en la que se establece la división de sus equipos humanos, sus departamentos, la figura de los responsables en cada grado, las líneas de mando y responsabilidad y las funciones de cada individuo dentro de la organización general, es lo que se conoce como *organigrama* de la empresa.

La organización de una empresa pretende también estructurar y agrupar todos los recursos de la misma en aras como siempre de alcanzar los objetivos fijados. Siendo de todos los recursos de una empresa, el más importante el humano, la organización debe incidir plenamente en ordenar y administrar conveniente este recurso. La organización determina como se agrupan las personas de una empresa para realizar las tareas en equipo o labores comunitarias, así como establece la mejor manera de interrelacionar las tareas individuales, siendo como ya se ha señalado, en este sentido, uno de los objetivos primordiales de la organización, la coordinación.

En resumen, los procesos de la organización en base a los cuales se estructura son:

—la división del trabajo en tareas
—la ordenación y clasificación de la tareas
—la asignación de cada tarea a los individuos
—la asignación de recursos
—la coordinación de los esfuerzos
—el establecimiento de responsabilidades

La organización empresarial

Llamaremos organización empresarial al conjunto de principios de organización y de normas de procedimiento que tienen por objeto estructurar la vida de las empresas, en la forma adecuada, para lograr los fines establecidos.

Las raíces de la organización de la empresa, hay que buscarlas, a principios del siglo XX, y se deben, como otros muchos avances en este campo a Frederick Taylor. Aunque en los siglos XVII y XIX encontremos algunos antecedentes, fue verdaderamente Taylor quien aplicó las primeras teorías importantes en la organización del trabajo. En primer lugar se pretendió establecer, de forma lógica y positiva, la ordenación de los cargos laborales entre los empleados de la empresa, como premisa de una eficaz gestión empresarial; más tarde, en función de los resultados obtenidos al aplicar los métodos de Taylor, y a causa del incesante estímulo provocado por el rapidísimo desarrollo de las empresas, se pasó del examen de las operaciones productivas al de las administrativas, abarcando progresivamente todas las facetas de la empresa.

Las aportaciones hechas a la organización empresarial en Europa no son en absoluto desdeñables. A medida que se conocían las teorías americanas se iban aplicando aquí, siendo de gran importancia la aportación en este campo del ingeniero de minas francés Henri Fayol (1841-1925), quien trabajo prácticamente toda su vida en la empresa Commentry-Fourchambault et Decazeville, de la que llegó a ser director general. Fayol orientó la investigación de la racionalización del trabajo a los órganos administrativos al establecer unas reglas aplicables a cualquier procedimiento de administración o dirección de empresas. En 1914 publicó *Administración industrial y general*, y es considerado el fundador de la escuela clásica de administración, fue el primero en sistematizar el comportamiento gerencial y estableció los catorce principios de la administración:

1. *Subordinación de intereses particulares:* Los intereses de la empresa están por encima de los intereses de los empleados.
2. *Unidad de Mando:* Un trabajador solamente recibirá órdenes de un superior, en cualquier tipo de trabajo que se realice.
3. *Unidad de Dirección:* Un solo jefe y un solo plan para todo grupo de actividades que tengan un solo objetivo. Esta es la condición esencial para lograr la unidad de acción, coordinación de esfuerzos y enfoque. La unidad de mando no puede darse sin la unidad de dirección, pero no se deriva de esta.
4. *Centralización:* La autoridad y el poder de la empresa estarán ostentados por los cargos de alto rango de la misma.
5. *Jerarquía:* La jerarquía es el orden que establece quien es el superior de cada cargo, así como a quien o a quienes este dirige. La cadena de jefes va desde la máxima autoridad a los niveles inferiores y la raíz de todas las comunicaciones van a parar a la máxima autoridad.
6. *División del trabajo:* El personal deberá especializarse en el trabajo, y las tareas deberán ser clasificadas según estas especializaciones para ser asignadas a cada especialista.
7. *Autoridad y responsabilidad:* La autoridad es la capacidad de dar órdenes y esperar obediencia de los demás, la responsabilidad es la obligación de responder ante los superiores del trabajo o area asignada, así como de los errores, la autoridad genera responsabilidad, y la responsabilidad debe llevar unida autoridad.
8. *Disciplina:* Los trabajadores deben mantener la observancia de las reglas y de los procedimientos de la empresa.
9. *Remuneración personal:* Se debe tener una satisfacción justa y garantizada para los empleados.
10. *Orden:* Todo debe estar debidamente puesto en su lugar y en su sitio, este orden es tanto material como humano.

11. *Equidad:* Justicia y ecuanimidad en el trato, lo que redundará en una mejor respuesta del personal.
12. *Estabilidad y duración del personal en un cargo:* Se deben establecer periodos mínimos de permanencia del personal en los puestos o cargos, ya que desarrollar una labor requiere tiempo de adaptación, y una vez pasado éste los rendimientos aumentan.
13. *Iniciativa:* Tiene que ver con la capacidad de visualizar un plan a seguir y poder asegurar el éxito de éste.
14. *Espíritu de equipo:* Hacer sentir al personal que forma parte de un equipo, y que el éxito de la empresa es el éxito de todos.

En la actualidad la organización de las empresas desde el punto de vista de la dirección o administración de las mismas utiliza ampliamente conceptos y principios muy definidos, la ciencia de la administración de empresas pretende ofrecer una amplia gama de posibilidades que se adecuen a la cambiante realidad de los diferentes sectores económicos.

Los sistemas de organización

Atendiendo a los diferentes elementos que tienen los sistemas que se aplican en organización, consistentes en su estructura, las líneas de mando y responsabilidad, las interrelaciones entre estamentos, las comunicaciones y otros, podemos establecer tres tipos fundamentales de organización: la organización lineal, la organización funcional y la organización mixta.

La *organización lineal* es la estructura orgánica más simple y antigua, también llamada militar porque es la organización clásica del ejército, así como por ejemplo la de la iglesia Católica. En estos sistemas las líneas de autoridad parten de un punto único de mando, ramificándose desde éste hacia abajo hasta llegar a los operarios. En esta organización sólo se tiene una dependencia de mando, pudiendo tener varios subordinados, aunque éstos sólo deben subordinación a aquél. No existen relaciones de dependencia o responsabilidad horizontal, solamente en sentido ascendente o descendente. Es ésta una organización sencilla, piramidal y jerarquizada, cada jefe recibe y transmite todo lo que sucede en su área, y las líneas de comunicación se establecen de forma rígida. Este sistema tiene como única ventaja la claridad en la transmisión de órdenes, en la cadena de mando y en la responsabilidad (como se aprecia, conceptos todos de tipo *militar*), contando con los grandes inconvenientes de su nula flexibilidad en cuanto a adaptación a distintos tipos de procesos productivos, el aislamiento de los individuos con respecto al resto de la organización y la lentitud en las comunicaciones, así como en los procesos.

La *organización funcional* es aquella que se basa en el principio funcional o principio de la especialización de las funciones para cada tarea. Este sistema fue estudiado, desarrollado y aplicado por el ingeniero americano James D. Mooney (1884-1957), directivo de la General Motors Corporation, quien concibió la idea de que la organización empleada por todos los grandes administradores era la misma, y procedió a probarlo. Lo que obtuvo fue un concepto de organización basado en procesos estructurados, definiciones funcionales de puestos y coordinación básica. Mooney descubrió que estos principios se aplicaban ya en algunas organizaciones antiguas, y enunció que la organización es *"la forma de toda asociación humana para la realización de un fin común"*, entendiendo que lo más importante en la teoría de la organización es la correlación entra las actividades o funciones, así como la coordinación completa de la estructura organizativa, en contraposición con Fayol, quien centró sus teorías solamente en el establecimiento de la estructura y de la forma, siendo en definitiva, estática y limitada. Taylor también llegó a aplicar la organización funcional preocupado por las dificultades que producía que los jefes de producción de la siderúrgica Midvalle Steel Co., tuviesen un gran número de atribuciones, optando por la supervisión funcional. La organización basada en las interrelaciones funcionales, es ágil y versátil en sus planteamientos, aunque de alguna manera diluye las responsabilidades y la autoridad, que en ciertamente, son las más de las veces necesarias en la organización de una empresa.

Existe, como combinación lógica de los sistemas jerárquico y funcional y como adaptación a las necesidades particulares un sistema de organización mixta, al que nos referiremos como *organización adhocrática*, en el cual se establecen relaciones de jerarquía en las líneas de ejecución o producción, y relaciones funcionales con los estamentos y órganos de asesoría, apoyo o consultoría, denominados genéricamente con el término inglés *"staff"*, manteniendo las relaciones que se estimen necesarias entre todos los departamentos. La adhocracia es lo contrario a la burocracia, y el modelo de organización adhocrática responde a empresas que trabajan en entornos dinámicos con sistemas técnicos sofisticados y con procesos intermitentes, por pedido o por proyecto —como las empresas constructoras—. En este sistema existen pues, no solamente las relaciones verticales o lineales, características de la organización jerárquica, sino que también existen las relaciones horizontales o cruzadas. Este sistema es el que, en cualquiera de sus múltiples variantes existe en las organizaciones empresariales modernas, y comporta las ventajas de la organización lineal, en cuanto a que se mantienen los principios de autoridad y responsabilidad, necesarios, y la flexibilidad de la comunicación entre departamentos. No se pierde en concepto de *jefe*, pero este jefe no es que lo tiene que saber todo, explicar todo, trasmitir todo y exigir todo a sus subordinados, ya que para esto están los departamentos auxiliares. Existen en esta organización los conceptos de dependencia jerárquica, es decir *"qué hay que hacer"* y dependencia funcional o *"cómo hay que hacerlo"*.

Tipos de organigramas

Decimos que el organigrama es la imagen de la organización de la empresa. El organigrama es la representación o concreción de la estructura organizativa de una empresa, utilizando en gran parte la representación gráfica, aunque no solamente ésta. En un organigrama deben aparecer de forma clara los siguientes conceptos organizativos de la empresa:

1. La estructura jerárquica de la empresa, con la definición de los estamentos y niveles de la misma.
2. Los órganos, divisiones o departamentos de la organización.

3. Las relaciones que unen los distintitos de departamentos, ya sean relaciones de jerarquía o de comunicación o funcionalidad.
4. Los cargos responsables de cada departamento (en algunos casos con los nombres propios de las personas que los ocupan).
5. Las funciones y responsabilidades de cada cargo y departamento.

Los organigramas fueron utilizados por primera vez en 1850 por el escocés Daniel C. McCallum (1815-1878), quien inmigró con su familia siendo un muchacho a EE.UU., y dónde se hizo arquitecto y constructor, llegando a ser director general de la empresa Erie Railroad de ferrocarriles, y en 1862 director de los ferrocarriles militares de EE.UU., con rango de coronel de *staff*. McCallum utilizó los organigramas para reflejar la estructura de una organización compleja, como es la construcción de las líneas de ferrocarril. Los organigramas suelen resumirse en su representación gráfica, éste debe permitir una visualización clara y precisa de la estructura de la organización, representando normalmente en un diagrama de flujo, en el que los nodos son los puestos o departamentos y las flechas las relaciones entre ellos. Estas relaciones pueden ser, como hemos visto, en relación con los tipos de organización, a su vez de tres clases: jerárquica, funcional o de *staff*.

Las *relaciones jerárquicas* son las sencillas que se establecen en un departamento o cargo de rango superior a otro, establecen la autoridad del superior al subordinado, así como la que responsabilidad de las tareas realizadas por el subordinado se tiene con respecto al superior. Estas relaciones serán siempre únicas. Las *relaciones funcionales* expresan la misma correspondencia, pero con respecto a los aspectos *funcionales* de las tareas ya explicadas, y en el área específica de que se trate, pudiendo existir la posibilidad de recibir órdenes directas de éstos departamentos, pero exclusivamente en lo que se refiere al desarrollo formal de la actividad o función. Estas relaciones pueden ser múltiples ya que pueden existir diferentes áreas de influencia con relación a un mismo trabajo. Las *líneas de asesoría* o de staff, son ligaduras que establecen relación de un determinado departamento con otro de asesoría exclusivamente. Los departamentos de staff o asesoría sólo tienen relación con el departamento, normalmente de estamentos altos de la organización, con el que se relaciona, no teniendo autoridad de ningún tipo, por importante que sea el cargo, sobre el resto de la organización.

La simbología con que se constituyen los organigramas, en cuanto a su representación gráfica, ya se ha expresado que suelen ser en forma diagrama en el que se representan en rectángulos (cuadrados, círculos, etc.) los cargos o departamentos, unidos por líneas que indican las relaciones explicadas. La representación clásica representa a los cargos directivos en la parte superior del esquema, con relaciones descendentes de autoridad hasta llegar a la parte inferior en la que se representan los estamentos inferiores de la empresa. Aunque encontramos otros tipos de representación de las organizaciones, tales como diagramas circulares en los que se sitúan en el centro el órgano más elevado de la organización y los inferiores en la periferia, o incluso diagramas de barras con expresión de la autoridad por medio de la longitud de las mismas, la representación del organigrama en la forma clásica de *árbol*, con las ramificaciones hacia abajo, es la mas aceptada, la más clara y la que se considera ya como lenguaje universal de los organigramas, aceptada y comprendida por todo el mundo. Estos organigramas, sobre todo en los puestos superiores suelen incluir los nombres de las personas que ostentan los cargos incluso sus fotografías. En EE.UU. y otros países, es muy habitual encontrarnos con el organigrama de la empresa, o del departamento en una zona de las instalaciones u oficinas visible al público, incluyendo los nombres incluso las fotografías de las personas que allí trabajan. Se considera una información que la empresa debe proporcionar a terceras personas, y realmente en algunos casos, es de gran ayuda para alguien que tenga relación con tal empresa.

Las tendencias modernas en cuanto a la organización de empresas es a la desburocratización, lo que denominan los economistas americanos Keuning y Opheij, la desestratificación (*"delayering"*, en inglés, un idioma, dicho sea de paso, más "benévolo" para admitir neologismos en su seno que el nuestro) de los organigramas directivos. Asimismo, numerosos estudios en grandes empresas entre ellas la americana Douglas Aircraft Company y la europea Asea Brown Boveri, han demostrado que las estructuras de las empresas menos jerarquizadas ofrecen ventajas sobre las fuertemente jerarquizadas. Estas y otras grandes empresas se ven obligadas a reducir los escalones o *estratos* en sus cuadros directivos que han crecido por fusiones entre empresas, adquisiciones o alianzas estratégicas, y que manteniendo los esquemas de numerosos directivos observan como sus costes de desarrollo son desproporcionadas. Las empresas poco jerarquizadas presentan ventajas sobre todo en un mayor alcance del control, en el número de grupos de trabajo o de proyectos específicos que se puede crear, en una mejor delegación y en una mejor coordinación.

La organización formal y la organización informal.

Siguiendo el esquema establecido, definimos la *organización formal* u organización oficial, aquella que se estructura deliberadamente desde la dirección de la empresa, que se basa en una división racional del trabajo, que define y clasifica las partes de la empresa y las funciones de los individuos. Es la organización propiamente dicha de la empresa, y es la que se refleja en el organigrama de la misma, es la que la dirección o gerencia de la empresa aprueba y es comunicada a todos los estamentos de la misma, siendo de alguna manera un reglamento de régimen interno.

En una organización formal las tareas están bien definidas, y cada una de ellas lleva su particular cuota de responsabilidad, de obligaciones y también de autoridad, debiendo estar perfectamente detallada en todos sus aspectos. La organización formal de una empresa es uno de los elementos más importantes que posibilita el conocimiento de sus objetivos, trazando el camino de su consecución. La información que todos los miembros de una sociedad deben tener de su organización, permite un correcto ejercicio de sus funciones. La organización es también fundamental para pronosticar la proyección de futuro de la empresa.

Pero existe también en toda empresa lo que podemos definir como una *organización informal* o espontánea, que nace de los propios individuos cuando forman un grupo y es la que explica determinado comportamientos individuales o colectivos en el trabajo.

Las primeras teorías hay que buscarlas en el psicólogo y sociólogo americano de origen australiano George Elton Mayo (1880-1949), profesor de la universidades americanas de, Queensland, Pensilvania y Harvard. Con el fin de establecer y explicar la relación entre la satisfacción de los trabajadores y la productividad, realizó numerosos estudios e investigaciones en la empresa Western Electric's Hawthorne Works de Chicago, llegando a conclusiones como que *"los obreros se sienten menos satisfechos cuando la empresa crece, y por tanto, es más distante e impersonal"*, que reflejó en su libro *"Los problemas humanos de una civilización industrial"* (1933). Sus teorías, base de la psicología industrial, sugerían comportamientos de los directivos en función a organizar los lugares de trabajo de la empresa de forma que el obrero pudiese sentirse aceptado y comprometido con un pequeño grupo, para aumentar la productividad. Aunque los objetivos de Mayo iban en consonancia con los de cualquier empresa, al tiempo que podía mejorar las condiciones de trabajo de los obreros, sus teorías fueron siempre acogidas con escepticismo por parte de los empresarios, e incluso recibió críticas por ellas. No obstante, el libro que publicó con las conclusiones de sus estudios en la Hawthorne, *"Dirección y clase obrera"(*1939), en colaboración con sus colegas Fritz J. Roethlisberger (1898-1974) y William J. Dickson, sentó las bases para el desarrollo de las ulteriores teorías acerca de la sociología aplicada a la empresa y de la psicología industrial, a partir de la Segunda Guerra Mundial en EE.UU., que se han manifestado eficaces en la mejora de la productividad y la motivación de los trabajadores. De las experiencias en Hawthorne se puso de manifiesto lo inadecuado que a veces resultaban los principios de la *dirección científica* de Taylor, al establecer que la productividad de las empresas, más que de las condiciones físicas y ambientales, la remuneración y otros factores del taylorismo, dependía también de las relaciones informales y de los grupos sociales que se forman en toda organización. Además de las reglas o normas de la empresa, de estas experiencias se dedujeron algunas reglas *no menos importantes* y que en alguna medida, todos los trabajadores siguen, en todas las organizaciones están mal vistos los *reventadores* —obreros que trabajan en exceso—, los *esquiroles* —obreros que sustituyen a los huelguistas—, los *escaqueadores* —obreros que trabajan demasiado poco— o los *chivatos* —obreros que dan información a los jefes que perjudica a los compañeros–. Todas estas definiciones no las encontraremos en ningún manual de empresa, ni en ningún organigrama, pero son actitudes que se respetan universalmente en el mundo del trabajo.

Es importante, al menos conocer, los patrones del comportamiento de los individuos en las empresas y sus relaciones, que por supuesto no aparecen en ningún organigrama. Estos patrones, que se desarrollan sin embargo partiendo de la organización propiamente dicha de la empresa, adoptan diversas formas, contenidos y duración, y son determinantes para el funcionamiento de la empresa, puesto que derivan de las propias necesidades del individuo como ser humano, y, aún siendo imposible su tabulación *a priori*, influyen notablemente en el desarrollo de la actividad laboral. La organización informal es la que se crea por causa de factores como el rechazo o antagonismo entre individuos; o bien por el contrario la simpatía o la afinidad; tienen que ver también con los diversos status personales, con la colaboración espontánea y otros que algunas veces pueden llegar a suponer una oposición a la propia organización oficial de la empresa, trascendiendo a ésta. En cualquier empresa pueden aparecer grupos o relaciones informales, cuya formación obedece habitualmente a factores como los intereses particulares y comunes de los miembros de la empresa, las interacciones y contactos que provoca la propia organización oficial y el funcionamiento de la empresa, la fluctuación o movimiento del personal dentro de la empresa o los periodos de descanso.

Diremos, como resumen, que la organización de grupos informales en una empresa presenta algunos *beneficios*, como son la utilidad de los canales de comunicación que se crean y el facilitar el el establecimiento de contactos, en base a esto se afrontan positivamente los requerimientos de determinadas tareas, como se ha dicho. A veces facilitan las tareas de mando, y hasta las suplen. Son una contestación necesaria y positiva al *Poder* de la organización. Promueven cooperación entre departamentos, proporcionan estabilidad a los grupos de trabajo y consolidad en sistema. Su contribución a la organización formal puede resultar decisiva para la realización de ciertos trabajos, el incremento de la productividad, el aumento de la satisfacción de los sujetos la reducción de la rotación del personal y el desarrollo de una organización innovadora y más eficiente.

Y también que presenta algunos inconvenientes, como, *grosso modo*, promover rumores indeseables, promover algunas veces actitudes negativas en el personal, así como conflictos interpersonales. Algunos grupos pueden rechazar a algunos miembros, reduciendo la motivación en su trabajo. También facilitan el conformismo y promueven una cierta resistencia a los cambios.

No son triviales las críticas a las teorías sobre la organización empresarial moderna y la burocracia, sobre todo en grandes organizaciones jerarquizadas, que han hecho autores como el profesor y escritor canadiense Laurence J. Peter (1919-1990) y que público en su obra *El Principio de Peter* (*"The Peter Principle"*) (1969), llena de aforismos tan conocidos como *"Todo el mundo asciende hasta su nivel de incompetencia"*, o *"Un economista es el experto que sabrá mañana porqué las cosas que predijo ayer no ocurren hoy"*, y que hacen cambiar fundamentalmente el punto de vista del análisis clásico (*"La competencia, como la verdad, la belleza o las lentillas, están en el ojo del espectador")*, que a veces se unen a las mucho más frívolas y conocidas *Leyes de Murphy*, suscitadas a partir de una sencilla y no intencionada frase de desahogo, pronunciada en 1949 por el ingeniero militar americano Edward A. Murphy, tras un intennto fallido en una de las pruebas que realizaba en la base Edwards del ejército del aire de EE.UU. en California ("*If something can go wrong, it will": *"si algo puede ir mal, irá mal"), y que se encargó de fomentar el project manager de la Northorp Company, George E. Nichols. Estos puntos de vista, al margen del hieratismo aparente que siempre tienen los conceptos empresariales, si se manejan en su contexto, son tan interesantes a veces como los ortodoxos.

Por último, y para ilustrar lo que han cambiado tanto las condiciones de trabajo, como los criterios de organización empresarial, incluyo aquí ocho normas para empleados administrativos del año 1872. La mayoría de los estudios sobre la situación de los trabajadores se refieren a obreros industriales o textiles, no dándoles mucha importancia a los empleados administrativos, según estas normas, que los dueños y gerentes de las empresas pensaban y escribían, y que no son ni mucho menos producto de la invención ni siquiera de la exageración, al contrario, eran muy frecuentes en las oficinas de la época. En las siguientes reglas hay algunas que son auténticas perlas cultivadas, y merece la pena leerlas con la mayor atención:

I

Los empleados deberán todos los días llenar las lámparas, limpiar las chimeneas y recortar las mechas. Una vez a la semana lavarán las ventanas.

II

Cada empleado deberá traer un cubo de agua y una medida de carbón para el trabajo del día.

III

Los empleados deberán hacerse sus plumas cuidadosamente, pudiendo afilar las puntas a gusto de cada uno.

IV

Los empleados varones dispondrán de una tarde libre a la semana para salir con sus prometidas, o de dos si frecuentan regularmente la iglesia.

V

Cumplidas trece horas de trabajo en la oficina, el empleado debe dedicar el resto del tiempo a la lectura de la Biblia y otros libros recomendables.

VI

Cada empleado deberá ahorrar una suma apropiada de su paga diaria para sus años de retiro, con el fin de no ser una carga para la sociedad.

VII

Todo empleado que fume puros españoles, tome bebidas alcohólicas, frecuente las casas de apuestas y las tabernas o se afeite en una barbería estará dando sólidas razones para que se sospeche de su valor, intenciones, integridad y honradez.

VIII

El empleado que haya realizado su trabajo fielmente y sin falta durante cinco años, recibirá un aumento salarial de cinco centavos por día, siempre y cuando los beneficios de la empresa lo permitan.

Según la información aparecida en el diario Sunday Herald de Boston, Massachussets, en su edición del 5 de octubre de 1958, cuando publicó estas normas, y la noticia de cómo habían sido descubiertas por un jefe administrativo de la ciudad mientras estaba ordenando y limpiando unos antiguos archivos de la empresa en que trabajaba, ya que ésta trasladaba su sede, inmediatamente quiso enseñárselas a sus empleados, pero... ¡estos estaban tomando uno de tantos cafés del día!

7.2 Del organigrama de la obra.

La organización de la obra en cuanto al personal de supervisión debe estar marcado por el propio jefe de obra, cuando éste sea suficientemente numeroso, aunque hoy día los equipo de obra son cada vez mas exiguos. Denomino aquí como personal de supervisión de una obra, al personal técnico y administrativo que por parte de la empresa constructora está adscrito a la obra y que tiene tareas de responsabilidad en ella. Estos son: el jefe de obra, el jefe de producción o los jefes de producción, el encargado que puede ser encargado general teniendo a su cargo otros encargados, el personal administrativo, jefe o responsable administrativo y auxiliar o auxiliares administrativos o almaceneros, y otros técnicos tales como topógrafos, técnicos específicos de una parte de la obra como instalaciones o estructuras especiales. Es evidente que el esquema no es cerrado, y normalmente cuando existan grandes organizaciones de personal de supervisión en una obra, nos encontraremos ante una gran empresa constructora, donde es de prever que todo esté perfectamente organizado desde sus propios procedimientos.

Normalmente, sin embargo nos encontraremos ante el sencillo esquema jefe de obra—encargado, con alguna colaboración de un administrativo, que en sí misma es ya una organización y como tal hay que conocerla, definirla y respetarla con el objeto de que cumpla la función para la que fue creada, ya que tanto si nos encontramos en una organización compleja como en una sencilla, los principios de la organización (división del trabajo, asignación de tareas, definición de autoridad y responsabilidades, etc.) hay que tenerlos en cuenta. Es de suponer que cualquier profesional (jefe de obra, encargado, administrativo), conoce sus funciones y sus responsabilidades, no obstante: en primer lugar, esto no siempre sucede, ya que todo el mundo no tiene la misma formación, la misma educación en cuanto a la trayectoria profesional, la misma experiencia ni los mismos conceptos organizativos; y en segundo lugar, ni todas las empresas ni todas las obras son iguales. Por tanto, tenga el tamaño que tenga el equipo de obra, el jefe de obra, como máximo responsable de éste, debe asegurarse de que todos sus hombres conocen el organigrama de la obra, así como sus funciones y responsabilidades, que se describirán más adelante en el apartado correspondiente.

Lo que en este capítulo defino, en cuanto al personal de supervisión o equipo de obra, no tiene el rigor sino de la ordenación del mismo, cada empresa e incluso cada profesional podrá tener su propio sistema, cambiar los nombres de los cargos, incluir en el equipo de obra otros estamentos que crea conveniente (capataces, contramaestres u otros). Lo que aquí (y por supuesto en toda el presente manual) se vierte, ni que decir tiene que no es sino la opinión del autor, refrendada por lo que es habitual en el campo de las empresas constructoras españolas. Mas allá, dogmatizar, está en las antípodas de mi intención, muy en particular aquí, y así deben entenderse los enunciados, como simples propuestas.

Se debe en cualquier caso, organizar la obra como una organización mixta, es decir, se debe definir una línea jerárquica que llamaremos línea de producción y otra con las características de staff. La línea de producción será esta: jefe de obra—jefe de producción—encargado, siguiendo al encargado los capataces, oficiales de replanteo y el resto del personal obrero. No quiero decir que esta línea sea la más importante, ya que se suele tender a pensar que así lo es. Como en toda organización, tiene la importancia del la parte de trabajo que desarrolla en función de la división que se efectúa al desarrollar la organización. En el caso de una obra de mayores dimensiones puede dividirse en dos, bien desde la jefatura de obra: dos o más jefes de producción, bien desde la jefatura de producción: dos o más encargados. No es recomendable nunca que en la línea de producción tenga otra estructura que la jerárquica, nunca en ella deben existir relaciones cruzadas, que si se establecerán fuera de esta línea del organigrama, con otros departamentos.

De la cabeza del organigrama deben partir otra de jerarquía con el departamento administrativo: jefe de obra—jefe administrativo—auxiliares. Si existen un departamento administrativo complejo, debe estar definido en cuanto sus funciones y organigrama, entendiendo que esta labor la debe realizar el jefe administrativo, pero nunca al margen del jefe de obra. Sirva esta descripción del departamento administrativo para incluir en el organigrama otros departamentos que *cuelguen* de la jefatura de obra como pudiera ser un departamento de control de costes o control económico, un departamento de oficina técnica, o un departamento de topografía. Ni el departamento administrativo, ni estos otros son puramente staff, ya que deben tener relaciones de jerarquía funcional con la línea de producción, y esto lo veremos cuando analicemos las funciones de cada puesto o departamento de obra.

En resumen, construyendo una línea fundamental, con expresión vertical y jerárquica, denominada línea de producción, vertebraremos alrededor, según nuestras propias ideas, necesidades de la obra, características de los profesionales asignados, etc., el resto de departamentos que corresponda.

Quiero finalizar este apartado, repitiendo una vez más la expresión *línea de producción*, y aunque aquí lo escriba, he evitado en todo momento decir *equipo de producción*, como habitualmente se tiende a decir. No estoy en contra de la expresión desde luego, que es correcta, pero estoy mucho más a favor de considerar equipo a todo el personal de supervisión de la obra, es más, a todo el personal de la obra. Por tanto, al igual que en un equipo de fútbol nunca se dice el *equipo de la defensa* o el *equipo de la delantera,* ya que se entiende que la palabra *equipo,* es exclusiva del conjunto, entendamos que el equipo de la obra es el conjunto, y ningún segmento ni ninguna persona o puesto debe formar *equipo* aparte, ni ninguna debe ser más importante que otra. A pesar de lo que voy a decir a continuación.

7.3 Del jefe de obra.

El jefe de obra como ejecutor de la obra

El jefe de obra es la persona más importante de todas las que intervienen en la obra.

El 2 de septiembre de 1978, los 6.150 kilos de hormigón armado de la escultura de Eduardo Chillida (1924-2002) conocida como "*La sirena varada*" o "*Lugar de encuentros III*", quedaron definitivamente suspendidos de las pilas de hormigón blanco que sustentan el magnífico viaducto cobre el Paseo de La Castellana, que une la madrileñas calles de Juan Bravo y Eduardo Dato, obra del ingeniero José Antonio Fernández Ordóñez (1933-2000), tras seis largos años de polémicas sobre su instalación. La escultura es una pieza especial, quizá la más famosa, del Museo de Escultura al Aire libre de Madrid, que se creó principalmente por la iniciativa del artista alicantino Eusebio Sempere (1923-1985), y que había sido diseñada especialmente para que pendiera a una cierta altura del suelo. El alcalde de Madrid en 1973, Carlos Arias (1908-1989), se oponía rotundamente a la instalación de la escultura, alegando cuestiones de seguridad, desoyendo los informes de los ingenieros responsables de puente, quienes expresaban en ellos su total convencimiento de que no existía el más mínimo riesgo, lo que hacía pensar que las razones para no colgar la obra de Chillida eran otras, llegando a tener el asunto trascendencia política. El alcalde José Luis Álvarez en 1978 desbloqueó la situación autorizando entonces la instalación de la célebre pieza de hormigón. Pero la polémica había tomado tanto cuerpo, que había dudas en autorizar, por parte de los técnicos, el hecho particular de la propia instalación de la escultura, que, por otra parte estaba en el suelo, *varada*. Una persona tomó conciencia de lo que tenía que hacer, era el aparejador José Gimeno, de la empresa Laing, cuyo departamento de edificación había construido el viaducto de forma ejemplar, y el mejor jefe de obra que he tenido la suerte de conocer. Gimeno no podía esperar más detalles o instrucciones que nunca llegaban, para terminar "*su*" obra debía colgar la escultura, y así lo hizo. Calculó los collarines y los tirantes, y diseñó junto a su cerrajero los sistemas de anclaje, preparó la maniobra de izado con el resto del equipo, y puso "*La sirena varada*" en el sitio que el escultor donostiarra había concebido desde un principio. La obra se terminó, como se terminan todas las obras, y el Museo se inauguró el 9 de febrero de 1979, con la asistencia de artistas y autoridades que la historia recoge. Lo que aquí acabo de contar no lo recoge la historia, sino la anónima historia de las obras, y que los profesionales, los jefes de obra, cuentan día a día con su trabajo. En todas las obras existen nudos gordianos que hay que cortar, cuando nos enfrentemos a ellos debemos pensar que si nos ha elegido para construir, para *hacer*, construyamos, *hagamos*. Hasta ahí llega nuestra labor, y no nos debe preocupar otra cosa. La historia hablará de otras personas, sin duda, pero el en la obra, el jefe de obra es la persona más importante de todas.

Para terminar de ilustrar la actitud que el jefe de obra tiene que tener ante la obra, en cuanto a ejecutor de la misma, y sin ningún otro tipo de pretensión. Encuentro más que digna de mención una anécdota referida a nuestro admirado Fray Antonio de Villacastín, que podríamos considerar como el *jefe de obra* de El Escorial —ver capítulo 6—, cuando el 23 de abril de 1563, tenía lugar la ceremonia de la colocación de la primera piedra del Monasterio, con gran presencia de personalidades y frailes, cuando el Vicario y el Arquitecto Juan Bautista de Toledo mandaron llamar a Fray Antonio, para que estuviera presente en el acto, el respondió, según nos cuenta Fray José de Sigüenza, *con entereza*, pronunciando una frase a la que no cabe añadir más comentario: *"asienten ellos la primera piedra, que yo para la postrera me guardo"*.

El jefe de obra como gerente y responsable

No solamente tiene importancia dentro de la organización de la que forma parte, es decir en la obra de construcción, tiene la importancia que pocos cargos pueden tener, y no sólo en el ámbito de la construcción, sino en general en el mundo de la empresa privada en general. Sin querer establecer comparaciones, sino ilustrar la importancia de la labor de un jefe de obra, pensemos, por ejemplo en un alto ejecutivo de una gran empresa un Director Comercial de una industria automovilística, o un Director de Producción de una industria farmacéutica, imaginemos que son grandes directivos con brillantes carreras en sus respectivos bagajes curriculares, con reconocimiento profesional, con prestigio social y con emolumentos de jugador de fútbol,... cualquiera pensaría que son personas de indudable capacidad profesional y personal, y por supuesto que está en lo cierto, pues con todo eso, con toda la importancia que puedan tener estos personajes, uno de ellos *solamente* ha de preocuparse de las ventas y el otro *solamente* de la producción, mientras que cualquier jefe de obra tiene que preocuparse de múltiples conceptos, muchos más que estos ejemplos, y todos a nivel profesional. Un jefe de obra debe preocuparse de la producción, puesto que es fundamental para cumplir los plazos y los objetivos. También de los costes, y en este sentido de los costes de materiales y subcontratos por lo que tiene que ser experto den compras y subcontrataciones. Debe conocer perfectamente la construcción, con todas las materias que comporta (geometría, instalaciones, estructuras, materiales, y un larguísimo etcétera). De be preocuparse de los aspectos legales relativos a la responsabilidad que ostenta, así como los referentes a seguridad en el trabajo, relaciones laborales, seguridad social y otros. Debe ser un administrador del contrato correspondiente a las obras que dirige, si este es de una obra pública debe manejar perfectamente la legislación que las regula, como otra legislación que pueda existir en ciertos tipos de obras, como puede ser la de viviendas de protección oficial, etc. Debe ser conocedor de la contabilidad y la economía. Debe ser una persona no exenta de buen trato y dotes de mando. Debe dedicar a su trabajo una jornada larga e intensa, y esto sólo describiendo los aspectos más importantes, ya que su tarea conlleva, en definitiva todos los conceptos económicos que existen en la gerencia de cualquier empresa, además de los conceptos técnicos propios de un ejecutor material de un proceso productivo. Y es esta una faceta poco valorada y sobre la que se reflexiona acerca de la figura del jefe de obra.

Tiene también el jefe de obra la responsabilidad legal que le confiere ser el responsable de la obra, ya que debe asumir también *la representación técnica del constructor en la obra y que por su titulación o experiencia deberá tener la capacidad adecuada de acuerdo con las características y complejidad de la obra* (LOE, Art. 11.2.b). Es decir, probablemente si pertenece a una empresa con una organización mediana o grande, se sentirá un poco el último eslabón de la cadena de los técnicos de la empresa, pero en cuanto a responsabilidad la tiene toda la que se refiere a la obra. Una muy importante es la que se refiere a la Seguridad y Salud, a la que se dedica un capítulo específico en este manual.

La empresa a su servicio

Como se dice en el comienzo de este manual, la obra es la célula de producción de la empresa constructora, de forma que los resultados de la empresa estarán en función de la suma de los resultados de las obras. Por tanto, la gestión global de la empresa, de alguna manera podemos decir que está en manos de sus jefes de obra.

De alguna forma el jefe de obra que es insignificante en la organización de la empresa, y tal como se decía en el apartado anterior, se siente el último eslabón de una cadena, está al final del organigrama de la empresa. Si mira hacia arriba en este organigrama puede ver gran cantidad de jefes y directores, de departamentos cubiertos por grandes expertos, con más edad y experiencia que él en muchos casos, y siente que esa maquinaria le exige resultados: el departamento de compras le exige que termine los comparativos de una vez; el de administración que se cumplimenten los formularios de personal; el de maquinaria algo parecido; el de programación los datos del programa de trabajos; el de producción que cierre los datos del mes, las planificaciones, etc.; el de contabilidad las provisiones de gastos; y no digamos el departamento de calidad o el de prevención; y siempre está el jefe, que para eso lo es.

Propongo aquí a cualquier jefe de obra que se sienta así el siguiente ejercicio: dibujar en una hoja de papel el organigrama de su empresa, con nombres y apellidos de las personas que pertenecen a los departamentos con los que tiene relación, si no lo conoce que lo pregunte. Deberá aparecer algo así como una pirámide invertida en la que en el vértice inferior estará el atribulado jefe de obra. Cuando esté terminado el gráfico debe mirarlo y estudiarlo, probablemente le agobie aún más al ver todos los departamentos de la empresa que suponen exigencia en su trabajo, flotando sobre su propio nombre. Cuando haya meditado suficientemente, debe dar la vuelta al folio, entonces estará el mismo en la cúspide de una pirámide, donde están todos estos departamentos. La realidad es así, o así debería ser. El jefe de obra está en este vértice, y la empresa está a su servicio, al servicio de la obra. Desde esta nueva perspectiva tiene que, sin dejar de cumplir con sus obligaciones, pedir toda la colaboración al departamento de compras para que le ayude a buscar un proveedor mejor para esa unidad de obra que le está creando problemas o a conseguir mejor precio en un determinado suministro; al departamento de administración la información necesaria en cuanto a personal, o como enfocar bien los destajos; al de maquinaria ayuda para optimizar los rendimiento de la maquinaria de obra; al departamento de programación colaboración en encajar ese planning que da problemas; al de producción ayuda con los conceptos de obra que tengamos oscuros; a la oficina técnica ayuda para elaborar un modificado o un recálculo de la estructura o cimentación; al de calidad que nos proporcione unos buenos procedimientos constructivos; al de prevención ayuda asimismo para aplicar el plan de seguridad de la obra; y a nuestro jefe directo, jefe de grupo, o delegado, toda la ayuda necesaria, sobre todo en las reuniones con la dirección de obra, cuando plantea problemas. Ningún departamento nos podrá negar la ayuda, y de esta forma, no solamente se sentirá el jefe de obra con la importancia que realmente tiene, que, al fin y al cabo es lo de menos, sino que realizará mejor su labor, en colaboración con el resto de la empresa.

Cuestión de objetivos

Napoleón Bonaparte valoraba como una cualidad positiva en sus generales, la suerte y los elegía entre los oficiales que más suerte tenían. No quiero quitar mérito a este método, pero creo que para usarlo hay que ser, al menos emperador de Francia, para el jefe de obra, es más recomendable no dejar nada al albur y si es posible tener siempre claros los objetivos y los caminos para conseguirlos.

Una de las famosas frases de Laurence Peter, al que me refería al principio de este capítulo dice: *"Si no sabes a donde te diriges, probablemente acabarás en un lugar distinto"*. Siempre Peter encerró en su estilo epigramático sus profundas reflexiones.

En este caso se refiere a la elección de objetivos o metas, así como la persecución de las mismas, lo que es aplicable, por cierto, a la vida en general. Es con esta visión con la que el jefe de obra tiene que enfrentarse a la ejecución de la misma, tanto a nivel de decisión global, como es la planificación de la obra, como a nivel de decisiones particulares. El jefe de obra debe saber cuales son sus objetivos, trazar el camino que conduce a ellos y caminar siempre por él.

El jefe de obra debe tomar diariamente decisiones, y tomar decisiones supone optar entre al menos dos posibilidades. Estas decisiones podrán pensarse, madurarse, reflexionarse, y por tanto posponerse un tiempo limitado, pero llegará un momento en que necesariamente habrá que tomarlas, pues bien, no será hasta entonces cuando tengamos que hacerlo. Recordemos: cuando no es necesario tomar una decisión, es necesario no tomarla.

Pero, cuando haya que decidir, cuando haya que elegir entre dos opciones, ¿cuál se debe escoger?. Evidentemente cualquiera que desempeña la labor de jefe de obra está preparado profesionalmente para tomar la mayor parte de las decisiones de una obra, simplemente, cuando pueda tener duda, debe pensar ¿cuál de estas alternativas me acerca más a cumplir con el objetivo de la obra?, y ahí tendrá la respuesta.

De acuerdo con todo esto no debe nunca precipitarse en sus decisiones, pero debe también el jefe de obra saber anticiparse a los acontecimientos, sabiendo valorar en función de su experiencia, las consecuencias que en el futuro tienen o puedan tener las decisiones o hechos de cualquier tipo que ya se han producido. El jefe de obra debe ser drástico cuando tenga que serlo pensando en el futuro y no dejando que los acontecimientos así como el paso del tiempo hagan imposible reparar algo. Nadie mejor que Nicolás Maquiavelo (1467-1527) entendió esto cuando en su obra "El Príncipe"(1512) escribía: *"Sucede entonces en estos casos algo parecido a lo que dicen los médicos de lo que compete a su profesión, que en el principio de la enfermedad ésta es fácil de curar y difícil de diagnosticar, pero si pasa el tiempo, no habiéndola ni diagnosticado ni medicado, aparece como fácil de diagnosticar pero difícil de curar".*

Autoridad mejor que poder

No hay que olvidar que un jefe de obra también tiene algo de líder, al menos debe serlo de su equipo, y como tal y dentro de la jerarquía que supone ser el jefe, tiene un poder sobre el resto del equipo, poder o autoridad, parece que en principio es lo mismo, pero en realidad no lo es. El gran sociólogo y economista alemán Max Weber (1864-1920), catedrático de economía en las universidades Friburgo, Heidelberg y Munich, y que es considerado padre de la sociología moderna y cuyas teorías tuvieron mucha influencia en la organización empresarial. Weber fue en primero que analizó el papel del líder en la sociedad y dentro de una organización, tomando el término *carisma* (*gracia* en griego) de la teología e introduciéndolo en el lenguaje social y político, un hombre, o mejor, un líder con "carisma", es aquél que tiene confianza en sí mismo, conoce a las personas, tiene determinación, procura siempre una buena comunicación y tiene en sus actuaciones un necesario punto de Pigmalión. En su libro *Sobre la teoría de las ciencias sociales* (1915), analiza las diferencias entre poder y autoridad, de particular interés para nosotros en este apartado. Weber, partiendo en sus reflexiones de las relaciones humanas, definiendo primeramente las que son *relaciones sociales* y las que no lo son —no todo contacto humano, por el mero hecho de serlo, es de carácter social—, observó que un elemento que tenían en común todas las organizaciones era el ejercicio del poder y de la autoridad por parte de algunos de los miembros de la misma. Le interesó explicar porque los individuos obedecían órdenes. Para ello utilizó los conceptos de poder y autoridad. El primero indica la *capacidad de obligar a los individuos a obedecer, sin tener en cuenta su resistencia*. La autoridad, sin embargo, se manifiesta al lograr el *cumplimiento voluntario de las órdenes recibidas*. Se fundamenta en la legitimidad con la que los subordinados perciben a quien emiten las órdenes. Según la forma en que se manifieste la legitimidad con la que la dirección o el líder este actuando, podremos tener presentes varios tipos de estilo "puros" de ejercer la autoridad en las organizaciones. Las organizaciones reales presentan una combinación de los diversos estilos. Weber distingue tres tipos de autoridad, cada una de las cuales contiene una carga de legitimidad diferente: la autoridad racional-legal, que va más con el cargo que con la persona que lo ostenta; la autoridad tradicional, basada en el precedente y la costumbre; y la autoridad carismática, que se basa en ciertas características personales excepcionales, y que acerca a quien las tiene al liderazgo.

En cualquier caso, apoyándonos en las reflexiones de Max Weber, pensemos en que aún teniendo el jefe de obra *poder* sobre el resto del equipo, y seguramente tendrá que ejercerlo como tal en alguna ocasión, debemos tender a ejercer o desarrollar la *autoridad.* Mediante el ejercicio del poder los subordinados hacen las cosas porque se sienten obligados y mediante la autoridad lo hacen en virtud del convencimiento propio. Para ejercer poder no hace falta tener ninguna cualidad especial, en un ejército cualquiera que lleve unos galones y *dicte una orden* será obedecido, al margen de lo que se piense de él, es más no hace falta ni siquiera conocer su nombre, el superior está ejerciendo su poder. Para ejercer la autoridad, sin embargo, hace falta conocer a la persona sobre la que se ejerce, para poder convencerla de que haga lo que tiene que hacer, de forma premeditada o no, cuando *pidamos* que se haga algo, se hará, pensando: "lo hago por que lo dice...", consciente o inconscientemente, y ahí estaremos ejerciendo autoridad. El poder lo suministra el cargo, la autoridad va con la persona.

Entendimiento, voluntad y... agenda.

Le tomo prestada esta frase, a mi amigó Víctor Escandón, que parafraseaba siempre con ella el famoso latiguillo con el que contestábamos a la pregunta de *"¿Cuáles son las tres potencias del alma?"*, y que recuerdo en mi memoria casi con música: *"Memoria, entendimiento y voluntad"*. Bien, he sustituido una de las tres en el epígrafe, no para que no se tenga en cuenta, sino para recalcar que un jefe de obra no puede confiar en la memoria. Es imprescindible llevar una agenda, y muy conveniente un diario.

En cuanto a la agenda, es claro, tanto para anotar los datos para lo que tradicionalmente todo el mundo la usa, pero fundamentalmente para ordenar *a priori*, el trabajo que se vaya a hacer cada día, o cada semana, como se prefiera. Muchas veces he dicho a mis compañeros y colaboradores que hay dos clases de jefes de obra (en realidad hay tantas como jefes de obra existan, no me gusta encasillar, aunque valga el ejemplo), el jefe de obra *bombero* y el jefe de obra *director de orquesta.* Busquemos, la diferente actitud de uno y de otro, aunque sea una pequeña caricatura.

El jefe de obra *bombero* es el que llega todas las mañanas a su obra dispuesto a apagar fuegos. Todo el mundo sabe que hay muchos *fuegos que apagar* en una obra, y a nadie le extraña pues esta actitud. El llega a su oficina, o bien a la obra y espera a que se produzca el primer fuego. Si hacemos la prueba no tardará mucho en producirse, en forma de llamada de teléfono, del encargado o el jefe de producción que golpea la puerta del despacho con un problema a solucionar, o es una visita de la dirección de obra, en fin, si hay algo que no falta en una obra son estos fuegos que apagar, y realmente hay que apagarlos, pero no es eso lo único que hay que hacer.

Por oposición a este, surge la figura del jefe de obra *director de orquesta*, aquel que pretende tenerlo todo controlado, y que llega por la mañana a su obra, bien desde su oficina o bien desde la propia obra, extiende su partitura en el atril, exige atención de todo el mundo con unos pequeños golpes de batuta en el atril, y aspira a que suene armónicamente la música que sale de su orquesta, algunos creen oírla en el ronco motor de una hormigoneras o el estridente zumbido de una tronzadora.

Ni una cosa ni otra, la obra es la conjunción de esfuerzos que, como en una orquesta deben estar bien dirigidos y escritos en una partitura, así como en un determinado porcentaje, una serie de imprevistos que hay que solucionar. El jefe de obra, dentro del sistema tiene su propia tarea que elaborar, su propio trabajo, su propio instrumento también debe sonar, no solamente la batuta. Para que se desarrolle convenientemente debe tener también su partitura, con la ventaja de que se la escribe el mismo.

Debemos pues ordenar el trabajo, saber lo que vamos a hacer cada día, incluso cuanto tiempo vamos a dedicar a cada asunto en lo que se pueda, ya que habrá cosas cuya duración no dependa de nosotros, como las reuniones con la dirección facultativa u otras. Pero si reflexionamos todo se puede ordenar y prever: la redacción de documentos, la elaboración de mediciones, las reuniones con subcontratista o proveedores, las reuniones con el equipo de obra, las visitas de inspección a la obra, etc. Hemos oído muchas veces las quejas de jefes de obra a los que siempre les *falta tiempo*, yo digo que no es que falte tiempo, sino que el tiempo está mal ordenado. Así que, clasifiquemos el tiempo de trabajo a priori, lo que también será una ayuda para no olvidar los asuntos de los que nos tenemos que ocupar, que son muchos y variados.

En cuanto a prever las reuniones, sobre todo, con el equipo de obra, no solamente será bueno para nuestro tiempo sino, también para el suyo. No hay nada más molesto que oír a nuestro jefe que nos llama para tratar un determinado tema, y tener que dejar lo que estamos haciendo.

En cuanto a las visitas de obra, para comprobaciones, observaciones, o toma de datos deben limitarse a lo imprescindible. La obra nos gusta, nos atrae es lo que nos impulsa a ejercer esta profesión, probablemente la mayoría de los que la ejercemos, de niños solíamos pedir a los Reyes Magos juguetes de construcción, yo aún recuerdo mi *arquitectura* de tacos de madera. Esa atracción hay que encauzarla de forma positiva, y sobre todo profesionalmente hacia el estudio y el análisis, no estamos allí para contemplar como vierte un camión hormigonera sus doce toneladas de hormigón sobre un forjado o como asienta un oficial albañil todos los ladrillos de una fábrica, a no ser que esa determinada observación tenga un fin concreto. La obra suele causar un gran magnetismo, convirtiéndose en si misma en un espectáculo, pero ese espectáculo no debe eclipsar nuestro trabajo. Es cierto que un jefe de obra debe pisar la obra, ¿cómo no?, debe pisarla y conocerla perfectamente, pero no debe estar más tiempo en ella del necesario.

Biblioteca

Es esta una historia sin duda apócrifa sin duda, pero en cualquier caso, su tono me parece oportuno para ilustrar este tema, y es por su supuesta falsedad por la que no voy a decir el nombre del protagonista, un ingeniero español, sin duda, famoso. Cuentan que este ingeniero, cuando era joven, estando al cargo de una obra en la que se estaban ejecutando unos forjados, recibió la siguiente consulta por parte del encargado de la obra: "*Don ... ¿podemos quitar ya las sopandas del forjado?*", a lo que el ingeniero respondió, sin peder la compostura, "*No, todavía no*".

Acto seguido entró en su despacho y abrió su diccionario de constructor por la letra *"S"*, buscando una de las palabras que aquél encargado había pronunciado: "*sopanda, sopanda,...*". Esta anécdota, que todo el mundo conoce, sin duda inventada, o al menos no atribuible al personaje al que se le atribuye, es ilustrativa de varías virtudes que el jefe de obra debe tener: prudencia, para *quitar* algo siempre hay tiempo, no hay que precipitarse, aunque tampoco hay que dormirse; entereza de ánimo, hay que aprender a decir *no*, porque muchas veces el jefe de obra tendrá que decirlo, y reflexión y consulta, a ser posible en textos.

Acudir a los libros, es como se demuestra por los que habéis llegado hasta aquí, algo siempre saludable, recomendable e incluso necesario. No podemos llegar al conocimiento de muchas cosas sino mediante los libros, hallándose en ellos encerrada toda la sabiduría del hombre. Se extrañaba Vitrubio —y su exegeta Diego de Sagredo, quien su tratado ya mencionado, también abundaba en esto— de los altos honores que les concedían los antiguos griegos a los vencederos de los Juegos Olímpicos, como era el *"público aplauso en las asambleas"* y por supuesto vivir el resto de su vida mediante *"pensiones a expensas del Tesoro público"*. Y su extrañeza no estaba provocada por el hecho en sí, sino porque pensaba que *"no ya iguales, sino aún más altos honores no se habían de otorgar a los escritores, ya que proporcionan infinitamente mayores utilidades en todo tiempo y a todo el mundo"*. El autor de estas líneas no se extraña ya, puesto que siguen las mismas formas que establecieron los griegos en cuanto a las recompensas de los atletas y de los escritores, y no pretende vivir sino a expensas de su propio trabajo, naturalmente, más quiere traer a colación las palabras del ingeniero y escritor romano, por ser luz, razón y autoridad en su significado. Así, como decía G. K. Chesterton (1874-1936), *"Una habitación sin libros es como un cuerpo sin alma"*, no iré tan lejos como para convertir mi despacho en una biblioteca, pero destinaré siempre un plúteo del gabinete a algunos libros, ya que entiendo que algunos son necesarios. A modo de ejemplo, de lo que se pretende, pongamos en primer lugar que *debemos* tener la instrucción EHE (actualmente en vigor y heredera de las antiguas "EH"), como imprescindible, además de algunas otras normas de acuerdo con el tipo de obra que estemos ejecutando (por ejemplo si es estructura metálica la normativa correspondiente a estructuras metálicas, NBE-EA-1995 Sobre estructuras de acero, Real Decreto 1829/1995, de 10 de noviembre, del Ministerio de Obras Públicas). En cuanto a normativa no es cuestión de hacer aquí una relación exhaustiva, pero hay que saber manejarla. Considero, no necesario pero muy conveniente, disponer de las NTE, o Normas Tecnológicas Españolas, de todos conocidas y de las que fue creador e impulsor el arquitecto Rafael de la Hoz en 1971. También algún libro sobre los temas más importantes, tales como geotecnia y hormigón armado; así como alguno que tenga que ver con la especialidad de algún trabajo en concreto. Otro libro, si se me permite *imprescindible*, es un diccionario técnico, o de construcción, no ya para saber lo que es una *sopanda*, sino para utilizar el idioma con propiedad, para poder entender los términos de un proyecto, para poder redactar correctamente una carta o informe:

> *"El edificio, de una antigüedad no conocida, aunque se puede estimar que data de de principios del siglo pasado, está construido con muros de fábrica de ladrillo en la fachada principal de un espesor de dos astas y media en la planta observada. El forjado del suelo de la vivienda lo conforma un entramado de madera de hilo, en blanco, compuesto de alfarjías de una escuadría de siete pulgadas por dos y media, colocadas a una distancia media entre ejes de un pié castellano, sin durmiente o solera, aunque se dejan ver algunos zoquetes o nudillos; el entrevigado está hecho de chilla y tabla de ripia de media pulgada de espesor que soportan la alcatifa del enlosado"* (de un informe judicial, del autor),

o para manejar el idioma correctamente. Todos entendemos que no son admisibles los solecismos, puesto que denotan falta de cultura o educación, faltas, en cualquier caso leves, pero en lo concerniente al lenguaje profesional es nuestra obligación manejarlo con precisión. El léxico de la construcción, en gran parte es la definición del propio oficio, siendo de una gran riqueza y variedad, y los términos que en él se manejan son en gran medida provenientes de la antigüedad, no estando tan contaminados con neologismos como otras profesiones. Es deber también de los profesionales de cada oficio, velar por la pureza del mismo, ya que esto significará una mayor comprensión y una mejor definición de los conceptos. Y esto debe entenderse en su justa medida, no somos ni practicones ni intelectuales, pero en algún momento de nuestra vida profesional, debemos plantearnos la magnitud que queremos darle a ésta, existiendo la dimensión del jefe de obra —como cualquier otro profesional—, que se queda en hacer su trabajo correctamente, cumpliendo sus objetivos sin más, lo que en sí mismo ya es encomiable, y quien quiere darle auténtica profundidad. No da señales de estimar su trabajo, quien no busca la excelencia en él, en todo momento.

Defectos y virtudes del jefe

Decía Juan Belmonte (1892-1962) "*Para mi, lo más importane en la lidia, sean cual fueren los términos en los que el combate se plantee, es el acento personal que en ella pone el lidiador, es decir, el estilo*", y a, veces, con otra sencilla frase: "*se torea como se es*", y seguramente en una labor como la de jefe de obra se pone mucho de oficio, de conocimientos y de disciplina, pero también de uno mismo, de su *acento personal*, de su *estilo*, de cómo "*se es*". No es difícil comprender que sobre este tema se podría escribir y reflexionar de forma interminable, no es la intención del autor, como ya se ha expresado, enseñar a ejercer un trabajo, sino más bien recapacitar sobre los aspectos que menos se suelen tener en cuenta. En este sentido, terminaremos aquí la disertación sobre el jefe de obra recordando, como todo jefe que es, los defectos o "pecados" en los que no debe caer, de forma sintética. Asimismo, reflejamos "virtudes", correspondientes, o la forma de corregir estos defectos, que son, como se podrá comprobar, de lo más habitual.

1. *La desconfianza*. Es habitual que el jefe no confíe en su equipo, no sepa distribuir bien el trabajo y delegar en ellos, haciendo a veces el trabajo de otros, y por tanto descuidando el suyo propio. El jefe desconfiado interfiere continuamente en el trabajo de su equipo, desautorizando por tanto su labor y erosionando su autoridad con el resto del personal. Esto causa un doble mal, ya que el subordinado al ver su iniciativa y su labor anulada, suele bajar la intensidad de su dedicación al trabajo, y el propio jefe abandona sus ocupaciones al hacer las que no son suyas. El jefe debe saber organizar el trabajo, fijar los objetivos y las funciones de su equipo, supervisar su trabajo y confiar en la

labor de los demás. El jefe no tiene porqué saber ejecutar por sí mismo todas las labores que realizan sus subordinados, pero si debe saber lo suficiente como para saber cuando lo hacen bien, y para eso no debe estar siempre obstruyendo el trabajo con una continua supervisión. El buen jefe debe establecer los controles oportunos del trabajo, así como los baremos que midan la calidad del trabajo, pero nunca estorbar el trabajo con una continua supervisión.

2. *La desorganización.* Que junto con la desconfianza expresada anteriormente y que le lleva a ocupar tiempo en labores que no son propiamente suyas, produce el efecto expresado de "falta de tiempo". La falta de tiempo como hemos dicho se ha explicado antes no es sino una mala distribución del mismo, es decir una mala organización. Cuando falta tiempo, aparecen los nervios, el estrés, las sobreexcitaciones, la desazón y la intolerancia. Esto hace que su comportamiento no sea el mejor con respecto a su equipo, ni para el mismo, llegando a afectar incluso seriamente a su vida privada. Además, el jefe de obra, por cuestión de su cargo a veces debe ausentarse de la obra para reuniones o incluso comidas de trabajo, debe comprender que durante esas ausencias sus colaboradores han trabajado una jornada normal, y a veces cuando el jefe de obra llega a la obra no entiende que el equipo está a punto de terminar una dura jornada de trabajo. Con una buena organización, y por tanto una buena distribución del tiempo, y con una adecuada delegación de funciones en sus colaboradores, el jefe de obra puede afrontar su trabajo con mejores garantías de éxito, pues se centrará fundamentalmente en la labores propias de su gestión.

3. *La descortesía.* Para muchos jefes, la descortesía o el carácter desabrido es sinónimo de autoridad, que como ya hemos visto, es otra cosa. Este jefe equivocado considera que su autoridad se ve disminuida si escucha amablemente a sus colaboradores, y si no deja pasar un fallo por pequeño que sea sin reprenderlo. El buen jefe debe comprender, que trabaja con personas, y como tales sus reacciones son humanas, y poseen, al igual que él, intereses e inquietudes. El jefe debe elogiar siempre el trabajo bien hecho, y corregir el mal hecho sin humillar. Una buena forma de pensar es decir a los subordinados, cuando se

equivoquen que tienen *derecho a equivocarse*, junto a ese *derecho* la *obligación* de reparar el error, y así el jefe debe brindarle su ayuda.

4. La inseguridad. Muchos jefes se dejan impresionar por cualquier crítica, dejando de hacer cosas por un absurdo miedo. Un jefe que actúe con temor o inseguridad nunca llegará a tener autoridad sobre sus colaboradores. Ese temor a equivocarse al dar una orden o tomar una decisión hará que siempre esté en duda, ya que siempre puede ser susceptible de una crítica en algún sentido. El jefe de obra debe estar seguro de sus decisiones, si se toman de acuerdo con una reflexión adecuada y son producto de la razón y la experiencia, y además, están encaminadas a lograr los objetivos marcados. Si el jefe se equivoca, al igual que debe comprender los errores de los demás debe comprender los suyos y asumirlos, pero debe tomar decisiones, y, en una palabra, mandar. Esto no es óbice para que deba saber escuchar, así como dejarse aconsejar, pero las decisiones deben se suyas.

5. La indecisión. Consecuencia de la inseguridad y el miedo, y unida intrínsecamente a ella. Puede ser peor un jefe indeciso que un jefe timorato, aunque normalmente son cualidades que van unidas. En cualquier caso hay jefes que postergan tomar una decisión, más allá de lo que es razonable, a veces pensando que pueden mejorar estudiando o depurando más los temas. El jefe indeciso quiere tenerlo todo bien atado antes de tomar una decisión, pregunta y pregunta, estudia y estudia, pero nunca se decide. Una solución oportuna es siempre mejor que una solución ideal, o en otras palabras lo perfecto es enemigo de lo bueno. Si esperamos para tomar una decisión a que se den todos los elementos para que algo se cumpla en su grado óptimo, probablemente no lleguemos nunca a poder decidir. Como ya se ha explicado, para tomar una decisión no hay que precipitarse, pero tampoco hay que llevar al extremo de llegar tarde.

6. El autoritarismo. O exceso de autoridad, y abuso de ella unido al dogmatismo. El jefe autoritario considera a las personas indisciplinadas e irresponsables por naturaleza, y por tanto no pueden hacer nada sin un exhaustivo control debiendo trabajar siempre bajo amenazas. El jefe autoritario (que no tiene nada que ver con el jefe con autoridad, que ya hemos visto), crea siempre una tensión en sus colaboradores que no es positiva en absoluto para el ambiente de trabajo, y hace bajar indefectiblemente el rendimiento, apaga la iniciativa, fomenta el servilismo y ahoga la responsabilidad dañando el espíritu de equipo. El jefe de obra debe huir de actitudes dogmáticas o autoritarias, al contrario debe fomentar la iniciativa, confiar en que cada persona es responsable de su parcela de trabajo y la debe ejercer con la mayor libertad, lo que a la larga beneficiará a todos, así como que podrá exigir la responsabilidad a cada persona, ya que cuando más "esclavizado" esté una persona en su trabajo, menos responsabilidad tiene en éste. El buen jefe de obra debe mostrar cercanía y respeto en el trato personal, debe ayudar y estimular la propia iniciativa en el trabajo y tener siempre sentido del humor.

7. La obsesión. Hay jefes obsesivos con el trabajo, parecen que ejercen un culto al trabajo, convirtiendo éste en lo único o lo más importante de su vida, sacrificando no ya su propio tiempo sino el de sus subordinados y colaboradores. Este jefe parece que no vive para otra cosa, no se va nunca de la oficina e incluso ve con malos ojos que los demás lo hagan, puesto que los necesita muchas veces. Llama infinidad de veces cuando está fuera, no se toma nunca unas vacaciones, y no comprende como los demás pueden hacerlo. Esto crea en los componentes de su equipo por un lado un malestar o incomodidad, o bien un sentimiento de culpabilidad cuando "salen a su hora". En el caso del jefe de obra, si además unimos lo explicado en la "falta de tiempo" el cuadro será el de una patología compulsiva. Al trabajo hay que dedicar, ni más ni menos, que la jornada estipulada, cada persona sabrá si tendrá que dedicarle "un poco más", o incluso "venir un sábado". El trabajo no es una cuestión muchas veces de cantidad, sino de calidad, el jefe debe trabajar con la misma calidad que debe exigir, y comprender y hacer ver a los demás que esto es lo importante.

En resumen, ya que "mandar", dicho de forma sencilla es algo que todo jefe debe hacer, para mandar hay, en primer lugar que ser el primero en respetar las normas del juego; no dar nunca órdenes que se sospeche no van a ser ejecutadas, si esto pasa es que hay algo que no funciona en el sistema o en la organización y habrá que cambiarlo; utilizar siempre los cauces establecidos para dar las órdenes, lo que en el ejército se llamaba el "conducto reglamentario"; evitar, en lo posible, "familiaridades" con los subordinados, se puede ser compañero y jefe, pero el jefe debe considerar como uno de sus gajes tener una cierta distancia, una cierta "soledad"; no se debe ni recriminar ni elogiar en público; se deben considerar siempre todas las circunstancias y estar atento a todos los cambios que puedan modificarlas, para con cometer arbitrariedades; evitar en lo posible los "castigos" y procurar que el grupo se discipline a sí mismo y por último una sola palabra: escuchar.

Dedicación y reflexión

Hemos hablado de la importancia del trabajo del jefe de obra, de estilo, de formación, de autoridad, etc. El jefe de obra es el motor de la obra, el que debe hacer que todo el resto de personas se muevan adecuadamente y funcionen, pero también debe hacer muchas cosas por sí mismo. El jefe de obra debe realizar su propio trabajo: *"Eurípides a grandes voces dize que las fortunas se deben casar con el trabajo, y que el trabajo es padre de la gloria y que a los trabajadores ayuda Dios, dize mas que el trabajo que se torna a voluntad de Dios jamas aflige a los hombres"*, palabras de Diego de Sagredo, que dichas de esta forma no deben ser olvidadas y aun pueden ayudarnos. Y están traídas aquí, precisamente por ser su tratado, ya mencionado, de gran interés para nosotros.

Todo lo que se ha dicho pues, sobre el trabajo de jefes de obra, aún podría ampliarse, muchísimo más con las aportaciones de tantos magníficos profesionales que hacen, y han hecho, de jefes de obra en España, y que he intentado exponer en este apartado, de forma seguramente no muy lúcida. El poeta cordobés Tomás Álter lo expresó con menos palabras y de forma mucho más brillante, con la sabiduría única y sintética que sólo tienen los poetas, en un hermoso soneto que durante años ha presidido los numerosos despachos que he tenido en otras tantas "casetas" de obra, y que permitiéndome apoyar de nuevo en una reflexión de Sagredo cuando dice: *"siempre que te vengo a ver te tengo de hallar o estudiando o dibuxando o traçando; bien sería tomaros algunos ratos de plazer porque como sabes: la mucha continuacion de estudio engendra melancolia, y la mucha melancolia incita y mueve enfermedades, no sin causa el viejo Caton manda entremeter plazeres a bueltas de cuydados"*, y que, como mayor *plazer* que la poesía no se conoce, reproduzco aquí para finalizar este apartado:

Quien bien quiera ejercer este trabajo,
prudencia, lucidez, voluntad debe
tener, mas el valor del que se atreve
a recorrer el mundo sin atajo.
Prepare el gabinete antes que el tajo,
y olvídese del uso que conlleve
no ocupar cada día hasta las nueve
o no empezarlo de las ocho abajo.
Muy experto ha de ser en geometría,
conozca de los números la ciencia,
prefiera la razón a la porfía,
del alarife copie su experiencia
¡y afírmese orgulloso cada día,
dejando en cada obra su conciencia!

7.4. Del resto del equipo de supervisión de la obra

Una vez establecido el organigrama, o al menos la base del organigrama de la obra, debemos conocer las funciones de cada uno de los componentes del equipo de supervisión de la obra. Deliberadamente, y esto es solamente un convencionalismo, no incluyo aquí a todo el equipo de obra, es decir a todas aquellas personas que tienen cargos de mando de alguna manera en la obra. Los capataces o jefes de equipo, o los contramaestres en el caso de maquinarias, no están incluidos ya que no tienen una visión global de la obra en su labor, lo que en absoluto quiere decir que tengan una importancia menor.

Dentro del equipo de supervisión incluimos, como cargos fundamentales: el jefe de producción (o ayudante de obra), el encargado, y el jefe o responsable administrativo y sus auxiliares. Pueden existir ocasionalmente otros técnicos o profesionales como pueden ser: el topógrafo y otros técnicos. El tipógrafo es casi imprescindible en la mayoría de los casos en obra civil, pero ocasional o temporalmente necesario en edificación. Puede existir algún técnico especialista en una parte concreta de la obra, como puede ser una cimentación especial, y movimiento de tierras de gran envergadura o importancia, estructuras, instalaciones u otras especialidades que requiera la obra. Podemos encontrarnos la asignación a la obra porque esta lo requiera de un técnico especialista en programación, ya sea porque la complejidad de los procesos o la exigencia del plazo lo requieran, o un técnico especialista o dedicado exclusivamente al control económico, —al estilo de Quantity Surveyor británico—, que algunas empresas españolas tenían como sistema en todas sus obras hace años.

En definitiva, aunque aquí se analicen las funciones primordiales y las características de los puestos que llamamos fundamentales, la organización de una obra puede ser tan compleja como la propia obra, o en algunos casos tan sencilla como los medios de que se dispongan así lo obligue, aunque debemos estar preparados para incluir en el organigrama puestos que sean muy peculiares o particulares y que aquí no hemos mencionado. En general las empresas constructoras españolas han ido progresivamente haciendo que los equipos de supervisión sean más pequeños, en base a dos premisas: la informática y los costes. La informática ha hecho que los procesos habituales técnicos y administrativos se minimicen en cuanto a su tiempo de ejecución, usando los equipos informáticos que hoy día son habituales, pero no hace tanto, en la década de 1980 no estaban en absoluto implantados en la sociedad, no ya en las obras de edificación. En cuanto a los costes, las empresas, también de modo general siguen la política de que eliminar gastos de control y de información admitiendo el margen de error que esto pueda causar. Ni que decir tiene que la mayoría de las empresas no admiten el margen de error, y que en cualquier caso la labor que hacían hace veinte años los equipos de obra y que no está informatizada no la hace nadie, y si antes era necesaria ¿por qué no lo es ahora?. La respuesta está en la cabeza de las grandes constructoras actuales, que se aleja tanto más del personal de obra cuanto más crece su tamaño con sus innumerables fusiones y diversificación de negocio, y en las empresas pequeñas o medianas que siguen el camino que las grandes marcan pensando que es el único. En cualquier caso es este un tema que nos aleja a nosotros también de la cuestión que tratamos en este capítulo.

El jefe de producción

Es este un cargo propio de un técnico de la misma calificación que el jefe de obra, caso de que este sea un técnico, ya que nadie lo obliga, en general, salvo en algunos casos el pliego de condiciones de la obra. No lo he dicho en ningún momento explícitamente, pero por si queda alguna duda lo digo aquí, de elegir un técnico como jefe de obra de edificación, salvo excepciones, este debe ser un aparejador, y por ende, el jefe de obra también.

El jefe de producción es la moderna denominación del ayudante de obra clásico, y es una expresión que llega a la organización de las obras de edificación procedente del mundo de obra civil. No hace muchos años siempre se hablaba de ayudante de obra, y hoy día nunca. La razón es que la antigua denominación también viene del mundo de la obra civil, ya que existían los ayudantes de obras públicas, de forma que en obra civil, tanto en la dirección facultativa como en los equipos de obra, estaban el ingeniero (jefe) y el ayudante (ayudante). Con el cambio de denominación, de las carreras técnicas el ayudante de obras públicas pasó a ser ingeniero técnico de obras públicas, del mismo modo que al aparejador pasó a llamarse arquitecto técnico. Aunque el neologismo *arquitecto técnico* nunca ha *cuajado* en el mundo de la edificación, sobre todo entre los propios arquitectos técnicos, el de *ingeniero técnico* tuvo rápida aceptación entre los antiguos ayudantes, peritos o facultativos. Esto, así como la incorporación de los propios ingenieros a las labores de *ayudantes* (esto era como decirles *peritos*, o como llamar a un arquitecto, *aparejador*) hizo que se usara el término hoy aceptado de jefe de producción. Hoy día lo normal es que el puesto de jefe de producción lo ocupe un aparejador de menos experiencia que el jefe de obra, incluso de ninguna experiencia, y que en unos años puede ascender en el escalafón de la empresa a jefe de obra. Aunque puede darse el caso que en obras muy grandes o complejas el puesto de jefe de producción le sea asignado a alguien que haya sido jefe de obra antes.

El jefe de producción debe estar, en la línea de producción, inmediatamente debajo del jefe de obra e inmediatamente encima del encargado, siendo por tanto la máxima autoridad en lo que se refiere a producción o ejecución material de la obra, en ausencia del jefe de obra. Como quiera que una de las cualidades típicas del jefe de producción es la juventud y la falta de experiencia, el jefe de obra tiene que preocuparse de que esto no sea un obstáculo para ejercer sus funciones, así como su autoridad.

Las funciones de un jefe de producción suelen ser: el control de ejecución de la obra de acuerdo con el proyecto, de la producción de acuerdo con la planificación de la obra, la supervisión de los trabajos de replanteo e interpretación de planos del encargado y personal subalterno, la coordinación en la obra de las empresas subcontratistas, la coordinación de los pedidos y de su llegada a obra, la elaboración de despieces y aparejos, la elaboración de mediciones de obra ejecutada para elaborar toda la documentación mensual, la supervisión de la aplicación de la medidas de seguridad, y en general todas las labores de organización y control de las obras, siempre en colaboración con el jefe de obra y de acuerdo con sus directrices.

En el caso de que exista más de un jefe de producción en la obra y esta obra no esté dividida, es decir, haya un solo encargado de la misma, no es conveniente dividir la obra para los jefes de producción, por ejemplo en partes, elementos o zonas de la obra (bloque A y bloque B, etc.) o por capítulos de la obra (cimentación y estructura, albañilería y acabados, etc.), lo que suele ser frecuente. Esto no debe hacerse por la siguiente razón: el encargado tendría dos líneas de autoridad con el mismo rango dentro del organigrama de la obra, lo cual no es aceptable para el funcionamiento de ninguna organización. Es ese caso lo que debe hacerse es dividir las funciones y destinar un solo técnico como jefe de producción propiamente dicho y reservarle las funciones antes mencionadas de ejecución de la obra y destinar al otro a labores de control de la obra, tanto económico como de producción, consistentes en elaboración de mediciones, certificaciones a subcontratistas, control de estos, control del programa de trabajos etc. Este segundo jefe de producción, estará al mismo nivel que el primero pero sin línea de mando sobre el resto de la obra, actuaría como *staff*, por tanto del jefe de obra. No es frecuente el caso de mas de dos, pero siempre actuaríamos igual: en la línea de producción solamente uno.

El administrativo

El administrativo de obra es otra figura que tiende a *reducirse*, permítaseme la expresión, e incluso a desaparecer, en cierto tipo de empresas constructoras. Siendo una de las bases de la organización de una obra, exista o no en la organización estará siempre presente, probablemente desde una oficina, pero lo que es absolutamente insustituible es su trabajo.

Recuerdo en mis primeras obras como jefe de obra, cuando organizaba la primera elemental oficina o caseta de obra, aquellos administrativos, sentados ante su máquina de escribir Ollivetti de carro largo, con varias hojas de papel carbón, copiando *motu propio*, en los impresos de certificación los epígrafes del proyecto, para que sirvieran de modelo para elaborar la relación valorada de la certificación mensual. Aunque más me impresionó, la primera vez que vi al administrativo de la obra, (era y bastante joven e inexperto, aún no era jefe de obra y probablemente se esperaba que ya que yo era aparejador, debería hacer aquella operación, pero confieso que no habría hecho la comprobación con tanta soltura) en ausencia de otro personal de la obra en aquel momento, recibir un cargamento de madera, cubicando la carga del camión y calculando, perfectamente, el porcentaje de huecos. Eran hombres (y mujeres) que sabían hacer su trabajo, que conocían perfectamente los pasos que había que dar para que el equipo de obra, muchas veces a cientos de kilómetros de la oficina más cercana de la empresa, funcionara de forma autónoma e independiente.

Algunas personas no pueden imaginarse lo que cuesta poner en marcha una obra de edificación a nivel documental, innumerables gestiones en centros oficiales, solicitar acometidas provisionales de agua, electricidad y teléfono, bancos, suministros básicos, alojamientos para el personal que esté desplazado de su domicilio habitual, relaciones con los departamentos de la empresa que envían los medios auxiliares, los primeros el propio mobiliario de oficina, y todo esto sin teléfonos móviles, desde una cabina o desde el bar más cercano. No, desde luego no podría haber construido nada, si es que el jefe de obra puede arrogarse la autoría en este sentido de las obras, sin la participación del administrativo. Hace años, los administrativos eran hombres que habían aprendido en su mayoría el oficio en la obra, existiendo hoy día unos magníficos centros de formación profesional en España, de cuyas aulas salen profesionales titulados y perfectamente capacitados para ejercer las tareas de administrativo de obra.

El administrativo de obra es quien se ocupa de la mayor parte de la documentación de la obra, excepción hecha de la documentación puramente técnica. Ente sus funciones está, elaborar los datos que sirven de base a la contabilidad de la obra, base a su vez, como sabemos de la contabilidad de la empresa; cumplimenta en todos los pasos del proceso la documentación correspondiente al personal de la obra, partes de alta, seguridad social, partes de baja, partes de trabajo diario, nóminas, cobros, etc., así como la comprobación de toda esta documentación correspondiente al personal de las empresas subcontratistas de la obra. Debe preocuparse a su vez de los cobros y los pagos de la obra, así como de comprobar todos los documentos que los generan, cuando no existían los ordenadores mecanografiaban ellos mismos la relación valorada de la certificación, copiando el manuscrito del jefe de obra o ayudante, incluso colaborando con éstos en las numerosas operaciones aritméticas necesarias. Mecanografiaban también toda la correspondencia que la obra generaba. Se encargan de los pedidos de materiales a los suministradores del tipo de ferreterías y materiales consumibles, se preocupan de que en la oficina no falte ningún tipo de material de escritura o dibujo. El administrativo es también el *custodio* de los materiales de la obra, no en el sentido físico del término, pero si en el contable, elaborando mensualmente el inventario de almacén, tan importante en las obras de edificación. Es responsable de la caja de la obra, es decir del dinero en efectivo que se maneja en ella, teniendo que hacer los arqueos correspondientes.

Como cualquier otra función o tarea de la obra, la administración puede estar compartida, si la obra es de gran volumen, como el resto de departamentos. En casos de que este puesto no lo ocupe una sola persona, habrá un responsable del departamento o jefe administrativo, situado en el organigrama dependiendo directamente del jefe de obra, y será responsable jerárquica y funcionalmente de todos los hombres de su departamento, que se repartirán las funciones según éste determine: contabilidad, personal, almacén, etc. De ahí, son oficios de obra dependientes puramente del departamento administrativo el contable, cuya labor es elaborar la contabilidad de la obra; el listero, que se encarga de comprobar el personal que asiste a la obra; el almacenero, que custodia físicamente el almacén para el material más pequeño o valioso de la obra, así como las herramienta o equipos de protección.

El administrativo comprobará todas las facturas de la obra, que firmará autorizando su pago, junto con el jefe de obra. Esta comprobación será puramente formal en las facturas de los subcontratistas, tal como se ha explicado en el capítulo V del presente manual, pero con el resto de facturas, las de suministro de material, su comprobación es más importante, ya que debe comprobar los albaranes que diariamente le llegan, los precios de los pedidos, etc. En este sentido tendrá que llevar el fichero del almacén, que es un fichero en el que se anotan, por cada material, (entendiendo por cada material cada material que suponga un artículo independiente, por ejemplo, un "ladrillo" no es un artículo inventariable, pero sí cada tipo de ladrillo, como pueden ser ladrillo hueco doble, ladrillo hueco sencillo, etc., ya que cada uno tiene un precio distinto, y una identificación concreta), mensualmente, las entradas y las salidas, bien controlando los consumos en algunos tipos de materiales específicos, o bien de acuerdo con el inventario mensual en el que se computarán las existencias.

El administrativo debe ocuparse del archivo de correspondencia de la obra, manteniendo la necesaria con los organismos oficiales con los cuales se tenga relación, entidades locales, regionales y nacionales. Debe recopilar y ordenar la documentación que suelen solicitar en sus visitas de inspección a la obra los inspectores de trabajo, o bien los de los gabinetes técnicos de seguridad e higiene.

En la actualidad, visito una caseta de obra como dirección facultativa, y me encuentro al jefe de obra, al encargado, incluso al jefe de producción, pero cuando veo que no tienen administrativo, sospecho que algo está fallando en esa organización, ya que alguien tiene que hacer esta labor. Afortunadamente no todas las empresas tienen estos criterios de simplificación de plantillas para reducir costes, pero me pregunto si las que lo hacen, son conscientes de hasta dónde llegan en su afán "ahorrador" y si realmente les merece la pena.

El encargado

Es el puesto que por debajo inmediatamente del jefe de producción, si existe, o bien directamente del jefe de obra. Tradicionalmente lo cubre una persona que procede de desempeñar algún oficio en la construcción, siendo el más habitual el de la albañilería. El encargado es la persona, que en general pasa su jornada laboral en la obra, en los propios tajos y es el que tiene en contacto directo tanto con la ejecución de la obra, como con el personal obrero. Sus funciones son las que están relacionadas con la ejecución material de la obra y la producción, desde el punto de vista práctico, y sus conocimientos y capacidad personal deben estar en concordancia con ellas. Como persona que trasmite las indicaciones y las pautas del jefe de obra a la misma, así como los detalles y vicisitudes de la propia obra al aquél, no se entiende que un encargado no cuente con la plena confianza del jefe de obra. En encargado debe asimismo sentirse en todo momento respaldado en sus decisiones por el jefe de obra.

En primer lugar, el encargado debe replantear la obra, desde las trazas generales del edificio sobre el terreno a los detalles de estructura, albañilería y otros. En todas las actividades el encargado debe trabajar en conjunción con los técnicos de la obra, es decir jefe de producción si existe o jefe de obra, pero en particular en las operaciones que supongan hitos fundamentales en la obra, como son el propio replanteo de arranque. Si este es complicado se aconseja la participación en él de un topógrafo, técnico que hoy día no es extraño que colabore en obras de edificación. Las labores de replanteo que mayor complicación suelen ofrecer en la obra –no tanto al propio encargado como a su personal subalterno– son las que comporta la utilización de tres dimensiones, tales como son las escaleras y las cubiertas inclinadas, por lo que los técnicos deberán poner una mayor atención en sus obligadas labores de supervisión.

Para las labores de replanteo es imprescindible que el encargado sepa perfectamente manejar e interpretar la documentación gráfica del proyecto, así como de los sistemas constructivos a emplear en la obra.

El encargado, una vez comenzada la obra debe organizar al personal obrero de la misma, asignándoles los tajos, autorizando o no a que cada uno de ellos se comience, marcando la calidad de la ejecución material e incluso rechazando a cualquier oficial que no esté a su juicio suficientemente cualificado. En este sentido el encargado debe ser una persona que ejerza su autoridad de forma eficaz, por lo que no debe estar exento de carácter y dotes de mando. El encargado debe ser respetado noblemente y obedecido por todo el personal de la obra, incluyendo por supuesto el de subcontratistas, industriales y trabajadores autónomos. Será exigente con la puntualidad y la disciplina de la obra.

El encargado de be coordinar los oficios y los trabajos en la obra, para lo cual ha de tener capacidad de organización y experiencia, conociendo los oficios y las secuencias lógicas en que estos deben alternarse en la obra. Debe conocer la programación de la obra, que el jefe de obra no sólo le hará saber, sino que en muchos casos podrá consultar con el mismo, en función de su experiencia a la hora de elaborarla. Conocerá también el encargado las maquinarias, herramientas y equipos que se usan en una obra de edificación, así como sus rendimientos básicos, la adecuación de los mismos para cada trabajo y las precauciones de utilización.

El encargado recepcionará generalmente los suministros de materiales a la obra, labor para la cual deberá conocer exactamente las cantidades, medidas, calidades, y todas las especificaciones de los materiales que deban llegar a la obra, siendo el jefe de obra quien tiene que ocuparse de que esto sea así. Hará directamente los pedidos a los suministradores de productos que previamente se hayan autorizado o previsto por el jefe de obra. Seguirá también el plan de control de calidad, prestando una especial atención a aquellos ensayos de materiales –como el hormigón– cuyas probetas haya que ejecutarlas necesariamente cuando el material se pone en obra, o en un momento específico de la misma.

Tendrá una especial concienciación en materia de Seguridad y Salud, para lo cual es aconsejable que tenga formación adecuada. Como en el resto de sus tareas, el jefe de obra tendrá la obligación como máximo responsable de que todo el personal de la obra conozca las medidas de seguridad que estén previstas –el Plan de Seguridad–, las tome en cuenta y las lleve a cabo, pero de manera especial esta concienciación debe ser del encargado de la obra. No puedo concebir una obra en la que el encargado no sólo deje de lado la seguridad, sino que no le tenga siempre presente a la hora de acometer cualquier trabajo en la obra.

El encargado tiene bajo su responsabilidad el trabajo de todo el personal de la obra, esto es, si expresáramos en un organigrama a todo el personal que interviene en la obra –varios cientos en muchos casos–, todos estarían representados bajo la autoridad y jerarquía del encargado de la obra. Dependiendo de la dimensión de la obra así como de las costumbres, o disponibilidad de la empresa, podrán asignarse a la obra uno o más capataces. El capataz es una figura intermedia entre el encargado de la obra y los obreros, y es el que el encargado delega parte de sus funciones, con referencia aun tajo concreto, a una parte de la obra, a un oficio o grupo de oficios determinados o a un grupo de trabajadores.

Puede existir también, si la obra es de grandes o muy grandes dimensiones la figura del *encargado general,* que existirá si en una obra existen varios encargados. El puesto de encargado general no está entendido exactamente igual en todas las empresas, en algunos casos es un rango más de encargado, según el cual determinadas obras se asignan a un encargado general y otras, de menor importancia a un encargado "a secas". En otros casos, empresas que suelen ser de tipo local tienen un encargado general que visita las obras, al margen de la organización de las mismas y controla o supervisa al resto de los encargados así como les presta su ayuda, pero esta forma de entender la organización de la obra de edificación la entiendo poco recomendable, ya que el encargado pertenece como se ha dicho a la línea de producción, cuyo esquema organizativo debe responder a responsabilidades únicas y directas.

Hace años, cuando el autor de este libro empezaba su labor profesional, muchas personas hablaban de que la figura del encargado tendería a desaparecer. Entiendo que los partidarios de estas posturas se referían a los encargados de oficio, hombres normalmente de edad, ya que para los conocimientos aprendidos por la practica requieren mucho tiempo, y que serían sustituidos por personas con formación académica en escuelas profesionales, o en las propias empresas. El tiempo ha pasado, y la figura del encargado sigue siendo la misma, no veo porque habría que cambiarla, no negando por supuesto que se provean de un sustento teórico para su trabajo, pero, en primer lugar, su trabajo no es que sea imprescindible, que, por supuesto lo es, sino que es uno de los más importantes en el esquema de la obra. Además, el encargado, como figura proveniente de los propios oficios de la construcción, incluso con su oficio heredado de vía familiar, como es en muchos casos, está unido con la más pura y antigua tradición de la construcción, siendo hoy día la única persona en la obra que encarna, en este sentido, lo que significaban los antiguos maestros e obras. En algunos lugares de España todavía al encargado de la obra se le llama *maestro*, si se tiene la inmensa suerte de ejercer la profesión en las islas Canarias, se podrá observar como ninguna persona se la obra, o que tenga relación con ella, se dirige al encargado de la obra, sin anteponer a su nombre el título de *maestro*. No hay que perder las tradiciones, las tradiciones nos conectan con la historia de forma natural. Añadamos a nuestro trabajo, al de todos, incluso al del encargado, las nuevas tecnologías, no seamos reacios a la modernización o a la renovación, al –si se me permite la expresión– *aggiornamento* en todos los campos, pero mantengamos las tradiciones, y sobre todo las que han demostrado durante siglos y siglos, que sobre ellas, como sobre cimientos, descansan las buenas costumbres y la buena práctica del oficio.

7.5 De otras organizaciones

Con las pautas que se han establecido a lo largo del presente capítulo, se puede establecer la organización del equipo de supervisión de cualquier obra, adaptando a ella los profesionales que normalmente intervienen en nuestro país en edificación. Sin embargo, la misma empresa, con los mismos profesionales, puede encargarse de ejecutar una obra, integrándose en una organización, distinta de las habituales. En este caso, se deben aplicar los conceptos que hasta aquí se han explicado, puesto que son generales, bien los que se refieren a conceptos legales: en España, siempre habrá un constructor y este designará a un jefe de obra. O bien los que se desprenden de las propias funciones que aquí se han descrito, ya que si se conoce la función, no importa el nombre que se le ponga. Así pues, conociendo, los conceptos generales podremos adaptarlos a los particulares.

Conviene sin embargo conocer algunos esquemas que pueden aparecer en una obra y que, aparentemente puedan parecer que se salen de los establecidos. Uno de ellos es la UTE (Unión Temporal de Empresas), que explicaremos a continuación, en la que más de una empresa participa conjuntamente en la construcción de la misma obra. Otro es un sistema que algunos promotores, están intentando imponer basado en la figura del Project Manager (administrador de proyectos).

De las UTES.

Es frecuente que dos o más empresas constructoras se asocien, cuando existen intereses comunes, para ejecutar una determinada obra. Estas asociaciones son temporales, y duran en el tiempo lo que dura la obra. Cuando dos o más empresas se asocian para ejecutar una obra, lo hacen en lo que se denomina "unión temporal de empresas"o sencillamente "UTE". Las uniones temporales de empresas están reguladas por la Ley 18/1982, de 26 de mayo, sobre Régimen Fiscal de Agrupaciones y Uniones Temporales de Empresas y de las Sociedades de Desarrollo Industrial Regional, modificada parcialmente por la

Ley 12/1991, de 29 De Abril, de Agrupaciones de Interés Económico, y ésta a su vez por la la Ley 43/1995, de 27 de diciembre del Impuesto de Sociedades y por la Ley 66/1997 de 30 de diciembre, de Medidas Fiscales, Administrativas y de Orden Social así como la más reciente Ley 22/2003, de 9 de julio Concursal. Esta legislación, atiende a la peculiaridad de una empresa como la UTE, que se crea con un fin determinado y exclusivo y con la certeza de que durará un periodo de tiempo también determinado, generalmente corto, como es la duración de una obra.

La UTE se constituye exclusivamente como se ha dicho para una obra en cuestión, y los gerentes o representantes de las empresas que la forman designa los términos en que cada empresa participa, quien será el Gerente de la UTE, quién será el jefe de obra —que generalmente no suelen ser de la misma empresa—, así como quien será el resto del personal que aporte cada empresa. En casi todos los manuales de procedimiento de las empresas constructoras de España está que si se forma parte de una UTE, dicha empresa debe "intentar imponer" sus procedimientos, pero como toda sociedad, la UTE se constituye por acuerdo entre los socios, y entre ellos está, el procedimiento a seguir.

Si formamos pues parte de una UTE nos encontraremos que trabajamos "cedidos" por nuestra empresa a una tercera de la que esta participa, y por tanto conviene conocer lo que es una UTE desde luego, pero esto no cambia nada en cuanto a la organización de la obra: la establecerá el jefe de obra (o el Gerente, o el consejo de gerencia de la UTE), pero una vez establecida será, básicamente como aquí se ha enunciado. Probablemente las tramitaciones documentales sean distintas, los procesos de información, u otras tareas de coordinación, pero la organización de la obra, las funciones a desarrollar y las responsabilidades, responderán serán, como se ha dicho, las mismas que en una organización.

El administrador de proyectos

El administrador de proyectos, o como se denomina comúnmente *Project Manager*, es una figura importada de la organización empresarial americana, y que en la última década está tomando cierta relevancia en algunos promotores, que quieren ponerla en marcha. En realidad el Project Manager no coordina toda la obra, sino el ciclo completo del proyecto, y por tanto implica, desde el punto de vista de promotor la tarea que el propio promotor ejecuta. La figura del Project Manager, está asociada a la de un coordinador, encarnado por una persona conocedora de la construcción, experta en planificación y extraordinariamente exigente con todos los que intervienen en el proceso edificatorio. Aunque si lo miramos bien, la figura del Project Manager no es otra que la del promotor, o persona responsable en quien el promotor delega. No debemos deslumbrarnos porque sea una figura importada de un país, aparentemente más desarrollado en la cultura empresarial que el nuestro, sino que debemos entender esto en su justa medida, es decir, el promotor como figura que *"decide, impulsa, programa y financia"* (L.O.E. art. 9) los proyectos de edificación, lógicamente tiene el deber y el derecho de actuar en consecuencia y tanto coordinar y promover las tareas de obra y proyecto, así como exigir su cumplimiento a cada elemento de la organización, y en este sentido, puede nombrar a un representante que haga estas funciones y denominarlo si quiere "Project Manager". Ahora bien, no podrá suplir nunca al Director de obra, que como sabemos será el arquitecto (L.O.E. art. 12), ni al director de la ejecución de la obra, que como sabemos será el aparejador (L.O.E. art. 13), ni al constructor y su representante legal el jefe de obra (L.O.E. art. 11), así como al resto de agentes, ni por supuesto la responsabilidad en la obra, ni, naturalmente la autoridad.

A título de conocimiento daremos algunas pautas de lo que es un Project Manager, y que, reuniendo en si numerosas virtudes, su aplicación en la obra no debe chocar, con lo que es la organización que esta, en función de lo que se explica a lo largo del presente manual.

El Project Manager es la rama del *management* o administración de empresas, que tiene como misión administrar proyectos, desde, por ejemplo, la organización de una boda, el envío de un hombre a la luna o la construcción de un submarino. El Project Manager no es más que la persona que maneja los sistemas de programación que se crearon a final de la década de 1950 en EE.UU. y también en Europa.

El Project Manager se plantea cada proyecto (del tipo que sea) como una tarea individual, es decir, con un principio, un desarrollo y un final. Tomemos el ejemplo de Sísifo y pensemos que solamente tuviera que elevar su piedra a la cima de la montaña una vez, entonces estaría embarcado en la ejecución de un proyecto, pero por desgracia para el, está envuelto en una proceso completo de gestión. En cada proyecto podemos encontrar dos elementos: un objetivo a alcanzar y unos recursos para poder alcanzarlo, para un Project Manager hace falta un tercero: un Project Manager.

En primer lugar un Project Manager fija el objetivo: el objetivo es primordial y debe ser claro y útil: por ejemplo, "*calcular el número* Π", no sería un objetivo aceptable, sin embargo lo sería: "*calcular el número* Π *con 200 decimales*". El Project Manager entiende cada proyecto es singular y distinto, por tanto no existe una determinada manera de proceder, *a priori*, y de aquí que los recursos deban se estudiados, y aplicados en cada proyecto individualmente y desde el principio.

El papel, pues de un Project Manager en realidad es muy sencillo: alcanzar los objetivos, aunque desde el punto de vista empresarial esto objetivos deben optimizar una conjunción de tres factores: la calidad, el tiempo y el costo, debiendo encontrar un punto de equilibrio entre ellos. El Project Manager debe ser un experto en sistemas de planificación, como el PERT, CPM o Gantt.

Derivado y emparentado con las tareas del Project Manager, un recientísimo fenómeno en el pensamiento de la dirección de empresas es el TQM (Total Quality Management) , lo que podríamos traducir como Gestión Completa de Calidad, y significa la mayor exigencia de calidad aplicadas a las tareas del Project Manager, y que surge de la creciente competitividad en el mundo de los negocios.

8. ORGANIZACIÓN DOCUMENTAL DE LA OBRA

En la catedral se hizo / un túmulo, cuia rara / fábrica admiró en su pompa / la arquitectura romana. / El edificio soberbio / las quatro especies mostraba / de las colunas antiguas / que inventó Éfeso y Acaia: / las dóricas y corintias / las jónicas y tuscanias / que el español 'mauseolo' / hasta los zielos levantan / sobre los envasamentos / de pedestales y vasas / quadros, equinos, bozeles / lengüetas, escotas, çanjas, / nacelas, filetes, plintos, / murezillos, contravasas, / troquilos, planos, talones, / armilas, gradillas, bandas, / cuio hermoso frontispicio / con el capitel rematan / architrabes y cornixas / frisos y molduras varias / coronas, gulas, casetos / gotas, balaustres, armas / exes, triglifos, metopas / témpanos, linteles, jambas".

(Luis Vélez de Guevara: "La Serrana de la Vera")

8.1 Del archivo de la obra

PARA VENCER LA NATURAL AVERSIÓN que nos produce la acumulación de papeles y documentos, que cada vez son más en todos los procesos, así como el temor que producen de hacernos pasar de constructores a burócratas, prefiero siempre pensar en la etimología de la palabra *documento*: del latín "*doceo, -cui, -ctum*", que significa enseñar, instruir. Desde este punto de vista, desde el de la enseñanza o la instrucción, entiendo la labor documental no como, aquella frase que tanto se dice acerca de que parece que construimos más con papeles que con ladrillos, sino como algo necesario, que ayuda y que hay que manejar en su justa medida. Además, hemos aprendido que para cualquier acto intelectual de nuestra debemos *documentarnos*, lo que significa imbuir de rigor a nuestras reflexiones, comentarios u opiniones, cuanto más no deberemos hacer esto en nuestra vida profesional. Por consiguiente, por necesidad y por utilidad, debemos manejar y elaborar múltiples documentes durante la ejecución de la obra, se trata pues, de que estos documentos no solamente mantengan el orden que todo trabajo profesional debe tener, sino que se conozcan fielmente, y de sepa operar correctamente con ellos para maximizar la eficacia de nuestro trabajo.

El orden en el archivo de obra es tan importante como en la obra misma, nuestro trabajo se realiza en gran medida en el gabinete, y como tal, nos movemos entre documentación. Además, esta documentación es de capital importancia, para poder planificar la obra, para ejecutarla y para su ulterior utilización.

Lo ideal es que todas las empresas tuvieran un sistema homogéneo de archivos, y que todas las oficinas de obra tuvieran las mismas carpetas, en el mismo orden e incluso del mismo color. Podría parecer un poco exagerado en esta uniformidad, pero, tendría muchas ventajas: cualquier persona de la empresa podría trabajar ante una eventual sustitución, al comienzo de la obra no habría que pensar dónde poner cada cosa, pudiendo canalizar nuestros esfuerzos en algo más creativo, el orden haría que nuestro trabajo en relación con el archivo de documentación fuera mínimo y nada penoso, y seguramente no se traspapelaría documentos fundamentales.

Los que más se aproxima a una uniformidad en los archivos documentales son los sistemas de aseguramiento de calidad, que actualmente todas la empresas constructoras españolas medianas o grandes tienen como obligatorio en sus procedimientos, pero, en general, aun siendo el aseguramiento de calidad una actividad muy positiva en la construcción, en la mayoría de los casos se convierte en una de las cosas que vienen a sumar en el ”*debe*” de los técnicos de la obra, quienes, por regla general no encuentran un “*haber*” que lo compense, y engrosando la lista de tareas cubre-expedientes y engorrosas.

Como guía, incluiré a continuación una lista clasificada del último archivo que tuve en mi despacho de jefe de obra, dicha lista es copia del anterior, y esta de la anterior, lo que quiere decir que es un sistema pensado, y ordenado. En absoluto pretendo con ella que sea la mejor, y la incluyo a título de ejemplo.

1. DOCUMENTACIÓN GENERAL

Documentación básica de obra
—Contrato, presupuesto vigente y anexos.
—Licencia de obras
—Acta de comprobación de replanteo
—Libro de órdenes
—Actas de reuniones de obra
—Seguros
—Fotografías de obra
—Acta de recepción
—Liquidación

Registro de correspondencia
—Entradas
—Salidas

Archivo de correspondencia
—Entradas
—Salidas

2. DOCUMENTACIÓN TÉCNICA

Proyecto de ejecución (adjudicado)
—Pliego de condiciones
—Memoria
—Mediciones y Presupuesto
—Planos

Estudios y proyectos particulares de la obra
—Grúas torre
—Instalaciones de telecomunicación
—Instalación eléctrica
—Instalación de fontanería
—Otras instalaciones
—Estudio geotécnico
—Topografía

Control de calidad
—Plan de control de calidad
—Resultados y actas de ensayos
—Informes de la OCT

Programación técnica
—Programa de trabajos
—Seguimiento del programa de trabajos

3. DOCUMENTACIÓN ECONÓMICA

a) Documentación del departamento técnico o de producción:

Mediciones
Control Presupuestario de Obra (CPO)
Certificaciones

Expedientes
—Modificados y adicionales
—Revisiones de precios

Compras y subcontrataciones
Subcontratos y pedidos
Control de subcontratistas y proveedores
Agenda de proveedores

b) Documentación del departamento administrativo

Facturas y albaranes
Provisiones de gastos
Amortizaciones
Cesiones internas de la empresa
Fichas de almacén
Documentación de personal
—Nóminas y partes de trabajo
—Seguridad social
—Destajos
—Expedientes de personal
—Partes de alta y baja
Documentación contable
—Balances y cuentas de explotación
—Caja y bancos

4. DOCUMENTACIÓN DE SEGURIDAD Y SALUD

Estudio de Seguridad y Salud en
Plan de Seguridad y Salud en el Trabajo
Aviso previo
Entrega de documentación
Seguimiento y control de la prevención
Libro de incidencias y varios

5. DOCUMENTACIÓN DE ASEGURAMIENTO DE CALIDAD Y GESTIÓN MEDIOAMBIENTAL

Plan de aseguramiento de la calidad
Procedimientos generales de calidad
Procedimientos específicos de calidad
Programa de puntos de inspección
Registros de calidad
Registro de no conformidades
Plan de gestión medioambiental y registros

Es fácil observar que lo que se pretende aquí es exponer una clasificación sistémica de la documentación, pudiendo adoptar cualquier otra forma. Si lo hacemos así, no olvidaremos ningún documento y sabremos siempre, tanto nosotros mismos como cualquier persona a quien pueda interesar de nuestra organización, dónde están todos los documentos. En organizaciones de obra numerosas huelga decir que no tiene porqué está toda la documentación concentrada, pudiendo estar la documentación técnica en la oficina técnica, la correspondencia en la administrativa, etc. Aprovecharemos la clasificación expuesta arriba para explicar las particularidades más importantes que deban tenerse en cuenta en cuando a la documentación.

8.2 De la documentación básica de la obra.

Se incluyen en este apartado dos tipos de documentación, por un lado la documentación que denominamos "básica de obra", en la que como veremos a continuación, estarán los documentos de mayos trascendencia en la vida de la obra, y que deberán ser procesados con el mayor esmero; y por otro lado la correspondencia, de la cual debe existir en toda obra un registro así como un archivo independiente.

No es difícil que en algún momento de nuestra carrera, nos hallamos encontrado con un acta de replanteo, una copia de la licencia de obra, otra del contrato de obra y algún documento similar, guardado, incluso cuidadosamente, en una carpeta o cajón, aunque sin un orden concreto. Hemos englobado aquí, aquella documentación importante y que debe tenerse siempre presente, y de la cual se derivan actuaciones importantes para la obra, económicas, de plazo, legales y otras.

El contrato.

El contrato es el documento que establece la relación entre el contratista y el promotor, así como las responsabilidades e influencia de terceros como puede ser la Dirección Facultativa u otros. El contrato es un documento primordial, que refleja la voluntad de dos partes que se reconocen mutuamente una serie de obligaciones, expresando, de una forma más o menos pormenorizada, los detalles de estas obligaciones. El contrato tiene dos utilidades primordiales: servir de guía al proceso que en él se refleja, y ser una garantía legal para las partes que lo suscriben.

En el contrato por regla general tiene en cuenta los siguientes conceptos, para regular la relación entre las partes durante su vigencia:

1. Detalle de las partes que lo firman, y los representantes legales, de éstas, así como las escrituras de poder en virtud de la cual se reconocen reciproco poder.

2. El objeto del contrato: las obras de construcción, con detalle de las mismas, con referencia al proyecto de ejecución, e incluso dentro del propio proyecto suele establecerse un orden de prelación documental.
3. El precio que el constructor recibirá del promotor, la forma de calcular ese precio, la forma en que será abonado, el régimen de las certificaciones, el abono de acopios y las revisiones de precios.
4. Los conceptos o elementos que intervienen en la obra que serán por cuenta del promotor y los que serán por cuenta del constructor.
5. El plazo de ejecución de las obras, así como la referencia al programa de trabajos, los plazos parciales si los hubiere, así como las penalizaciones por retraso.
6. Las calidades de los materiales en la obra y el control a que deben ser sometidos, así como quién correrá con los gastos de dicho control
7. Las responsabilidades del constructor y las del promotor, y el régimen de trabajo en las obra.
8. Los seguros que se consideran necesarios para responder el constructor ante el promotor y ante terceros
9. El periodo de garantía, así como las retenciones o garantías económicas que el promotor se reserva durante dicho periodo y su forma de devolución.
10. La posibilidad de modificaciones al proyecto, quién y como las autorizará y como se valoraran.
11. El régimen de recepción de las obras
12. Motivos de resolución del contrato, y otras cláusulas o estipulaciones que ambas partes quisieran incluir.

Asimismo, el contrato suele tener anexos, que existen o no en el momento de la firma, o que deben ser aportados en algún momento según en figure en el mismo.

Es por tanto el contrato de obra un documento a tener siempre presente, y de lectura obligada antes de ejecutar cualquier actividad en la obra, ya que sin su conocimiento no podremos siquiera elaborar la planificación de la misma.

En algunos casos, cuando se contrata con órganos de la administración, el contrato de las obras hace referencia a la Ley de Contratos del Estado (Real Decreto Legislativo 2/2000, de 16 de junio), así como el Reglamento (Real Decreto 1098/2001 de 12 de octubre), textos que deberemos tener siempre presentes, conocer y saber manejar, perfectamente cuando trabajemos para algún órgano de la administración. Son particularmente importantes, tanto para elaborar la planificación técnica como el estudio económico de la obra, así como su desarrollo conocer perfectamente detalles como las anualidades presupuestarias de la obra, el sistema de certificación de anticipos por acopio de materiales o instalaciones, las cláusulas de revisión de precios mediante fórmulas polinómicas, la redacción de expedientes tales como modificados o complementarios al proyecto, la liquidación, e incluso el cálculo de la propia relación valorada de la certificación mensual, temas de los que trata, asimismo el presente apartado.

Licencia de obras

Es el documento, emitido por el servicio de urbanismo del ayuntamiento correspondiente, y que autoriza a que se pueda ejecutar la obra, de acuerdo al proyecto de ejecución presentado por el promotor para la solicitud de la misma, y bajo la dirección de un arquitecto y un aparejador. En la licencia de obras no solamente aparece el permiso expreso por parte de la autoridad municipal para que puedan comenzar las obras, sino que suele contener algunos preceptos que dicha autoridad estima deben tenerse en cuenta, durante la ejecución de la obra. Es éste un documento propio del promotor, quien es el autorizado por el ayuntamiento para construir la obra, no figurando el promotor en la misma, sin embargo, el constructor debe tener una copia de éste documento, no sólo para tener conocimiento de los términos en que está redactado, sino para tener constancia propiamente de su existencia. Es también habitual que la instalaciones que existan en la obra, incluidas oficinas provisionales, pertenezcan al constructor, y es conveniente que en la obra exista una copia de la licencia para ser exhibida a requerimiento de alguna autoridad competente. La licencia de obras también la "necesita" el constructor, puesto que muchos organismos en España exigen una copia de la misma entre la documentación a presentar para las solicitudes de las acometidas provisionales de agua, electricidad o teléfono.

En algunos casos, el ayuntamiento, por medio de su servicio de urbanismo o bien de otros que tengan competencia, concede la licencia urbanística, pero a condición de que se modifique alguna circunstancia del proyecto, tales como ubicación del edificio dentro del solar, altura de plantas, sustitución de elementos que no cumplan determinadas condiciones, etc. Circunstancia que obviamente es imprescindible conocer para poder cumplir.

Una vez finalizada la obra, y firmados los certificados finales de la misma por parte de la dirección facultativa, el ayuntamiento concede la licencia de primera ocupación, lo que supone la terminación oficial de las obras. Para la expedición de este documento, los técnicos municipales comprobarán que la obra se ha ejecutado de acuerdo con la licencia concedida en su momento. Este documento, generalmente no es de interés para el constructor.

Junto con la licencia de obras, o una vez concedida ésta, el promotor efectúa en el ayuntamiento la solicitud de alineaciones y rasantes —lo que se conoce normalmente como "tira de cuerdas"—, los detalles que figuran en el acta que se firma al efecto suelen ser de relevancia para situar las cotas del edificio con respecto a los viales, así como para marcar las alineaciones de fachadas, ambos puntos necesarios para proceder al replanteo de la obra.

Acta de replanteo

El acta de replanteo, o acta de comprobación de replanteo es el documento que se suscribe conjuntamente por el promotor, constructor, arquitecto y aparejador de la obra, y en que se hace constar que se ha efectuado el replanteo general de las obras, y que por tanto se pueden comenzar. En obras oficiales, y en casi todas las privadas, el acta de comprobación de replanteo incluye la autorización de inicio de la obra —normalmente al día siguiente—, y por consiguiente empieza a contar el plazo de la obra, de ahí la importancia del documento. En cuanto a obras oficiales, tendremos en cuenta para el acta de replanteo todo lo especificado en el artículo 139 y siguientes del Reglamento General de la Ley de Contratos de las Administraciones Públicas (Real Decreto 1098/2001, de 12 de octubre).

Este documento, por regla general está redactado por el promotor, —por la administración siempre en casos de obras oficiales—, y es casi un documento que el representante del constructor, normalmente el jefe de obra, firma, podríamos decir, "por adhesión". El día se fija normalmente de antemano, dentro del plazo que marque el contrato, y previamente el constructor, bien por sus medios y unilateralmente, o bien en colaboración con la dirección de obra, ese día tiene preparado el replanteo, marcado en el suelo con estacas, camillas, hilos, yeso y otro sistema que pueda hacer reconocible por todos los asistentes que el replanteo encaja con lo previsto en proyecto.

Llegado este punto, como decimos, se hace el trámite de firmar —o se redacta el borrador para firmarlo posteriormente, pero con la fecha del día—, y existe la inveterada costumbre de celebrar ese acto con un almuerzo conjunto. Esto es lo normal, lo habitual y aún diría más, lo deseable, ya que quiere decir que no hay obstáculos para empezar la obra y que en todas las partes existe una voluntad armónica de colaboración. Ahora bien, el constructor no debe perder nunca su rumbo y nunca debe firmar un acta de replanteo si no está conforme, en su totalidad, ya que desde ese momento, el reloj de la obra empieza a correr en su contra. En cualquier caso, si existe algún motivo que haga sospechar que pueda influir en el ulterior transcurso de las obras, se debe hacer constar en el acta de replanteo, no pasa nada por que en ese documento se haga constar como observación que se ha detectado una servidumbre, que los trabajos previos —si los hubiere— no han concluido, que el solar no está desocupado en su totalidad, o cualquier otra circunstancia de este tenor que pueda ser relevante.

El acta de replanteo, por tanto es otro de los documentos que consideramos básicos para el transcurso de la obra, y junto con ella deben archivarse también todos cuantos croquis, planos, detalles, fotografías, documentos que hagan referencia al objeto de la misma.

Conviene no olvidar que no sólo hay que replantear en "planta", sino tener en cuenta la altimetría del terreno y del proyecto. Recordemos las palabras de Fray José de Sigüenza en cuanto al replanteo de la traza del Monasterio de El Escorial: "*No estaba el área llana, sino con altos y bajos, que, aunque a la vista no hacía mucho exceso, cuando echaron los niveles no fue pequeña la diferencia".* En algunos casos la propia traza en horizontal o en planta del edificio puede estar condicionada a la altimetría del terreno, cuya correcta representación suele echarse de menos en no pocos proyectos de ejecución.

Es conveniente en este sentido fijar una cota de referencia en el comienzo de la obra. Siempre se habla de la "cota cero", o cota de partida. En la mayoría de proyectos que he manejado —no en todos—, la cota cero (cota ±0,00) suele corresponder con la cota de la solería terminada en planta baja, o en un determinado punto de esta planta cuando hay múltiples planos de cota. Esto significa que tendremos que manejar cotas negativas (-) y positivas (+) durante la obra. No es que sumar y restar sea una operación difícil, pero si eliminamos esto eliminaremos errores así como obtendremos mayor rapidez en todos los cálculos, y esto es tan sencillo como en lugar de llamar a esta cota ±0,00 llamarla la cota +100,00, o bien usar las cotas absolutas del plano topográfico de España. Esto, en principio podría parecer una nimiedad, pero la experiencia enseña que suele haber más errores manejando cotas que replanteando "en planta", y además afectan a elementos que, llegado una determinado momento en la obra pueden ser causa de problemas de difícil solución como pueden ser en saneamientos, escaleras, rampas de garaje o accesos. Baste, pues esta reflexión, para tomar conciencia de lo importante que es no olvidar en el replanteo las cuestiones de altimetría, y fijar claramente en el terreno y documentalmente las cotas de referencia, que una vez se haga no deben variar nunca a lo largo de la obra, bajo ningún concepto.

Libro de órdenes

El libro de órdenes es un libro que normalmente aporta la dirección facultativa de la obra, ya que lo facilitan los colegios de arquitectos cuando visan la nota de encargo para la dirección de obra, o bien en caso de obras oficiales el organismo de la administración competente.

Los modelos pueden variar pero generalmente son libros foliados e identificados con los datos de la obra a la que corresponden, cuyas hojas tienen tres copias: el original para el constructor, una copia para el arquitecto y otra para el aparejador. Los libros de órdenes son deben ser entregados con la documentación final de la obra y son de uso exclusivo de la dirección de obra —el arquitecto y el aparejador, habitualmente—, debiendo firmar el representante del constructor quien en ese momento reciba la instrucción que se haga constar en él, dicha firma solamente ratifica que la instrucción ha sido recibida, lo que normalmente se denomina como "enterado".

El libro de órdenes puede que se encuentre en la obra, o puede que lo lleve consigo la propia dirección de obra, hay que tener en cuenta que es un documento al que el constructor sólo tiene acceso para leerlo y firmar haciendo constar que ha recibido la instrucción o instrucciones correspondientes. Es habitual, no obstante, que cuando existe en la obra una instalación con una oficina mínimamente dotada, el libro de órdenes esté en la misma, a disposición siempre del miembro de la dirección de obra que lo solicite. Las órdenes o indicaciones que la dirección facultativa suele hacer figurar el libro se refieren a aclaraciones sobre el proyecto, pequeñas modificaciones, aprobación de muestras, revisión de elementos de obra, o cualquier otra. No debe nunca el constructor o representante negarse a firmar en el libro cuando las órdenes no sean de su agrado, pongamos por caso que haya que demoler una parte de la obra, o cualquier circunstancia que comporte una decisión drástica de la dirección facultativa, el tendrá que hacerlo siempre, y si piensa que la dirección facultativa ha actuado arbitrariamente deberá usar otros caminos de comunicación, quedando claro, que ni esto es lo habitual ni lo deseable. El constructor debe entender la responsabilidad que actualmente pesa sobre los hombros de los arquitectos y aparejadores que ejercen su profesión como directores de obra, por lo cual algunas veces están —estamos— obligados a hacer anotaciones que no nos gustaría hacer. Que cada agente que interviene en la obra cumpla con su obligación, es la solución más deseable que se podría encontrar.

Actas de reuniones de obra

No tienen el mismo alcance que las anotaciones en el libro de órdenes, puesto que son podríamos decir, de régimen interno entre los que intervienen en la obra, pero es muy conveniente levantar acta de las reuniones de obra, ya que, como reza un conocidísimo proverbio medieval "*verba volant, scripta manent*". Estas actas puede que las redacte la dirección de obra, o el promotor, pero es aconsejable que lo haga el constructor, en el caso de que nadie tome la iniciativa. En todas las reuniones de obra se toman notas, se hacen croquis —es difícil encontrar un técnico que no sienta deseos de apoyarse permanentemente con un pequeño bosquejo, aunque sea en una servilleta de papel—; pues bien, si todo esto se ordena desde un principio se sistematiza y se archiva, pasado el tiempo será de una gran ayuda para todos.

Seguros

Las empresas constructoras tiene aseguradas las obras, normalmente en dos clases de seguros: en primer lugar un seguro a todo riesgo que cubra de los daños que puedan sufrir tanto los equipos, maquinarias, instalaciones o medios auxiliares que existan en la obra, como la propia obra en sí, en lo que se refiere a las unidades de obra ya ejecutadas. En segundo lugar un seguro de responsabilidad civil, para responder de los daños que la actividad constructiva normal de la obra pueda producir a terceros. En la mayoría de los casos los contratos obligan a que el constructor tenga un seguro de determinadas características, el cual deberá acreditar ante el promotor según se le requiera.

El jefe de obra debe conocer, el seguro así como disponer de una copia —o el original si procede— de la póliza, documentación que archivará convenientemente. Aquí se considera esta documentación como básica de obra.

En cuanto al conocimiento de los seguros, los técnicos no debemos convertirnos en expertos, pero si debemos conocer al menos los conceptos básicos sobre este tema. He aquí, algunas definiciones de estos conceptos.

Se llama póliza al contrato suscrito entre la compañía de seguros —asegurador— y el asegurado. Estos contratos, suele ser de los denominados "de adhesión", es decir las compañía tienen unos contratos tipo, con una cláusulas ya establecidas que los aseguradores se limitan a aceptar. No obstante las grandes empresas constructoras suelen negocias acuerdos globales para todas sus obras, con condiciones ventajosas.

Se llama tomador del seguro a la persona o entidad que contrata el seguro con la compañía aseguradora. Puede coincidir con el asegurado, aunque rigurosamente no es el mismo concepto, ya que una entidad puede contratar un seguro con una compañía y ser por tanto el tomador, no siendo, en todo o en parte el beneficiario o asegurado. Se llama *prima* al importe económico que el tomador debe pagar al asegurador, por la prestación del seguro. Por tanto, y resumiendo, el *asegurador*, mediante el cobro de una *prima*, contrae el compromiso con el *tomador* del seguro, para el caso de que se produzca un evento cuyo riesgo es objeto de *cobertura*, de resarcirlo mediante una *indemnización*, según las estipulaciones que se hayan pactado en la póliza.

Es importante conocer la *franquicia* de nuestros seguros si es que la tienen. En el lenguaje de los seguros se denomina franquicia a la una cantidad económica que está exenta de indemnización por parte del asegurador, es decir, si sufrimos daños por un importe inferior a la cantidad de la franquicia, no recibiremos indemnización alguna, y en cualquier caso, la cantidad que figure en la franquicia será descontada de la indemnización que tuviere lugar.

En el apartado del archivo correspondiente a seguros, además de las pólizas correspondientes, incluiremos cualquier documentación que genere algún eventual siniestro que pueda producirse en la obra.

Fotografías

Cuando se escriben estas líneas, la fotografía digital está tan extendida que podemos entender que hay saturación de información gráfica, hoy día, cualquiera lleva una cámara de fotos en el bolsillo —el propio teléfono móvil—. Esto no siempre ha sido así, pero en cualquier caso, la información fotográfica de la obra es muy importante, tanto para ver un detalle concreto de cómo se ejecutó una parte de la misma, como para estudiar, a posteriori, los plazos de ejecución. Evidentemente no hay obra sin fotos, pero debemos hacer fotos, y guardarlas en un archivo fotográfico de la obra, desde el punto de vista técnico, nunca hacer reportajes interminables sino de pocas fotos pero que reflejen la obra para un análisis posterior. Estimo imprescindible una fotografía —o conjunto de ellas— del solar antes del comienzo de la obra, y lo mismo para la obra una vez finalizada.

Acta de recepción

El acta de recepción de la obra es al promotor lo que es acta de replanteo al contratista, o dicho de otra forma, con el acta de replanteo se "el promotor entrega el solar al constructor", con el acta de recepción "el constructor devuelve el solar, con el edificio terminado, al promotor". Tradicionalmente existían dos recepciones de obra, "la recepción provisional" y la "recepción definitiva". La recepción provisional correspondía a la finalización de la obra, y al comienzo del plazo de garantía —un año, por regla general—, cumplido el cual, se procedía a la recepción definitiva. En ambos casos se redactaba un acta homóloga al la de replanteo, que dejaba este hecho reflejado, y firmado por todas las parten intervinientes en la obra.

Actualmente la L.O.E. en su artículo 6, contempla una única recepción de obra, y la define así:

> *"La recepción de la obra es el acto por el cual el constructor, una vez concluida ésta, hace entrega de la misma a promotor y es aceptada por éste. Podrá realizarse con o sin reservas y deberá abarcar la totalidad de la obra o fases completas y terminadas de la misma, cuando así se acuerde por las partes"* (Art. 6.1).

Describe seguidamente la L.O.E. el acta de recepción, y los datos que debe incluir, entre los que se debe indicar el coste final de la ejecución material de la misma. En cuanto a las reservas que puede incluir, se harán costar el plazo para que sean subsanadas, que en su caso serán motivo de un acta aparte, suscrita por los firmantes de la recepción.

Es el acta de recepción, el documento que de alguna manera cierra la obra de forma física, aunque contablemente no lo haga. Es un documento que habrá que archivar junto con el resto de la documentación básica a la que se refiere este apartado, ya que cuando tenga lugar significará de alguna manera que la oficina de obra está desmontándose o trasladándose —poco a poco nos hacemos amantes de lo efímero—, pero pasará al archivo general de la empresa, la delegación o dónde corresponda. Es un documento a conservar, por tanto durante el periodo de responsabilidad del constructor, y que se completará, como se ha dicho con la liquidación de la obra, que se explica a continuación.

En caso de obras oficiales tendremos en cuenta lo establecido en el R.C.A.P., concretamente en el artículo 163, en el que figura la obligación del contratista de avisar de la fecha de terminación de la obra; el artículo 164, en relación con quien marca la fecha y quien debe asistir al acto; el artículo 165, que habla de la posibilidad de recepciones parciales, en relación con el artículo 145.5 de la Ley de Contratación de las Administraciones Públicas (Real Decreto Legislativo 2/2000, de 16 de junio), que establece que "*podrán ser objeto de recepción parcial aquellas partes de obra susceptibles de ser ejecutadas por fases que puedan ser entregadas al uso público, según lo establecido en el contrato*".

La liquidación

Nos queremos referir, no solamente a la liquidación propiamente dicha de las obras, sino a todos los expedientes que conformen el precio final de la misma. Como es sabido, el precio de la obra no se calcula sino al final, y es cuando esta se liquida, deduciéndose como es lógico las certificaciones cursada y abonadas, que tienen siempre carácter de pagos a "buena cuenta", o anticipos.

En la liquidación estarán incluidos todos los expedientes que se hayan generado, como pueden ser modificados, complementarios o revisiones de precios. La liquidación de obra no contempla el total pago de la misma, ya que por lo general, el promotor se reserva un porcentaje, que abonará al contratista cumplido el plazo de garantía, y que deberá estar reflejado en el contrato.

Los documentos de la liquidación, normalmente pasarán a otro departamento de la empresa, quien se encargara como ya se ha dicho de custodiar esta documentación durante el tiempo necesario, y que además la necesitará para que se reclamen los pagos de las retenciones pendientes de devolución.

Cuando se trate de obras oficiales la liquidación se hará, en primer lugar según el procedimiento que establece el artículo 166 del R.C.A.P., en función de realizar la medición general de las obras para elaborar la liquidación de las mismas.

Archivo de correspondencia

Es aconsejable archivar toda la correspondencia en un archivo "ad hoc", compuesto por un archivo propiamente dicho, en el que se guarde, por orden cronológico, toda la correspondencia que la obra genere, así como un libro de registro en el que se anoten las entradas y las salidas. Se dispondrá, al efecto en la obra de un sello, con fechas para marcar con el todos los documentos, tantos los que salgan como los que entren. El sello, cuya tinta es aconsejable que no sea negra para que evitar confusiones entre copias y originales, permitirá que a los documentos se le dé un número correlativo —las salidas tendrán una numeración y las entradas tendrán otra, como es lógico—, y que se marcará en todos los documentos. De la correspondencia de salida se guardará siempre copia, en archivo de salidas.

Aunque archivemos determinados escritos en otras secciones de nuestro archivo, por que el asunto del que traten esté relacionado con la materia en cuestión, siempre se archivará el original en el archivo de correspondencia.

Esto que en algún momento nos puede parecer un exceso de burocracia tiene múltiples ventajas. En primer lugar, nunca perderemos una carta, de la que además quedará referencia en el registro. En segundo lugar, mediante el registro podremos localizar con mayor facilidad cualquier escrito. Y en tercer y último lugar, al ir todos nuestros escritos sellados con un número de registro de salida, daremos una imagen de seriedad y rigor en el trabajo, al darle un carácter un poco más oficial a la correspondencia enviada. En realidad esto no es nada nuevo, la mayoría de los organismos oficiales lo usan, así como buena parte de empresas y oficinas de distinto tipo. El uso del sistema, como todos, hace que lo que al principio parece engorroso, en un futuro nos podrá evitar innumerables problemas.

8.3 De la documentación técnica de la obra.

El proyecto de ejecución

El primer documento, o conjunto de documentos técnicos de la obra lo compone el proyecto de ejecución, al que solemos denominar "proyecto adjudicado", ya que es el que ha servido de base para elaborar la oferta económica, y consecuentemente el contrato de la obra. El contrato hará referencia al proyecto, como elemento de referencia fundamental.

> *"El proyecto es el conjunto de documentos mediante los cuales se definen y determinan las exigencias técnicas de las obras contempladas en el artículo 2. El proyecto habrá de justificar técnicamente las soluciones propuestas de acuerdo con las especificaciones requeridas por la normativa técnica aplicable"* (L.O.E. art. 4.1).

Es esta la definición que contiene la legislación cuanto al proyecto. El articulo 2, al que éste hace referencia, se refiere a las obras a las que la L.O.E. es de aplicación es decir, a las obras de edificación, cuya definición y ámbito están en esta ley.

Históricamente las obras se han realizado a partir de unas trazas generales, y no sobre un proyecto de ejecución totalmente definido, tal como hoy lo conocemos, y fundamentalmente compuesto por representaciones gráficas, el cual se iba desarrollando a medida que la obra se realizaba. La representación gráfica más antigua que se conserva —podríamos decir que es el *plano* más antiguo de que se tiene noticia— es una tablilla de arcilla hallada en Tell-Asmar, Irak —la antigua Eshnunna de Mesopotamia—, que data del tercer milenio a.C., y que representa los planos de una casa, su tamaño no va más allá del de una baraja de cartas. También se conserva un papiro egipcio, procedente de Ghorab, representando los planos de un templo, y que contiene una cuadrícula para guardar las proporciones, probablemente pertenece a la XVIII dinastía (s. XVI a.C.). Otro plano que supone una joya de la arqueología documental es el plano de Saint Gall (Suiza) que es el dibujo más antiguo que se conserva de la época medieval, fechado en el año 820 de un tamaño aproximado de treinta por cuarenta y cuatro pulgadas, está confeccionado en cinco hojas de piel de becerro, e incluso conocemos a su autor, el monje Gozberto de Saint Gall.

En el artículo 4.1 de la L.O.E., también se especifica que si existen diferentes proyectos o proyectos parciales todos tendrán la "*necesaria coordinación sin que se produzca una duplicidad en la documentación, ni en los honorarios a percibir*".

El proyecto de ejecución es el guión sobre el cual debemos hacer una película, valga el símil, con lo cual su importancia es fundamental. Podríamos ejecutar la obra sin mucha documentación, que es importante para las otras implicaciones, pero en realidad, el único documento necesario, para, poder, construir, es el proyecto. El proyecto debe ser completo y debe abarcar toda la ejecución de la obra, hasta en los más mínimos detalles. Siguiendo con el símil anterior, recordemos que Alfred Hitchcock (1899-1980), el genial realizador británico, solía decir que una película estaba terminada cuando el guión lo estaba, expresando así que en el guión figuraban todos los detalles de la misma, y en este sentido, el autor de este manual es también partidario de esa afirmación traspasada a la arquitectura: en el proyecto está todo. Desafortunadamente no es así siempre, encontrándonos proyectos, con múltiples deficiencias, indefiniciones, carencias, soluciones imposibles, errores y contradicciones, y en el mejor de los casos, cuando el proyecto es completo y está bien definido, también se introducen cambios, normalmente durante la marcha de la obra, en algunos casos, incluso estos cambios serán propuestos por el mismo constructor, que nunca, podrá hacerlos por su cuenta.

Un proyecto, para ser completo consta de los siguientes documentos: pliego de condiciones, memoria, mediciones y presupuestos y plano. De forma que cuando nos hablemos de proyecto de ejecución, y de que debemos contar con él, debemos tenerlo completo, y esto viene a colación ya que es muy extendida la tendencia de solamente hacerle caso a los planos, y obviar, como se de documentación inútil se tratase, el pliego de condiciones, u otra cualquiera. En el contrato deberá hacer referencia al proyecto, y también en qué orden prevalecerá la información en él contenida, en el caso de que existan contradicciones. También deberá esta regulado en el contrato como se establecerán las modificaciones al proyecto, y como se valorarán éstas.

Es por tanto el proyecto de ejecución un documento de múltiple utilidad, como hemos visto es el guión de lo que tenemos que hacer que es su principal finalidad y por otro lado es un elemento que va a regular toda la marcha de la obra, en sus soluciones técnicas, en su valoración y en su ritmo de ejecución.

Dada la importancia del proyecto es conveniente archivar el documento original que nos hayan suministrado al principio de la obra, y trabajar siempre sobre copias del mismo.

Dentro de la documentación de proyecto, se incluye, al mismo nivel que éste el Estudio de Seguridad y Salud, y al que aplicaremos todo lo dicho para el proyecto de ejecución, aunque se puede optar por incluirlo en la documentación correspondiente a seguridad y salud. Tan correcto es el criterio de considerarlo al mismo nivel que el proyecto de ejecución, ya que de alguna manera forma parte de él, como el de incluirlo entre la documentación de seguridad y salud, puesto que es la base para elaborar el Plan de Seguridad y Salud en el Trabajo, así como el presupuesto que se deberá tener en cuenta en las certificaciones y el la liquidación.

Estudios y proyectos particulares de la obra

Englobaremos en este apartado aquellos proyectos o estudios técnicos que particularmente haya que hacer para la ejecución de la obra, en algún caso formarán parte del proyecto de ejecución y en otros serán necesarios simplemente para la ejecución de la obra. Estos proyectos serán encargados por el promotor o por el constructor, según se establezca en el contrato de ejecución de la obra. Entre los que normalmente nos aportar el promotor están: el estudio geotécnico, y el proyecto de telecomunicaciones. Y entre los que habitualmente ejecuta el constructor están los proyectos de las instalaciones, los proyectos de instalación de las grúas torres. Podemos también contar en la obra con algún otro tipo de proyecto o estudio técnico, como son levantamientos topográficos, cálculos de estructuras y cimentaciones, u otros.

El *estudio geotécnico* es necesario para ejecutar la obra en la actualidad en la actualidad, según para que tenga efecto la póliza de seguro decenal, aunque siempre ha sido recomendable para conocer las características geológicas del suelo y del subsuelo donde se enclava el edificio. No debemos pensar que es un documento que se ha tenido en cuenta para redactar el proyecto, ya que puede contener información imprescindible para ejecutar la obra, como pueden ser recomendaciones para la cimentación, drenajes, ubicación de niveles freáticos, contenido de elementos que puedan afectar a la cimentación, etc. Es pues, un documento que hay que conocer, debiendo ser de obligada lectura antes de acometer la ejecución de la obra.

El *proyecto de telecomunicaciones*, corresponde a lo que legalmente se denomina proyecto de infraestructura común de acceso a los servicios de comunicación, o I.C.T.. La propia L.O.E., en su Disposición adicional sexta, se refiere a este tema, modificando el Real Decreto-Ley 1/1998 de 27 de febrero de infraestructuras comunes en los edificios para el acceso a los servicios de telecomunicación, modificando la redacción de su artículo 2. El citado Real Decreto-Ley, impone la obligación de redactar un proyecto específico en esta materia, por un técnico competente en esta materia—ingeniero o ingeniero técnico de comunicación—, y que también es de obligada realización. Este proyecto, podríamos enclavarlo en la misma sección del proyecto de ejecución de la obra —de la misma forma que incluimos el estudio de seguridad y salud—, pero, en la actualidad no todos los promotores lo realizan, dejándolo en manos del constructor, de la misma forma que el resto de proyectos de instalaciones, aunque, como veremos a continuación, no tiene la misma entidad.

Efectivamente, los *proyectos de instalaciones* —como son la instalación eléctrica y la fontanería, normalmente, aunque pueden estar otras incluidas— se realizan por técnicos competentes en la materia, ya que para que las delegaciones de industria correspondientes, aprueben la instalación mediante el visado de los boletines de la instalación emitidos por instalador autorizado. La practica habitual es encargarlos a técnico competente —como en el caso anterior ingeniero o ingeniero técnico industrial—, y lo suele hacer la propia empresa que hace la instalación, pero realmente esto no es necesario, ya que por regla general las instalaciones están ya incluidas en el proyecto de ejecución, y por tanto se está incurriendo en la duplicidad —en la documentación y en los honorarios—, que advierte en artículo 4 de la L.O.E., ya que los arquitectos, están perfectamente autorizados para realizar estos proyectos. La practica habitual, como en otros campos de la vida, contradice la razón, y pesa más que ella, y nadie quiere soportar los tediosos trámites que supondría ante la mayoría de las delegaciones de industria (autonómicas o estatales), asumiendo el encargo de estos proyectos a otros técnicos, que cumplen perfectamente su función, que es la de legalizar las instalaciones. Para el constructor es algo a tener en cuenta cuando contrata —subcontrata— las instalaciones de la obra.

El *proyecto* de la instalación de *grúa torre* también es obligatorio para que se autorice la instalación. Ya que actualmente no se conoce un elemento o medio auxiliar que pueda sustituir el trabajo de una grúa torre, esta maquinaria es de presencia prácticamente obligada en casi todas las obras de edificación. Baste saber que es de obligada redacción por técnico competente y que este suele ser un ingeniero o ingeniero técnico industrial —es poco conocido por los aparejadores o arquitectos técnicos que también tienen competencia para redactar estos proyectos—, aunque todas la empresas especialitas en montaje y mantenimiento de grúas torre conocen este asunto y lo tienen perfectamente te procedimentado, así como los departamentos de maquinaria de las grandes empresas.

Cualquier otro elemento de estas característica, ya sea proyecto, estudio, informe o similar podremos —o según el método aquí establecido "debemos"— archivarlo aquí. Hemos puesto como ejemplo un levantamiento topográfico o un cálculo estructural, pero no hay que limitar el campo en este sentido, pudiendo existir otros documentos tengan cabida en este aparato.

Puede incluirse aquí también la documentación técnica de carácter obligatorio que ciertos suministradores deben aportar, como es el caso de elementos prefabricados de hormigón.

Control de Calidad

Nos referimos a la documentación que genera este punto específico, y tendremos aquí como documentación el plan de control que debe establecer la dirección de obra, así como la documentación que se genere por el cumplimiento de dicho control. El plan de control debe ser de conocimiento del personal de supervisión de la obra que tenga que llevarlo a cabo, o deba preocuparse de que se haga. Es conveniente hacer esquemas o resúmenes sobre todo para los ensayos que deben hacerse en la obra "in situ" y en un momento determinado, como es la toma de muestras de hormigón o el control de densidades de compactación (ambos son ejemplos). Debemos tener en cuenta también toda la documentación que generen los resultados no satisfactorios de los ensayos, como puede ser, contraensayos, correspondencia, indicaciones de la dirección facultativa para reparar los defectos, y resultado definitivos satisfactorios.

Informes del OCT

El OCT, es el ORGANISMO DE CONTROL TÉCNICO, al cual, en este capítulo le damos una importancia relativa a nivel documental, y desde el punto de vista del constructor, ya que es un agente que interviene por parte del promotor.

En relación con el artículo 17 de la L.O.E., que determina las responsabilidades de los distintos agentes que intervienen en la edificación, así como de los tipos de responsabilidades en función del tiempo en que se mantienen vigentes una vez concluida la obra, así como el artículo 19 y la Disposición Adicional Segunda de dicha Ley, dónde se establece la obligatoriedad de que el Promotor contrate los correspondientes seguros para cubrir las distintas responsabilidades, las compañías de seguros, para que sus pólizas tengan vigencia, exigen los informes de unas entidades debidamente homologadas que se denominan con el título de este epígrafe: Organismo de Control Técnico. Este organismo, es, asimismo contratado por el promotor, y deberá intervenir tanto para comprobar el proyecto de ejecución, emitiendo el correspondiente informe, así como las diferentes fases de la obra que hayan sido contratadas por el promotor en función del seguro.

Desde el punto de vista del constructor, la OCT no generará —normalmente— documentación que sea del interés del constructor, ni siquiera que vaya destinada a éste, ya que su relación es con el promotor. Sin embargo, es conveniente conocer sus funciones, ya que existirán técnicos distintos de la dirección facultativa de la obra, que visitarán la obra, que incluso la propia dirección de obra nos informará de sus visitas, o, en algunos casos, hasta nos pedirá que los avisemos para revisar una determinada unidad de obra para su visto bueno. Los técnicos de la OCT no tiene poder decisorio en la obra, todo lo que comenten, digan o indiquen no habrá que tomarlas sino a título de observaciones, pero, habida cuenta de que para el promotor es de vital importancia el seguro y para la compañía de seguros los informes de la OCT son decisorios, entenderemos que una observación del técnico de la OCT será casi como una instrucción de la dirección de obra, aunque, en puridad, debemos esperar a que sea la dirección de obra quien nos la haga saber.

En cuanto a la documentación que por causa de la OCT se genere en la obra y que sea del interés del constructor, debemos saber también que hemos de controlarla como otra cualquiera. Hemos de saber, que dice la experiencia, que cuando todos los informes de la OCT son positivos, el constructor no recibe noticia alguna, aplicándose aquí el aforismo "falta de noticias, buenas noticias".

Programación técnica

Sección destinada a toda la documentación que genera la programación de la obra, y de la que nos ocupamos ampliamente en el capítulo 2 del presente manual. Archivaremos todas las versiones y revisiones de la planificación técnica que se elaboren, así como la correspondencia y documentación anexa a que tenga relación con ésta, así como su seguimiento.

8.4 De la documentación económica de la obra.

La documentación económica de la obra está compuesta por multitud de elementos, a los que nos referimos y explicamos exhaustivamente en otros capítulos del presente manual, o que incluso quedan fuera de él al tratarse de elementos muy específicos, como es la documentación administrativa o contable, de la que necesariamente solo existen referencias. La primera parte es documentación puramente técnica y la segunda es administrativa, aunque ambas forman parte de la misma documentación de la obra, lo normal es que estén separadas puesto que el personal que realiza las labores técnicas y administrativas, rara vez el mismo. Nos ocuparemos aquí de explicar lo que corresponde a la documentación económica-técnica, dejando la documentación económica-administrativa sencillamente enumerada en el primer apartado de este capítulo, y en cualquier caso, hay suficientes referencias en el manual a esta documentación, de acuerdo con el interés del jefe de obra, y del resto de los técnicos de la misma.

Mediciones

El estado de mediciones de la obra debe ser una de las primeras labores que el jefe de obra con su equipo debe realizar. Como hemos dicho, el estado de mediciones que contienen los proyectos de ejecución no siempre está elaborado de una forma rigurosa, o con los mismos criterios de medición que nosotros podamos tener para ejecutar la obra, además de que es una labor, que como cualquier labor humana, por supuesto puede contener errores, que en cualquier caso hay que evitar y corregir. La medición debe hacerse de forma completa, rigurosa, y sistemática, si trabajamos con este rigor al principio, después en el transcurso de la obra evitaremos muchísimos errores y sobresaltos además de que nuestra tarea será mucho más cómoda.

La medición es la base del conocimiento de la obra, para poder calcular sus costes y su valor, para poder establecer correctamente los subcontratos y pedidos, para poder realizar la planificación y para saber como hemos de ejecutar la obra.

La medición se archivará y servirá como guía de todo nuestro trabajo, y en conjunto con ella iremos archivando la medición de la obra ejecutada según se produzca esta ejecución, y que servirá para controlar la producción, elaborar la relación valorada de la certificación, elaborar las fichas de subcontratistas y sus consiguientes facturaciones y controlar el programa de trabajos.

Para tener una referencia de cómo deben ser las mediciones, —como en otros capítulos de este manual—, hago aquí referencia al texto "Apuntes de mediciones, valoraciones y presupuestos de obras", de Fernando Mansilla, no teniendo nada más que aportar el autor del presente manual a lo que dice el citado texto.

Control Presupuestario de Obra (CPO)

En cuanto al Control Presupuestario de Obra, lo que en este manual definimos como CPO y que se explica en los primeros capítulos del presente manual, no nos extenderemos más aquí, puesto que ya están todos los documentos suficientemente explicados. Cualquiera que sea la empresa en la que nos encontremos tendremos algún documento análogo a este, que deberemos archivar y manejar como un elemento fundamental para el control de la obra y la consecución de sus objetivos, y que estará compuesto por el estudio económico inicial, sus revisiones periódicas y los controles mensuales.

Las certificaciones

La certificación de obra, sin embargo si es un documento común a todas las obras grandes y pequeñas, en empresas de todo tipo, y que indefectiblemente se realiza cada final de mes, bien por parte de la dirección facultativa de la obra, como debería ser siempre, bien por parte del propio constructor que la presenta a la dirección de obra o directamente al propio promotor, o bien realizada conjuntamente entre el constructor y la dirección facultativa.

La certificación de obra, es un documento que se redacta con una periodicidad establecida en el contrato de obra —es rarísimo que esta periodicidad no sea mensual—, que suscribe la dirección facultativa de la obra con el objeto de que el promotor abone al constructor las cantidades económicas correspondientes a la obra ejecutada en el periodo que contempla. Para realizar la certificación de obra es necesario elaborar previamente una relación valorada de la obra ejecutada, que no es sino un estado de mediciones de la obra realmente ejecutada hasta la fecha en que se realiza la certificación, al que se le aplican los precios de las unidades de obra según figuren en el presupuesto aprobado de la obra, en el cuadro de precios, en el contrato o en documento análogo.

Para elaborar la certificación de obra hay que tener en cuenta en qué términos está redactado el contrato de la obra, y en este sentido podemos diferenciar varias posibilidades:

1. Contratos con un presupuesto abierto que dejan el cálculo del precio de la obra a la aplicación de los precios contratados a la medición que realmente se ejecute en la misma.
2. Contratos con un precio cerrado e invariable, como una cantidad fija que previamente está establecida.
3. Contratos en los que una parte de la obra, normalmente cimentación y acondicionamientos de terrenos, tienen un presupuesto abierto, y el resto de la obra un precio fijo y cerrado, que en cuanto a elaborar la certificación comparten criterios de los dos sistemas anteriores.

En cualquiera de los casos, como decimos la certificación suele estar establecido que se redacte una vez al mes, siendo el reflejo lo más aproximadamente posible de la obra realmente ejecutada hasta ese momento.

Puede que nos encontremos otros sistemas de certificación, que no son muy habituales pero que existen: como son la certificación por hitos, en la que el contrato establece una serie de hitos como pueden ser: terminación de cimentación, terminación de estructura, terminación de cubiertas, terminación de albañilería, terminación de revestimientos, y terminación de obra —citados aquí como mero ejemplo— y el los que se establecen unos determinados porcentajes. Este sistema lógicamente se adecua más a las obra con precio cerrado o fijo. Puede también existir otros sistemas, como pagos anticipados a cuenta que el contratista vaya justificando, o el sistema de "obras por administración", del que hablaremos al final de este apartado por tener un tratamiento especial. Pero en cualquier caso, el sistema que nos interesa aquí, por ser el habitual es el de las certificaciones mensuales.

Las certificaciones de obra tienen el carácter de pago anticipado, ya que se considera que el pago de la obra no se hace sino cuando el constructor entrega su producto al promotor, y se calcula el precio definitivo en la liquidación, lo que es común para obras "a precio cerrado" y "a medir", ya que en cualquiera de los dos casos suelen existir modificaciones o circunstancias que alteran el precio inicial, por lo tanto la obra la suele hacer el contratista lo que se conoce como "a riesgo y ventura", es decir, que una determinada unidad de obra se incluya en una certificación, no significa que la dirección facultativa admita que está bien ejecutada, sino que es simplemente el baremo que establece para poder cuantificar los adelantos a cuenta que en definitiva suponen las certificaciones. Además se deben elaborar siempre a origen, esto es, la medición de cada relación valorada se ejecutará midiendo la parte ejecutada de cada unidad de obra completamente, no sólo la ejecutada en el periodo a que corresponda y añadiendo la medición anterior, sistema que llevaría a acumular errores, de esta manera haciéndose "a origen", si en una certificación existe un error, en la siguiente se corrige automáticamente. Resumiendo, las dos características que tienen las certificaciones de obra, y que nunca hay que olvidar es que:

—son documentos que establecen los anticipos que el promotor abona al constructor "a buena cuenta" de la liquidación,
—se realizan siempre a origen, de forma que cada certificación engloba el total de la obra realizada hasta ese momento, para calcular el pago, simplemente se deduce lo certificado anteriormente.

En primer lugar nos ocuparemos de las certificaciones de obras con presupuestos abiertos, o como se suele decir "a medir", como es el caso de las obras con las administraciones públicas, en su mayor parte. En este caso los contratos que están redactados en los términos de presupuestos abiertos, se basan fundamentalmente en la legislación correspondiente a contratos del Estado —Ley de Contratos de las Administraciones Públicas, Real Decreto Legislativo 2/2000, de 16 de junio, y Reglamento General de la Ley de Contratos de las Administraciones Públicas Real Decreto 1098/2001 de 12 de octubre—, en la que se establecen todas las pautas a seguir en estas obras. Utilizaremos pues esta base para explicar como se ha de elaborar la certificación de obra en este caso.

Debemos saber que en el caso de las administraciones públicas, no se podrán incluir partidas en la certificación cuyos precios no estén aprobados previamente. Esto suele ocurrir también con los promotores privados, pero éstos tienen normalmente unos trámites más simples para aprobar precios, que en la administración comporta la redacción de un acta de precios contradictorios así como un proyecto modificado. Circunstancia que no solo hay que tener en cuenta a la hora de certificar, sino en todo momento, cuando se plantee una partida que no esté en el proyecto y suponga un precio contradictorio.

Para elaborar la relación valorada simplemente hay que medir la obra ejecutada y aplicar a la medición los precios unitarios que figuren en el proyecto aprobado. En este sentido sirva de referencia el artículo 147 del Reglamento C.A.P., que establece que la dirección de obra realizará la medición mensual de la obra ejecutada, y que el contratista podrá presenciar tales mediciones, estando el contratista obligado a avisar a la dirección de obra, cuando realice unidades que vayan a quedar definitivamente ocultas, a falta de aviso, el contrista aceptará la medición que haga la dirección. Los siguientes artículos 148 y siguientes regulan la emisión de las certificaciones, pero es de singular importancia lo que dice el artículo 148-1: "*La obra ejecutada se valorará a los precios de ejecución material que figuren en el cuadro de precios unitarios del proyecto para cada unidad de obra*", esto es, no establece ninguna limitación a la medición de cada partida. Esto tiene que ver con una práctica muy extendida, sobre todo entre las direcciones de obra, y no contestada nunca por el contratista, que hace que cuando una medición excede a la que establece en proyecto no la incluyen en la certificación, dejando el exceso "*para la liquidación final*", lo cual ni está establecido en la ley ni es justo para el contratista, puesto que si hace mas medición de una partida de la que está en el proyecto "no la cobra" y si hace menos lógicamente tampoco. Debemos saber que los excesos de medición irán a una liquidación, pero no particularmente en cada partida de obra, sino en el global del presupuesto.

La práctica habitual no es que la dirección redacte la relación valorada, sino que la haga el constructor y la someta a su visto bueno, si ese es nuestro caso, debemos establecer de antemano los criterios, para lo cual, naturalmente hay que conocerlos. Esto se hace de un profundo conocimiento del contrato de obra, de los pliegos de condiciones y de la legislación aplicable en caso de contratos con el Estado.

En caso de que tengamos ante nosotros un contrato "a precio cerrado", actuaremos de la misma forma, pero hemos de saber, que nunca tendremos derecho a los defectos de medición que surjan en la obra, a cambio, nos "nos apropiaremos" los excesos de medición que existan en el presupuesto adjudicado. En cuanto a la certificación de estas obras suele ser más cómoda para la dirección facultativa que tiene o bien que redactarla o bien que supervisarla, ya que con establecer porcentajes de unidades de obra o capítulos puede tener una referencia bastante exacta de la obra ejecutada, a efectos de certificación. No debemos olvidar, sobre todo en las obras "a precio cerrado" las diferencias que existen entre la medición para calcular la producción, explicadas en el capítulo 4 de este manual, y la certificación.

La Administración también contempla una posibilidad de contratación de obras "a tanto alzado", de acuerdo con el artículo 120, en este caso no habrá certificaciones ordinarias sino que la "*la retribución de estas obras se realizará mediante un único pago a su recepción*".

En todos los casos, se redactará la certificación propiamente dicha, que es el documento en el que se firma, se deducen las certificaciones anteriores así como los importes en concepto de retención si procede, además del cálculo final del importe a percibir, incrementado en el I.V.A. correspondiente. Advertiremos aquí, ya que hemos contemplado errores en este sentido, que a la construcción en España le corresponde el tipo normal de IVA —actualmente el 16%—, quedando el tipo reducido —que en la actualidad es el 7%—, exclusivamente para obras de viviendas.

El modelo de certificación normalmente nos lo proporcionará la dirección de obra o el promotor, y sobre este trabajaremos. Otra advertencia importante, en cuanto a los errores que habitualmente se vienen cometiendo, en la aplicación del IVA, es el cálculo de éste cuando existen retenciones en concepto de garantía sobre cada pago anticipo —cada certificación—, y es el siguiente: aplicar el IVA sobre el importe de la certificación antes de la retención, con lo cual, el promotor está adelantando IVA, y la legislación española contradice está practica —como decimos tan errónea como habitual—, en el siguiente sentido. Tomemos el Boletín Oficial de Estado, núm.: 228, de fecha 23 de septiembre de 1986, y en su página 32773, encontraremos una resolución de 4 de septiembre, de la Dirección General de Tributos, que aclara este tema, ante la consulta vinculante que formula el Colegio de Economistas de Madrid, y que especifica que, en las ejecuciones de obras inmobiliarias, el IVA se devengará:

> "*En las operaciones que originen pagos anticipados anteriores a la disposición de los bienes o a la realización de la operación, en el momento total o parcial, por los importes efectivamente percibidos*",

haciendo alusión con la expresión "*pagos anticipados*" claramente a las certificaciones de obra, que, como se ha dicho, siempre tienen ese carácter; así como a los importes "efectivamente percibidos" al liquido de la certificación. Pero como no es intención del autor sacar conclusiones de textos jurídicos, éstas se han hecho de la propia resolución que, por si no estaba suficientemente claro, continúa:

> "*No se considerarán a estos efectos efectivamente cobradas las cantidades retenidas como garantía de la correcta ejecución de los trabajos objeto del contrato hasta que el importe de las mismas no hubiese hecho efectivo al empresario*".

Esto, que la administración aclaró en su momento, y que por tanto, es la forma legal de llevarlo a cabo, además de de la lógica más elemental, por lo que resulta bastante extraño que la práctica haya implantado el uso contrario

La tramitación de las certificaciones es tan importante para la empresa constructora, como para cualquier empresa sus cobros, es decir, es capital. Bajo ningún concepto se nos puede olvidar ningún trámite en cuanto a la certificación, ya sea en fechas, documentación a presentas, firmas a recabar, etc. Hay que tener en cuenta que los ingresos de nuestra empresa vienen de los pagos de los promotores, y estos se hacen a través de las certificaciones. En caso de las administraciones públicas conviene conocer que transcurridos tres meses en que el organismo contratante el contratista tiene derecho a la solicitud de intereses de demora, para lo cual se deben hacer los trámites oportunos ante la administración, con cada certificación.

Otro trámite posible es el descuento de la certificación. Esta operación se realiza de la siguiente forma: se autoriza el pago mediante la presentación de certificaciones —bien por partes, bien por la totalidad de las obras—, estas certificaciones se pueden presentar a descuento por parte del constructor ante un banco o cualquier entidad de crédito, quien puede tomar estas certificaciones al descuento concediendo entre el 80% y el 90% del nominal. El Banco operará como si de una letra se tratara, calculando intereses hasta la fecha de cobro del deudor. Las certificaciones son endosadas con la expresión "valor recibido", encargándose la entidad que las recibe de presentarlas en el organismo expedidor para la "toma de razón" del endoso.

Un tipo de obra especiales, por su forma de contratación y abono son las *obras por administración*, modalidad reservada a obras tan singulares que no puedan ser presupuestadas de antemano, aunque, es un tipo de contratación siempre desaconsejable para el promotor, ya que nunca sabe cual será el precio final de las obras. En este tipo de obras, las certificaciones serán un documento en el que se resuman los gastos mensuales que se han tenido, en el que se añadan los porcentajes de gastos indirectos, gastos generales de empresa y beneficio industrial que se haya pactado previamente, así como el consiguiente IVA.
5ñooliu

En todo el apartado, hasta ahora nos hemos referido a las certificaciones sin especificar más, pero en realidad deberíamos haber dicho certificaciones ordinarias, ya que existen otro tipo de certificaciones extraordinarias, es decir que no se producen con regularidad durante todo el proceso de la obra, sino puntualmente por una circunstancia especial, una de ellas es la liquidación, a la que ya nos hemos referido, y otras pueden ser las que correspondan a anticipos por acopios de materiales, o maquinaria y que el R.C.A.P, contempla de acuerdo con el pliego de cláusulas particulares la obra. Es conveniente conocer esta posibilidad así como que para poder presentar estas certificaciones es necesario presentar los correspondientes avales. Los artículos 67.3.e y 157 se refieren a este tema, aunque las condiciones para "certificar" o percibir abonos a cuenta por materiales acopiados se reflejan en el artículo 155; por instalaciones y equipos se reflejan en el artículo 156, y en lo referente a acopios de materiales. Las condiciones para percibir estos anticipos serán en resumen las siguientes:

1. En cuanto a materiales se podrá percibir hasta al 75 % del valor de los materiales acopiados, previa autorización del órgano de contratación.
2. Estos acopios se podrán incluir en la relación valorada mensual o en otra independiente.
3. Los materiales se valorarán de acuerdo con los precios del proyecto, alterados según la baja de adjudicación
4. En cuanto a instalaciones y equipos, se tendrá en cuenta que el abono vendrá determinado por la parte proporcional de la amortización, calculado de acuerdo con la normativa vigente del Impuesto sobre Sociedades, teniendo en cuenta el tiempo necesario de utilización.
5. El abono (instalaciones) no podrá superar el 50 % de la partida de gastos generales que resten por certificar hasta la finalización de la obra y en el de equipos el 20 % de las unidades de obra a los precios contratados que resten por ejecutar y para las cuales se haga necesaria la utilización de aquéllos.
6. Las solicitudes de acopios de instalaciones y equipos deberán acompañarse de una memoria explicativa de los resultados obtenidos.
7. Deberá existir crédito en la anualidad correspondiente.
8. Existirá un plan de devolución de los anticipos, que acompañará a la relación valorada de los acopios solicitados.
9. Se presentará aval por las cantidades anticipadas, en todos los casos.

Otra reflexión importante que hay que hacer acerca de las certificaciones, es que su importancia se centra en su objeto, conforman, como se ha dicho el documento que supone el cobro para el constructor. Por importante que sea la misión de las certificaciones de obra, dicha misión, no pasa de ahí, es decir, no deben utilizarse las certificaciones de obra como un documento contable comparable con el costo de la obra —ni siguiera con el gasto, ver capítulo 5—, ni con la producción, a cuyo cálculo nunca sustituyen. Y esto es significativo decirlo, ya que hay una cierta tendencia en el sector a utilizar las certificaciones como elemento de comparación, lo cual, es, como ya se ha venido demostrando en este tratado, un error craso.

No obstante, existe una comparación que podremos establecer, es más, la deberemos tener en cuenta como si de una regla de oro se tratase, y es la siguiente: utilizando los parámetos de la *producción cierta* (P_c) y la certificación (C): la producción cierta será siempre menor que la certificación, en el mismo periodo, o lo que es lo mismo se cumplirá siempre la siguiente desigualdad:

$$\boxed{C - \sum P_c > 0}$$

lo que indicará, que la gestión del jefe de obra, respecto a estos parámetros es correcta. Hemos deliberadamente huido de utilizar la expresión “mayor o igual $(\geqslant)$ que sería en rigor más correcta que la utilizad $(>)$, por la razón obvia de que aún en el caso hipotético de que la dirección de obra utilizara los mismos criterios para elaborar la certificación mensual que utilizamos nosotros para calcular el importe de la producción —al menos de la producción cierta (P_c) —, y no solamente eso, sino que se basara en la misma medición, y además tomara los datos de la obra ejecutada el mismo día, estimara los mismos porcentajes o partes de obra ejecutadas por la unidades incompletas, etc....no habría, como es lógico coincidencia entre los valores de la producción y de la certificación. Por tanto, el constructor, conociendo el valor de su producción cierta, no deberá nunca aceptar un importe de la certificación menor que éste, y, tal como queda explicado, no pudiendo ser igual, será mayor.

Expedientes

Este si es un concepto que se maneja fundamentalmente en obra oficial, aunque también en obra privada se generan, y englobamos aquí toda la documentación correspondiente a expedientes que tengan que ver con el incremento del precio de la obra, como pueden ser presupuesto adicionales, precios contradictorios, liquidación, revisión de precios, o facturación a terceros.

En obra privada, como decimos siempre, los expedientes tendrán forma distinta en cada tipo de obra, y pueden ser desde sencillas actas de precios contradictorios, hasta presupuestos de obras adicionales, o cualquier documento que refleje fehacientemente en él un incremento de presupuesto, y que esté debidamente autorizado por la dirección facultativa de la obra, por la propiedad o por ambos. En cualquier caso debemos estar seguros de que la autorización de la persona que nos lo solicita es suficiente, y siempre se contará con el visto bueno de la dirección facultativa. Normalmente, el jefe de obra, debe hacer transcender a su superior o superiores estos hechos, ya que, en obras privadas, los presupuestos adicionales, de alguna manera, suponen la "contratación más obra", hecho este para el que los jefes de obra no están autorizados, puesto que no es su función.

Todo esto, lógicamente dependerá de la organización de la empresa, así como de sus procedimientos, pero en general, en obras privadas, la ejecución de obras adicionales debe ser puesta en cuestión hasta que no esté muy claro que van a ser cobradas por la empresa.

También habrá que tener en cuenta cuando pensemos en ellos, que mientras no estén aprobados, las obras ejecutadas y cuyo abono dependa de ellos, serán valoradas como *producción provisional,* y que según se dice en el capítulo 4 de este manual tendremos que tender siempre a que sea "*la menor posible*", y como se dice allí esto no significa que refrenemos la ejecución de las obras de los expedientes, sino que agilicemos la tramitación de éstos, tanto en obra privada como oficial.

Modificados

En las obra oficiales, los expedientes más habituales dejando al margen la liquidación de obra de la que ya hemos hablado — y que en cualquier caso siempre existirá—, serán los expedientes complementarios o modificados y las revisiones de precios. En el artículo 97 del R.C.A.P., ser especifica la posibilidad de solventar las incidencias en los contratos, y que tengan que modificar las condiciones contractuales se tramitarán *expedientes contradictorios.* Éstos, según el mismo artículo contemplarán las actuaciones siguientes:

1. Propuesta de la Administración o petición del contratista.
2. Audiencia del contratista e informe del servicio competente a evacuar en ambos casos en un plazo de cinco días hábiles.
3. Informe, en su caso, de la Asesoría Jurídica y de la Intervención, a evacuar en el mismo plazo anterior.
4. Resolución motivada del órgano que haya celebrado el contrato y subsiguiente

Continúa el artículo señalando que "*salvo motivos de interés público*", la tramitación de estos expedientes "*no determinará la paralización del contrato*". El artículo 102 habla también de procedimientos para las modificaciones.

De acuerdo con el artículo 146.1 de la Ley C.A.P., "Serán obligatorias para el contratista las modificaciones en el contrato de obras" cuando se produzca aumento, reducción o supresión de las unidades de obra, o sustitución de una clase de fábrica por otra, y según otros supuestos que contempla el resto del artículo. En realidad se redactará un proyecto modificado en el que figuren estos cambios, que lógicamente lo redactará la dirección de obra, lo importante es que el presupuesto no deberá superar el 20% de variación para que el trámite de aprobación del modificado se haga por vías ordinarias.

Revisiones de precios

Es este un concepto prácticamente exclusivo de las obras oficiales, aunque los contratos privados pueden incluir una cláusula de revisión, si así lo pactan las partes, y de acuerdo con las estipulaciones contractuales se llevará a cabo la revisión correspondiente.

Sin embargo, en la Ley de C.A.P. actualmente en vigor se prevé la posibilidad de la revisión mediante fórmulas polinómicas. Este sistema se desarrollaba ya en el Decreto-ley 2/1964, de 4 de febrero, sobre Revisión de Precios, y la actual L.C.A.P, lo sigue manteniendo de acuerdo con los artículos del 103 al 108, contenidos en su Título IV. Es en base a este articulado así como al correspondiente al Titulo IV del Reglamento de C.A.P., que contiene los capítulos del 104 al 106, así como el Decreto 3650/1970 de 19 de diciembre, por el que se aprueba el Cuadro de Fórmulas-tipo Generales de Revisión de Precios de los contrataos de Obras del Estado y Organismos Autónomos.

La revisión en base a fórmulas polinómicas, consiste en aplicar un determinado coeficiente (K'_t) que se determina en base a otro (K_t) , a las certificaciones de obra, o bien a la liquidación final de la misma. Este coeficiente se calcula en base a una determinada fórmula polinómica, que debe estar fijada en el contrato de la obra o en el pliego de cláusulas administrativas particulares de la misma. Esta fórmula deberá ser elegida por el órgano de contratación, entre las publicadas el el Boletín Oficial del Estado, y serán revisables cada dos años. He aquí, a modo de ejemplo, la fórmula-tipo nº 18, correspondiente a edificios con estructura de hormigón armado y presupuesto de instalaciones inferior al 20% del presupuesto total:

$$K_t = 0{,}36\frac{H_t}{H_o} + 0{,}08\frac{E_t}{E_o} + 0{,}12\frac{C_t}{C_o} + 0{,}12\frac{S_t}{S_o} + 0{,}10\frac{Cr_t}{Cr_o} + 0{,}07\frac{M_t}{M_o} + 0{,}15$$

El resto de fórmulas tipo tienen una estructura similar, aunque los índices (I_t) e (I_t), que incluyen, así como los coeficientes que multiplican su relación también. Los índices que figuran en esta fórmula, así como los que intervienen en el resto de fórmulas son los siguientes:

—K_t = Coeficiente teórico de revisión para el momento de ejecución t.
—H_o = Índice de coste de la mano de obra en la fecha
—H_t = Índice de coste de la mano de obra en el momento de la ejecución t.

—E_o = Índice de coste de la energía en la fecha de la licitación.
—E_t = Índice de coste de la energía en el momento de la ejecución t.
—C_o = Índice de coste del cemento en la fecha de la licitación.
—C_t = Índice de coste del cemento en el momento de la ejecución.
—S_o = Índice de coste de materiales siderúrgicos en la fecha de la licitación.
—S_t = Índice de coste de materiales siderúrgicos en la fecha de la ejecución t.
—L_o = Índice de coste de ligantes bituminosos en la fecha de licitación.
—L_t = Índice de costes de ligantes bituminosos en la fecha de ejecución t.
—Cr_o = Índice de coste de cerámicos en la fecha de licitación.
—Cr_t = Índice de coste de cerámicos en el momento de la ejecución t.
—M_o = Índice de coste de la madera en la fecha de licitación.
—M_t = Índice de coste de la madera en el momento de la ejecución t
—Al_o = Índice de coste del aluminio en la fecha de la licitación.
—Al_t = Índice de coste del aluminio en el momento de la ejecución t.
—Cu_o = índice de coste del cobre en la fecha de la licitación.
—Cu_t = Índice de coste del cobre en el momento de la ejecución t.

Los índices correspondientes a la fecha de la licitación serán siempre fijos en para toda la obra, y los correspondientes al momento (*t*) de la ejecución, son los que publica el Ministerio de Hacienda periódicamente en el Boletín Oficial del Estado. Los índices (*o*) corresponden al plazo final de presentación de ofertas en el caso de subasta o concurso, y la fecha de adjudicación si el procedimiento es el negociado. Si los correspondientes índices (*t*) al mes a que se refiere la relación valorada no hubiesen sido objeto de publicación en *el* Boletín Oficial del Estado, procediéndose a la regularización de la revisión con los índices correspondientes en la sucesiva relación valorada mensual inmediata a la publicación de tales índices o, en su caso en la certificación final de obra. Para aplicar la revisión de precios es necesario que se cumplan dos condiciones:

—haber ejecutado al menos el 20% del presupuesto de la obra, y

—que haya transcurrido un año desde la adjudicación del contrato.

de forma que ni el primer 20% de obra que se ejecute, ni las obras ejecutadas el primer año de contrato tendrán derecho a revisión.

Una vez calculado el (K_t) de acuerdo con la fórmula polinómica correspondiente, habrá que calcular el coeficiente a aplicar en la certificación (K'_t), y que se hará de acuerdo con la siguiente expresión:

$$K't = Kt \pm 0{,}025$$

De forma que para que pueda ser revisada la obra tienen que cumplirse la siguiente expresión:

$$1{,}025 \leq K_t \leq 0{,}975$$

Contempla también el R.C.A.P la posibilidad de que se calcule el presupuesto adicional por revisión de precios de cada anualidad, para tenerla en cuenta en concepto de previsión, el importe líquido por revisión de precios de las obras pendientes de ejecutar, se estimará de acuerdo con la siguiente fórmula:

$$K'_t = K_t\left(1 + (0{,}75 \times n)\frac{\hat{I}IPC}{12}\right)$$

expresión en la que:

—K'_t, es el coeficiente de actualización para la parte de la anualidad objeto de la previsión,

—K_t , el coeficiente de revisión, según la fórmula aplicable al contrato, en el mes que se procede a realizar la previsión, aunque la revisión no procediera por no haberse ejecutado el 20 % del presupuesto o no hubiera transcurrido un año desde la fecha de la adjudicación del contrato,

—n, el número de meses dentro de la anualidad en las que procede la revisión y

—$\hat{I}IPC$ la variación en tanto por uno del índice general de precios al consumo previsto para los doce meses siguientes.

Adicionales en obras privadas

Llamamos aquí, *adicionales* a cualquier elemento que, bien por causa de que el promotor lo solicite, bien por que sea necesario para la correcta ejecución de las obras y no esté recogido correctamente en el proyecto, o por alguna otra causa que haga que el constructor tenga derecho a un incremento de precio, incluyendo los precios contradictorios.

Cuando se presente un adicional o precio contradictorio, se crea el problema de calcular el valor o precio de esa nueva partida o elemento, o bien de modificar el precio total de la obra en función de esta alteración. Normalmente estará regulado en el contrato, siendo la forma clásica acudir a los precios descompuestos y para calcular los nuevos rendimientos o consumos basarse en alguno de los bancos de precios que existen en el mercado, pero puede pasar que no se encuentre entres las estipulaciones, o bien no quede suficientemente claro etc. En cualquier caso que nos encontremos deberemos establecer un sistema con criterios suficientemente claros para que estos cambios, no perjudiquen económicamente el balance de la obra.

Para valorar un adicional cualquiera, vamos a establecer unos criterios, que como tantas veces repetimos en este manual, son orientativos, es decir, no son los únicos posibles, pero, además de ser los que entendemos mejores, en cualquier caso siempre será correcta su aplicación. Tendremos siempre en cuenta los tres parámetros básicos del estudio económico, que son los que incluye la ecuación [3.1] del capítulo 3.2, el precio o valor *(V)*, el costo *(C)*, y el margen *(R)*:

$$R = V - C$$

y que, en el momento que se modifique algún parámetro económico se convertirá en:

$$R' = V' - C'$$

siento *(R')* el resultado del proyecto alterado, *(V')* el precio y *(C')* el costo. El parámetro que conoceremos y que será de un cálculo objetivo es el costo modificado *(C')*, y siempre deberemos partir de éste para seguir adelante, y pueden suceder dos opciones:

a) $C' - C > 0$ ó
b) $C' - C < 0$

es decir, el cambio hace que aumente el coste o el cambio hace que disminuya el coste. Actuaremos de dos formas diferentes para calcular (V'), y para que no se perjudique económicamente la obra.

En el supuesto a), que será el caso más habitual, tendremos en cuenta que el resultado, porcentualmente no varíe, con lo cual calcularemos el precio de la obra modificada de acuerdo con la siguiente expresión:

$$V' = \frac{C'_d + C'_i}{1 - \frac{\%C_p + \%R}{100}} \qquad [8.1]$$

equivalente a la fórmula [12.6] del capítulo 12.2 —en el cual se establece la explicación de la misma—, teniendo en cuenta que:

C'd = coste directo del proyecto modificado
C'i = coste indirecto del proyecto modificado
%Cp = coste proporcional (fijado para la empresa)
%R = porcentaje del resultado (fijado para la obra)

de esta forma tendremos que:

$$\%R' = \%R \Rightarrow R' > R$$

expresión que indica que porcentualmente mantenemos el resultado y en terminos absolutos aumenta, lógicamente.

En el supuesto b), si mantuvieramos el porcentaje de resultado, disminuiríamos el resultado en términos absolutos, lo cual no debería ser admisible, por tanto, para obtener el precio modificado *(V')*, igualeremos el resultado del proyecto original con el modificado, teniendo que:

$$\text{si} \quad R' = R \Rightarrow V' - C' = V - C$$

y por tanto:

$$\boxed{V' = V - C + C'} \qquad [8.2]$$

En este caso tendremos que:

$$R' = R \Rightarrow \%R' > \%R$$

expresión que indica que hemos aumentado el margen porcentualmente para mantenerlo en términos absolutos.

Siempre dentro del segundo supuesto, es decir cuando la variación del presupuesto sea a menor coste y por tanto a menor valor, podremos aplicar este criterio cuando la variación no sea muy alta, para establecer un valor límite diremos que a partir de una disminución mayor del 10%, podremos considerarla suficientemente alta, como para que el criterio sea una nueva negociación del precio de la obra.

Subcontratistas y proveedores

Acerca de las compras y subcontrataciones se tratará en profundidad en el capítulo 11 del presente manual. En este apartado se limitará, pues a enumerar los documentos que genera esta importante actividad.

En primer lugar se establecerá una relación de subcontratos y pedidos a establecer, de acuerdo con la planificación de la obra, en la que figurarán las actividades a subcontratar, las fechas en que debe comenzar la actividad en la obra, de la que se deducirá la fecha en la que el contrato debe estar firmado, y esto dependerá del tipo de actividad y oficio a contratar. También incluiremos el importe previsto en planificación para cada actividad.

De cada actividad a contratar elaboraremos un expediente que contendrá las ofertas recibidas, la correspondencia mantenida con las empresas que nos hayan ofertado, el cuadro comparativo de ofertas, y cuanta documentación haya generado el proceso de la contratación.

Ya que aunque se haya firmado un contrato, e incluso la empresa subcontratista o suministradora haya empezado a trabajar en él, vicisitudes imprevistas, ajenas o no a esta empresa, pueden hacer que haya que resolver el contrato y continuar trabajando con otro proveedor o subcontratista, es conveniente que esta documentación esté, clara y disponible en todo momento de la obra.

Se archivarán también los subcontratos y pedidos, así como toda la documentación que generen, en su administración, como es la correspondencia con las distintas empresas, o las mediciones normalmente mensuales para controlar cada facturación, programas de trabajo, documentación que deban aportar como fichas técnicas, catálogos, etc.

Se incluirá aquí el control de los subcontratistas y proveedores, para el que se elaborarán las fichas de subcontratistas, que se explican en el capítulo 5, así como la provisión de gastos de subcontratistas elaborada en base a las mismas y que habrá que facilitar al departamento administrativo o contable para que esté incluida en la contabilidad.

Por último es conveniente tener una agenda de proveedores, actualizada y en la que se vayan incluyendo todos los proveedores que nos puedan interesar, estén o no contratados en la obra.

8.5 De la documentación de seguridad y salud.

Acerca documentación correspondiente a esta materia, es decir a seguridad y salud, o prevención de riesgos, así como de todo lo relativo a esta materia, trata el capítulo 10 del presente manual. No obstante nos detendremos aquí en lo que se refiere a la documentación, puesto que la prevención es una materia singular, aunque no independiente de la obra, y suficientemente importante, como para corresponderle una sección propia en el archivo. Ya que es obligatorio contar con un servicio de prevención en la empresa, propio o ajeno (Ley 31/1995 de 8 de noviembre, de Prevención de Riesgos Laborales y Real Decreto 39/1997 de 17 de enero, Reglamento de los Servicios de Prevención), este nos dará la pauta para elaborar tanto el archivo de documentación como todos los procedimientos a seguir. En cualquier caso, damos aquí las nociones básicas para su conocimiento.

El Estudio de seguridad y salud

El Estudio de Seguridad y Salud, o en su defecto el Estudio Básico, forma parte de la documentación de seguridad y salud en primer lugar el Estudio de Seguridad y Salud, y tal se explica en el punto 8.3 del presente capítulo, puede considerarse también como una documentación con el mismo nivel que el proyecto de ejecución y archivarse junto a éste.

En cualquier caso es un documento obligatorio en las obras de construcción (Artículo 4, del Real Decreto 1627/1997 de 24 de octubre, Sobre Disposiciones Mínimas de Seguridad y Salud en Obras de Construcción), y como tal el promotor deberá proporcionarlo. El Estudio de Seguridad y Salud, contendrá el presupuesto que junto al presupuesto de ejecución material de la obra, será el importe que el contratista percibirá por la ejecución de la obra. Esta en si misma es una cuestión importante, pero además el Estudio de Seguridad deberá servir como guía para elaborar el Plan de Seguridad y Salud en el Trabajo.

Aviso Previo

Según prescribe el R.D. 1627/1997, en su artículo 18, el promotor deberá efectuar un aviso a la autoridad laboral competente antes de comenzar los trabajos, cuyo contenido está en el Anexo III de dicho Real Decreto. Todas las cuestiones de interés están contenidas en el capítulo 10, apartado 10.3 del presente manual.

Plan de Seguridad y Salud en el Trabajo

La empresa deberá elaborar un Plan de Seguridad y Salud en el Trabajo (Art. 7, R. D. 1627/1997), en el que analizará, estudiará, desarrollará y complementará las previsiones contenidas en el Estudio de Seguridad. La empresa podrá proponer medidas alternativas a las que contenga el Estudio al elaborar el Plan, y que deberán justificarse, pero nunca podrán suponer disminución del presupuesto ni de los niveles de protección que el Estudio contenga (Art. 5.4, R. D. 1627/1997), en cualquier caso el Plan de Seguridad y Salud en el Trabajo deberá ser aprobado , mediante acta por el Coordinador de Seguridad y Salud, antes de la ejecución de la obra, dicha *Acta de Aprobación* del Plan de Seguridad, deberá ser un documento archivado junto con el propio Plan. En el caso de obras oficiales, el Plan de Seguridad, al que se adjuntará el correspondiente informe del coordinador, deberá ser aprobado por el órgano contratante de la Administración.

El Libro de incidencias.

Es este un documento obligatorio en la obra (Art. 13, R. D. 1627/1997). análogo al Libro de Órdenes de la obra, y que proporcionará el Coordinador en Materia de Seguridad y Salud en la fase de ejecución de la obra, a quien se lo facilita el Colegio profesional —o la oficina de Supervisión de Proyectos en obras oficiales—. Es este libro, al igual que el libro de órdenes un libro hojas numeradas y duplicadas en original y copia, que estará en la obra o en poder del coordinador, aunque a diferencia del libro de órdenes, a éste libro tienen acceso:

—la dirección facultativa de la obra,
—los contratistas y subcontratistas de la obra,
—los trabajadores autónomos,
—todas las personas u órganos de las empresas intervinientes en las obras con responsabilidad en prevención,
—los representantes de los trabajadores y
—los técnicos de prevención de la Administración.

Es importante saber que cualquier anotación que se haga en el libro de incidencias deberá ser comunicada al coordinador, ya que es obligación de éste remitir una copia a la Inspección de la Seguridad Social de la provincia en que se ejecuta la obra, en el plazo de veinticuatro horas.

Procedimiento, controles y registros

Conforme a lo que establezcan los procedimientos del Servicio de prevención de la empresa, existirá una documentación específica de prevención, y que normalmente estará compuesta por los reglamentos o procedimientos de prevención de la empresa, que habrá que conocer y manejar así como la documentación que generen estos procedimientos; los registros de entrega de equipos de protección individual (los "EPIS") y de manuales de prevención a los trabajadores; la documentación de control mensual que se establezca; los partes de investigación de accidentes; la relación actualizada del personal que trabaja en la obra, incluyendo subcontratistas y trabajadores autónomos; los certificados obligatorios de la CE (Comunidad Europea) de maquinaria e quipos; las hojas de seguridad y correcto etiquetado de productos químicos, cuando sea pertinente y cualquier otra documentación que se genere en esta materia.

8.6 De los sistemas de gestión de calidad.

El interés por la calidad es algo, que en más o menos medida, siempre han tenido en cuenta los profesionales, empresas o artesanos con relación a los productos que han fabricado o a los servicios que han prestado, entendiendo por calidad el conjunto de requisitos que hacen que un determinado producto (bien o servicio) cubra las necesidades de los destinatarios (consumidores o clientes) a su entera satisfacción, o bien supere unos estándares mínimos que de antemano hayan sido establecidos, pudiendo estar basados en criterios legales, técnicos, estéticos, funcionales, etc.

Este interés por la calidad viene motivado por diferentes causas, que fundamentalmente son, por un lado las del propio mercado que consumirá o comprará el producto en función de que tenga o no la calidad requerida, y por otro la superación de unos varemos que en cualquier caso son obligatorios por parte de la legislación o simplemente por las propias características del producto en cuestión, que por su complejidad técnica sea determinante en su propia realización. Este interés, como digo, sea por la satisfacción del público que determinará el éxito por tanto de la empresa, o bien sea por superar los mínimos requisitos legales o particulares que posibiliten su producción, hace que se establezcan, cuando los procesos son complejos los llamados *controles de calidad* en los procesos productivos.

La calidad, según esto, también puede ser una cualidad de dos tipos: *relativa* y *absoluta*. Una calidad relativa es aquella que admite una cierta comparación, y posibilita que se pueda hablar de una *mayor* o *menor* calidad de un determinado producto con relación a otro de su misma especie, siendo ésta una forma de ver la calidad un tanto subjetiva ya que suele darse en el ámbito del mercado o de los consumidores, estando normalmente relacionada en proporción directa con el precio, a veces solamente por cuestión de ley de oferta y demanda. La calidad en términos absolutos, es decir, la existencia o no de la misma en un producto o en una parte de él, es un hecho que se da en el ámbito de los profesionales o de la empresa, y se relaciona con la superación o no del producto en alguna fase de su proceso de elaboración, o de su puesta a disposición, de unas condiciones establecidas en normas y varemos, aunque éstas estén también enfocadas a la satisfacción de las necesidades, gustos o requerimientos de los consumidores o clientes, siendo este aspecto *objetivo* de la calidad el que nos interesa a partir de aquí.

Hasta finales del siglo XIX, el control de la calidad era realizado por los propios operarios, tal como lo clasifica Armand Feigenbaum, autor de *Total Quality Control* (*Control total de la calidad*, 1951) que a principios del siglo XX pasó a ser el control del capataz, para pasar al control de calidad moderno denominado *control de calidad de la inspección.*

Los principios básicos de la calidad moderna fueron establecidos por el americano Walter Shewhart (1891-1967), en su publicación *Control económico de la Calidad de los productos manufacturados* (1931), que basaba el control el premisas estadísticas. Shewhart estableció por tanto, los principios del control de calidad moderno, en los que se basó después el ingeniero W. Edwards Deming (1900-1993), quien es considerado actualmente como el padre de la calidad moderna. Los trabajos de Shewhart son anteriores, pero el desarrollo y aplicación práctica de los principios de calidad de Deming, hacen que el mérito que le es atribuido no sea una exageración.

William Edwards Deming, nació en Sioux City, Iowa, en el duro ambiente del medio oeste americano de principios de siglo XX, estudió ingeniería en la Universidad de Wyoming y se especializó en física en Yale en 1927. Deming conoció a Shewhart en los Laboratorios Bell, recibiendo de éste sus primeras enseñanzas en materia de calidad. Durante la Segunda Guerra Mundial, trabajó en la calidad de la fabricación del armamento en la formación de los ingenieros militares americanos. Tras la guerra, fue invitado a Japón por la industria de aquel país, absolutamente disminuida tras la contienda mundial. Pasó en Japón tres décadas y sus teorías sobre la calidad ayudaron a que la industria japonesa se pusiera a la cabeza mundial. En junio de 1980, la NBC un documental sobre Deming y su trabajo en Japón, lo que hizo que inmediatamente las empresas americanas buscaran sus aserоría, quién aplíco sus famosos *Catorce Puntos* y sus *Siete Pecados Mortales*, en algunas empresas americanas. Deming que enunción teorías tales como: el consumidor es la parte más importante de la línea productiva, hizo en la década del los 1980 y parte de la de los 1990, que algunas empresas norteamericanas superasen en calidad a las japonesas, según estudios de las Universidades de Boston y Tokio así como del Instituto Europeo de Administración de Empresas.

A partir del resurgimiento de la industria japonesa en la década de los 1950, como hemos visto, con la colaboración de Edwards Deming, en Japón se desarrollan sus propios sistemas de calidad gracias a sus propios especialistas, pudiendo decir que si el padre de la calidad es el americano Deming, el país en el que verdaeramente nació y se desarrolló fue Japón. Entre los especialistas japoneses cabe destacar al ingeniero Kaoru Ishikawa (1915-1989), quien desarrolló y publicó teorías sobre el control total de la calidad en toda la empresa (sistema análogo al del Control de Calidad Total), que es la base del sistema *Honshi Kanri*, o política de estructuración (*policy deployment*). En la década de los 1960 Shigeo Shingo (1909-1990) desarrolló los sistemas *Poka Yoke*, o inspección desde el origen, y los de Cero Control de Calidad, en la década de los 1970 como estrategia encaminada al "0-defectos (*Zero Defects*)". También en los 1970, en el astillero Mitsubishi de Kobe, se desarrollan los conceptos del *Honshi Kanri* en el concepto *Despliegue de la Función de Calidad* (QFD). Ya en la década de los 1980, el ingeniero Genichi Taguchi introduce el método que lleva su nombre, basado en el sistema DOE (*Design of Esperiment*) o *Diseño del Experimento*.

Mientras, en Estados Unidos, los sistemas de producción también introdujeron sus propios sistemas y métodos de calidad estando entre los más importantes los desarrollados por el ingeniero de origen Rumano Joseph M. Juran, basados en la idea de fomentar la necesidad de un control rígido de la calidad, la investigación de los métodos de mejora, el establecimiento de objetivos de calidad y la aplicación de los planes de calidad para alcanzar estos objetivos; así como la necesidad de implicar a los trabajadores en la calidad, mediante formación y comunicación y la revisión de los procesos productivos en función de los objetivos de calidad. También destacaré a Philip B. Crosby (1926-2001), un ingeniero que llegó a ser Vicepresidente corporativo de la empresa ITT, y que dedicó toda su vida a trabajar en departamentos de calidad de numerosas empresas, enfocando sus trabajos a los métodos que he señalado anteriormente como *zero defects*. Crosby publicó en 1980 su famoso libro *Quality is Free* (*La Calidad no cuesta*).

Catorce puntos y siete pecados

Edwards Deming publicó en 1986 sus mas importantes teorías sobre calidad en su obra *Out of the crisis* (*Fuera de la crisis*), resumiendolas en lo que actualmente es una de las más célebres teorías cobre la calidad: sus famosos Catorce puntos y Siete Pecados Capitales. Deming analizó a su regreso a los Estados Unidos algunos de los procedimientos de las más importantes y representativas empresas americanas, encontrando que los métodos carecían de la eficacia necesaria para afrontar la competitividad de finales de siglo con éxito, para lo cual deberían aplicar los enunciados de Deming, postulados que vienen a relacionar directamente el aumento de la calidad con la reducción de costos y el aumento de los beneficios de los consumidores, con el consiguiente aumento de los ingresos de las empresas y el crecimiento consecuente de la economía.

En los procedimientos de producción, aplicando los criterios de Deming —basados, no lo olvidemos en los de Walter Shewhart— encontramos los pasos a seguir para alcanzar los objetivos: *planificar, ejecutar, controlar y analizar*. *Planificar* o concebir el producto desde la fase de proyecto con el objetivo del mercado, estudiando sus necesidades y aplicándolas al producto desde su diseño; *ejecutar* el producto estrictamente según las especificaciones que se recogen en el proyecto; *controlar* la ejecución de acuerdo con los estándares de calidad señalados, durante todas las fases de producción y puesta a disposición del mismo; analizar o interpretar los informes y registros para actuar a través de sus conclusiones para aplicarlas en el siguiente ciclo de *planificación-ejeccución-contro-análisis*.

Los catorce puntos de Deming para la consecución de una producción de calidad son en resumen los que siguen

1. Crear un hábito de constancia en la mejora de los productos y servicios, teniendo como objetivo ser más competitivos y permanecer en el mercado para mantener los puestos de trabajo.

2. Adoptar la *nueva* filosofía. Estamos (Estados Unidos) en una nueva era económica, los gerentes occidentales deben

despertar al reto, deben aprender sus responsabilidades y tomar el liderazgo hacia el cambio.

3. Dejar de depender de la inspección para alcanzar la calidad. Eliminar la necesidad de inspeccionar a gran escala mediante la integración de la calidad en el producto desde su concepción.

4. Terminar con la práctica de adjudicar los contratos de compras basándose exclusivamente en el precio, ya que esto con frecuencia conduce a suministros y subcontrataciones de baja calidad, en su lugar, se debe minimizar el costo total. Como política global de compras se aconseja concertarse en un solo proveedor para cada materia prima y generar una relación de larga duración basada en confianza y fidelidad.

5. Mejorar constante y definitivamente los procesos de planificación, producción y servicio. Mejorear calidad y productividad y aún así, se deben reducir constantemente sus costos.

6. Instituir la formación de los trabajadores así como el conocimiento de sus funciones y responsabilidades. Con frecuencia en las empresas los trabajadores aprenden sus funciones de otro trabajador, del que no tenemos constancia de sus formación. Hay veces que los trabajadores no desarrollan bien su trabajo porque nadie les dice como hacerlo.

7. Adoptar e instituir el liderazgo de los jefes y mandos intermedior. El trabajo de un supervisor no debe estár basado en las indicaciones y los castigos, la gente debe ser orientada, y ayudada a hacer mejor su trabajo, así como el conocimiento, por métodos objetivos de quien y cúando es requerida una ayuda individual.

8. Eliminen el miedo de tal forma que la gente dirija su esfuerzo de trabajar con efectividad porque ellos quieren que la empresa tenga éxito. Algunos empleados suelen temer hacer preguntas por parecer que no saben hacer su trabajo, eliminar, por tanto, esta sensación.

9. Derribar las barreras entre los diversos departamentos o categorías. La gente de investigación, administración, diseño, ventas y producción deben trabajar como un equipo, y deben todos anticiparse a posibles problemas de producción o de uso de los productos o servicios, unificando sus objetivos.

10. Eliminar *slogans* o frases hechas, exhortos y metas para los trabajadores pidiéndoles cero defectos y nuevos niveles de productividad. Esos exhortos solo crean relaciones adversas, ya que la mayoría de las causas de baja calidad y productividad corresponden al sistema y por tanto están fuera del control de los trabajadores. Nunca un *slogan* sirvió a nadie para hacer un buen trabajo.

11. Eliminen cuotas numéricas para los trabajadores o metas numéricas para la gerencia, que por lo general constituyen una garantía de ineficiencia y de altos costos:

    a. Eliminar estándares de volumen de trabajo (cuotas) en los departametnos de producción, substituyéndolas con liderazgo.
    b. Eliminar el concepto obsoleto de *gerencia por objetivos*. Eliminar también la gerencia por números o metas contables, substituyéndolas con liderazgo

12. Derribad las barreras que le impiden a la gente el sentimiento de orgullo del trabajo bien hecho. Los buenos trabajadores están ansiosos por hacer un buen trabajo y deseosos de que les dejen hacerlo, así como se sienten angustiados cuando no les permiten realizar un trabajo de calidad.

13. Instituir un programa eficaz de educación y de formación tanto para los trabajadores como para los directivos, dirigido a la implantación de los nuevos métodos.

14. Nombrar responsables y tomar medidas para lograr la transformación. Se requerirá un equipo de ejecutivos así como un plan de acción, que extienda los nuevos métodos a toda la plantilla, ya que la renovación es tarea de todos y

los trabajadores no están en condiciones de hacerlo por su propia cuenta.

Como podemos ver, seguir estos enunciados requiere de gran esfuerzo, así como una firme disposición al cambio, los estilos gerenciales anticuados simplemente no pueden aceptarlos, pero al final del camino, la empresa obtiene una recompensa impresionante, la *Calidad Total*, que no solo alcanza a los productos de la empresa, sino a la empresa misma, creando un ambiente de excelencia en la empresa, con resultados como una auto-selección del personal, altamente beneficiosa tanto para la empresa en sí misma como para los trabajadores.

Para finalizar, este apartado, enunciaré los Siete Pecados Capitales que Deming atribuye a las empresas, y que, naturalmente, se oponen a la consecución de los objetivos en cuanto a la calidad:

1. Carencia de constancia en los propósitos
2. Enfatizar ganancias a corto plazo y dividendos inmediatos
3. Evaluación de rendimiento, calificación de mérito o revisión anual
4. Movilidad de la administración principal
5. Manejar una compañía basado solamente en las figuras visibles
6. Costos médicos excesivos
7. Costos de garantía excesivo

Tras los impresionantes éxitos conseguidos por la industria japonesa mediante la aplicación de los sistemas de aseguramiento de calidad, así como la reciente aplicación también como hemos visto a la industria americana, entre los que cabe destacar los de empresas como Motorola, con el denominado sistema Sigma-6, como objetivo de calidad, en 1987 aparecen las normas de la serie ISO-9000, justamente tras la publicación del mencionado trabajo de Deming Out of the crisis, que recopilan los trabajos que el instituto ISO había estado haciendo desde finales de la década de 1970 en el campo del Aseguramiento de la Calidad.

Las normas ISO 9000

La organización denominada International Organization for Standardization, cuya sigla es ISO. Es esta una organización internacional para la normalización, cuya sede central está en Ginebra, Suiza y que se creó en el año 1947. ISO es una entidad privada, de la que son miembros 148 entidades de normalización correspondientes a otros tantos países —AENOR es la entidad que representa a España—, y tiene como misión promover en todo el mundo el desarrollo de la normalización así como otras actividades relacionadas, con vistas a facilitar el intercambio de bienes y servicios. También promueve la cooperación internacional en el ámbito de las actividades intelectuales, científicas, económicas y tecnológicas. Como curiosidad diremos que el acróstico "ISO" no es un error ya que no corresponde con el enunciado de su nombre en inglés —al comienzo de este párrafo— que es IOS, ni en francés que es Organisation Internationale de Normalisation, es decir ION. Se decidió un nombre intermedio, y se uso la actual palabra ISO, que deriva del griego "*isos*", que significa "*igual*".

El objetivo pues de ISO, y de las entidades que lo integran es la normalización o estandarización a nivel global, para que existan normativas equiparables en todos los países. Esta idea tiene sus raíces y su lógica en la misma que inspiró en 1670 al párroco de Lyón Gabriel Mouton (1618-1694) a definir el metro, y en general a los intelectuales de la Revolución Francesa a crear el sistema métrico decimal, que poco a poco a sustituido a los innumerables sistemas de medidas locales, que en primer lugar, complicaban la relación económica y de todo tipo entre países, e incluso entre regiones del mismo país, y en segundo lugar no respondían a unos estándares o patrones que pudiesen garantizar la fiabilidad de las medidas, además de facilitar y simplificar notablemente los cálculos aritméticos. El autor de este manual ha manejado, como jefe de obra algún contrato en el extranjero, en el cual una de las cláusulas era que los planos respondiesen siempre al sistema métrico decimal, cuestión que por lo obvia, es innecesaria en España, hoy día. Otros estándares o normativa actualmente extendida son las normas DIN (*Deustches Institut für Normung* o Instituto Alemán de normalización), en cuando a los formatos del papel normalmente utilizado para dibujar, o las numerosas normas UNE (Una Norma Española), concordantes con la normativa internacional y editadas en un principio por el organismo IRANOR O Instituto de Racionalización y Normalización, instituto creado en 1945 por parte del Centro Superior de Investigaciones Científicas, dependiente del Patronato Juan de la Cierva y antecesor del actual AENOR.

La serie de Normas ISO 9000 son un conjunto de enunciados, los cuales especifican qué elementos deben integrar el Sistema de la Calidad de una empresa y como deben funcionar en conjunto estos elementos para asegurar la calidad de los bienes y servicios que produce la empresa.

Se define *calidad*, como el conjunto de características de un producto o servicio en virtud de las cuales satisface las necesidades del cliente. En esta definición de la calidad, se entienden por necesidades establecidas aquellas que están especificadas, ya sea por un reglamento —necesidades para un proceso, producto, etc.—, por un cliente —características para un producto o servicio—, por un manual de organización, etc. Igualmente, las necesidades implícitas se definen como aquellas que aunque no están especificadas, conviene identificar y definir. El concepto de calidad se extiende tanto a procesos como a productos y servicios, de una organización, o a una combinación de ellos. Las normas ISO relacionadas con la calidad son las siguientes:

—ISO 8402: En ella se definen términos relacionados con la calidad.

—ISO 9000: Provee lineamientos para elegir con criterio una de las normas siguientes.

—ISO 9001: Es para el caso de una empresa que desea asegurar la calidad de los productos o servicios que provee a un cliente mediante un contrato. Abarca la calidad en el diseño, la producción, la instalación y el servicio post-venta.

—ISO 9002: También para el caso de una empresa que desea asegurar la calidad de los productos o servicios que provee a un cliente mediante un contrato. Más restringida, abarca sólo la calidad en la producción y la instalación.

—ISO 9003: También para el caso de una empresa que desea asegurar la calidad de los productos o servicios que provee a un cliente mediante un contrato. Todavía más restringida, abarca sólo la inspección y ensayos finales.

—ISO 9004: Las máximas autoridades pueden desear la seguridad de que su empresa produce bienes y servicios de calidad. Esta norma establece los requisitos de un sistema de la calidad para obtener esta garantía.

Los protocolos de ISO requieren que todas las normas sean revisadas al menos cada cinco años, para determinar si deben mantenerse, revisarse o anularse, la versión de 1994 de las normas pertenecientes a la familia ISO 9000, fue revisada por el Comité Técnico ISO/TC 176, publicándose las nuevas normas el 15 de diciembre del año 2000. Mientras que las diferencias entre la versión inicial de las normas de 1987 y la primera revisión de esta norma, en 1994, no presentaban más que diferencias de detalle, la versión publicada en 2000 presenta diferencias sustanciales respecto a la versión anterior. Por tanto, se puede decir actualmente que el objeto de la norma ha dejado de ser el sistema de aseguramiento de la calidad para ampliarse a todo el sistema de gestión. También se ha modificado la propia estructura, con la finalidad de facilitar una introducción, más comprensible para el usuario, de los sistemas de gestión de la calidad en una organización. Finalmente, se han incorporado nuevos requisitos que obligarán a las empresas certificadas a introducir modificaciones sustanciales en sus sistemas.

Los sistemas de calidad

La normativa ISO 9000 está encaminada a instaurar sistemas de calidad. Un *sistema de calidad* es un conjunto de elementos que están relacionados entre sí, tales como un Manual de Calidad, unos Procedimientos de Inspección, Registros de Calidad, etc., y cuyo funcionamiento está debidamente regulado y conjuntado con el objetivo de asegurar que los bienes o servicios que produce la empresa, tengan cumplan con los requisitos mínimos de calidad. Un sistema de calidad identifica, documenta, coordina y mantiene las actividades necesarias para que los productos o servicios cumplan con los requisitos de calidad establecidos, sin tener en cuenta dónde se producen estas actividades. Un sistema de calidad pone requisitos a las actividades y procesos que se realizan en la empresa, y documenta cómo se realizan estas actividades. Su objetivo es satisfacer las necesidades internas de la gestión de la organización. Por tanto incluso va más allá de satisfacer los requisitos que pone el cliente. El sistema de calidad debe abarcar todas las actividades que se realizan en la empresa y que puedan afectar, directa o indirectamente, a la calidad del producto o del servicio que suministra. Estas actividades abarcan desde las acciones de compra, control del diseño, control de la documentación, realización de ofertas, identificación de los productos, control de los procesos, inspección de los productos..., hasta el tratamiento de productos no conformes, almacenamiento, formación del personal, etc. Un sistema de calidad ayuda a evitar problemas en la ejecución de estas actividades, ya que la filtración de errores a través de las actividades de la empresa puede ocasionar importantes pérdidas.

Dado que el coste de corregir un error entre proveedor y cliente antes de firmar el contrato, es mucho menor que si el error se detecta en la entrega al cliente del producto o servicio terminado, el espíritu de los sistemas de calidad es prevenir errores para evitar estas filtraciones y pérdidas económicas.

La base de un sistema de calidad se compone de dos documentos. El primero de ellos, el "Manual de Calidad", que establece el qué se hace y el quién lo hace; para ello define el conjunto de la estructura, responsabilidades, actividades, recursos y procedimientos genéricos que una organización pone en funcionamiento para llevar a cabo la gestión de la calidad.

El segundo documento es el "Manual de Procedimientos", que establece el cómo y cuándo se hace; para alcanzar estos objetivos, realiza la definición específica de todos los procedimientos que aseguren la calidad del producto final. También se puede hablar de un tercer pilar del sistema de calidad, formado por los "Documentos Operativos", que son el conjunto de documentos que reflejan la actuación diaria de la empresa. Así, el "Manual de Calidad" especifica la política de calidad de la empresa, o de la organización, necesaria para conseguir los objetivos de asegurar la calidad de una forma similar en toda la empresa. En él se describen la política de calidad de la empresa, la estructura organizativa..., en definitiva, la misión de todo elemento involucrado en el logro de la calidad, etc. Mientras que el Manual de Procedimientos sintetiza de forma clara, precisa y sin ambigüedades los procedimientos operativos, donde se refleja de modo detallado la forma de actuación y de responsabilidad de todos y cada uno de los miembros de la organización dentro del marco del sistema de calidad de la empresa y dependiendo del grado de involucración en la consecución de la calidad del producto final.

Mediante la certificación de los sistemas de calidad de una empresa, el Organismo de Certificación declara haber obtenido la confianza adecuada en la conformidad del sistema de la calidad de la empresa, en relación con algún modelo de sistema de la calidad.

Por lo tanto, la certificación emitida es una garantía ante los clientes de esa empresa, de que se está tiene implantado un sistema de calidad acreditado.

Por otra parte, a través de la certificación de su sistema de la calidad las empresas:

—Reducen considerablemente sus costes de producción y reparación de errores.

—Dinamizan su funcionamiento, aumentan la motivación y participación del personal y mejoran la gestión de los recursos.

—Incrementan su calidad (incluyendo los servicios, plazos de entrega, garantía, etc.).

—Mejoran el nivel de satisfacción de los clientes.

Los modelos de sistemas de calidad más conocidos, y por tanto, de los que existe una mayor actividad de certificación, son los descritos en las normas de la serie ISO 9000. En España, AENOR ha sido acreditada por la Entidad Nacional de Acreditación (ENAC) para certificar sistemas de aseguramiento de la calidad en los 39 sectores existentes, según las normas ISO 9000, sistemas de gestión medioambiental ISO 14000 y sistemas de aseguramiento de la calidad QS 9000 para el sector de la automoción. ENAC, es una entidad privada, aunque auspiciada y tutelada por el Ministerio de Ciencia y Tecnología, y que fue constituida con arreglo a lo dispuesto en la Ley 21/1992 de 16 de junio de Industria, y al Real Decreto 2200/95 de 28 de diciembre, por el que se aprueba al el Reglamento para la Infraestructura de la Calidad y Seguridad Industrial. AENOR, Asociación Española de Normalización y Certificación, auque no la única, es la actual entidad de mayor importancia en el desarrollo de la normalización y certificación en todos los sectores industriales u servicios de España. Fue designada para llevar a cabo estas actividades por la Orden del Ministerio de Industria y Energía, de 26 de febrero de 1986, de acuerdo con el Real Decreto 1614/1985 de 1 de agosto de Ordenación de Actividades de Normalización y Certificación y reconocida como organismo de normalización y para actuar como entidad de certificación por el citado Real Decreto 2200/1995.

El sistema de calidad en las empresas de construcción

El aseguramiento de la calidad ha sido uno de los objetivos a alcanzar en la mayor parte de las empresas constructoras de España en la última década, de acuerdo con lo que se especifica en las normas ISO 9000, y con el refrendo de entidades que certifican esta calidad así como verifican que los procesos se realizan de acuerdo con esta normativa. Veremos a continuación que son las normas ISO 9000, qué es el aseguramiento de la calidad y como se lleva a cabo en las obras de construcción.

Actualmente todas las empresas de cierta importancia lucen en sus carteles y membretes el logotipo de AENOR, con el número de registro de la certificación que obtuvieron en su momento. Como norma general el sistema de calidad se basa en las normas ISO 9001 e ISO 9002, y se desarrolla de acuerdo con lo que especificado para los sistemas de calidad de todos los procesos. Salvando las diferentes nomenclaturas que puedan tener en la definición de los conceptos, en un Manual de Calidad, en el que definen la política de calidad de la empresa, así como las obras que están sometidas al sistema de calidad, que en principio deben ser todas; unos Procedimientos Generales de Calidad, en los que se definen todos los procesos para elaborar los Planes de Calidad, como para elaborar todos los procedimientos.

En las obras, el sistema de calidad tiene reflejo en el Plan de Calidad de la obra. El plan de calidad de la obra define la política de calidad en la obra, las unidades de obra que están sometidas a los procedimientos de calidad, incluyendo los procedimientos particulares de ejecución que existen para cada unidad de obra. En el plan de calidad se establecen los programas de puntos de inspección, que se llevarán a cabo, registrando las operaciones realizadas de inspección. Estos procesos serán reflejados en una serie de registros, que serán archivados ordenadamente. Asimismo existirán registros de la recepción de los materiales sometidos al plan de calidad. Cuando un material no reúne los requisitos mínimos de calidad es rechazado o reparado si se puede, dejando constancia de dicha operación.

Cuando se detecta cualquier anomalía, bien el los procedimientos documentales o bien en la propia ejecución de la obra se elabora un documento denominado “no conformidad”, existiendo un registro de “no conformidades”. Las “no conformidades” tendrán un tratamiento que consiste en analizarlas, estudiar su causa y reparar la anomalía así como establecer los medios para que no se repita, si esto es posible; dejando constancia de todos los pasos seguidos.

Un concepto muy manejado en los sistemas de calidad es la *trazabilidad*, que se define como el conjunto de acciones, medidas y procedimientos técnicos que permite identificar y registrar cada producto desde el primer proceso de todos sus componentes hasta el final terminación en obra. También se define como la propiedad que tiene un material o una determinada unidad de obra, que permite determinar en qué estado del proceso se encuentra y las variables que existen en cada una de las etapas, en todo momento. La trazabilidad en un determinado proceso indica el máximo nivel de aseguramiento de calidad en el mismo, y se aplica en los procesos constructivos de mayor importancia, en los cuales hay que dejar registradas las características y procedencia de todos los materiales, todas las fechas en que ha sido manipulados o puestos en obra, e incluso los nombres de los operarios que ha intervenido en los procesos.

El sistema de calidad alcanza también a los instrumentos de medida, que deberán estar oportunamente calibrados, dejando constancia en los correspondientes registros de las fechas en que se realizan.

En definitiva y como resumen, se suele decir que un sistema de aseguramiento de calidad no es más que:

—escribir lo que se va a hacer
—hacer lo que se ha escrito
—escribir lo que se ha hecho
—archivar lo que se ha escrito.

8.7 De los sistemas de gestión d medioambiental.

La regulación de sistemas de gestión medioambiental en la industria, y en particular en las empresas constructoras, es, por el momento un hito en la cadena del hombre en su lenta y pequeña marcha por el ecologismo, que poco a poco está empezando a suponer una concienciación en toda la sociedad occidental.

Los primeros movimientos ecologistas o verdes surgieron en la década de 1970, aunque hasta finales de la de 1980 no se ha generalizado en la sociedad. En la actualidad, según encuestas publicadas, el 87% de la población española considera que el deterioro del medio ambiente es un problema grave o muy grave y que requiere actuaciones urgentes.

Hoy día se manejan los términos de ecologismo a diario, es habitual que se reciclen los residuos domésticos, puesto que los servicios municipales de recogida lo permiten en casi todos los municipios, y está muy extendido el conocimiento de las sustancias o productos altamente contaminantes, aun no sabiendo muy bien estas consecuencias.

En 1971 Edward Goldsmith, editor de la revista británica "The Ecologist", promovió la publicación de la obra "*Can Britain Survive?*", ("¿Puede Gran Bretaña sobrevivir?") y que dio lugar al llamado "*Manifiesto para la supervivencia*", elaborado por Goldsmith, Allen, Allaby, Davoll y Lawrence, y que recibió las adhesiones de los sectores más importantes del mundo científico británico, entre ellas las de dos premios Nóbel así como treinta y cinco personalidades más de primera línea. Podemos extraer la idea, tal como señala Tom Stacy en el prólogo del Manifiesto, de que frente a la crisis ecologista total con la que se enfrenta hoy la humanidad —hoy día mucho más, ya que estas palabras fueron escritas hace tres décadas—, sólo caben cuatro reacciones:

1. Rechazar las pruebas alegando que son absurdas, lo que no es aceptable desde el punto ce vista de la inteligencia.
2. Comer, beber, disfrutar ya que nosotros moriremos, postura fatua y que es la que ha

llevado al mundo a esta situación, y para algunos a su "pronta" destrucción.

3. Los científicos ya "inventarán algo" para arreglar la situación, es decir volver la espalda al problema.
4. Enfrentarse a los hechos y luchar en pro de conseguir una mejora en las condiciones actuales, y es este sentido en el que se desarrolla el manifiesto.

La enseñanza que debemos extraer, y que una parte de la humanidad empezó a comprender a partir de los setenta, es la del pensamiento ecológico, que no es más que tener en cuenta los hechos globales de la humanidad y actuar consecuentemente en su propio entorno.

A partir de los setenta algunos se dieron cuenta del problema, pero a comienzos del siglo XXI, el cambio climático es una realidad patente en el mundo, ya que como consecuencia del *calentamiento global* (algunos ingenuos siguen pensando en la *variabilidad natural del clima*) las catástrofes climáticas tales como tormentas, olas de calor, sequías e inundaciones arrojan en las últimas dos décadas (1985-2004) según estudios publicados por la Universidad de Lovaina, el siguiente balance: 1.537.941 víctimas mortales (de las cuales 42.295 pertenecen a Europa) y 4.090,88 miles de millones de dólares, además de los muchos daños sin cuantificar. Si no se detiene el cambio climático nuestros nietos no verán paisajes como Doñana, las playas del Cantábrico, el Delta del Ebro, la Manga del Mar Menor o el Glacial Maladeta en el Aneto, entre otros.

La expresión *desarrollo sostenible* se maneja prácticamente a diario en los medios de comunicación, y casi todas las empresas importantes tienen una política de calidad medioambiental basada en este concepto. El concepto de desarrollo sostenible fue definido en 1987 por la Comisión Mundial de Ambiente y Desarrollo —comisión Brundtland, llamada así por la que era a la sazón su presidenta, la jefe de gobierno de Noruega, la doctora Gro Harlem Brundtland, que en la actualidad (2004) es la Directora General de la Organización Mundial de la Salud— como: "*el desarrollo que asegura las necesidades del presente sin comprometer la capacidad de las futuras generaciones para enfrentarse a sus propias necesidades*". Esta comisión se organizó en 1983 por encargo de Javier Pérez de Cuellar, y sus trabajos culminaron en la Cumbre de la Tierra, celebrada en Río de Janeiro en 1992, tras la celebración la Conferencia Internacional sobre el agua y el Medio Ambiente, celebrada en Dublín, Irlanda, en enero de 1992, en la que se elaboró la conocida Declaración de Dublín, que podría condensarse en la frase "*El medio ambiente depende de nuestras acciones colectivas, y el medio ambiente de mañana de nuestras acciones de hoy*". En la Cumbre de la Tierra en Río de Janeiro en 1992 las Naciones Unidad establecieron una Comisión para el Desarrollo Sostenible que empezó a tener un importante papel a la hora de impulsar un cambio de mentalidad en la sociedad. El resultado final principal de esta cumbre fue un documento titulado "Agenda 21" en el que se definió una estrategia general de desarrollo sostenible para todo el mundo, haciendo especial hincapié en las relaciones norte-sur, entre los países desarrollados y los que están en vías de desarrollo. En la Unión Europea se elaboró en 1992 el V Programa de acción de la Comunidad en medio ambiente con el título de "*Hacia un desarrollo sostenible*". En este programa se decía "*No podemos esperar... y no podemos equivocarnos*", el medio ambiente depende de nuestras acciones colectivas y estará condicionado por las medidas que tomemos hoy. El V Programa reconoce que "*el camino hacia el desarrollo sostenible será largo. Su objetivo es producir un cambio en los comportamientos y tendencias en toda la Comunidad, en los Estados miembros, en el mundo empresarial y en los ciudadanos de a pie*".

Este "movimiento ecologista" social e institucional, tiene, como otros muchos movimientos, su incidencia en el mundo de los negocios. El entorno empresarial ha experimentado importantes cambios: desde la aparición de un consumidor ecológicamente responsable hasta el desarrollo de una estricta legislación medioambiental, pasando por trabajadores, inversores y vecinos que tienen en cuenta el comportamiento social y ecológico de la empresa. En definitiva, se trata de un entorno que exige a la empresa el diseño de sus objetivos teniendo en cuenta una dimensión social y ecológica de la misma que complemente a su dimensión económica Todas la empresas importantes como decimos incorporan en sus procedimientos la política de desarrollo sostenible y gestión de calidad, siendo los objetivos de su aplicación múltiples, no cabe duda que la concienciación es real y los propios ejecutivos de las empresas están comprometidos en gran parte por el sistema, pero no debemos olvidar que las estrategias empresariales están encaminadas siempre a la consecución de sus objetivos y las propias empresas ha descubierto que una adecuada política de gestión medioambiental tiene como consecuencias un ahorro de costes ya que se controlan mejor los recursos, un ahorro de costes legales, ya que actualmente existe legislación en este sentido cuyo incumplimiento puede derivar en el pago de cuantiosas sanciones o indemnizaciones; y por último los costes de pérdida de imagen, ya que como hemos dicho, la concienciación de la sociedad actual es muy alta en materia medio ambiental y el no respetar el entorno puede acarrear un cierto rechazo del público destinatario de los productos o servicios de la empresa.

Basados en la norma ISO 14000 mencionada en este apartado, los sistemas de gestión medioambiental pretenden dotar a las empresas la metodología suficiente para que todos sus procedimientos respeten el equilibrio ecológico del medio ambiente. La gestión ambiental en la empresa tiene como objetivos:

—Identificar, evaluar y controlar los riesgos ambientales.
—Determinar las deficiencias presentes en el proceso productivo y en los procedimientos de gestión.
—Definir alternativas posibles para mejorar el comportamiento medioambiental de la empresa.

La Gestión Ambiental se refiere a todos los aspectos de la función gerencial —incluyendo la planificación— que desarrollen, implementen y mantengan la política ambiental.

Por Política Ambiental se entiende al conjunto de directrices que debe adoptar una organización que busque la integración del proceso productivo con el Medio Ambiente, sin perjuicio de ninguna de las partes. El Programa de Gestión Ambiental es una descripción de cómo lograr los objetivos ambientales dictados por la política ambiental.

El sistema de Gestión Ambiental comprende la estructura organizacional , así como las responsabilidades, prácticas y procedimientos, y los recursos necesarios para implementar la gestión ambiental. Este sistema se circunscribe a la serie ISO 14001 - 14004.

La norma 14001 es la que certifica las empresas o especifica las principales exigencias de un sistema de Gestión Ambiental, en ella no se presentan criterios específicos de desempeño ambiental, pero si le exige a cada organización elaborar su propia política y contar con objetivos que estudien las exigencias legales y la información referente a los impactos ambientales significativos. La norma se aplica a los efectos ambientales que pueden ser controlados por la organización y sobre los cuales se espera que la misma ejerza una influencia. Abarca todo el sistema de gestión ambiental y proporciona especificaciones y guías de uso, incluyendo elementos centrales del Sistema que vayan a utilizar para la certificación o registro.

La norma 14004 ofrece directrices para el desarrollo e implementación de los principios del Sistema de Gestión Ambiental y las técnicas de soporte; además presenta guías para su coordinación con otros sistemas gerenciales como la ISO 9000.

La Unión Europea ha establecido un sistema comunitario (también conocido como EMAS, Eco Management and Audit Scheme) que permite la participación, de forma voluntaria, de empresas y organizaciones, para evaluar y mejorar su comportamiento medioambiental y difundir al público la información correspondiente.

El Reglamento que lo regula es el 761/2001 de 19 de marzo 2001 y recoge los puntos básicos de la anterior normativa (Reglamento 1836/93 de 29 de junio de 1993) pero amplía su cobertura para conseguir una mayor adhesión empresarial.

Los sistemas de gestión medioambiental, en cuanto a la aplicación en una obra de construcción siguen unos procedimientos análogos a los sistemas de calidad. De acuerdo con el Manual de Gestión Medioambiental y los procedimientos establecidos en la Empresa se elabora un Plan de Gestión Medioambiental, en el que teniendo en cuenta las características particulares de la obra, se identifican para ella los puntos de impacto medioambiental que en ella puedan existir, así como los aspectos legales que son de aplicación en esta materia, sobre esta base el Plan contempla los objetivos a alcanzar, las acciones a realizar y los actividades que hay que restringir o incluso prohibir. Se implantan medidas de control, preventivas y correctoras, con sus correspondientes programas de puntos de inspección, y esto genera en la obra por un lado un archivo de documentación específica, cuyo manejo nos lo dará el manual de la empresa, los procedimientos y el plan de gestión medioambiental de la obra, así como una serie de actuaciones en la misma, que de ellos se deriven.

Los planes de gestión medioambiental, en las obras tratan fundamentalmente los siguientes aspectos: control de emisiones de polvo, control de ruidos, control de vertidos de aguas residuales, protección de la biología evitando daños a especies vegetales y animales, tratamiento adecuado de residuos sólidos y formación al personal e aras a conseguir una concienciación total en esta materia.

Podemos decir que los grandes grupos empresariales de la construcción en España —NECSO, OHL, FCC, ACS o Ferrovial-Agroman—, no sólo tienen establecidos en sus procedimientos el Sistema de Gestión Medioambiental, de acuerdo con los criterios del Desarrollo Sostenible, sino que forman parte actualmente de su imagen de empresa. La mayoría han establecidos métodos o varemos para "medir" esta gestión, estando entre ellos el ICM, o Índice de Comportamiento Medioambiental desarrollado por la empresa Ferrovial y que integra la información referente a la gestión medioambiental de la empresa desde el año 1996. En este sentido, las empresas constructoras desarrollan una importante labor de investigación en algunos casos se efectúa en colaboración con la universidad, como es el caso de ICM de Ferrovial, validado por la Universidad Rey Juan Carlos, o el proyecto de FCC iniciado en colaboración con la Universidad de Huelva para definir variables e indicadores medioambientales en los procesos de tratamientos de residuos sólidos urbanos.

Lo que es ha expresado en este apartado respecto a la gestión de calidad y sobre todo a la gestión medioambiental, no son más que las señales, que también en el trabajo de jefe de obra vemos reflejadas, como una labor y responsabilidad más, del gran cambio de mentalidad de la sociedad occidental en el siglo XXI, y que no son más que pequeñas gotas de la tormenta que sería deseable. En cuanto a nuestro trabajo, sirva como guía, sobre todo de conocimiento —ya que si existe este proceso en nuestra empresa existirá un procedimiento a seguir que hará innecesaria y pobre esta información—, de los caminos que se empiezan a recorrer en este campo y que no son más que una muestra de los que, las próximas generaciones abrirán, y de la influencia e importancia que puedan tener en nuestro trabajo. El constructor, secularmente ha respetado el medio ambiente, y es por tanto que debe seguir haciéndolo, ya esta actitud le venga impuesta por protocolos o normativas, o bien por el propio convencimiento y talante de las empresas constructoras así como del resto de agentes que intervienen el proceso.

9. ORGANIZACIÓN DE LA OBRA EN FUNCIÓN DE SU EJECUCIÓN

Entré en la obra con mil / ansias, que el descanso cobra / cierto peón de albañil: / ¿Qué hace aquí? –me dijo viendo / la prisa con qué acudí; / pero yo le respondí / -No hago, que estoy deshaciendo.- / A un alarife vi ser / quién más me estaba mirando, / y dije, éste está ajustando / qué cascote he menester. / Quíseme escapar por eso: / tarde el remedio acudí, / trajeron el cuezo allí / dónde tenían el yeso, / y pusiéronse a la par / a tabicar el postigo; / que no me le cierren, digo / y el maestro dijo: Alzar.- / Un peón como un Roldán, / dijo a esotros: No le deis, / Montescos somos los seis, / y es Montesco este galán / -Es así (dijo un pobrete / con furia muy temeraria) / pero su parte contraria / bien se ve que es Capelete.- / Hicieron luego otra masa / de yeso vivo y cal muerta, / vaciáronme por la puerta, / y fuime a enjuagar a casa.

(Francisco de Rojas Zorrilla: "Los Bandos de Verona".)

9.1 Construir

UNA DE LAS MUCHAS PECULIARIDADES QUE hacen universalmente única nuestra profesión es la muestra de nuestro trabajo, la presencia física que durante muchos años queda de él. Los edificios que construimos y que permanecen en las ciudades en las que los hicimos nos hacen recordar su fábrica cada vez que pasamos por delante, o cada vez que en una conversación nos referimos a ellos como *obras* nuestras, además de evocarnos la época en la que fueron hechas. Nuestras obras son memoria pues, para nosotros y para todos los que las ven, para todos las que las utilizan, para todos las que viven en ellas. Recordamos las fechas en función del edificio que estábamos construyendo: el 23-F, los juegos de Barcelona, el 11-S,... o quizás fechas importantes en nuestro ámbito particular: nuestra boda, el nacimiento de un hijo,... Estos y otros hechos vienen a nuestra memoria unidos en el tiempo al trabajo que desarrollábamos a la sazón, y en muchos casos ayudan a centrarnos mejor en un determinado recuerdo, puesto que, ante una eventual duda, de lo que *sí* estamos seguros es del año en el que aquel edificio se construyó, tal es la necesaria intensidad de nuestra dedicación al trabajo. Además, aquel edificio ahora es el lugar de trabajo de alguien que acude todas las mañanas puntualmente y cada vez que piensa en él o habla de él dice *odiarlo*, y que sin embargo, dos plantas más abajo en otro despacho sirve para que desarrolle con plenitud su trabajo alguien, y por tal, lo *ame*. Edificios donde nacemos, donde estudiamos, donde aprendemos a amar, donde nos divertimos, donde hacemos deporte, donde trabajamos, donde comemos, donde compramos, donde pasamos las vacaciones, donde sufrimos, donde creamos una familia, donde ponemos las ilusiones de una vida,... donde morimos. Los edificios que hacemos significan para nosotros lo mismo que para el resto de la humanidad, el principal paisaje, exterior e interior, de su mundo. Así, queramos o no, seamos o no conscientes de ello, repercute nuestro trabajo, en nosotros y en el mundo, por eso hemos de afrontarlo de una manera muy especial, por eso hemos de darle una profundidad que merezca compararse con la formidable dimensión de su trascendencia.

No en todos los países el técnico constructor —el jefe de obra— suele poner tanto de su parte a la hora de afrontar la ejecución de una obra, como es la costumbre en el nuestro. Fue en mayo de 1996, lo recuerdo bien, cuando paseando por el madrileño barrio de Chamberí junto a mi colega ruso Bronislav Kaminsky, pasamos junto a un edificio en cuya construcción había participado yo, más de una década atrás, no pudiendo evitar decir la consabida frase: *"mira Bronislav, ese edificio lo hice yo"*, y le expliqué algunas de las particularidades de la obra: la conservación de las fachadas, las excavaciones de los sótanos, las complicadas maniobras de instalar y desinstalar la grúa torre, etc., y entonces él me preguntó: *"todo eso estaría especificado en el proyecto"*, respondiendo yo: *"Bronislav Filipovih* —yo usaba el patronímico casi siempre con él, puesto que aun siendo *colegas* nos diferenciamos algo así como veinte años—, *en España esto no viene en los proyectos".* Kaminsky estaba acostumbrado a los proyectos soviéticos, en los que todo estaba especificado, no sólo las grúas —número de ellas, marca, modelo, situación, etc.— sino incluso las maniobras de izado y colocación de los elementos estructurales más importantes, y yo lo sabía puesto que había visto algunos que él me había enseñado. En España la ejecución de la obra, el plan de obra, la distribución de la maquinaria y equipos, la elección de éstos, la organización de la obra, la asignación de recursos y, en definitiva, las tareas propias de la ejecución material no están en el proyecto, están en la *planificación de la obra* que ejecuta el constructor, y más concretamente el jefe de obra y su equipo.

Pensemos en las veces que nos hemos encontrado con un proyecto recientemente adjudicado a nuestra empresa, extendiendo sobre el capó del coche el plano de situación y diciéndonos en nuestra soledad: *"si, este debe de ser el solar",* (tal es la definición, dicho sea de paso, de algunos proyectos en lo que se refiere a los planos de situación, que desde luego no están hechos para localizar nada), frente al solar precisamente, donde en breve íbamos a empezar a construir un edificio. Es en ese momento, cuando tomamos contacto con el sitio y empezamos a hacernos la primera idea cuando se forman las primeras imágenes del proceso constructivo, que después se desarrollará en base a un trabajo riguroso y científico en el gabinete de nuestra caseta de obra, en nuestra oficina, que, por cierto, es de las primeras cosas que hemos de procurar.

Como hemos visto a lo largo de los anteriores capítulos, la obra se desarrollará según unas pautas que nosotros marcaremos. Disponemos de un proyecto, que por muy definido que esté en su documentación, *sólo* nos dirá *qué* tenemos que hacer, *cómo* lo tenemos que hacer es cosa nuestra, es algo que está absolutamente en manos del constructor, y no vamos a analizar ni a reflexionar sobre si esto debería ser o no así, pero lo cierto es que esa es la realidad: el constructor hace la obra, y organiza el mismo la ejecución de la misma. Es indiscutible, que hay una lógica en todo esto ya que el constructor es quien dispone del capital, es decir de los recursos materiales y humanos, de los equipos, máquinas y medios auxiliares, y de una factor mucho más importante que todos estos para poner en marcha la producción, el conocimiento suficiente para poner en conjunción todos los demás elementos necesarios para la construcción, lo que se conoce hoy día con el término inglés *know how* ("saber cómo"), además de el conocimiento propio y específico del proyecto, puesto que lo ha tenido que *estudiar* para poder elaborar la oferta económica —ver capítulo 12—, con lo cual tiene en sus manos todo lo necesario para poder llevar a cabo la construcción del edificio.

Uno de los aspectos más importantes de nuestro trabajo es la propia ejecución de la obra, la construcción propiamente dicha. Vemos en otros apartados como es necesario elaborar una planificación de obra, como se elabora un estudio económico, como se establece un control, como se centran los objetivos, como se organiza el equipo humano, como se sitúa el jefe de obra entre todo esto y ahora llega el momento de materializarlo todo, de empezar a producir, consumiendo recursos económicos de la empresa transformándolos en el producto objeto de nuestro trabajo: el edificio. El conocimiento de la construcción es necesario por supuesto para todas las tareas de planificación y control que se mencionan en otros capítulos, pero fundamentalmente para la propia ejecución. No vamos, desde luego, a hablar —ya se advierte en la introducción— de cómo se construye, no caben en un libro como éste los conocimientos necesarios que se imparten en las escuelas técnicas, ni es, obviamente su objetivo, pero sí reflexionar sobre los aspectos más importantes a tener en cuenta en la ejecución propiamente dicha de la obra.

Una forma, no la única por supuesto, es dividir la obra en sus fases, y si lo hacemos podemos distinguir algunas fases diferenciadas, en las cuales, el personal de supervisión de la obra, es decir, el jefe de obra y equipo, bascula sus esfuerzos en distintas actividades, tal como se representa en el gráfico de la Figura 9.1, estas fases son:

1. Planificación, implantación y comienzo de la obra.
2. Producción ascendente, contrataciones.
3. Producción descendente, control ascendente.
4. Finalización, retirada de equipos y entrega.

Como vemos en el citado gráfico, y como explicaremos a continuación, las distintas fases están caracterizadas por un máximo de actividad en una de las cuatro actividades o tareas principales —no son, evidentemente, las únicas—, y que son planificación, compra y subcontrataciones, producción y control, curiosamente, las tres primeras presentan un punto de inflexión y una forma parecida a una campana de Gauss, el punto de inflexión lo marca el máximo de esta actividad, sin embargo el control presenta una curva permanentemente ascendente, con un máximo en su final, y aunque hay partidarios de que el control deba ser una actividad continua y constante a lo largo de todo el periodo productivo de la obra, lo que se representaría con una línea paralela al eje de abscisas, la experiencia enseña que es, y debe ser, una actividad que va creciendo a lo largo de la obra, y curiosamente, cuando la producción —en volumen total— va descendiendo, tal como explicaremos a continuación.

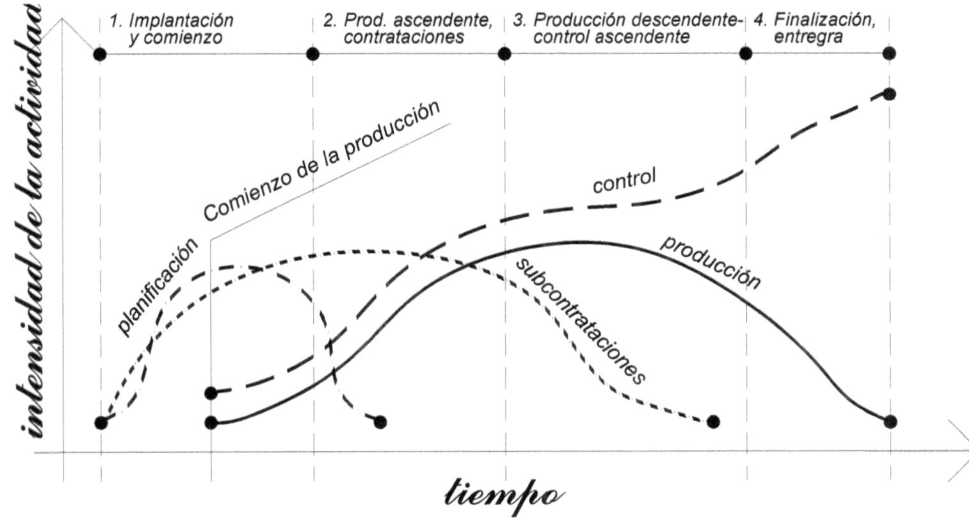

Figura 9.1: Las distintas fases de una obra, y la variación de la intensidad de algunas actividades representativas.

En cuanto a las actividades representadas, todas están estudiadas en distintos capítulos de este manual, y todas, consecuentemente analizadas de forma detallada, estudiemos aquí su intervención en el plazo de la obra, si es que después de todo necesita ser explicado.

La planificación de la obra, evidentemente debe estar terminada cuando esta comienza, pero, a fuerza de ser realistas, debemos entender que es esta una labor prácticamente imposible, por tanto, en la práctica se mezcla la finalización de la planificación con el comienzo de la producción. Tengamos en cuenta al menos dos premisas importantes: a) que cuando empiece la producción al menos la planificación esté ejecutada en más del 50%, y b) no comenzar ninguna actividad que no esté planificada parcialmente. No podemos dejar de hacer la planificación, sin la cual, como sabemos, no existe rumbo para el viaje que vamos a emprender, pero ni debemos precipitar su ejecución, por la importancia que tiene ni tampoco debemos retrasar el comienzo de la obra, por todas las connotaciones que esto tendría de negativo, entre otras, quizás no cumplir los plazos. Es por tanto, el *acuerdo* al que llegamos en este planteamiento aceptable, y asumible en una organización estándar de obra con una incorporación del equipo técnico a la misma, digamos e un mes de antelación, lo cual, como jefe de obra y aun siendo un plazo escaso, yo siempre hubiera firmado.

Las labores de compras y subcontrataciones deben empezar en paralelo en el tiempo con la planificación ya que por pura lógica deben comenzar antes que la producción, para poder ejecutar las primeras unidades de obra, pero no debemos contratar, ni siquiera las primeras unidades de obra sin un estudio y una planificación adecuada. La actividad de compras y subcontrataciones durará más que la planificación, aunque deberá estar cerrada, al menos en los capítulos fundamentales más o menos en la mitad de la producción. Dependiendo de cada tipo de contratación, necesitaremos un plazo para esta actividad, y, tal como explicamos en el Capítulo 11, a ciertas contrataciones hay que darles su tiempo.

La producción es la actividad que marca la pauta del resto, y es la fase de obra propiamente dicha, la producción tendrá un desarrollo ascendente en una primera fase, una fase de máximo apogeo y necesariamente un descenso hasta que se finalice, y esta no deberá presentar cambios bruscos de pendiente en la curva que la representa, y altos y bajos o dientes de sierra. Cualquier planificación o programación de obra en la que no aparezca una distribución parecida a la curva de la Figura 9.1, estará mal ejecutada, a no ser que exista una razón específica para ello, como la existencia de una determinada actividad muy corta en el tiempo y con una producción muy alta (p.e.: cimentación por pilotes), pero salvando raras excepciones, la producción variará de forma suave y progresiva, es decir, si en una obra estamos produciendo una media de *a* €, difícilmente de un mes a otro podremos pasar a producir *2a* €.

En cuanto al control, está muy claro, las labores de control ascienden hasta el final de la obra. Como se ha dicho, los puristas abogan por un control constante, pero la realidad está en contra de esto: a medida que se ha haciendo más obra, el control de ejecución sobre la misma crece. En las primeras actividades de obra, el control es muy riguroso, habida cuenta de los capítulos que se ejecutan en esta fase —cimentación, estructura—, pero, aun siendo intensa y rigurosa, no ocupa el tiempo y por tanto la intensidad del trabajo, que el control de la obra a partir de que se hacen las instalaciones, así como los oficios de acabado, cuando, por otra parte, es mucho más difícil recorrer la obra, ya que se van acotando los espacios por la propia configuración del edificio conforme a su proyecto, pasando de tener superficies grandes y diáfanas a estar compartimentizada en portales, viviendas, zonas, habitaciones, sectores, etc.

Vamos a darle un repaso a las fases de ejecución de una obra, a lo que debemos hacer en cada una de ellas, a las tareas que hacemos en cada fase con mayor intensidad. Quizás lo mejor sea que nos lo cuenten los protagonistas.

9.2 De la fase de planificación, implantación y comienzo de la obra.

(Vista desde la perspectiva del jefe de obra)

Acabo de llegar, por primera vez, al solar dónde tengo que construir un edificio, lo he encontrado después de algunas averiguaciones. No había imaginado nada, antes de verlo, pues estaba pensando en lo que sabía de la obra, en un resumen de apenas una hora que me había hecho mi jefe, quien, a su vez, lo que sabía se lo había contado nuestro compañero del departamento de estudios. *"Hay que empezar la obra lo antes posible"*, había dicho el jefe, "la propiedad, etc...", de alguna manera palabras que se repiten cada vez, que empezamos una obra: *"Nos interesa quedar bien, puesto que es un buen cliente,.."*, *"ya sabes, la empresa, etc..."*. No es mi primera obra, por tanto se que está todo por hacer, todo por estudiar. *"Me gustaría que fuera el encargado S..., y si es posible J... el jefe de producción, el administrativo..., en fin,..."*, había solicitado. Todo está por hacer, mi incorporación debería haber sido un mes antes, *"¡qué le vamos a hacer!"*, me digo mientras me doy cuenta que ya estoy mirando un plano de planta, pisando el terreno sobre el que tengo que construir un edificio. Vamos a empezar.

Me enfrento con un ejercicio que sé solucionar, con un examen que he de aprobar, un examen al que me presento con ventaja: se muchas de las preguntas y además puedo copiar. Mejor dicho, *debo* copiar. Debo copiar de mi propia experiencia, de la experiencia de mis colaboradores y de mi empresa, de cuantos documentos, libros y conocimientos pudiera usar para ello. Vamos a empezar, pues, pero por orden.

Debo conocer a mi equipo, el que se va a incorporar a la empresa, procurar que se integre y que disponga de un lugar adecuado para trabajar. Entre todos lo podemos hacer. Organizaremos la obra en cuando a la distribución de los lugares de acceso, la situación de las casetas de obra, la propia oficina, las grúas, los lugares de acopio, el lugar por dónde debemos empezar a construir el edificio, todo a ser posible, con participación de todo el equipo, desde el primer momento se debe sentir que la obra es una labor de equipo, aun cuando este sea muy pequeño, aunque seamos sólo dos.

Para ello estudiaremos el proyecto exhaustivamente, comprobando previamente que la copia de la que disponemos es correcta y está completa, una vez que estemos seguros, guardaremos un original, y trabajaremos siempre con copias de los documentos. No dejaremos ningún documento sin repasar, no limitando esta labor a la documentación gráfica, estudiaremos las mediciones, el pliego de condiciones y la memoria. Cotejaremos los planos de arquitectura con los de estructura, y ambos con los de instalaciones. Cualquier error, cualquier duda, la iremos acumulando en una lista para consultarla en las reuniones con la Dirección Facultativa, *"por cierto, he de quedar con ellos... aún no nos conocemos"*. Conocer a la dirección de obra es una de las primeras cosas también que debo hacer, pronto aprenderán a confiar en nosotros, al principio todo serán buenas intenciones, pero siempre habrá una cierta reticencia, no tendrán por que dudar de nuestra capacidad, pero lo hacen. En el fondo, su deseo de que no haya problemas en la obra les hace ver que somos unos magníficos profesionales, que nuestro equipo está muy cualificado y que todo va a ir muy bien.

Ahora voy a leer, despacio el contrato de obra, y el presupuesto de adjudicación, con todos los detalles. Si hay varios presupuestos parciales voy a sumarlos, y hacer que cuadren con el precio del contrato. Compruebo los cálculos de la baja,... es correcta,... en fin el precio del proyecto es fundamental, ya no hay ninguna duda.

Ya hemos hecho la relación de maquinaria y equipos necesarios. Bien, además ya sabemos donde van las grúas y los equipos más importantes, la planificación avanza, el proyecto está casi medido y he quedado para firmar el acta de replanteo la semana que viene. Mañana nos instalaremos en las casetas de obra, mejor, estábamos un poco hartos de tener que trasladar todos los días los papeles desde la oficina. El teléfono móvil es una ayuda. Ahora recordamos los tiempos en que la mitad de la jornada se pasaba en los teléfonos públicos, *"¿cómo de podía trabajar así?"* También tenemos claro por donde vamos empezar la obra, además tenemos ya un principio de programación. El Plan de Seguridad lo presentamos a la aprobación del Coordinador mañana, creo que todo va según lo previsto.

Me llaman de la delegación, es sobre la documentación de obra, vamos a repasar: tengo una fotocopia de la licencia de obra, también el contrato (por supuesto), el proyecto está completo, el estudio geotécnico (además lo hemos repasado con el aparejador de la obra y con el geólogo del OCT, un tipo muy joven pero muy válido, por cierto), el libro de órdenes y el libro de incidencias, una foto del comienzo de la obra, todas las cartas que se han producido hasta ahora, por cierto sobre las cartas me hacen la siguiente observación: *"has escrito una carta a los servicios que puedan estar afectados, como es nuestra costumbre"*, contesto afirmativamente y voy a explicar en que consiste esto.

Como mi empresa está muy bien organizada, tenemos por costumbre remitir un escrito a los siguientes organismos: la compañía telefónica, la compañía de aguas, la compañía eléctrica, la compañía del gas (si existe), y a cuantas compañías u organismos puedan existir con instalaciones en los aledaños de la obra, y que desconociendo de sus trazados, pudiesen verse afectadas por nuestros trabajos, sobre todo de movimientos de tierras. En esta carta, *solicitamos* nos faciliten los trazados de las instalaciones que pudieran verse afectadas por las obras. Desde que me sugirieron la idea lo he puesto en práctica siempre, en todas las obras que he hecho, recibiendo escasas contestaciones, pero (no ha sido mi caso), recuerdo que me contaron que en una obra, una reclamación millonaria de una compañía de seguros se basó en una de estar cartas, que por cierto era certificada. Yo siempre lo hago y aconsejo que se haga siempre, no cuesta nada y vale mucho.

Bien esto me lo decían precisamente porque me mandaban la póliza de seguros de la obra. Seguimos repasando la documentación, a ver si me falta algo: el proyecto de telecomunicaciones, el estudio de seguridad (claro estaba con el proyecto de ejecución), el plan de control de calidad, el aviso previo (efectivamente el coordinador de la obra me dijo que había que ponerlo en la caseta), en fin todo lo demás.

Antes de firmar el acta de replanteo tengo que tener una reunión previa con la dirección de obra para ello tengo que saber por un lado que todos los detalles de los planos de replanteo son correctos y los interpreto bien, por otro lado voy a comprobar que todas las cotas de la obra, sobre todo las que interfieren con la vía pública son correcta: accesos peatonales, accesos de vehículos y acometida de alcantarillado. Pediré que se me marque una cota de referencia (mi encargado dice *"la cota cero"*, bueno, pues la cota cero), algo que sea inamovible y que sirva para toda la obra. Guardaré la documentación de esta reunión como algo importante. Si lo escriben en el libro de órdenes mejor.

Al mismo tiempo van avanzando las primeras contrataciones, he sacado tiempo y he mandado los comparativos de movimiento de tierras, hormigones, suministro de acero y del subcontrato de cimentación y estructura, y de algunos oficios necesarios para el arranque de la obra, y me los han aprobado. Puedo empezar la obra, el día previsto.

La planificación está muy avanzada, estudiaremos las algunas alternativas, para mejorar los objetivos. Las contrataciones avanzan, pero como puedo esperar más voy a seguir negociando con los trabajos relativos a albañilería, las instalaciones y el resto de oficios están un poco más retrasados pero, aun hay tiempo.

Mañana firmaremos el acta de replanteo, todo está preparado.

Ayer instalaron la electricidad en la obra —y se llevaron el pequeño y ruidoso generador que tenía para la caseta—, hoy han instalado la acometida provisional de agua. Previamente mi administrativo había hecho la solicitud y le indiqué especialmente que persiguiera su tramitación en las compañías correspondientes, los instaladores que nos han hecho las instalaciones provisionales se han portado bien (lo tendré en cuenta a la hora de contratar las definitivas de obra).

La obra ya va marchando, la cimentación está avanzada, la estructura comenzada, entre mi jefe de producción y yo estamos a punto de terminar la medición de la obra y por tanto la planificación. En el estudio económico hemos conseguido mejorar el resultado de la obra en 4 puntos (4%), ese es nuestro objetivo, y vamos a concentrar todos nuestros esfuerzos en ello.

Realmente en mi obra todavía no se produce mucho, el próximo mes si tengo previsto que la producción despegue, y como hasta ahora todo va según lo previsto, deberá ser así. Realmente la producción no es muy alta, pero me preguntaba el jefe de producción (que es un completo novato, se está adaptando perfectamente, al principio me pareció un pisaverde, realmente tiene una sólida formación teórica, pero solo quería estar en la obra, está aprendiendo lo que es calentar la silla. Si sigue así, en un par de años podrá ser jefe de obra, lo que a mí me costó cinco) ¿qué hemos hecho hasta ahora y que nos falta por hacer? He aquí el pequeño repaso que le hice:

—Hemos estudiado el proyecto, el contrato y todos los documentos anexos, conocemos pues el trabajo que hemos de hacer perfectamente. Los principales problemas que hemos encontrado en él los hemos consultado con la Dirección Facultativa de la obra, con la que hemos establecido una colaboración sistemática, en base a reuniones fijas el mismo día de la semana.

—Hemos organizado la zona de la obra, nos hemos situado en ella, junto con nuestro equipo. Disponemos de un lugar adecuado para trabajar, con todos los servicios, y con todas las instalaciones necesaria. También hemos instalado toda la maquinaria necesaria, las grúas y el resto de maquinaria.

—Hemos redactado el Plan se Seguridad y lo hemos presentado a su aprobación, así como ante la autoridad laboral.

—Hemos replanteado el edificio, estudiando las interferencias con el solar y vías públicas adyacentes.

—Hemos ejecutado la planificación de la obra, casi en su mayor parte, conocemos pues los objetivos a alcanzar, y los medios por los que debemos intentar alcanzarlos.

—Hemos comenzado la ejecución del edificio, ejecutando oficios de acondicionamiento del terreno, cimentación, estructura y saneamiento.

—Hemos cerrado las contrataciones de una parte importante de la obra, y tenemos otra parte importante muy estudiada, con numerosas ofertas y comparativos hechos. Esto nos ha ayudado a confirmar los objetivos establecidos en el estudio económico de la obra, que, trabajando más en las contrataciones que nos quedan por cerrar, aún esperamos mejorarlos.

—Vemos como gracias a nuestro esfuerzo la producción de la obra es cada vez mayor, en realidad se está siguiendo lo que hemos planificado. Los capítulos de obra que estamos realizando conforman lo que será el edificio, se necesita un gran control para ejecutar esta fase de obra, pero no supone un gran esfuerzo. Mayor es el esfuerzo de coordinar todos los equipos de obra para que los rendimientos sean los previstos.

—El equipo de obra está perfectamente integrado: del encargado no tengo nada que decir, lo conozco de obras anteriores, menos mal que logré que me lo mandaran, es un hombre con autoridad en la obra, responsable y capaz. El administrativo, además de hacer su trabajo nos es de gran ayuda, gran parte de lo rápido y lo bien que fueron los momentos de la implantación se deben a él. Del jefe de producción no voy a hablar, tu mismo deberás sacar conclusiones.

9.3 De la fase de la producción ascendente y de las contrataciones.

(Vista desde la perspectiva del jefe de producción)

El jefe de obra ha decidido que la planificación económica está finalizada, mañana vendrá el jefe de grupo para verla con nosotros (en realidad la ve con el jefe de obra, yo estoy en esas reuniones, por ahora, como en misa). Hemos trabajado mucho en ella, en realidad yo he sido el que he hecho la mayor parte de las mediciones y el jefe de obra ha sido el que le ha dado forma. De precios no tenía ni idea. He aprendido mucho con este trabajo, mi primera obra. Yo pensaba que estaría todo el tiempo pisando la obra, pero el jefe de obra me tiene aquí, casi secuestrado, midiendo, claro que el tampoco sale mucho del despacho. El jefe de obra me ha explicado paso a paso todos los conceptos que hay que manejar, hay cosas que nunca había oído ni que existían: provisiones de gastos, producción, gastos proporcionales, deberíamos haberlo estudiado en la escuela de aparejadores, pero supongo que todo no se puede saber. Es curioso ver la construcción como un negocio: el jefe de obra dice que cada palabra que se pronuncia en una obra hay que pensarla puesto que puede tener consecuencias económicas, siempre dice que hay que reflexionar.

Hemos planteado algunos precios contradictorios a la Propiedad hasta ahora, sin mucho éxito: la dirección facultativa es muy dura en este aspecto y muy rigurosa en estudiar nuestras reclamaciones. Realmente el proyecto está muy bien elaborado, y deja poco resquicio a las dudas. En realidad, esto es mejor me parece a mí, aunque dice el jefe de grupo que deberíamos *rascar* algo más. El jefe de obra dice que va a pensar algo sobre esto.

Cada día aprendo algo nuevo. El jefe de obra ha querido que esté en la reunión y ha resuelto el tema de los contradictorios de la siguiente manera: resulta que, como la D.F. sabía que teníamos razón en el planteamiento, he descubierto que su postura estaba obligada por que el Promotor no quería tener desviaciones económicas, bien, como mi empresa tampoco el jefe de obra les ha planteado que en vez de reclamarles un *incremento económico* les va a proponer alternativas que, sin *detrimento de la calidad* de la obra, puedan compensarnos esta diferencia y ¡han aceptado! Realmente esta ha sido una negociación perfecta, ya que las dos partes salimos ganando, nunca se me hubiera ocurrido pero en lo sencillo está la solución: si no puedes aumentar el valor, disminuye el costo. En el futuro ya se cual es la estrategia mejor.

Pero realmente donde me encuentro más a gusto es en la obra, ahora empiezo a estar más tiempo en ella, cada vez hay más estructura hecha y pronto vamos a empezar la albañilería. Me gusta colaborar con el encargado, a mi me parece que es un sabio interpretando los planos de replanteo de albañilería contando con los gruesos de los revestimientos y los huecos, y todo eso. Creo que nos llevamos bien, hay veces que nos pasamos las mañanas juntos, él se ha dado cuenta de que yo le puede hacer los planos de detalles en un santiamén, y creo que me explota (en el buen sentido), bueno yo también estoy aprendiendo bastante de él.

El jefe de obra sale muy poco a la obra, siempre me pide que le acompañe. Es increíble como ve la obra: no pierde el tiempo, va al grano y las preguntas o las observaciones que hace a mi nunca se me hubieran ocurrido. Creo que organiza muy bien las citas, pero hay días que tiene cola delante del despacho, se pasa el día estudiando ofertas y viendo a subcontratistas y a proveedores. Es muy exigente con la seguridad

9.4 De la fase de la producción descendente y del control ascendente.

(Vista desde la perspectiva del encargado)

Es asombroso lo que ha aprendido este chico en unos meses. Me refiero al jefe de producción, quien llegó a la obra como un pipiolo, y ahora no hay quien lo despiste. Al principio se quedaba como absorto mirando la ejecución de la obra, ahora sus visitas son siempre para algo concreto: para medir, para resolver alguna duda de planos o para *controlar* la ejecución, llevando la obra perfectamente controlada en sus papeles. Claro que aunque su criterio es todavía un tanto escaso —sea quizás la guía del jefe de obra—, sabe que hay que controlar la obra en este momento. Realmente ahora es cuando la obra está interesante: hemos terminado la estructura y la albañilería (salvo algunos pequeños detalles), las instalaciones están hechas en su fase oculta, los revestimientos están muy avanzados y vamos a empezar a trabajar en obra con el resto de oficios. En este momento es cuando hay que controlar todos los detalles, ya que esta es la verdadera obra, yo digo que es lo que se quiere hacer. Siempre me figuro al arquitecto concibiendo o dibujando esto que estamos haciendo ahora y que realmente lo que ya hemos hecho es para poder hacer esto otro, o sea, la estructura y la cimentación, así como los cerramientos y cubiertas son elementos necesarios para el edificio, sea como sea este, pero con los trabajos siguientes *hacemos* realmente la obra. El jefe de producción como digo, al que yo considero más jefe mío que el jefe de obra, con el cual hablo poco, dice que ahora hay que incrementar el control en la obra, realmente esto yo lo sé puesto que hay más elementos que se van terminando o casi terminando, y ya hay que establecer el ajuste definitivo entre las partes de la obra. Su insistencia me hace pensar, —no quiero yo decir que por que este chico tenga menos experiencia que yo que llevo casi treinta años pisando obras no va a tener razón, hasta ahora nunca se ha metido en mi trabajo, cosa que no permitiría—, y lo hago en lo que me dice, y creo que tiene razón: controlar la ejecución, controlar los materiales en los acopios, controlar la seguridad, controlar los rendimientos y los consumos, controlar las actividades, controlar el plazo de la obra, etc...., la verdad, hay que estar *encima* de la obra si quieres que no se te escape de las manos. Al menos estoy seguro que muchas cosas las aprendió de mí, como cuando le demostré que en una obra nunca pueden decirse frases como *no hace falta terminarlo con tanto esmero*, ya que el resultado es una chapuza, o que lo que más hay que vigilar en la obra es lo primero que se hace de cada unidad y no dejar nunca al principio de una tarea que se haga mal.

Si en esta obra las cosas no se hubiesen hecho bien desde el principio, esta fase sería un caos, puesto que no podríamos terminar nada sin tener que arreglar lo anterior, como sucede en otras obras que no tienen tanta previsión: en la obra tenemos que pensar en el conjunto para poder ejecutar cada parte de la misma.

A veces, o casi siempre, cuesta trabajo ver el futuro en una obra, creo que la persona que mejor lo ve, de todas con las que he trabajado hasta ahora es nuestro jefe de obra, con quien, como os he dicho antes hablo poco, pero se nota su forma de *llevar la obra*, ya que hace sentir que los que trabajamos con él estamos respaldados por su autoridad, confía en nosotros y hasta ahora no ha faltado ningún elemento importante que dependiera de su trabajo, y desde luego ha resuelto todos las dudas y problemas que se han planteado, además parece que sirve al tiempo de maestro del otro, quien a su vez aprovecha todo lo que puede para aprender.

Me paso el día en la obra acudiendo a un sitio y a otro, a veces los jefes de cuadrilla y de equipo me buscan —me persiguen— por toda la obra. Al principio la obra es una gran superficie en la que todo se domina con un golpe de vista —a propósito ¿no os da a vosotros siempre la impresión de que el edificio no cabe allí, hasta que se traza?— pero cuando la obra avanza se convierte en un laberinto. Ahora mis obligaciones me llevan aquí o allí, es decir, a todos los sitios de la obra. Creo que voy a establecer un sistema de visitas a los tajos y un recorrido sistemático, para que todo el mundo sepa dónde estoy, o al menos aproximadamente, en cada momento, esto será bueno para mí y para mi trabajo.

Ahora ya se van terminando partes de la obra, es importante acotarlas y cerrarlas a medida que se vayan terminando. Hemos puesto en práctica un sistema y es que haya un libro en la oficina de obra (que ya no está en la caseta prefabricada que teníamos al principio, sino en unas dependencias definitivas del edificio en la planta baja) en la que se registra todo el mundo cuando toma una llave y cuando la entrega. Al principio a mi me parecía un poco tedioso pero el jefe de obra insistió en que el sistema era imprescindible y ahora ya nos hemos acostumbrado, los operarios son mas cuidadosos con las zonas de la obra ya que saben que han queda registro de su paso por allí cuando van ha hacer algún repaso o a terminar algún pequeño detalle. Como siempre tengo que darle la razón hay que *empezar a termina* la obra, como dice el administrativo, que siempre me anda preguntando lo mismo.

9.5 De la fase de finalización de la producción, entrega de la obra y retirada de equipos.

(Vista desde la perspectiva del administrativo)

Nunca me hubiera imaginado que el edificio iba a quedar tan bien cuando empezaron a pintarlo de ese color, pero es verdaderamente notable como se ha ejecutado la obra.

No es mi primera obra, desde luego, y hace años, cuando me contrataron como auxiliar administrativo nunca pensé que yo podría trabajar en esto, pero ahora no me imagino trabajando en un banco o en cualquier otro trabajo. Estos chicos me hacen sentir su compañero y desde luego lo soy, pero siempre les digo que la obra la hacen ellos. El jefe de obra muchas veces insiste en que le acompañe a la obra, que esto también es cosa mía, que me manche los zapatos, que todos somos un equipo. Creo que es la primera vez que me he sentido tan integrado en un equipo, y pensando en que mi trabajo también es necesario para que este edificio se haya construido, y próximamente se entregue al promotor.

El administrativo es el menos especialista, en apariencia, en la construcción, en realidad no sabemos construcción, no manejamos los planos ni ese vocabulario sobre el que siempre pregunto y que me sorprende a cada instante: cerchas, jácenas, ... y palabras similares. Sin embargo he tenido que aprender muchas cosas acerca de los materiales o al menos a identificarlos: no me preguntéis sobre la calidad de un ladrillo pero desde luego sé clasificarlos según su nombre y, por supuesto, su precio; y así como todos los materiales, de los cuáles tengo que hacer, cada mes un inventario, aunque os he de reconocer que tanto el jefe de producción cuando puede y el encargado, sobre todo, me ayudan en esta labor.

Ahora bien, de lo que si os puedo dar alguna lección es sobre la contabilidad de la obra, el control de los costos, las provisiones, la cuenta de explotación de la obra, las certificaciones y sus cobros así como el resto de conceptos económicos, puesto que yo soy el primero que ve los números antes que el propio jefe de obra y entre los dos los solemos analizar y comentar, él quiere que el jefe de producción esté siempre al tanto de estas labores pero, claro, no puede siempre, somos un equipo, naturalmente, pero no podemos trabajar siempre en grupo. Otro tema que es mi especialidad es el de las relaciones laborales, los partes de alta y baja de los trabajadores, así como la documentación de las empresas subcontratistas, las tramitaciones de los necesarios documentos ante los organismos, oficiales y la correspondencia en general. Además siempre me preocupo de que no falte nunca nada en la oficina relacionado con material de escritura o dibujo, por cierto hay que ver los técnicos lo delicados que son con estas cosas, los portaminas han de ser de esta marca, los lápices de colores de esta otra, las reglas de tal modelo o color, en esto —dígolo con el mayor respeto— son todos iguales de exigentes y expertos y si se me permite, caprichosos.

Desde la fiesta que se celebró la fiesta de *puesta de bandera*, unos meses atrás parece que todo ha cambiado: el edificio, nuestra oficina, y además pronto tendremos que mudar de sitio de trabajo, y probablemente también de compañeros. Es este un oficio que hace que te hagas rápidamente a los cambios y que te adaptes también con rapidez a nuevos compañeros y a nuevos jefes, es un oficio que te imprime carácter en cuanto a esto.

Hoy me decía el jefe de obra que sólo hay una cosa más difícil que empezar una obra, y es terminarla. Parece que tenga razón según yo he visto como se han terminado las obras en las que he intervenido. Las obras no *mueren* de repente, sino con una lenta agonía, ahora bien, para esto todos los que estamos en el equipo de supervisión de la obra —incluido yo— debemos hacer un gran esfuerzo para que esto suceda, y tenemos que ir obligando a que se realicen las labores correspondientes. Dice también el jefe (de obra) que los programas de trabajo obligan a todos y que no son *guías turísticas* de la obra sino que son el principal objetivo y compromiso, teniendo que cumplirse por encima otros objetivos, ya que son el camino hacia el resultado previsto en la planificación. Si todos nos concienciamos de que lo que el programa de trabajos es el guión a seguir, podremos estar en esta fase final de la obra pensando en que dentro de poco hay que entregarla, incluso teniendo un par de semanas o tres para *repasar* el trabajo hecho antes de la entrega. Para esto ha hecho falta una gran exigencia por parte del equipo de la obra, realmente pienso que yo no he intervenido, puesto que no estoy en la *línea de producción*, pero siento que mi trabajo ha sido del todo necesario.

Ha sido quizás en esta obra en la que he tenido más contacto con el jefe, en cuanto a interés por los temas de planificación y gestión técnica propia de la obra, que aun no afectando directamente mi trabajo si, de alguna manera está implicado en estos temas. En este sentido he ido recogiendo algunas afirmaciones hechas por el jefe de obra, y que de la que puedo asegurar que tiene razón. Por ejemplo, ahora que estamos casi terminando la obra, y que el edificio está a punto de ser entregado aún quedan muchos trabajos de urbanización y obras exteriores, esto ya me lo había advertido antes y aun cuando se empezaron con mucha antelación van a marcar la finalización de la obra y, esto es siempre así. Por cierto, que hace seis meses que terminamos la estructura y una vez que le pregunté cuando se terminaría la obra el me dijo: *"seis meses tras la estructura"*, a lo que yo pregunté si todas las obras las planificaba para terminarlas seis meses después de la estructura y el me dijo: *"algunas en menos, pero ninguna en más de seis, si te organizas bien, cualquier obra puede hacerse así"*.

Aunque lo que más me ha influido, y además es algo que puede aplicarse a todos los trabajos es que dice que porque una cosa se haya hecho siempre de una cierta manera, esta no tiene porqué ser la mejor, y que siempre algo puede mejorarse si se estudia, planifica y analiza convenientemente. En estas últimas semanas es cuando más he visto que sale a la obra y, la verdad, no siempre regresa satisfecho, al menos en apariencia. Dice que hay que estar encima de cada terminación, y le gusta supervisar personalmente los acabados, así que tanto el encargado como al jefe de producción suelen intentar que el marque su criterio a la hora de decidir la aceptación o no de cada unidad de obra.

9.6 Del estudio de las actividades

En el momento de la ejecución de las actividades, debemos tener en cuenta todos los parámetros que intervienen tanto en su duración, como su influencia en el cumplimiento del programa de trabajos, del mismo modo que tenemos en cuenta todo lo que significan los procedimientos constructivos, el proyecto, la normativa técnica o la buena práctica de la construcción. Es tan importante ejecutar la obra bien, como ejecutarla en plazo ya que para casi todos los promotores en la actualidad, el plazo forma parte de la calidad de la obra.

Estudio de los rendimientos

Denominamos *actividad* o tarea al conjunto de trabajos, operaciones o procesos necesarios para la total ejecución de una unidad de obra o conjunto de ellas. Normalmente las actividades tienen una unidad u homogeneidad, tanto en el tiempo en que se realizan como en relación con los oficios que la desarrollan, estando asimismo ligadas por lo general a una misma situación en la obra, o bien a una parte de la misma. Una actividad es una unidad en el programa de trabajos, teniendo en el mismo una fecha de comienzo y otra de finalización, que determinan su duración *(D)* —incluyendo también sus posibles holguras—. La *carga de trabajo* de una actividad *(Q)*, en una determinada unidad de medición de la misma —m^2, m^3, ml., kg, uds, etc.— es la cantidad de esas unidades que contiene dicha actividad. *Rendimiento (R)* de una actividad es número de unidades de medición de la actividad que hay que ejecutar en cada fecha del programa de trabajos, es decir la relación entre la carga de trabajo y la duración de la actividad:

$$R = \frac{Q}{D} \qquad [9.1]$$

Cuando hicimos la planificación de la obra, estimamos unos rendimientos para calcular la duración de las actividades, unos rendimientos medios y estándares, que nos sirvieron para calcular los recursos de la obra en el tiempo, etc., como vimos.

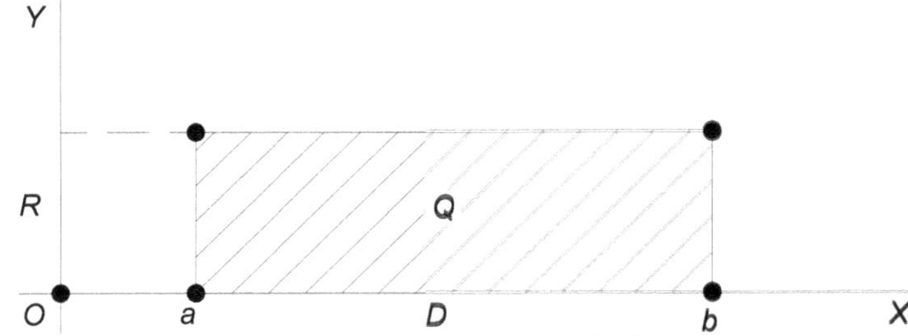

Figura 9.2: Duración de una actividad suponiendo un rendimiento constante.

El rendimiento que hemos calculado de la actividad es el rendimiento medio, es decir, un rendimiento teórico suponiendo que la actividad desarrolla de forma constante desde el instante en que comienza hasta el instante final —Figura 9.2—, siendo en esta representación gráfica *(Q)*, el área del rectángulo determinado por *(D) y (R)*.

Esta es solamente una suposición válida para calcular la planificación total de la obra, pero sabemos que en la realidad, la distribución de la ejecución en cualquier actividad nunca es constante, es decir, comienza desde un rendimiento nulo en el instante inicial, terminando asimismo con un rendimiento nulo en el instante final, teniendo un desarrollo creciente y decreciente a lo largo de la misma, de una forma que convencionalmente representamos en la Figura 9.3, con la representación gráfica de la función *f(x)*, que determina la variación en el tiempo de duración de la actividad de su rendimiento real.

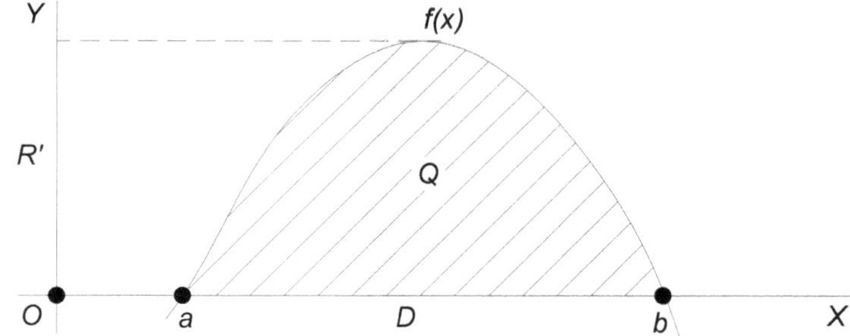

Figura 9.3: Duración de una actividad representando la variación real del rendimiento.

En este caso, *(Q)* es la superficie encerrada entre el intervalo *(a,b)* de la función *f(x)* y el eje de coordenadas *OX*, que como sabemos se calcula de acuerdo con la siguiente expresión:

$$Q = \int_a^b f(x)dx = [F(x)]_a^b$$

cálculo que no debiera ofrecer ningún problema, toda vez que *f(x)* es continua —de no ser una función continua tendría un tratamiento distinto—, lo que resulta verdaderamente difícil de calcular en cada caso es *f(x)*, por lo que podemos sustituir la curva que representa dicha función por una poligonal *aa'b'b*, que se representa en la Figura 9.4.

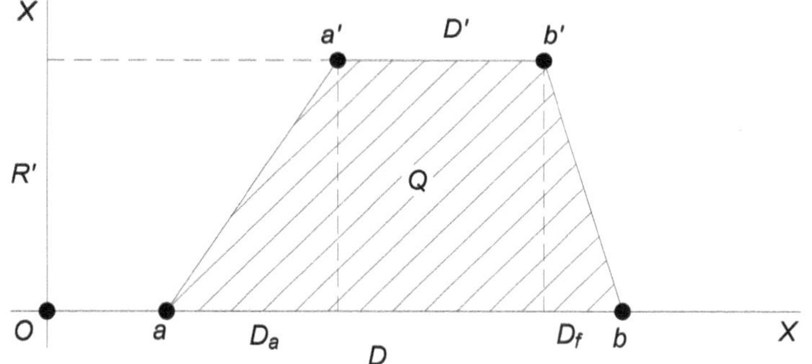

Figura 9.4: Duración de una actividad representando la variación simplificada del rendimiento

En este gráfico el segmento *aa'* representa el rendimiento ascendente desde el instante inicial hasta que la actividad se desarrolla normalmente, el segmento *a'b'* el rendimiento máximo y constante que es posible alcanzar durante el mayor tiempo de la actividad, y el segmento *b'b* el tramo de duración de la actividad en que el rendimiento es decreciente. Los intervalos del eje *OX*, (D_a) y (D_f), representan el tiempo de duración dentro del plazo de la actividad de los periodos crecimiento y decrecimiento de los rendimientos. Los periodos de tiempo (D_a) y (D_f), sí pueden ser estimados con mayor facilidad, y por tanto se puede definir el trapecio *aa'b'b*, cuya superficie será también *(Q)*, deduciendo de ella el rendimiento *(R')* máximo y necesario para que se cumpla el plazo de la actividad, siendo *(D')*, la duración de la parte de la actividad que se desarrolla con rendimiento constante.

La superficie del trapecio *aa'b'b*, sabemos que es *(Q)*, por tanto:

$$Q = \frac{D + D'}{2} \times R'$$

de dónde:

$$R' = \frac{2Q}{D + D'}$$

como sabemos que $D' = D - D_a - D_f$, sustituyendo en la anterior expresión el valor de *(D')*, tenemos que:

$$R' = \frac{2Q}{2D - D_a - D_f} \qquad [9.2]$$

igualdad que determina el valor del rendimiento que debemos estimar para que la actividad no sufra retrasos.

Una simplificación que se puede hacer aún de este cálculo es la que establece que los periodos de adaptación y finalización de la actividad tienen la misma duración, es decir suponer en el gráfico de la Figura 9.4 que $D_a = D_f$, y dado que estos periodos debemos procurar que tiendan a tener una expresión mínima, no será difícil igualarlos en la realidad; en dicho caso, que, como decimos es el que debemos tender a establecer, la expresión [9.2], se convierte en la más sencilla:

$$\boxed{R' = \frac{Q}{D - D_a}} \qquad [9.3]$$

Se podrían establecer cálculos más complicados para llegar averiguar el valor real del rendimiento (R') necesario, aunque la aproximación que supone la fórmula [9-3] se presenta absolutamente válida. En cualquier caso, lo que está claro es el concepto de lo que significa el error de suponer que con un rendimiento medio *(R)*, la duración de la actividad se cumpliría, ya que en una obra, los periodos de adaptación y de terminación se dan siempre. Como es lógico, y como se desprenden de los cálculos explicados aquí, los valores de esos periodos harán que la diferencia entre el rendimiento teórico calculado (R), y el rendimiento necesario (R'), sea tanto más pequeña, cuanto más pequeños sean éstos.

De los tres parámetros que definen cualquier actividad, hay uno que es fijo e inamovible, y es su carga de trabajo *(Q)*, ya que en función de ella de define dicha actividad, y de acuerdo con la expresión [9.1], estará en función de los otros dos que aquí hemos definido según:

$$Q = R \times D$$

Como quiera que este producto es inamovible, si no corregimos uno de los factores el otro variará en sentido contratio. La mayoría de las empresas —contratistas y subcontratistas— realmente sólo inciden en variar uno de ellos, concretamente la duración *(D)*; mejor dicho, al no actuar convenientemente, según el razonamiento de este apartado, la duración se *corrige* por si misma, dando como resultado por tanto, indefectiblemente, el *retraso* de la misma. Dicho retraso, en la mayor parte de los casos desembocará en un retraso del plazo general de la obra. Por consiguiente, el factor que tenemos que analizar y corregir, en todo momento es el rendimiento *(R)*, lo que realmente será lo único que nos podrá ayudar a corregir asimismo las desviaciones en el plazo que puedan existir.

Estudio de los recursos

Para lograr que los rendimientos de las actividades sean los adecuados, como hemos visto, en función de su duración, es preciso a su vez asignar los recursos óptimos. Los *recursos* son los elementos o factores de producción necesarios para que se pueda ejecutar la actividad, consumiéndose éstos en todo o en parte, las actividades consumen recursos de formas diferentes, según sean asimismo estos recursos, de acuerdo con esto, llamaremos *consumo* de un determinado recurso en una determinada actividad, a la cantidad de este recurso necesaria para producir una unidad de medición de dicha actividad. Los recursos son de dos tipos, materiales y humanos, siendo los recursos materiales los que componen los propios materiales, la maquinaria y los medios auxiliares, los recursos humanos corresponden al tiempo de los operarios empleado en la ejecución de la obra.

Los materiales se consumen en cantidades variables de forma que, o bien se incorporan a la obra ejecutada o bien se destruyen parcial o totalmente en la ejecución de la misma. Con respecto a los materiales lo único que debemos tener en cuenta es que sean suficientes, es decir que se disponga de ellos tanto en calidad como en cantidad, y puestos a disposición de la obra en la forma adecuada —en el tajo o en el lugar de acopio—, y si es en el tajo, habrá que tener en cuenta los medios de descarga, transporte o elevación, etc. Además habrá que haber previsto los ensayos, la aprobación de las muestras, etc., operaciones que se tratan en otros capítulos del presente manual.

La maquinaria y los medios auxiliares, no se incorporan a la obra pero si deben tener una asignación a ella de forma análoga a los materiales, es decir, deben ser adecuados en número y en calidad, y estar en condiciones de uso.

Los medios materiales, en general determinarán la calidad y la correcta ejecución de la obra, pero no determinarán, en cuanto a sus rendimientos, el tiempo de duración de la actividad, ya que una vez elegidos y puestos en obra para que puedan intervenir en la producción, solamente habrá que ir consumiéndolos. Por tanto el único recurso que influirá directamente en la duración de la actividad será el que corresponde al tiempo empleado de cada operario, como veremos a continuación. Hay que incluir una excepción y es que a veces la maquinaria tiene un tratamiento igual que la mano de obra, sobre todo en actividades de acondicionamiento de terrenos o en obras de urbanización, y en los casos en que esto sea así, aplicaremos los mismos criterios que explicamos aquí para la mano de obra.

Los recursos humanos, o mano de obra, pues serán los que debamos estudiar específicamente, para poder determinar en cada caso en qué medida influyen en la duración de una actividad. En general, podemos establecer que hay una relación directa entre el valor de los recursos asignados y el del rendimiento de la actividad, y por tanto una relación inversa entre dicho valor y la duración de la misma, aunque, como veremos, la relación no es tan sencilla en todos los casos.

Por otra parte es necesario analizar cada actividad en sí misma, para asignar los recursos desde su comienzo, porque aunque sepamos que ciertas desviaciones se pueden corregir aumentando los recursos en determinado momento, y por tanto el rendimiento, en primer lugar esto descompensará la homogeneidad de duración que las actividades —como se explica en el capítulo 2.10— y en segundo lugar, esto solamente será posible hasta que lleguemos al límite que nos marca la Ley de los rendimientos decrecientes o de la productividad marginal —ver capítulo 4.1—, en el cual no obtendremos aumento de los rendimientos sino disminución de ellos con los recursos que sobrepasen este límite, y solamente conseguiremos que se aumenten los costes de producción, pero no evitaremos el retraso de la actividad, así como de todas las actividades consecuentes de ella en el programa de trabajos.

Si para cada actividad sólo tuviéramos un recurso que asignar, no tendríamos problema en calcular el número en que deberíamos asignarlo en función del rendimiento a conseguir, pero lo normal es que en cada actividad existan varios recursos diferentes cuyas cantidades sean determinantes para el tiempo de ejecución, y además, sus consumos serán asimismo diferentes, con lo cual las cantidades que hemos de aportar a la ejecución de la actividad —en definitiva el número de operarios de cada tipo, o en su caso el número de máquinas de cada tipo— dependerá tanto de la duración de a actividad como de los valores de los consumos de cada uno de los recursos, así como, por supuesto del número de unidades de medición que haya que ejecutar de dicha actividad. El valor de los recursos que haya que asignar en cada caso vendrá dado en función de las siguientes restricciones:

a. duración con recursos mínimos
b. recursos mínimos óptimos
c. duración con recursos fijos
d. recursos con duración fija

a) duración con recursos mínimos

Será este un caso teórico y nos dará el punto de partida para calcular la relación entre distintos recursos, de acuerdo con una hipotética situación en la que suponemos que se dispone de todos los recursos, en su grado mínimo, es decir, una unidad disponible de cada recurso. Denominaremos *(m)* a los recursos de los que disponemos, *(c)* a los consumos de cada uno de ellos, *(Q)* a la carga de trabajo o número total de unidades de medición de la actividad, *(D)* a la duración total de la actividad, y *(k)* a la cantidad total de recursos que asignamos a la activiad. Tenemos pues que los recursos de que disponemos serán:

$$m_1, m_2, \ldots m_n$$

y los consumos de cada uno de ellos serán por tanto:

$$c_1, c_2, \ldots c_n$$

como sabemos que el tiempo (D) de duración de una actividad está en función de la cantidad de recursos necesarios (C) para ejecutar un número total de unidades de medición (Q) de la actividad, tenemos que:

$$D = c \times Q \qquad [9.4]$$

por tanto, aplicando la expresión [9.4] a cada recurso tendremos que el tiempo (D) de duración de la actividad, será el mayor de todos ellos, es decir:

$$D = \max.\begin{cases} D_1 = c_1 \times Q \\ D_2 = c_2 \times Q \\ \ldots \\ D_n = c_n \times Q \end{cases} \qquad [9.5]$$

lo que significa que el recurso *(m_i)* cuyo consumo sea mayor, y que denominaremos asimismo *mayor (M)*, marcará la pauta para la ejecución de la actividad, y el resto de los recursos que denominaremos *menores*, estarán desaprovechados, en las diferencias que tengan con aquél.

b) recursos mínimos óptimos

Para evitar el desaprovechamiento de recursos, según veíamos en el razonamiento anterior, debemos calcular los recursos mínimos óptimos para asignar a cada actividad, para lo cual sabemos que, para un cualquier recurso *(m_i)*, se cumple que:

$$k_i = c_i \times Q \qquad [9.6]$$

y aplicando esta expresión a cada recurso, obtendremos el máximo valor de *(k_i)*, que llamaremos *(K)*, de acuerdo con:

$$K = \max.\begin{cases} k_1 = c_1 \times Q \\ k_2 = c_2 \times Q \\ \ldots \\ k_n = c_n \times Q \end{cases} \qquad [9.7]$$

expresión de la que, además conoceremos el recurso mayor *(M)*, de forma análoga a [9.5]; de esta forma podemos establecer que la cantidad total de cada recurso *(k_i)*, necesaria para que tal recurso cumpla con la condición de ser un recurso mínimo optimo, nos la dará la expresión:

$$ki = \frac{D}{K}$$

siendo en ella la duración *(D)* la que habremos calculado de acuerdo con la expresión [9.5], y que lógicamente será la que corresponda en dicha expresión al recurso *(M)*, cuya cantidad total será *(K)*.

Una vez calculados todos los valores de las cantidades totales *(k_i)* de los recursos menores *(m_i)*, debemos asignarlos en tales cantidades, sabiendo que el exceso de estos recursos estará desaprovechado.

Lógicamente, ya que estamos hablando de mano de obra, conviene centrar un poco el razonamiento, así como las unidades de medición de cada uno de los parámetros que estamos analizando. El tiempo *(D)* de duración de cada actividad, se medirá en *fechas* del programa de trabajo, normalmente utilizaremos día, los consumos *(c_i)*, se medirán e horas, y las cantidades *(k_i)* de los recursos en unidades de operarios, siendo *(m_i)* el tipo de cada uno de éstos. Lógicamente, el número de operarios tendrá que ser un número entero, lo cual siempre nos dará un diferencial de desaprovechamiento.

c) duración con recursos fijos

Es este caso una variante del caso teórico *a)* de recursos mínimos, aunque este caso es posible que pueda plantearse realmente en obra, como restricción a la hora de afrontar la ejecución de una actividad. La duración (D) de una actividad en este caso será el resultado de aplicar el conjunto de la restricción entre el consumo del recurso y su disponibilidad; dados unos recursos con asignación fija:

$$k_1, k_2, \ldots k_n$$

La expresión [9.4] nos indica la duración de una actividad, calculada en función de un determinado recurso, cuando este recurso tenía un valor igual a uno (1), pero si este valor es igual a *(k_i)* tendrá el siguiente valor:

$$D_i = \frac{c_i \times Q}{k_i} \qquad [9.8]$$

y con aplicando esta misma expresión a todos los recursos, la duración máxima que nos resulte, corresponderá a la duración de la actividad, es decir.

$$D = \max.\begin{cases} D1 = \dfrac{c1 \times Q}{k1} \\ D2 = \dfrac{c2 \times Q}{k2} \\ \ldots \\ Dn = \dfrac{cn \times Q}{kn} \end{cases} \qquad [9.9]$$

Tal como hemos dicho, es esta una restricción que nos puede ocurrir en algún caso y por tanto hay que tenerla en cuenta. Si una vez calculada la duración (D) que nos resulta de la expresión [9.9], comprobamos que su valor es mayor que la prevista en el programa de trabajos, como esta es la duración mínima que podemos lograr, debemos actuar según el siguiente procedimiento —y por este orden—, hasta que el retraso de la actividad no influya en el programa de trabajos:

1. adelantar la fecha de comienzo de la actividad
2. modificar las relaciones de precedencia con las consecuentes
3. consumir las holguras
4. cambiar o modificar el sistema constructivo de la actividad en función de otros que supongan recursos suficientes.

c) recursos con duración fija

Esta es la restricción normal y habitual que debemos encontrarnos, es decir, sabiendo la duración de la actividad, así como sus rendimientos, para lo cual habremos hecho la corrección explicada en el "estudio de rendimientos", y por tanto, solo debemos calcular el valor de estos recursos, para asignarlos a la actividad, según la expresión:

$$k_i = \frac{c_i \times Q}{D}$$

expresión derivada de [9.8], en la que *(D)* es la duración de la actividad, *(*c_i*)* el consumo de cada recurso, *(Q)* la carga de trabajo de la actividad y por tanto *(*k_i*)* la cantidad del cada uno de los recursos.

Cálculo de los consumos

En cuanto al cálculo de los consumos de cada recurso por cada actividad no ofrecerá problema puesto que estos serán deducidos de cada precio unitario descompuesto *(*P_{uc}*)* que haberos elaborado para hacer el estudio económico de la obra (capítulo 3.6, Figura 3.8).

Uno de los problemas que podemos encontrarnos es que tengamos una gran parte de la obra subcontratada (el tema de la subcontratación se trata en el capítulo 11, así como sus ventajas e incovenientes), y en cuyo caso en los precios unitarios descompuestos no aparecerán consumos de mano de obra, sino los precios del subcontrato de cada unidad, lo cual es rigurosamente correcto para elaborar el estudio económico de la obra, pero plantea uno de los mayores problemas de la construcción en España en la actualidad, a la hora de controlar la asignación de la mano de obra adecuada para cumplir una planificación.

Necesariamente el jefe de obra ha de saber el número de operarios que ha de asignar a cada unidad de obra o a cada actividad, por una suma de razones tan copiosa como las hay para escribir un manual de este tipo, y cada actividad o parte de ella subcontratada la plantea una incógnita en cuanto a los recursos humanos que debe aportar, mejor dicho, que debe aportar el subcontratista. No voy a extenderme más sobre este tema, pero cualquier técnico que haya tenido experiencia en obra, y en concreto en obra con subcontratistas, sabrá valorar lo que esto significa, y a las conclusiones que se llega con este razonamiento: incertidumbre, inclumplimiento de plazos, etc., ya que actualmente hay muy pocas empresas que sepan valorar adecuadamente los recursos y los rendimientos en sus oficios, y el porcentaje es menor, por desgracia, entre las que actúan como subcontratistas.

Al jefe de obra, y al resto del equipo, les queda como recursos en caso de que los datos que la empresa subcontratista no le ofrezcan fiabilidad —y yo diría que en todos los casos—, para calcular los consumos teóricos así como las cantidades de recursos humanos que deben ser asignadas a cada actividad acudir a los bancos de precios que existen publicados, como es de la Fundación y Codificación del Banco de Precios de la Construcción, o similares, para poder acometer la ejecución de las unidades de obra subcontratadas, operación que deberemos hacer siempre, y en ningún caso deberemos hacer caso de las informaciones que nos suministren las empresas subcontratistas, a no ser que hayan sido contrastadas por nosotros mismos en actuaciones similares.

Otros factores que influyen

Aun siendo muy importante, y no bien entendido por todos los que nos dedicamos a construir edificios, la correcta aplicación de los rendimientos y la asignación de recursos, así como de su cálculo, no es el único parámetro que colabora en el éxito de que la ejecución de una obra se desarrolle dentro de los plazos previstos; existen, lógicamente otros que también deberemos tener en cuenta, y estos son:

1. La correcta planificación de la misma
2. La posibilidad de que se mantengan las fechas de inicio
3. La adecuada supervisión de la ejecución.

En primer lugar, la planificación debe estar correctamente ejecutada, algo que se supone pero que a veces no pasa. En algunos casos nos damos cuenta de que hemos ejecutado una planificación con errores a la hora de llevarla a la práctica —ver capítulo 2—, para lo cual es muy importante que se tengan en cuenta las recomendaciones que se hacen para la planificación. Si una planificación está mal redactada, habrá que corregirla en cuanto se detecte, y actuar de acuerdo con las correcciones que se introduzcan en ella. Realmente es un mal momento de detectar errores en la planificación cuando nos disponemos a ejecutar la obra, pero vale más corregirlos cuanto antes, que seguir, obviamente, persistiendo en ellos.

La posibilidad de que se mantengan las fechas de inicio, pasa necesariamente por haber *hecho los deberes* en cuanto a la preparación del comienzo de cada actividad, esto es: habrá que haber preparado las contrataciones, la aprobación de muestras, la preparación de los tajos, el conocimiento de quienes tienen que ejecutar la actividad de todos sus extremos, las medidas de seguridad, y cuales quiera otros factores. Uno de los grandes fallos de la ejecución, en cuanto al cumplimiento del programa de trabajos, es no comenzar las actividades a tiempo, ya que se consumen las holguras y puede que se hagan críticos caminos que no lo son al comienzo, por no referirnos a cuando esto sucede en actividades que ya son críticas, lo cual supone un retraso en la obra.

La actividad de control es también importante para el desarrollo de la obra, y debe ejecutarse de una forma adecuada, esto es, a medida de que se desarrolla la actividad. No debe retrasarse la supervisión de una ejecución de forma que una no conformidad en la misma suponga una corrección tal que haya que *volver a atrás* en la ejecución, con lo cual tendríamos, lógicamente un retraso.

La actividad de control se extiende también a los agentes externos al constructor, a la dirección facultativa sobre todo, al organismo de control técnico y al promotor en algunos casos, o bien al laboratorio de control. Esto hay que tenerlo en cuenta para *trasmitirles* la necesidad de que su control, supervisión, aprobaciones, comprobaciones o vistos buenos, no supongan retrasos en la obra; siempre dentro de la lógica y educación que supone nuestra relación con estos agentes y que disponemos se explica en este manual.

Como resumen diremos que cuando se habla de *desviaciones* en el programa de trabajos o en la planificación de una obra, se trata sin duda de un eufemismo, con el que realmente se está queriendo decir retrasos. Hemos visto claramente que no existen circunstancias que alteren la planificación para *adelantar* alguna fecha, la mejor noticia que se puede tener en una obra, es que una actividad cumple los plazos. El cumplimiento de los plazos de una obra es la principal tarea que el personal de supervisión debe llevar a cabo en la misma. Las labore de control que se explican en este manual —control de costes, control de la producción, ect.— son importantes, y en realidad determinan el objetivo del constructor como empresario: el beneficio económico; pero el cumplimiento de los plazos es el camino que lleva a este objetivo

9.7 De un enemigo invisible

Existe un enemigo invisible que nos acompaña durante toda la obra, que en algunos casos es como decir durante toda la vida, y de cuya influencia, a veces, no nos damos cuenta. Es el *ruido*. Efectivamente, las obras suelen estar envueltas en ambientes ruidosos, y es algo, que con la costumbre puede pasar desapercibido. Conozcamos un poco mejor a este enemigo.

La vibración de las moléculas de un medio elástico producen lo que conocemos como sonido, el oído humano lo percibe a través de la vibración de las moléculas de aire próximas al tímpano. Cuando esta emisión de sonido está compuesta por una mezcla aleatoria de longitudes de ondas, se produce lo que denominamos ruido, y que no es más que un sonido pero inarticulado, confuso y desagradable.

El sonido se transmite en un medio gaseoso, líquido o sólido y nunca en el vacío, tal como demostró en 1660 el científico irlandés Robert Boyle (1627-1691), quien hizo *sonar* una campana en el vacío y de la que no podía percibirse ningún sonido aún cuando el badajo claramente la golpease. Para medir el sonido existen básicamente dos parámetros, el *nivel de intensidad* y la *frecuencia*. El sonido tiene otras cualidades que lo identifican como es el *timbre*, que hace referencia a su naturaleza y la mayor o menor complejidad de su composición armónica. El timbre es lo que hace que distingamos, por ejemplo, el sonido de un piano y el de un violín o el de las voces de las todas personas que conocemos, aun teniendo la misma intensidad y frecuencia.

El *nivel de intensidad* de un sonido depende de la *presión* que ejerce en el medio —el aire, normalmente— en el que el sonido se trasmite, la causa que produce el sonido, así un murmullo o el suave roce de la ropa es un sonido de baja intensidad y una detonación lo es de alta intensidad. El nivel de intensidad sonora está pues relacionado con la presión, aunque, por causa de la gran amplitud del intervalo de intensidades a las que es sensible el oído humano, resulta preferible utilizar una escala logarítmica que es una escala natural, de forma que el nivel de intensidad (β) lo determina la expresión:

$$\beta = \log\left(\frac{P}{P_o}\right)^2 \qquad [9.4]$$

siendo *(P)* la presión sobre la cual estamos midiendo o calculando el nivel de intensidad sonora, y (P_o) la presión de referencia en la cual se traspasa el *umbral de audición*, que es aquel que determina el límite de los sonidos que podemos percibir —un oído humano normal y un sonido emitido según una frecuencia media—, naturalmente el umbral de audición no es una medida exacta, pero actualmente se estima, convencional y empíricamente, que está en $2x10^{-5}$ Pa (1 Pa = 1 Nw/m^2), y es este el valor que se le aplica a (P_o) para calcular el Nivel de intensidad sonora (β). La unidad en que la expresión [9.1] nos da el valor del nivel de intensidad sonora es el belio, —B—, nombre asignado a esta unidad en honor del inventor escocés Alexander Graham Bell (1847-1922), que en 1876 patentó el teléfono, aunque el belio resulta una unidad demasiado grande, y por tanto inadecuada, y es por eso que normalmente se utiliza la décima parte, es decir, el decibelio —dB—. Si sustituimos los valores de este submúltiplo en la expresión [9.4] tendremos que, el valor del nivel de intensidad sonora, en decibelios será:

$$\beta = 10 \cdot \log \left(\frac{P}{P_o} \right)^2 dB \qquad [9.5]$$

y, por tanto :

$$\beta = 2 \times 10 \cdot \log \frac{P}{P_o} = 20 \cdot \log \frac{P}{P_o} dB$$

así podemos comprobar que una intensidad de 20 dB supone diez veces más presión de la necesaria para traspasar el umbral de audición; y también que, como quiera que el valor del dB se establece partiendo de una relación entre dos presiones, está claro que cuando no se varían, el valor del nivel de intensidad sonora es nulo:

$$si P = P_o \Rightarrow \log \left(\frac{P}{P_o} \right)^2 = \log 1^2 = \log 1 = 0$$

En algunos países se utiliza una unidad similar al decibelio, pero calculada en base el logaritmo neperiano o natural, llamada néper —Np—, de modo que el nivel de intensidad sonora calculado en néperes se establece de acuerdo con la siguiente expresión:

$$\beta = \ln \frac{P}{P_o} Np \qquad [9.6]$$

De las expresiones [9.5] y [9.6], podemos deducir la relación entre las dos unidades: 1*Np*=8,686*dB*.

A modo de indicación, vamos a ver en la tabla de la Figura 9.5, algunos ejemplos de sonidos, según su fuente emisora, su nivel de intensidad sonora en dB, así como su clasificación.

AMBIENTE O FUENTE SONORA	**DB**	**CLASIFICACIÓN**
Umbral de audición	*0*	*Silencio*
Murmullo de hojas, respiración	*10*	*Sosiego*
Conversación en voz baja	*20*	*Gran tranquilidad*
Biblioteca	*30*	*Tranquilidad*
Barrio residencial por la noche	*40*	*Calma*
Automóvil rodando sobre asfalto	*50*	*Tolerable*
Conversación normal, música	*60*	*Levemente molesto*
Tráfico urbano moderado	*70*	*Molesto*
Tráfico urbano intenso	*80*	*Muy molesto*
Martillo neumático	*90*	*Levemente desagradable*
Estación de Metro	*100*	*Desagradable*
Claxon a < 1 m., grupo de rock	*110*	*Muy desagradable*
Sirena a < 5 m.	*120*	*Intolerable*
Cascos música a máxima potencia	*130*	*Levemente doloroso*
Cubierta de portaaviones	*140*	*Doloroso*
Despegue de un reactor a < 25 m.	*150*	*Rotura del tímpano*

Figura 9.5: Valores típicos de algunos ruidos conocidos

El otro parámetro que hace objetiva la medición del sonido es el *tono* o *altura* de éste. El tono de un sonido viene determinado por la *frecuencia* de la vibración de las moléculas de aire. La unidad en que se mide la frecuencia es el hertzio (Hz), nombre que deriva del apellido del ingeniero y físico alemán Heinrich Rudolf Hertz (1857-1894), quien fue el primero en trasmitir ondas de radio, de ahí que se denominaran también estas ondas *hertzianas*. El hertzio se define como el número de ciclos o vibraciones por segundo de una onda: *1 Hz = 1 ciclo/seg*.

Para tener una referencia de lo que significa la frecuencia podemos señalar que el La que está a la derecha del Do central del piano, o bien el de un diapasón, se afina en Europa habitualmente para que suene a una frecuencia de 440 Hz, desde que en 1834 el físico alemán Johann Scheibler (1777-1837) propusiera esta frecuencia como patrón:

= *440 Hz*

Si no tenemos un diapasón, ni un piano ni ningún otro instrumento y queremos hacernos una idea a lo que equivale, podemos hacerlo fácilmente descolgando nuestro teléfono y escuchando el tono de llamada, ya que dicho sonido está normalmente emitido a una frecuencia de 440 Hz, es decir es un La. El tono pues, o altura del sonido es lo que diferencia las notas musicales unas de otras, los intervalos entre las notas siguen una ley matemática que vamos a estudiar a continuación.

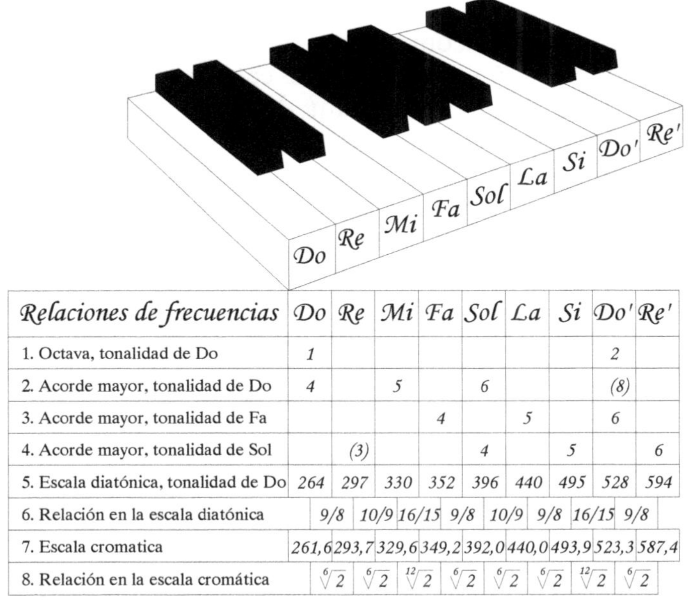

Relaciones de frecuencias	*Do*	*Re*	*Mi*	*Fa*	*Sol*	*La*	*Si*	*Do'*	*Re'*
1. Octava, tonalidad de Do	*1*							*2*	
2. Acorde mayor, tonalidad de Do	*4*		*5*		*6*			*(8)*	
3. Acorde mayor, tonalidad de Fa				*4*		*5*		*6*	
4. Acorde mayor, tonalidad de Sol		*(3)*			*4*		*5*		*6*
5. Escala diatónica, tonalidad de Do	*264*	*297*	*330*	*352*	*396*	*440*	*495*	*528*	*594*
6. Relación en la escala diatónica		*9/8*	*10/9*	*16/15*	*9/8*	*10/9*	*9/8*	*16/15*	*9/8*
7. Escala cromatica	*261,6*	*293,7*	*329,6*	*349,2*	*392,0*	*440,0*	*493,9*	*523,3*	*587,4*
8. Relación en la escala cromática		$\sqrt[6]{2}$	$\sqrt[6]{2}$	$\sqrt[12]{2}$	$\sqrt[6]{2}$	$\sqrt[6]{2}$	$\sqrt[6]{2}$	$\sqrt[12]{2}$	$\sqrt[6]{2}$

Figura 9.6: Relación de frecuencias en la escala diatónica mayor y en la escala cromática

La ciencia que estudia los sonidos es una parte de la física denominada *acústica*, pero verdaderamente el arte de combinar los sonidos es la *música*. Cuando se producen algunos sonidos *musicales*, cualquier persona puede reconocer entre ellos una cierta relación, estas relaciones no son casuales y en lenguaje musical están tabuladas, denominándose *octava*, *tercera mayor*, *tercera menor*, *quinta*, etc. La relación que parece apreciarse entre ellas, y que realmente guardan, se basa en números sencillos, aunque a lo largo de la historia, desde Pitágoras de Samos (582 A.C.-496 A.C.) hasta nuestros días ha supuesto numerosos estudios dando lugar a incontables sistemas de afinación, aunque aquí solo hablaré de los más significativos.

Entre una nota y su *octava*, es decir la misma nota de la siguiente escala, existe una relación de 1 a 2. Si tocamos las notas Do, Mi, Sol, lo que se conoce en música como un *acorde mayor*, notaremos que es una combinación de notas agradable al oído, entenderemos pues esta relación *armónica* entre ellas, sus frecuencias son proporcionales respectivamente a los números naturales 4, 5 y 6.

Partiendo del Do y tocando las teclas blancas hacia la derecha, es posible encontrar, en nueve notas, tres acordes mayores —Figura 9.6—, pudiéndose calcular la frecuencia de cualquier nota una vez conocida una de ellas. Por ejemplo, como sabemos, La=440 Hz. Las frecuencias de las notas que figuran en la fila 5, corresponden a la denominada *escala diatónica mayor* de la clave de Do, y cuyas relaciones de frecuencia entre notas contiguas son 9/8, 10/9, frecuencias que determinan el intervalo de un *tono completo,* ó 16/15 que determina un *semitono*. Como vemos hay un semitono entre Si y Do y entre Mi y Fa, entre el resto de las notas hay un tono completo, lo que posibilita notas intermedias, con un semitono de diferencia, estas notas son las *alteraciones*, una nota es *sostenido* si es un semitono más que ella, o *bemol*, si es un semitono menos, y estas notas en el piano las dan las teclas negras. Para construir una escala diatónica mayor, partiendo de Re en lugar de Do, serían necesarias cuatro nuevas notas para una escala diatónica perfecta, para disponer sonidos en todas las posibles claves musicales, serían necesarias nada menos que setenta y dos notas para cada escala. Sin embargo, la escala cromática, que nace de la formulación hecha por el matemático francés Marin Mersenne (1588-1548), tras experimentar con velocidades en retornos de ecos, mediciones de frecuencias de notas y de otros experimentos acústicos basados en vibraciones de cables, en su obra *Armonía Universal* (1627), y que aplicó por primera vez de forma completa en una gran pieza musical, J.S. Bach (1685-1750), un siglo después en *El clave bien temperado* (1721). La escala cromática salvó la tremenda complicación, que para los músicos suponía tener que reajustar la afinación del instrumento cada vez que tenían que modular (cambiar de tonalidad), ya que en ella hay 12 intervalos iguales a un semitono dentro de cada octava, y dos notas contiguas separadas por un semitono guardan entre sí la relación constante de $\sqrt[12]{2}$, es decir, 1,05946. Este esquema sencillo, no da lugar a una escala exactamente diatónica, pero la diferencia al oído es prácticamente imperceptible, incluso para el melómano más exigente. A lo que nos referíamos al principio como combinación. En cuanto a lo agradable ó desagradable que una determinada combinación de sonidos resulta al oído, —lo que se llama consonancia o disonancia— es una discusión secular entre físicos y músicos, probablemente es un factor subjetivo y además sujeto a modas, mucha música compuesta en el último siglo es altamente *disonante*, para los oídos acostumbrados por ejemplo a W. A. Mozart (1756-1791), aunque los partidarios de esta música, por ejemplo los seguidores de la música dodecafónica y desligada de la tonalidad de la época del expresionismo, cuyo precursor y máximo representante es A. Schönberg (1874-1951), la aprecian sobremanera.

Finalmente, para comprender lo que significa la frecuencia de un sonido, comparemos algunos rangos de frecuencias conocidos, tal como se representa en el pictograma de la Figura 9.7, y esto es a lo que se denomina en acústica *registro*. La voz, tiene un registro que va de 85 Hz a 1.100 Hz; el piano de 30 Hz a 4.100 Hz; el contrabajo de 20 Hz a 200 Hz —es este un registro verdaderamene bajo o grave—; el violín va de 200 Hz a 2.000 Hz y un silbato oscila entre los 2.000 a los 20.000 Hz.

Por tanto, la voz humana tiene un registro, como todos los instrumentos y aparatos, o elementos, o en general fuentes de sonido tienen el suyo propio, ya que emiten normalmente entre un rango más o menos amplio de frecuencias, y resulta que el oído humano, que es en realidad el elemento que marca la pauta y la referencia para todas las mediciones acústicas, como hemos visto, también tiene un rango de frecuencias, fuera de las cuales no percibe ningún sonido, ya que la propia anatomía no lo permite. El rango de frecuencias que percibe el oído humano está entre los 20 Hz y los 20.000 Hz, lo que significa que cualquier sonido emitido con una frecuencia menor de 20 Hz, no será percibido nosotros, así como si es mayor de 20 kHz, los sonido que está fuera de este rango, por debajo de él se denominan *infrasonidos*, y por encima *ultrasonidos*:

Infrasonido<20Hz<audible<20.000Hz<ultrasonido

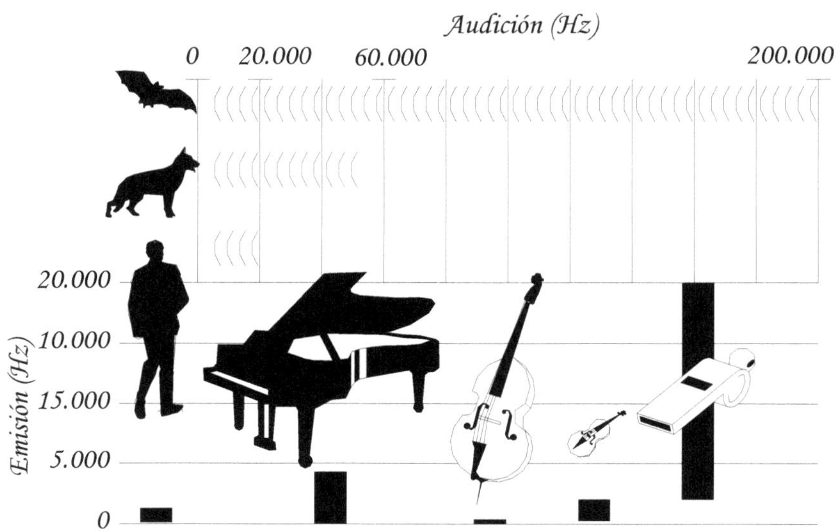

Figura 9.7: Comparación entre el registro de sonidos de la voz humana y algunos instrumentos, así como el rango de audición del hombre y algunos animales.

En la Figura 9.3 se representa el rango de frecuencias que percibe el ser humano, en comparación con otros animales. Nos damos cuenta así, en la mayor parte del rango de frecuencias que oye un perro (15-50.000 Hz), nosotros no percibimos absolutamente nada. No es el perro, sin embargo el animal que tiene un espectro auditivo mayor, existe un murciélago, concretamente el murciélago llamado de nariz de tridente africano *(Cloeotis Percivalis)* que emite y recibe sonidos con frecuencias que alcanzan los 200 kHz.

Conociendo, ya perfectamente lo que significa la frecuencia de un sonido podemos decir que de alguna manera la frecuencia influye en el nivel de intensidad sonora. Fijamos, al principio, la presión que se necesita para traspasar el umbral de audición, siendo en valor del nivel de intensidad sonora en ese punto nulo, para un oído medio y a una frecuencia media, podemos ahora concretar un poco más, y para tener una referencia diremos que el umbral de audición para 1.000 Hz se sitúa en 5 dB, y para 60 Hz en 35 Hz.

Tras esta digresión por el mundo sonoro, bien se estarán preguntando a qué viene la misma, aunque al comenzar el apartado, la pista estaba muy clara. Viene a que, como es el espíritu de este libro, es el sonido es algo desconocido para nosotros en su gran parte y sin embargo es algo muy importante en nuestro trabajo. En cuando a la aplicación en la arquitectura, la acústica es una ciencia que se tiene en cuenta poco o muy poco en nuestro país, simplemente para cumplir la normativa vigente en los proyectos de edificación (Norma Básica de la Edificación NBE-CA-88), pero que no se desarrolla realmente para que existan unas verdaderas condiciones acústicas en los edificios, siendo ésta una disciplina ya conocida por los griegos, Pitágoras estudió los sonidos, y sus conocimientos se aplicaron a la arquitectura. Por ejemplo el anfiteatro de Epidauros (Grecia) construido en el año 350 a.C., con capacidad para 15.000 espectadores al aire libre, en un ejemplo perfecto, desde la escena no se puede oír ni siquiera un grito de los espectadores, pero los sonidos producidos en el centro de ella pueden ser perfectamente distinguidos desde cualquier parte del teatro hasta en sus más mínimos matices. Vitrubio hace constar también en su Libro V, Capítulo VII, la importancia de la acústica. Todo esto en primer lugar, pero realmente también decía al principio que este no era un libro de técnicas constructivas, así que vayamos al centro de la cuestión: el ruido en la obra.

Como quiera que en la obra se producen ruidos, de diferentes frecuencias y de diferentes intensidades, de las cuales, lógicamente nos interesan las altas, las que pueden y de hecho resultan, molestas para el oído humano —también podríamos comprobar, por lo explicado, lo molesto e incluso nocivo que puede resultar para los animales domésticos, pero de esto si que no nos vamos a preocupar, seguramente, en un futuro no muy lejano haya que tenerlo en cuenta—. Estos ruidos, los deberemos tener en cuenta en el Plan de Seguridad de la Obra —ya que estarán tenidos en cuenta en el Estudio correspondiente—, y bueno es también recordarlo, pero seguramente, no al nivel al que me quiero referir aquí.

El personal técnico y administrativo realiza una labor intelectual, a la cual afecta sobremanera el exceso de ruido que existe en la obra —no tanto como al que realiza otras tareas manuales—, puede y de hecho, es afectado por lo que hoy día se llama *contaminación acústica.* Independientemente de las calificaciones que dábamos en la tabla de la Figura 9.1, como tolerable o aceptable, según un informe de la Universidad de Escotolmo, Suecia, publicado en 1995 para la Organización Mundial de la Salud, se considera como deseable un nivel sonoro no superior a 50 dB.

El efecto de la contaminación sonora en el ser humano, paracen, al principio poco serios, ya que el perjuicio que causan es paulatino y se manifiesta a medio y largo plazo. Una de las secuelas mayores, y más inmediatas es la hipoacusia (o sordera), de la que evidentemente no vamos a tratar, tampoco de los problemas que puede causar, por ende, en la voz, ya que al estar en un ambiente contaminado por ruidos, tendemos a forzar la voz de forma inconsciente. Otro problema que nos puede acusar y que suponen una molestia muy grave para quien lo padece son los acúfenos o alucinaciones acústicas que se sufren de forma contínua o intermitente. Asimismo existen problemas también no menos graves por menos conocidos, cuales son: cambio en el ritmo de secreción de ciertas hormonas, y que puede afectar a la hipertensión arterial, a ciertas afecciones del aparato digestivo, al stress, y algunos trastornos en la conducta, como puede ser una mayor agresividad y una mayor tendencia al nerviosismo, esto en cuanto a efectos fisiológicos en el organismo. En cuanto a efectos psicológicos están demostrados los siguientes: efectos en la conducta y en el comportamiento de muy diversos tipos, haciendo a la persona más irritable, abúlica o agresiva según los casos. Existen efectos en la memoria, ya que en ambientes ruidosos se hace más lenta y penosa la tarea de memorización en el cerebro, ya que el ruido produce una sobreactivación del cerebro que lo conduce a un descenso en su rendimiento. El ruido produce falta de atención en la tarea intelectual, haciendo más difícil la concentración en todos los aspectos de la misma, reduciendo el abanico en el cual es posible concentrarse en condiciones silenciosas. Resulta también demostrada la aparición de stress en circunstancias de exposición a ambientes ruidosos, tanto a sonidos de alta intensidad como a sonidos de media intensidad, pero en una situación prolongada en el tiempo. Existen también efectos en mujeres embarazadas, a las que el ruido perjudica seriamente en lo que se refiere a trastornos de comportamiento en sus futuros hijos.

Con esta perspectiva de contaminación, y con estos efectos nos situamos para encarar una obra, y al personal obrero lo protegeremos convenientemente, tal como decimos, en el Plan de Seguridad, pero no vamos a trabajar nosotros mismos con auriculares en la oficina, por tanto, cuando nos enfrentemos a ala organización de la obra, tengamos en cuenta el ruido y sus consecuencias. Para atenuar en lo posible las consecuencias de la inevitable contaminación acústica en la zona de la obra podemos llevar a cabo las siguientes actuaciones:

1. Elaborar un mapa acústico de la obra, ya que conocemos las máquinas que serán la mayor fuente de ruidos de la misma. Señalaremos en este mapa los puntos que suponen las mayores fuentes de producción de sonidos de mayor intensidad.
2. A la vista de este mapa acústico situaremos las instalaciones destinadas a oficinas provisionales de la obra —así como las instalaciones de comedor o destinadas al descanso del personal obrero— lo más alejadas posible de estas fuentes sonoras. En caso de que podamos cambiar de sitio las fuentes sonoras, también lo haremos.
3. Reduciremos el uso de máquinas o aparatos que sean origen de ruidos de alta intensidad, en la medida de lo posible (p.e.: el tiempo de uso de un aparato generador eléctrico deberá ser el menor posible, aunque no sólo por estas razones, claro está).
4. Tendremos en cuenta las condiciones acústicas a la hora de decidirnos por el tipo de edificaciones provisionales destinadas al uso de oficinas, esto es: por un lado que cumplan las condiciones de aislamiento acústico (no sólo para evitar molestias de ruidos exteriores, sino también para procurar la necesaria independencia en los

despachos en los que a veces hay que mantener conversaciones que no tienen por que ser oídas fuera de ellos), y por otro que impidan asimismo los efectos de reverberación acústica.

5. Evitaremos, en nuestras visitas de obra mantener conversaciones junto a fuentes sonoras. Hay veces que nos encontramos junto a una máquina y sucede que comenzamos una conversación con alguien en la obra, debemos indicar a la persona en cuestión (si es que no puede ser eliminada la fuente de sonido) que nos desplacemos a otro punto de la obra en el que los niveles de ruido sean tolerables. Además de forzar innecesariamente la voz, lo cual es ya un perjuicio, está demostrado que las probabilidades de que una conversación derive en discusión —entre otros factores personales e inevitables, por supuesto— son tanto más altas cuando más cerca se está de una fuente sonora de alta intensidad.
6. Evitar en lo posible los ruidos de alto nivel de intensidad innecesarios, educando en lo posible al personal de la obra a través de los mandos intermedios de la misma. Son ruidos innecesarios las máquinas que *por comodidad* no se desconectan entre uso y uso, las propias máquinas en mal estado o con carcasas quitadas, etc, así como el mal uso de ellas —por ejemplo, cortar materiales inadecuados con una mesa tronzadora—, todo lo cual es positivo hacerlo desde otros puntos de vista. También es habitual, que en las obras —en fases de revestimientos, alicatados, carpintería, etc.— que los operarios *alegren* su lugar de trabajo con estruendosos equipos de música, con independientemente de lo que pensemos de esta música —jamás he oído a Mozart en una obra en todos los años que llevo pisándolas—, debemos procurar que se escuche a un volumen prudente

9.8 Metodología en la ejecución

Una de las cosas más importantes en cualquier actividad, que tenga un objetivo concreto, sea o no económica o productiva, es decir, de cualquier tipo, es el seguimiento de un procedimiento o sistema científico de trabajo. En general podemos decir que el presente manual constituye un gran método de trabajo, puesto que establece sistemas para la planificación, ejecución y control de las obras, así como para las actividades complementarias, tan necesarias, por otro lado, como las fundamentales. Pero es aquí dónde queremos poner en claro, a modo de resumen los pasos a seguir, como método general o como guión a seguir en todo momento en la obra, en forma de esquemas de procedimiento.

En primer lugar estableceremos los pasos a seguir en el comienzo de una obra y que se muestran en la Figura 9.8.

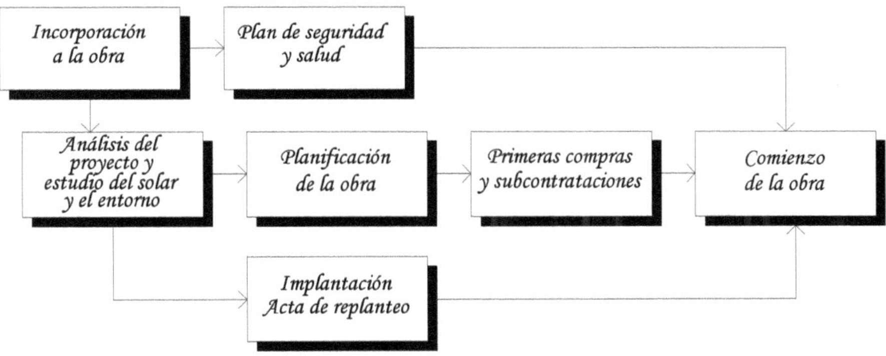

Figura 9.8: Esquema de procedimiento en el comienzo de una obra.

Entendemos que el esquema es suficientemente claro y, por tanto no necesita explicación, siendo, en si mismo un resumen de lo que ya hemos explicado. Tras la incorporación a la obra y antes del comienzo se abre tres caminos, el primero es el de la ejecución del Plan de Seguridad y Salud, que podríamos denominar camino legal, y en que estarán incluidos todos los tramites que apareja el Legislación laboral en materia de Seguridad y Salud, tratada en el capítulo 10 de este manual. En segundo lugar representamos de los procedimientos propios de la empresa constructora, es decir, los que aseguran que antes de dar un paso conocemos el destino al que debemos dirigirnos, y en tercer lugar incluimos el camino que nos indica nuestra relación contractual con el promotor y la dirección de obra, que resumimos en el acta de replanteo. En realidad los tras caminos se recorres simultánea e independientemente y son pasos que debemos siempre dar antes del comienzo de la obra.

En la Figura 9.9 se resumen el procedimiento que debemos seguir en cada periodo en el que se haya establecido el control de la obra, y que será, con toda probabilidad mensual.

Figura 9.9: Esquema de procedimiento del control mensual de una obra.

En primer lugar se establece la toma de datos de la obra, fundamentalmente la medición de la misma, y también el inventario o recuento de los materiales que al final de este periodo no se han consumido.

La medición nos servirá para analizar en primer lugar si estamos cumpliendo el programa de trabajos y en consecuencia tomar las decisiones que sean necesarias en función del resultado de este cumplimiento. También nos servirá para elaborar el resumen de la producción, que por un lado será la información que suministraremos a contabilidad y por otro nos servirá de referencia para elaborar o discutir o aceptar o la certificación de la obra (ver capítulo 8, apartado 8.4), que supondrá la facturación mensual de la obra y cuya gestión termina en el cobro. También la medición servirá para elaborar las fichas de subcontratistas y su facturación, que se confeccionarán conjuntamente con las previsiones de gastos, datos que se incorporarán a contabilidad.

Por otro lado, el inventario de almacén será un dato independiente pero necesario para la contabilidad mensual. Una vez hecha la contabilidad, estudiaremos su resumen o cuenta de resultados, analizando los datos que contenga y tomando asimismo las decisiones que de ellos se deriven.

10. SEGURIDAD Y SALUD

El coronamiento de madera sobredorada estaba sostenido por ocho columnas de mármol, pero para llegar al centro del dosel, encima del tabernáculo, había que recorrer la vieja cornisa de madera, posiblemente carcomida, que se levantaba a cuarenta piés.

(Stendhal: "Rojo y Negro".)

10.1 De la seguridad y salud en el trabajo.

LA ACTIVIDAD LABORAL GENERA RIESGOS para la seguridad y la salud de los trabajadores, en mayor o menor medida según las características de aquella. Con respecto a la seguridad en función del peligro que corre durante la actividad su integridad física e incluso su vida, y con respecto a su salud, también en cuanto puede tener enfermedades o lesiones producidas por las circunstancias propias del trabajo. Los riesgos que ocasiona el trabajo para la salud y la integridad de los trabajadores se dividen por tanto en dos fundamentalmente: los que ocasionan accidentes laborales y los que ocasionan enfermedades profesionales.

En cuanto a las enfermedades profesionales o laborales, se denominan así a aquellas enfermedades causadas por el desarrollo de un cierto tipo de trabajo en condiciones anómalas, adversas y continuadas. Estas enfermedades pueden estar derivadas por estar sometidos los trabajadores a ambientes en los que se pueden inhalar prolongadamente partículas nocivas, como puede ser la célebre silicosis de los trabajadores de minas y canteras, producida por el polvo de sílice, o la asbestosis por la inhalación de de partículas de asbesto, utilizado en gran escala en la fabricación de materiales de construcción tanto como aislamiento como para las diversas piezas de fibrocemento, y hoy día prácticamente abandonado. Lewis Carroll (1832-1898) reflejó en el libro que le hizo inmortal "Alicia en el país de las maravillas", una enfermedad laboral muy famosa en la Inglaterra de siglo XIX, la del *sombrerero loco* —en inglés *mad hatter*—, que no se debe exclusivamente a la desbordada imaginación de Carroll, ya que fabricantes de sombreros sufrieron esta conocida enfermedad profesional que no era sino un envenenamiento por la exposición sales de mercurio utilizadas en la fabricación de sombreros, así, en inglés, existe la expresión "*mad as a hatter*", equivalente a la española "*más loco que una cabra*".

Se considera accidente laboral a aquel suceso eventual que produce una lesión corporal en un trabajador, con ocasión o por consecuencia del trabajo que ejecute por cuenta ajena. Los accidentes que produzcan lesiones no se reducen al sentido laboral estrictamente, ya que se pueden englobar los que se produzcan durante actividades marginales del trabajador, siempre relacionadas con el trabajo, como pueden ser cursillos de perfeccionamiento o incluso en actividades deportivas relacionadas con la empresa. En este sentido, también se consideran accidentes laborales los que el trabajador pueda sufrir durante el transcurso de su traslado, de ida o vuelta a su trabajo, y que se denomina accidente *in itintere*.

Las lesiones que pueden producirse por causa de un accidente pueden obedecer a diversas causas externas, siendo las más frecuentes las causas químicas, biológicas y físicas. Los riesgos de origen químico pueden surgir por presencia de gases o vapores tóxicos o irritantes fundamentalmente, o por el manejo directo de sustancias peligrosas. Los riesgos biológicos pueden surgir por bacterias o virus transmitidos por animales o plantas, o por malas condiciones higiénicas de los lugares de trabajo; estos riesgos suelen aparecer sobre todo en las industrias de procesado de alimentos. Los riesgos más comunes son los de causas físicas, entre cuyas causas están el calor, el fuego, el ruido, la vibración, los cambios bruscos de presión, las descargas eléctricas y por supuesto las agresiones con elementos móviles, cortantes, punzantes, etc., o las caídas y desplazamientos de objetos, así como las propias caídas del personal.

La construcción, es una de las actividades laborales que engendra grandes riesgos, y es, por tanto, una actividad en si misma, peligrosa. Desde siempre se conoce que por causas de caídas de objetos pesados, caídas de los propios trabajadores que trabajan en alturas, movimientos violentos de máquinas y vehículos y otros, los obreros de la construcción han sufrido accidentes con causas de lesiones graves o incluso la propia muerte, además, en proporciones altas, es decir, desgraciadamente, las obras se contaban por accidentes mortales, así existen accidentes laborales en obras de construcción descritos en todas las épocas.

Nos remontaremos a finales del siglo XI. Durante la construcción de un puente sobre el río Oja, obras en la que era maestro Santo Domingo de Silos, y que estaban dirigidas por su "aparejador", San Juan de Ortega (entonces sencillamente Juan Velázquez), varios carros arrastrados por bueyes habían ido a Grañón, en busca de piedra. Al regreso, una yunta se espantó pasando sobre un obrero al que le causó la muerte. Los obreros iniciaron un principio de huelga, culpando a Domingo de lo mucho que les hacía trabajar y de la poca seguridad y escasos medios. Juan los calmó y fue a comunicar el accidente al maestro. Ambos llegaron al lugar de los hechos, se postraron ante el cadáver, rezaron fervorosamente y repitieron las palabras que Jesús dijo a Lázaro (Jn, 9:43). El obrero se levantó. El milagro está plasmado en dos bajorrelieves: uno en el mausoleo del santo de Ortega y otro en la catedral calceatense, y tanto los fieles de un santo como de otro rivalizan sobre la autoría del milagro.

En 1786, Francisco de Goya (1746-1828) se inspiró en un accidente laboral de una obra para realizar uno de sus cartones para tapices denominado "El albañil herido", donde podemos ver como dos trabajadores de la construcción trasladan a un compañero que ha sufrido un desgraciado accidente, obreros anónimos de los que nos ha llegado exclusivamente su imagen.

En EEUU, durante la construcción del puente de Brooklyn, obra ejecutada según el proyecto que había redactado el ingeniero de origen alemán John Roebling (1806-1869) y que cuando se inauguró en 1883 fuel el puente colgante más largo del mundo, una vez que estuvieron finalizadas las torres en el año 1876, se instalaron unos dispositivos que consistían en unos canastos golgados de cables que pendían de torres, por los que se deslizaban, dichos ingenios costaron la vida de 26 obreros, en su mayoría inmigrantes irlandeses.

En 1909, durante la construcción del tercer depósito del Canal de Isabel II en Madrid, obra de hormigón armado con pilares y bóvedas escarzanas, se produjo un hundimiento que causó la muerte a medio centenar de obreros. La obra estaba siendo construida por la empresa del ingeniero José Ribera Dustata, pionero en las construcciones de hormigón armado en España, quién durante el proceso que se celebró fue detenido por José Echegaray (1832-1916), ex ministro, escritor y también ingeniero de caminos, saliendo absuelto. Se dictaminó que lo que sucedió fue "un excepcional desequilibrio térmico, ocurrido un solo día que ocasionó dilataciones y contracciones imprevisibles en el proyecto".

La lista de estos sucesos es interminable, pero sin querer quitar importancia en absoluto a este capital asunto, pero simplemente para no terminar de ilustrarlo con una pincelada tan trágica, incluyo a continuación el "maravilloso parte de accidente laboral recibido en una empresa española", tal como lo calificaba el diario Baleares, cuando lo publicó en abril de 1986, y en el que un trabajador de la construcción pedía baja por unos días. Lo más importante es lo bien que explicaba todo, minuciosamente, como debe ser. Lean despacio para comprender bien las desgracias del pobre obrero:

> *"Cuando llegué al edificio descubrí que el viento se había llevado algunas tejas del tejado. Instalé, pues, una viga y una polea e icé dos cajas de tejas hacia el tejado. Una vez terminada la reparación quedaba una cierta cantidad de tejas. Icé de nuevo una caja y até la cuerdo en el extremo inferior, volví a subir y llené la caja con las tejas sobrantes. Después descendí y desaté la cuerda. Desgraciadamente la caja de tejas era más pesada que yo y antes de que comprendiera lo que ocurría, está comenzó a descender elevándome súbitamente en el aire. Decidí agarrarme fuertemente y a medio camino me encontré con la caja que descendía y recibí un gran golpe en el hombro. Continué hasta lo*

alto golpeándome con la cabeza contra la viga y pillándome los dedos en la polea. Cuando la caja golpeó contra el suelo, el fondo se rompió y las tejas se esparcieron por tierra. Era entonces yo más pesado que la caja y partí hacia el suelo a gran velocidad. A medio camino me encontré la caja que subía y recibí importantes heridas en la pierna. Cuando llegué al suelo caí sobre las tejas, cuyas aristas me ocasionaron numerosas y dolorosas heridas. En ese momento debí de perder el conocimiento, pues solté la cuerda. Entonces la caja volvió a descender dándome un violento golpe en la cabeza enviándome al hospital. Por esta razón pido respetuosamente sepa excusar mi ausencia del trabajo durante algunos días".

En todos estos casos, excepto en el caso del "milagro de San Juan de Ortega", y por tal es una historia al menos extraordinaria, existen inequívocamente víctimas, que además son siempre, o casi siempre los trabajadores, y son sólo ejemplos ilustrativos de los innumerables casos que nutren la historia.

La preocupación por la seguridad y salud de los trabajadores no existía prácticamente hasta finales del siglo XIX, fecha hasta la cual a muy pocos empresarios le importaba este tema. Los empresarios empezaron a preocuparse cuando los estados empezaros aplicar indemnizaciones o leyes de compensación a los trabajadores, y los empresarios empezaron a pensar el factor de la seguridad como en otro más de la rentabilidad, ya que son más altos los costes de compensación y de pérdida de trabajo que los de establecer medidas para hacer el entorno de trabajo más seguro. Afortunadamente, en la actualidad los organismos competentes nacionales y supranacionales están preocupados e involucrados en promulgar legislación y estudios en relación con la seguridad y salud en el trabajo, empezando por la OIT, la Organización Internacional de Trabajo, agencia especializada de las Naciones Unidas, fundada en el año 1920, cuyos objetivos en el plano mundial son los de mejorar las condiciones de trabajo, promover empleos productivos y desarrollo social, y mejorar el nivel de vida de las personas, y cuyo máximo cuerpo deliberativo se reúne en Ginebra (Suiza), anualmente para definir y ratificar ciertas pautas internacionales que sirven para evaluar los niveles de trabajo, destacando sus estudios publicados como por ejemplo "Seguridad y salud en la construcción, repertorio de recomendaciones prácticas" (1992); las directivas de la Comunidad Económica Europea, y la propia Constitución española, en cuyo artículo 40.2, encomienda a los poderes públicos, como uno de los principios rectores de la política social y económica, velar por la seguridad e higiene en el trabajo.

La seguridad en las obras de construcción es tarea de todos los sectores y agentes que intervienen directamente, o que tienen influencia en la actividad. De no ser así, exclusivamente por la influencia de la legislación que analizaremos en el apartado siguiente y que indudablemente ha avanzado mucho en España, así como en toda Europa, en las últimas décadas; no se mejoran los resultados en esta materia ya que las estadísticas en cuanto a siniestralidad en el sector siguen siendo preocupantes. Es por tanto necesaria la concienciación particular de todos los intervinientes en el proceso para que pueda experimentarse una mejora en los resultados: las empresas que por si mismas han aplicado sistemas de prevención, de forma rigurosa han mejorado siempre significativamente los índices de siniestralidad.

Es difícil que un promotor busque otra cosa que la viabilidad de su inversión, parece que la seguridad no va con él. Tampoco sabemos que los proyectistas se preocupan mucho de la seguridad cuando ejecutan sus proyectos, cuando se preocupan de la calidad, de los plazos, etc., no dando nunca importancia al Estudio de Seguridad. Para el constructor, las más de las veces la seguridad es un obstáculo para producir más, en el transcurso de la obra, y en cuanto al Plan de Seguridad un puro trámite documental que rara vez se analiza y se adapta a la propia tecnología constructiva, realizando una simple copia del Estudio, que normalmente como hemos dicho ya está deficientemente ejecutado por la falta de motivación expresada. La seguridad no está en los objetivos de ninguno de ellos.

En cuanto a los estamentos públicos entendemos que no solamente deberían centrarse en las puras sanciones administrativas, que son realmente altas en su grado de mayor gravedad, pero podrían también premiar de alguna manera en forma de bonificación a aquellas empresas que demostraran unos índices bajos de accidentabilidad. Es sin duda acertada la iniciativa que desde el año 2000 la administración del Estado y los entes autonómicos han establecido en sus planes de actuación intersectoriales, realizando a través de los centros de Seguridad e Higiene provinciales asesorando a las empresas, controlando la calidad de la actuación de los servicios de prevención, y actuando directamente tanto en las empresas constructoras como en las de trabajo temporal.

En definitiva, el cambio de actitud tiene que partir de las propias empresas, de su convencimiento primero y de la aplicación posterior de todas las medidas de seguridad que la legislación especifica en esta materia, así como la abundante literatura, estudios y recomendaciones que existen en la materia, y la aplicación real y efectiva—no sólo a título de "cubrir el expediente legal"— de los servicios de prevención que la legislación española establece.

Es importante señalar la incorporación al proceso constructivo de unos "nuevos profesionales", y que son los Técnicos de Prevención, y quiero referirme especialmente a los denominados Técnicos Superiores. Estos nuevos técnicos, son profesionales —aparejadores, ingenieros y otros—, que se gradúan en esta materia en la actualidad, como especialización de su propia profesión, con cursillos que imparten universidades, colegios profesionales empresas Mutuas de accidentes de trabajo o entes de la administración, existiendo tres especialidades la prevención, la medicina laboral y la ergonomía. La materia es tan extensa y tan importante en la actualidad, que prevemos que estos estudios conformaran en un futuro una carrera en si misma, con inclusión titulación y formación académica universitaria.

10.2 De la evolución de la legislación en materia de seguridad y salud.

En el sector de la construcción, obviamente, la preocupación por la siniestralidad, de una y otra manera, siempre ha existido. Esta preocupación se ha reflejado en el durante el siglo XX en España en diferentes leyes, aunque podríamos decir, que en absoluto la reglamentación ha hecho nunca que los índices de siniestralidad disminuyan, hasta prácticamente dos décadas atrás, más bien han sido, las acciones de los agentes que intervienen en la construcción, en el sentido fundamentalmente de la prevención, es lo que sí ha influido positivamente en este sentido.

En 1970, la Ordenanza Laboral de la Construcción, Vidrio y Cerámica, establece en su capítulo XVI la normativa para la Seguridad e Higiene en la Construcción. En 1971, en virtud de la Orden de 9 de marzo, se promulgó la Ordenanza General de Seguridad e Higiene en el Trabajo; dicha ordenanza ya especificaba en su exposición de motivos lo siguiente:

> *"La sustancial transformación de las estructuras y procesos productivos operada en nuestro país durante estos últimos años y la introducción de nuevas técnicas y métodos de trabajo que han provocado un aumento de la siniestralidad registrada en los accidentes de trabajo y enfermedades profesionales, obligan a regular e intensificar, con carácter general, la puesta en práctica de las oportunas medidas de prevención, así como ordenar para su debido ejercicio, las potestades, funciones y facultades que han de dirigir o proveer cuanto fuera necesario para lograr una plena efectividad de tales medidas, y exigir las responsabilidades de carácter administrativo a que hubiera lugar por incumplimiento o inobservancia de las mismas".*

El Ministerio de Trabajo, en virtud de la Orden de 7 de abril de 1970 se establece la Formulación y realización del Plan Nacional de Higiene y Seguridad en el Trabajo, y se crearon los Institutos Territoriales de Higiene y Seguridad en el Trabajo, así como Gabinetes Técnicos Provinciales en todas las capitales de provincia españolas. En 1977, la Orden de 9 de marzo, aprueba el Plan Nacional de Higiene y Seguridad en el Trabajo.

A mediados de la década de 1970, las grandes empresas constructoras empiezan a tomar conciencia real de lo que supone la alta siniestralidad en el sector, y las que forman el SEOPAN (Sociedad de Empresas de Obras Publicas de Ámbito Nacional), crean dentro de este organismo una Comisión Técnica de Seguridad e Higiene en el Trabajo de la Construcción. Dentro de las empresas pioneras del SEOPAN en materia de prevención de riesgos laborales, hay que destacar a Laing, Ferrovial y Obrascon, puesto que fueron las primeras en aplicar métodos de prevención, crear departamentos específicos en esta materia, impartir formación a los técnicos responsables, así como implantar un seguimiento de la seguridad estableciendo la obligatoriedad, en muchos casos con medidas más restrictivas que la propia legislación. Estos departamentos controlaban la siniestralidad, en cuanto el número de accidentes, el número de jornadas de trabajo perdidas y otros, parámetros, mostrando rápidamente que la aplicación de los sistemas de prevención, bajaban mejoraban inequívocamente las estadísticas en esta materia. Estas tres empresas, y posteriormente todas las del SEOPAN, marcaron el camino por el que luego se desarrollaría la legislación, así como los métodos de trabajo en esta materia: la prevención.

El SEOPAN, junto con la CEOE (Confederación Española de Organizaciones Empresariales) y otras organizaciones organizaron diversos congresos y reuniones con objeto estudiar la normativa a desarrollar y su aplicación. En la Primera Jornada en Medicina y Seguridad de la Construcción, celebrada en Madrid en 1977, se sentaron las bases para la reglamentación y aplicación de las medidas de seguridad en la construcción que se desarrollaron en los años posteriores.

En 1986 se produce un gran paso en cuanto a la aplicación de las medidas de seguridad en las obras de construcción en España, con la promulgación del Real Decreto 555/1986 de 21 de febrero. Esta nueva legislación establecía la obligatoriedad de incluir en los proyectos de edificación y obras públicas un Estudio de Seguridad e Higiene en el Trabajo. Esto hacía que la seguridad en las obras de construcción fuera tarea de todos y fundamentalmente los dos conceptos que se introducían eran los siguientes: por un lado había un técnico que elaboraba el Estudio de Seguridad, en el cual la egresa debía basarse para elaborar el Plan de Seguridad; se establecía la figura del Coordinador de Seguridad e Higiene, como persona que, formando parte de la Dirección Facultativa tenía autoridad y responsabilidad en esta materia; por otro lado, el presupuesto del Estudio de Seguridad incluía, como unidades de obra de abono, los capítulos de seguridad e higiene. Esto hacía que se implicaran de forma obvia, tanto los técnicos de la dirección facultativa como el promotor de la obra. Este R.D. fue modificado parcialmente por el Real Decreto 84/1990 de 19 de enero, que en cierta manera inspiró la Directiva Europea 92/57/CEE, de 24 de junio, que establece las disposiciones mínimas de seguridad y de salud que deben aplicarse en las obras de construcción temporales o móviles.

De conformidad con la Directiva Europea 89/391/CEE, se promulga la Ley 31/1995 de 8 de noviembre de Prevención de Riesgos Laborales, trasponiendo al derecho español la citada directiva, y que determinará el conjunto de normas básicas que deben regir para proteger adecuadamente la salud de los trabajadores, frente a los riesgos derivados de las condiciones del trabajo, y que modifica legislación anterior en esta materia.

Como consecuencia de esta ley, se genera el Real Decreto 1627/1997 de 24 de octubre, de Disposiciones Mínimas de Seguridad y Salud en las Obras de Construcción, actualizando el célebre R.D. 555/1986. Esta supone el desarrollo de lo especificado en el Art. 6 de la Ley de Prevención de Riesgos Laborales, en forma de reglamento que fijará y concretará los aspectos más técnicos de las medidas preventivas, a través de normas mínimas que garanticen la adecuada protección de los trabajadores. Entre éstas se encuentran necesariamente las destinadas a garantizar la salud y la seguridad en las obras de construcción. Este R.D. traspone a su vez también al la legislación española la Directiva 92/57/CEE, citada anteriormente. España es miembro de la OIT, como tal ratificó algunos convenios que guardan relación con esta materia, y que forman parte de nuestro ordenamiento jurídico interno, como son el Convenio número 155 de la OIT, relativo a la seguridad y salud de los trabajadores, de 22 de junio de 1981, ratificado por nuestro país el 26 de julio de 1985, y en particular, el Convenio número 62 de la OIT, de 23 de junio de 1937, relativo a las prescripciones de seguridad en la industria de la edificación, ratificado por España el 12 de junio de 1958.

En 1997 el Real Decreto 39/1997 de 17 de enero, Reglamento de los Servicios de Prevención, también viene a desarrollar el Art. 6 de la Ley de Prevención de Riesgos Laborales, según se indica en la introducción del Reglamento:

> *"a tenor de cuyo apartado 1, párrafos d) y e), el Gobierno procederá a la regulación, a través de la correspondiente norma reglamentaria, de los procedimientos de evaluación de los riesgos para la salud de los trabajadores y de las modalidades de organización, funcionamiento y control de los servicios de prevención, así como de las capacidades y aptitudes que han de reunir dichos servicios y los trabajadores designados para desarrollar la actividad preventiva, exigencia esta última ya contenida en la Directiva 89/391/CEE".*

La legislación aquí mencionada es la más importante, y la básica, pero no es la única de aplicación, ya que existe una extensa gama de órdenes y de decretos específicos que desarrollan la seguridad y la prevención en relación con las distintas materias, campos específicos, maquinaría, señalización, agentes nocivos, ruidos, etc. No es intención del autor detallar toda esta legislación, sino señalar que existe y que en cualquier caso los servicios de prevención de las empresas sin duda la conocen, y la aplican en sus procedimientos.

10.3 De las disposiciones mínimas de seguridad en las obras.

Toda la legislación citada anteriormente, y que actualmente está en vigor extraemos los puntos más importantes y que se traducen en actuaciones concretas, y que obligan en distinta medida a los diversos agentes de la edificación.

El coordinador de seguridad y salud

De acuerdo con el R.D. 1627/1995, el promotor designará un coordinador en materia de seguridad y salud durante la elaboración del proyecto de la obra, cuando en la elaboración del mismo intervengan varios proyectistas (Art. 3.1); así como un coordinador de seguridad y salud en fase de ejecución de la obra cuando se prevea que en la misma intervendrán varias empresas o una empresa y trabajadores autónomos (Art. 3.2). Ambos coordinadores podrán ser la misma persona (Art. 3.3), pero la designación de estos coordinadores no eximirá al promotor de sus responsabilidades. El Art. 2.1.f se define el coordinador en materia de seguridad y de salud durante la ejecución de la obra como el técnico competente integrado en la dirección facultativa, designado por el promotor para llevar a cabo las tareas que se mencionan en el Art. 9. Estas funciones son, tal como las establece el R.D., las que siguen:

a) Coordinar la aplicación de los principios generales de prevención y de seguridad:

   1. º. Al tomar las decisiones técnicas y de organización con el fin de planificar los distintos trabajos o fases de trabajo que vayan a desarrollarse simultánea o sucesivamente.
   2. º. Al estimar la duración requerida para la ejecución de estos distintos trabajos o fases de trabajo.

b) Coordinar las actividades de la obra para garantizar que los contratistas y, en su caso, los subcontratistas y los trabajadores autónomos apliquen de manera coherente y responsable los principios de la acción preventiva que se recogen en el artículo 15 de la Ley de Prevención de Riesgos Laborales durante la ejecución de la obra y, en particular, en las tareas o actividades a que se refiere el artículo 10 de este Real Decreto.

c) Aprobar el plan de seguridad y salud elaborado por el contratista y, en su caso, las modificaciones introducidas en el mismo. Conforme a lo dispuesto en el último párrafo del apartado 2 del artículo 7, la dirección facultativa asumirá esta función cuando no fuera necesaria la designación de coordinador.

d) Organizar la coordinación de actividades empresariales prevista en el artículo 24 de la Ley de Prevención de Riesgos Laborales.
e) Coordinar las acciones y funciones de control de la aplicación correcta de los métodos de trabajo.

f) Adoptar las medidas necesarias para que sólo las personas autorizadas puedan acceder a la obra. La dirección facultativa asumirá esta función cuando no fuera necesaria la designación de coordinador.

Recordemos que la Disposición Adicional Cuarta de la LOE define que las titulaciones académicas y profesiones habilitantes para desempeñar la función de coordinador en materia de seguridad y salud son las de arquitecto, arquitecto técnico, ingeniero o ingeniero técnico de acuerdo con sus competencias y especialidades.

El Estudio de Seguridad y Salud

Como se mencionó anteriormente, la gran aportación del importantísimo decreto 555/1986 fue la introducción de la obligatoriedad de la inclusión de un Estudio de Seguridad e Higiene, con las importantes y positivas consecuencias que se han mencionado; el R.D. 1627/1995, en su Art. 4.1, establece la obligatoriedad de en la fase de redacción del proyecto se elabore un estudio de seguridad y salud en los proyectos de obras en que se den alguno de los supuestos siguientes:

a) Que el presupuesto de ejecución por contrata incluido en el proyecto sea igual o superior a 75 millones de pesetas.

b) Que la duración estimada sea superior a 30 días laborables, empleándose en algún momento a más de 20 trabajadores simultáneamente.

c) Que el volumen de mano de obra estimada, entendiendo por tal la suma de los días de trabajo del total de los trabajadores en la obra, sea superior a 500.

d) Las obras de túneles, galerías, conducciones subterráneas y presas.

En los proyectos no En los proyectos de obras no incluidos en ninguno de los supuestos previstos en el apartado anterior, el promotor estará obligado a que en la fase de redacción del proyecto se elabore un estudio básico de seguridad y salud (Art. 4.2).

Los artículos 5 y 6 del R.D., definen respectivamente el Estudio de Seguridad y Salud, así como el Estudio Básico de Seguridad y Salud. El promotor será el responsable de que se realice el Estudio de Seguridad y Salud, durante la fase de redacción del proyecto de ejecución de la obra, en el caso de que exista coordinador en la fase de redacción será éste el encargado de elaborarlo o que hacer que se elabore (Art. 5.1). El Estudio de Seguridad y Salud contendrá (Art. 5.2.):

a) Memoria
b) Pliego de Condiciones
c) Planos
d) Mediciones y
e) Presupuesto.

Es decir, tendrá un formato y un contenido documental en correspondencia con el proyecto de ejecución; en el articulo se desarrolla en contenido de cada uno de los documentos citados.

El Estudio de Seguridad y Salud, deberá ser coherente con el proyecto de ejecución (Art. 5.3.).

El Plan de Seguridad y Salud en el trabajo.

Se establece en el R.D. 1627/1995, en artículo 7, que el contratista en aplicación del Estudio de Seguridad y Salud elaborará un Plan de Seguridad y Salud en el Trabajo,

> "*en el que se analicen, estudien, desarrollen y complementen las previsiones contenidas en el estudio o estudio básico, en función de su propio sistema de ejecución de la obra*" (Art. 7.1.).

Dicho Plan, deberá ser aprobado por el Coordinador en materia de Seguridad y Salud durante la fase de ejecución; en el caso de obras con las Administraciones Públicas el plan, con el correspondiente informe del coordinador en materia de seguridad y de salud durante la ejecución de la obra, se elevará para su aprobación a la Administración pública que haya adjudicado la obra (Art. 7.2.). En relación con los puestos de trabajo en la obra, el plan de seguridad y salud en el trabajo a que se refiere este artículo constituye el instrumento básico de ordenación de las actividades de identificación y, en su caso, evaluación de los riesgos y planificación de la actividad preventiva a las que se refiere el capítulo II del Real Decreto por el que se aprueba el Reglamento de los Servicios de Prevención (Art. 7.3). El citado capítulo II del R.D. 39/1997 de 17 de enero, dice en su capitulo II:

> "*La evaluación de los riesgos laborales es el proceso dirigido a estimar la magnitud de aquellos riesgos que no hayan podido evitarse, obteniendo la información necesaria para que el empresario esté en condiciones de tomar una decisión apropiada sobre la necesidad de adoptar medidas preventivas y, en tal caso, sobre el tipo de medidas que deben adoptarse*". (Art. 3.1.).

El plan de seguridad y salud podrá ser modificado por el contratista en función del proceso de ejecución de la obra y

Quienes intervengan en la ejecución de la obra, podrán presentar, por escrito y de forma razonada, las sugerencias y alternativas que estimen oportunas. A tal efecto, el plan de seguridad y salud estará en la obra a disposición permanente de los mismos. (Art. 7.4) y estará en la obra tamibén a disposición permanente de la dirección facultativa (Art. 7.5).

El aviso previo

De acuerdo don el artículo 18 del R.D. 1627/1995, el promotor deberá un "aviso previo" a la autoridad laboral competente antes del comienzo de los trabajos, dicho "aviso previo" deberá estar expuesto en la obra de forma visible, actualizándose si fuera necesario.

Este "aviso previo" es un sencillo documento que debe hacer todo promotor y presentar ante la autoridad laboral competente, y debe constar de los requisitos que dice el propio Real Decreto en el anexo III, y son: fecha, dirección de la obra, datos del promotor, descripción de la obra, datos del proyectista, datos de los coordinadores en materia de seguridad y salud, fecha prevista de comienzo, duración prevista de los trabajos, número máximo estimado de trabajadores y datos e identificación del contratista, subcontratistas y trabajadores autónomos. Lo normal es hacer un aviso previo con los datos del contratista principal de la obra, —es decir, el *constructor* según la terminología empleada por la LOE, y que nos parece la más apropiada por tanto, ya que esta es la ley más reciente, siendo de suponer que en posteriores adaptaciones de legislación en la materia, el legislador aplicará ya este término—, y ampliar sucesivamente a medida que se conozcan los datos de subcontratistas y trabajadores autónomos.

Es de hacer notar que algunos promotores no cuentan entre sus empleados con técnicos cualificados, y desconocen la legislación en esta y otras materias, entendemos que la dirección facultativa debería suplir este defecto, pero, en cualquier caso, y ya que el Decreto dice que el aviso previo *"deberá exponerse en la obra de forma visible"*, y normalmente la instalaciones de la obra están a cargo del constructor, las autoridades suelen pedir que se cumpla el Decreto a "quien está en la obra". Entendemos que la labor del constructor finaliza, en este asunto, solicitando del promotor una copia del aviso previo, si es que éste no se la facilita *motu propio*.

El libro de incidencias.

Siguiendo con el R.D. 1627/1995, en su artículo 13 establece la obligatoriedad de que en todas las obras exista un libro, con hojas por duplicado, habilitado al efecto del control y seguimiento del Plan de Seguridad. Dicho Libro de Incidencias será facilitado bien por el colegio profesional al que pertenezca el técnico que haya aprobado el Plan de Seguridad y Salud —coordinador en materia de seguridad y salud en fase de ejecución—, o bien por la Oficina de Supervisión de Proyectos y órgano equivalente cuando se trate de obras de las administraciones públicas. En este libro, que deberá mantenerse siempre en obra, estará en poder del coordinador en materia de seguridad y salud en fase de ejecución, o en su defecto de la dirección facultativa, tendrán acceso a él:

> "*la dirección facultativa de la obra, los contratistas y subcontratistas y los trabajadores autónomos, así como las personas u órganos con responsabilidades en materia de prevención en las empresas intervinientes en la obra, los representantes de los trabajadores y los técnicos de los órganos especializados en materia de seguridad y salud en el trabajo de las Administraciones públicas competentes, quienes podrán hacer anotaciones en el mismo, relacionadas con los fines que al libro se le reconocen*" (Art. 13.3).

Es importante saber que, una vez efectuada una anotación en el Libro de Incidencias, el coordinador de seguridad y salud está obligado a remitir copia a la Inspección de Trabajo y Seguridad Social provincial, en el plazo de veinticuatro horas (Art. 13.4).

Otras disposiciones.

No se ha querido reproducir en su totalidad obviamente el contenido del R.D., sólo se ha resaltado lo más importante. Entendemos que el contenido íntegro del R.D. debería estar siempre en poder de los técnicos del constructor, e incluso debería ser dado a conocer a los trabajadores de la obra, al igual que el Plan de Seguridad y Salud. Son otras disposiciones importantes que se citan en el decreto, las que se refieren a los principios aplicables durante la ejecución de la obra, las obligaciones del contratista subcontratista y trabajadores autónomos, la paralización de los trabajos o los derechos de los trabajadores tanto a información como a participación.

10.4 De las obligaciones del constructor

Las obligaciones del constructor, están relacionadas básicamente, en artículo 11 del R.D. 1627/1995, junto con las de los subcontratistas, así como en artículo 12, con referencia a las de los trabajadores autónomos. El legislador quiere establecer parcelas de responsabilidad, asignando específicamente a todos los posibles intervinientes en las obra, lo cual es siempre acertado, pero no debemos olvidar que tanto subcontratistas como autónomos en la obra actuarán con dependencia del constructor o contratista principal.

Son pues, obligaciones de los contratistas y subcontratistas, según el citado artículo 11, las que siguen:

1. Los contratistas y subcontratistas estarán obligados a:
   a) Aplicar los principios de la acción preventiva que se recogen en el artículo 15 —Principios de acción preventiva— de la Ley de Prevención de Riesgos Laborales, en particular al desarrollar las tareas o actividades indicadas en el artículo 10 del presente Real Decreto.
   b) Cumplir y hacer cumplir a su personal lo establecido en el plan de seguridad y salud al que se refiere el artículo 7.
   c) Cumplir la normativa en materia de prevención de riesgos laborales, teniendo en cuenta, en su caso, las obligaciones sobre coordinación de actividades empresariales previstas en el artículo 24 de la Ley de Prevención de Riesgos Laborales —este artículo se refiere a coordinación de actividades empresariales entre varias empresas—, así como cumplir las disposiciones mínimas establecidas en el anexo IV del presente Real Decreto —este anexo relaciona las disposiciones mínimas de seguridad y salud que deberán aplicarse en las obras, y que veremos a continuación—, durante la ejecución de la obra.
   d) Informar y proporcionar las instrucciones adecuadas a los trabajadores autónomos sobre todas las medidas que hayan de adoptarse en lo que se refiere a su seguridad y salud en la obra.
   e) Atender las indicaciones y cumplir las instrucciones del coordinador en materia de seguridad y de salud durante la

ejecución de la obra o, en su caso, de la dirección facultativa.

2. Los contratistas y los subcontratistas serán responsables de la ejecución correcta de las medidas preventivas fijadas en el plan de seguridad y salud en lo relativo a las obligaciones que les correspondan a ellos directamente o, en su caso, a los trabajadores autónomos por ellos contratados.
   Además, los contratistas y los subcontratistas responderán solidariamente de las consecuencias que se deriven del incumplimiento de las medidas previstas en el plan, en los términos que establece el artículo 42. 2, de la Ley de Prevención de Riesgos Laborales —este apartado describe precisamente en qué forma responderá el contratista principal—.
3. Las responsabilidades de los coordinadores, de la dirección facultativa y del promotor no eximirán de sus responsabilidades a los contratistas y a los subcontratistas.

Las disposiciones mínimas que establece el anexo IV del R.D. 1267/1995, a que se refiere el punto 1.c de éste artículo, son en resumen las que siguen, tal como se describen en el anexo, que en su desarrollo es una magnífica guía a seguir, y que el propio anexo las divide en tres partes.

La parte A: relativa a los lugares de trabajo en las obras, que contiene normativa relativa a: estabilidad y solidez; instalaciones de suministro y reparto de energía; vías y salidas de emergencia; ventilación; exposición a riesgos particulares; temperatura; iluminación; puertas y portones; vías de circulación y zonas peligrosas; muelles y rampas de carga; espacio de trabajo; primeros auxilios; servicios higiénicos; locales de descanso o de alojamiento; mujeres embarazadas y madres lactantes; trabajadores minusválidos; y disposiciones varias.

La parte B: que se refiere a los puestos de trabajo en obras en el interior de los locales, y que incluye: estabilidad y solidez; puertas de emergencia; ventilación; temperatura; suelos; paredes y techos de los locales; ventanas y vanos de iluminación cenital; puertas y portones; vías de circulación; escaleras mecánicas y cintas rodantes; y dimensiones y volumen de aire en los locales

La parte C: que se refiere a los puestos de trabajo en obras en el exterior de los locales, y que incluye: estabilidad y solidez;

caídas de objetos; caídas de alturas; factores atmosféricos; andamios y escaleras; aparatos elevadores; vehículos y maquinaria; instalaciones, máquinas y equipos; movimientos de tierras, excavaciones, pozos, trabajos subterráneos y túneles; instalaciones de distribución de energía; estructuras metálicas o de hormigón, encofrados y piezas prefabricadas pesadas; y otros trabajos específicos.

Y son obligaciones de los trabajadores autónomos, según el artículo 12:

1. Los trabajadores autónomos estarán obligados a:

a) Aplicar los principios de la acción preventiva que se recogen en el artículo 15 de la Ley de Prevención de Riesgos Laborales, en particular al desarrollar las tareas o actividades indicadas en el artículo 10 del presente Real Decreto.

b) Cumplir las disposiciones mínimas de seguridad y salud establecidas en el anexo IV del presente Real Decreto, durante la ejecución de la obra.

c) Cumplir las obligaciones en materia de prevención de riesgos que establece para los trabajadores el artículo 29, apartados 1 y 2 (este artículo obliga a todos los trabajadores), de la Ley de Prevención de Riesgos Laborales.

d) Ajustar su actuación en la obra conforme a los deberes de coordinación de actividades empresariales establecidos en el artículo 24 de la Ley de Prevención de Riesgos Laborales (se refiere a la coordinación de distintas empresas), participando en particular en cualquier medida de actuación coordinada que se hubiera establecido.

e) Utilizar equipos de trabajo que se ajusten a lo dispuesto en el Real Decreto 1215/1997, de 18 de julio, por el que se establecen las disposiciones mínimas de seguridad y salud para la utilización por los trabajadores de los equipos de trabajo.

f) Elegir y utilizar equipos de protección individual en los términos previstos en el Real Decreto 773/1997, de 30 de mayo, sobre disposiciones mínimas de seguridad y salud relativas a la utilización por los trabajadores de equipos de protección individual.

g) Atender las indicaciones y cumplir las instrucciones del coordinador en materia de seguridad y de salud durante la ejecución de la obra o, en su caso, de la dirección facultativa.

2. Los trabajadores autónomos deberán cumplir lo establecido en el Plan de Seguridad y Salud.

Son éstas, en resumen, las obligaciones que el constructor tiene según el R.D. 1627/1995. En general, contemplando la legislación en su conjunto y de forma sinóptica podemos establecer que el la obra se deben tener en cuenta siempre los siguientes principios generales:

—Mantener el orden y la limpieza
—Definir los accesos a los puestos de zonas de trabajo
—Precaución en la manipulación de materiales y en el empleo de medios auxiliares
—Control inicial y periódico de las instalaciones
—Delimitar las zonas de acopios
—Eliminación adecuada de los residuos
—Programación adecuada de los trabajos
—Coordinación y cooperación entre empresas
—Tener en cuenta las interacciones entre oficios
—Cumplir la normativa de Prevención de Riesgos laborales
—Cumplir y hacer cumplir lo establecido en el Plan de Seguridad y Salud, mediante su difusión
—Aplicar los principios de la acción preventiva

10.5 Del seguimiento de la seguridad y salud en la obra.

De nada sirve lo expuesto hasta ahora si no se establece un control exhaustivo de que las medidas de seguridad, los medios de prevención y las instalaciones de higiene y bienestar se llevan a cabo en la obra de forma satisfactoria. Se debe, en el Plan de Seguridad y Salud en el trabajo, reflejar las labores de vigilancia y prevención que realizará en la obra, así como de los controles o registros que de dicho control se derivará.

Formación e información

La primera actuación a tener en cuenta es no comenzar los trabajos sin que el coordinador haya aprobado el Plan de Seguridad mediante el acta correspondiente, así como no se comenzará ninguna unidad de obra, sin las medidas adecuadas de seguridad. Esto no es un control propiamente dicho, sino una regla a seguir. Además de la divulgación a todo el personal, en primer lugar al de supervisión, del plan de seguridad, de los derechos y obligaciones de los trabajadores en esta materia, y sobre todo hay que conseguir que la información llegue a todos los trabajadores, concienciándolos de lo importante que es la seguridad.

Una de las primeras lecciones que debemos aprender en materia de seguridad es “qué es seguridad”. En algunos momentos, nosotros mismos podemos confundir lo que es seguridad y lo que no es. Por ejemplo, en algún momento se podría incluir un andamio como medio de seguridad, y sólo lo será cuándo dicho andamio tenga como finalidad proteger de algún riesgo, y no sea un medio auxiliar *necesario* para ejecutar una determinada parte de la obra. Por tanto podemos decir, que un determinado medio auxiliar o elemento de la obra forma parte de las medidas de seguridad cuando no sea imprescindible para ejecutar la obra. Volviendo al ejemplo: un andamio en sí mismo no constituye una medida de seguridad, pero si constituyen medidas de seguridad todos los elementos tales como ancho de plataforma, anclajes, accesos, barandillas, arriostramientos, apoyos, etc., necesarios para cumplir con las especificaciones del

Plan de Seguridad. Es este un ejemplo importante, ya los andamios tubulares son uno de los elementos en los que existe estadísticamente un alto índice de accidentes.

Debemos inculcar en todo el personal de la obra que tenga "mentalidad de prevención" y que, al igual que piensa en todos los pormenores de su trabajo, como quiera que deba hacerlo satisfactoriamente, piense siempre desde el punto de vista de la seguridad.

Antes de comenzar el trabajo deberá informarse de las tareas que ha de realizar, pensando en los riesgos que estas tareas puedan comportar. Preguntar al encargado o a cualquier mando intermedio de la obra acerca de las medidas de seguridad y exigir de la empresa que se le proporcionen los medios de seguridad necesarios.

Durante el trabajo, el trabajador debe respetar siempre las medidas de seguridad, de las que estará perfectamente informado. Utilizará en todo momento las protecciones personales adecuadas —el casco no es siempre la única prenda obligatoria, es más hay fases de la obra o tipos de obra en donde el casco puede que no sea obligatorio, aunque siempre existirá alguna prenda o equipo de protección individual imprescindible—, que estarán señalizadas en las correspondiente señalización en la obra. Todos los trabajadores deberán respetar también las protecciones colectivas, ya que en algunos casos "estorban" para cualquier maniobra y pueden ser manipuladas negativamente. Por regla general, ningún trabajador está autorizado a desmontar o manipular un elemento de seguridad. También todo trabajador debe saber que en una obra, aun en "perfecto" estado de seguridad, por ahorrar tiempo, por intentar seguir un camino más corto en un recorrido, o por otras causas, se pueden incumplir las normas de seguridad, corriendo riesgos innecesarios. Los trabajadores deben saber que la legislación laboral en esta materia, que está pensada para proteger precisamente al personal que trabaja en la obra, es también obligatoria para ellos.

Cuando se finalice el trabajo, habrá que seguir pensando en la seguridad, y por tanto, no se deberá dejar ningún tajo sin la debida protección. Debemos inculcar al trabajador a que reflexione —esto puede parecer un poco utópico, pero cuando se insiste convenientemente, los trabajadores se integran rápidamente en esta mentalidad—, acerca de los riesgos que se han corrido, y los que se han evitado por haber seguido rigurosamente las medidas de seguridad. El trabajador debe negarse a trabajar sin las medidas de seguridad, pero debe ser también el primero en aplicarlas, al menos en lo que a su ámbito concierne.

En la responsabilidad de todos los agentes que intervienen en la obra está la de procurar que los trabajadores tengan una completa formación en materia de prevención de riesgos. A estos efectos, conviene recordar, y recordar a los trabajares siempre lo que estipula la Ley de Prevención de Riesgos Laborales (Ley 31/1995) en su artículo 29 —obligaciones de los trabajadores en materia de prevención de riesgos—, cuando dice que *"corresponden a cada trabajador velar, según sus posibilidades y mediante el cumplimiento de las medidas de prevención que en cada caso sean adoptadas, por su propia seguridad y salud en el trabajo y por la de aquellas otras personas a las que pueda afectar su actividad profesional*", y continúa explicando lo que en particular deberán tener en cuenta los trabajadores, que es en resumen:

—usar adecuadamente todos los medios que se utilicen en el trabajo,

—utilzar correctamente los medios de protección que se les han facilitado,

—utilizar los dispositivos de seguridad y no ponerlos nunca fuera de funcionamiento,

—informar a su superior jerárquico, siempre que encuentre una situación que a su juicio entrañe un riesgo,

—contribuir al cumplimiento de la legislación en materia de prevención y

—cooperar con el empresario en todo lo referente a seguridad y salud.

Para llevar acabo la labor de formación e información, tenemos a nuestra disposición los medios que estimemos oportunos, y que en cualquier caso deberá contemplar el Plan de Seguridad; desde la señalización informativa o de obligación en la obra —tanto en los accesos como en cualquier lugar dónde se necesite—, la entrega de cuanta documentación en forma de folletos, separatas o manuales que contentan la información necesaria, hasta las reuniones en la propia obra o los cursos de formación, impartidos por personal especializado. Como decimos, hay una parte de la seguridad de la que el propio trabajador es el responsable.

La concienciación, la mentalización, la actitud, la educación y otros factores personales hacen que el comportamiento ante esta materia sea más o menos positivo por parte de los trabajadores, pero sería imperdonable en una obra, que existiera un fallo en la seguridad por desconocimiento de las normas fundamentales.

La prevención como sistema: equipo de seguridad

La prevención de riesgos en la obra no debe ser nunca un tema del que nos acordemos de vez en cuando, con motivo de alguna visita o indicación del coordinador de seguridad y salud en la fase de ejecución, del técnico de prevención de la empresa, de algún funcionario de la administración pública o de alguno de nuestros jefes con preocupación por este tema. Esto sin tener en cuenta cuando la preocupación viene motivada por un accidente o un incidente —llamamos accidente al suceso imprevisto que causa daños personales, en la medida que sea, e incidente al suceso imprevisto que no causa daños pero que podría haberlos causado—, tema que siempre suele ser un cierto revulsivo en esta materia.

En absoluto, la prevención debe ser un sistema de trabajo, debiendo haber trabajadores designados para instalar y mantener las medidas de seguridad colectivas, asegurarse del correcto entretenimiento y limpieza de las instalaciones de bienestar, vigilar la señalización además de preocuparse del cumplimiento de las normas de seguridad por todo el personal. Este personal puede ser el mismo personal obrero que dedique un cierto periodo de su tiempo a esta tarea, en una pequeña obra, hasta un equipo de personas —más o menos numeroso, dependiendo de la obra— exclusivamente dedicados a estas tareas en obras de gran envergadura. Este personal debe integrado en el organigrama de la obra de la manera que nos parezca adecuada pero siempre con una comunicación que permita al jefe de obra conocer sus actividades y eficacia de forma rápida y precisa. Debe, asimismo, conocer sus tareas así como sus fines, y, bien con dedicación exclusiva o bien con dedicación parcial, en cuanto su función es la prevención de riesgos, no debe haber nada que pueda hacer que sus objetivos no se cumplan: no hay nada en la obra que justifique la más mínima relajación en el cumplimiento de las normas de prevención.

Registros y archivo de documentación

Según lo que se desprende del ya mencionado artículo 11 del R.D. 1627/1995, en el que se detallan las obligaciones del contratista, y de las que se deriva su responsabilidad, debemos también salvaguardar esta responsabilidad, máxime cuando la prevención se esté ejecutando de forma adecuada a la normativa. No es el principio fundamental de la prevención —que es la integridad y la salud de los trabajadores— pero es uno muy a tener en cuenta, dejar constancia documental de la aplicación y seguimiento del plan de seguridad, de la siguiente forma:

—existirá un archivo documental en el que se archiven correctamente todos los documentos que da la aplicación del sistema de prevención se deriven,

—se aplicarán los procedimientos específicos que pueda haber en la empresa, como pueda ser el de andamios tubulares, y otros, dejando registros de su utilización,

—se dejará constancia, en registros específicos de la entrega de documentación de seguridad y salud, así como de la entrega de los EPIS, y de cualquier curso o charla que en esta materia se imparta en la obra (o fuera de ella), con la firma de todos los trabajadores que los reciban,

—se investigará cualquier accidente o incidente en la obra, dejando archivado el parte de investigación

—se controlará y archivará cualquier instrucción que recibamos del coordinador de seguridad o de la dirección de obra, así como las que se impartan por parte de los técnicos de supervisión de la obra, con el recibí con fecha y firma,

—se archivará cualquier documentación, correspondencia, etc., de cualquier tipo que tenga como origen u objetivo la prevención de riesgos en la obra.

Este archivo tendrá una gran importancia tanto para un ulterior seguimiento de la prevención en otras obras, del cual se extraerán las oportunas consecuencias, como para una justificación documental y fehaciente de que en la obra se han seguido escrupulosamente las normas de seguridad y salud.

Cuestionario de seguridad y salud

Es este un sencillo método, que, con base en algunos sistemas que existen en empresas constructoras, el autor del presente manual ha puesto en práctica en algunas obras, consiguiendo siempre resultados positivos. Hay que decir que en materia de prevención de riesgos, todo lo que nos digan o que nos obliguen nos suena un poco a "ya lo sabemos", lo cual es cierto: en todas las empresas constructoras, el personal que realiza las funciones de prevención, ya sean de servicios propios o externos, nos parecen a veces, como el Grillo-parlante del cuento *"Las aventuras de Pinocho"* de Carlo Collodi (1826-1890), es decir, alguien que nos recuerda algo que ya sabemos, pero que, normalmente, —digámoslo así— "se olvida". En cualquier caso, todo lo que se diga o haga en materia de prevención, nunca sobra. El cuestionario de seguridad y salud se cumplimenta una vez al mes, y en ello se tardan e diez a quince minutos, que creo que es un tiempo más que razonable para añadirle a nuestra dedicación a la seguridad y salud.

El cuestionario que aquí se incluye, puede tomarse como ejemplo, o puede modificarse añadiendo o cambiando preguntas, pero como se verá, es un buen repaso a la seguridad de una obra. En algunos casos, como se verá, es más fácil solucionar lo que una determinada cuestión suscita, que contestar negativamente en el test. El cuestionario tiene los siguientes objetivos:

—racionalizar el repaso que el jefe de obra debe dar en materia de seguridad periódicamente a la misma,

—proporcionar información tanto al jefe de obra como al resto de la empresa acerca de las deficiencias de la obra en materia de seguridad y

—establecer un criterio para valorar objetivamente el estado de la obra en materia de seguridad así como medir el progreso que se haga en esta materia.

El cuestionario consta de cien preguntas, divididas en diez grupos, a las que se puede contestar "SI", "NO ó "N/A" (no aplicable, cuando corresponda). Las respuestas están ponderadas para que el cómputo total de una calificación en base a 10, es decir, todas las respuestas contestadas con un "SI" —o en su caso con "N/A"— darán una calificación al cuestionario de 10, bajando la nota con cada respuesta negativa del mismo, tal como se establece en el cálulo de la calificación que se explica.

Incluimos a continuación un listado de preguntas que pueden ser una guía útil para establecer un cuestionario de seguridad y salud, ponderando las preguntas en función de la importancia que tengan, lo limitativas que sean o la dificultad que entrañe su resolución. Es de advertir, que en teste cuestionario se hace referencia a un procedimiento particular, concretamente al de prevención de andamios apoyados, y es por que, sin extendernos más en este punto, se recomienda un procedimiento, para vigilar las labores concretas de montaje, mantenimiento y desmontaje de este medio auxiliar, por su extremada peligrosidad.

1. DOCUMENTACIÓN	
1	*¿Existe Plan de Seguridad y Salud aprobado mediante acta?*
2	*¿Ha sido presentada copia del Plan de S. y S. ante la autoridad laboral?*
3	*¿Existe acta de Aviso previo (solicitar al Promotor)?*
4	*¿Existen Libro de Visitas?*
5	*¿Existe Libro de Incidencias?*
6	*¿Existen impresos de notificación de accidente, registro e informes de investigación?*
7	*¿Está expuesta el Acta de Aviso Previo?*
8	*¿Está expuesto el Aviso a los trabajadores de su derecho a consultar el Plan de S.S.?*
9	*¿Están expuestos los teléfonos y direcciones de urgencia en lugar visible?*
10	*¿Existen registros de entrega de los Equipos de Protección Individual (EPI'S)?*
11	*¿Existe una relación actualizada del personal en obra (incluso de subcontratistas)?*
12	*¿Existen certificados (CE) exigibles reglamentariamente a maquinaria y equipos?*
13	*¿Existen hojas de Seguridad de productos químicos o correcto etiquetado en su defecto?*

2. PRINCIPIOS GENERALES	
14	*¿Los trabajos están programados siendo los emplazamientos y áreas de trabajo adecuados?*
15	*¿Existe orden y limpieza en la obra, y están delimitadas las zonas de acopios?*
16	*¿Se manipulan correctamente los materiales y medios auxiliares?*
17	*¿Existe control inicial y periódico de las instalaciones?*
18	*¿Se eliminan adecuadamente los residuos de todo tipo?*
19	*¿El recinto de la obra está completamente vallado y los accesos señalizados?*
20	*¿Existe adecuada señalización de los peligros generales y específicos?*
21	*¿Existen adecuadas zonas de paso para vehículos y personas?*
22	*¿Existen protecciones para caídas de objetos a la vía pública?*
23	*¿Existen extintores en la obra y su lugar está debidamente señalizado?*
24	*¿La obra dispone de las adecuadas instalaciones de comedor, vestuario y aseos de personal?*
25	*¿Existe botiquín completo de primeros auxilios en la obra, y su ubicación está señalizada?*

3. HERRAMIENTAS MANUALES	
26	*¿Se utiliza la herramienta adecuada, teniendo en cuenta los riesgos específicos de su uso?*
27	*¿Las herramientas se mantienen limpias y en buenas condiciones?*
28	*¿Se desechan las herramientas con mangos flojos, astillados o mal ajustados?*
29	*¿Se vigila que las herramientas no se "lancen" y se entregan en mano?*
30	*¿Se vigila que las herramientas se transporten adecuadamente (nunca en los bolsillos)?*
31	*¿Las herramientas de corte se mantienen protegidas mediante tapabocas o fundas?*
32	*¿Se dan instrucciones a los trabajadores, en caso de duda sobre la correcta utilización?*

4. INSTALACIONES ELÉCTRICAS	
33	*¿La instalación está debidamente legalizada?*
34	*¿Los cuadros eléctricos tienen de puesta a tierra e interruptor diferencial y están cerrados?*
35	*¿Las instalaciones son manipuladas sólo por personal capacitado y autorizado?*
36	*¿Los cables se mantienen alejados de los lugares de paso y/o trabajo?*
37	*¿Existen tomas para tensiones inferiores a 25 voltios?*
38	*¿Los empalmes se hacen con fichas en todos los casos usando siempre clavijas adecuadas?*
39	*¿Se vigila el adecuado uso, conexión y desconexión de las clavijas?*
40	*¿Se desconectan los equipos mediante su interruptor antes de desenchufarlos?*
41	*¿Se vigilan con especial atención las zonas húmedas respecto a los riesgos eléctricos?*

5. MOVIMIENTOS DE TIERRAS	
42	*¿Los taludes o bordes de excavación se mantienen libres de cargas?*
43	*¿Se entiban o sobreexcavan las zanjas que puedan derrumbarse?*
44	*¿Están señalizados y/o protegidos los taludes o bordes de excavación?*
45	*¿Se utilizan escaleras manuales para entrar o salir de zanjas y pozos?*
46	*¿Se revisan las zanjas, pozos, taludes, etc. después de lluvias o largos tiempos sin uso?*
47	*¿Los taludes se ejecutan siempre adecuadamente para cada tipo de terreno?*

6. GRÚAS TORRE	
48	*¿La instalación está debidamente legalizada?*
49	*¿Los gruistas están acreditados conforme a la ORDEN de 30 de Octubre de 2000?*
50	*¿Las grúas disponen de limitador de carga y se revisan con adecuada periodicidad?*
51	*¿Están acotadas debidamente las bases o cimentaciones de las grúas?*
52	*¿Los ganchos, cables y eslingas están dotados de mosquetones de seguridad?*
53	*¿Los gruistas tienen siempre visibilidad completa en el recorrido de la carga?*
54	*¿Se comprueba el correcto paleteado y/o embalaje de materiales?*
55	*¿Se dejan los cables de elevación tensos mediante pesas al finalizar la jornada de trabajo?*
56	*¿Se deja libre el giro de la pluma al finalizar la jornada de trabajo?*

7. MAQUINARÍA Y VEHÍCULOS	
57	*¿Los vehículos y maquinarías móviles disponen de señales acústicas y luminosas?*
58	*¿Los conductores usan auriculares y cinturones antivibratorios?*
59	*¿Se impide la permanencia en el radio de acción de las máquinas?*
60	*¿Se vigilan las cargas y las capacidades máximas de cada máquina?*
61	*¿Se respetan las distancias de seguridad cerca de líneas de alta tensión?*
62	*¿Se vigila que no se transporte personal en las máquinas?*
63	*¿Se vigila que no se anulen los dispositivos de seguridad de las máquinas?*
64	*¿Las partes móviles de las máquinas están siempre protegidas?*

8. TRABAJOS EN ALTURA	
65	*¿Se protegen adecuadamente todos los desniveles mayores de 2 metros?*
66	*¿Todas las barandillas disponen de pasamanos, protección intermedia y rodapié?*
67	*¿Todas las barandillas tienen la resistencia adecuada y una altura de 90 cms.?*
68	*¿Se protegen o tapan todos los huecos o aberturas en los forjados?*
69	*¿Los perímetros de forjados están protegidos por redes cuya resistencia ha sido comprobada?*
70	*¿Los accesos se efectúan siempre mediante escaleras de mano?*
71	*¿Las escaleras de mano ofrecen garantía de solidez, estabilidad y seguridad?*
72	*¿Las escaleras de mano sobrepasan 1 metro la altura de los puntos superiores de apoyo?*
73	*¿Se utilizan cinturones o arneses en las zonas que no cuenten con protecciones colectivas?*

9. ANDAMIOS	
74	*¿Prevalece siempre el criterio de elegir andamios apoyados antes que andamios colgados?*
75	*¿Se dispone de copia del PROCEDIMIENTO DE PREVENCIÓN para ANDAMIOS APOYADOS?*
76	*¿Se aplica siempre el PROCEDIMIENTO DE PREVENCIÓN para ANDAMIOS APOYADOS?*
77	*¿Se evita la permanencia bajo los andamios durante su montaje y desmontaje?*
78	*¿Se comprueba la estabilidad de la superficie sobre la que se apoyan los andamios?*
79	*¿Se utilizan durmientes de madera, husillos de regulación y se clavan éstos con clavos de acero?*
80	*¿Disponen de los arriostramientos adecuados, en sí mismos y a los paramentos contiguos?*
81	*¿En los andamios colgados, tanto los pescantes como los cables están adecuadamente fijados?*
82	*¿Las plataformas cubren toda la superficie de trabajo y se unen mediante cierre de seguridad?*
83	*¿Las longitudes de andamios colgados unidos son siempre menores de 8 metros?*
84	*¿Los andamios colgados son arriostrados para evitar desplazamientos horizontales?*
85	*¿Se reparten las cargas de manera uniforme, y no se cargan nunca en exceso?*
86	*¿Las operaciones de izado y descenso se realizan manteniendo la horizontalidad del conjunto?*
87	*¿Están acotadas las zonas bajo los andamios impidiendo el tránsito en éstas?*
88	*¿Existen marquesinas de recogida de materiales cuando se trabaja en la misma vertical?*
89	*¿Los operarios en los andamios colgados están provistos de arnés de seguridad?*
90	*¿En todos los casos, los andamios disponen de barandilla perimetral reglamentaria?*

10. PROTECCIONES INDIVIDUALES	
91	*¿Todo el personal usa siempre dentro del recinto de la obra casco de seguridad?*
92	*¿Todo el personal usa siempre dentro del recinto de la obra botas de seguridad?*
93	*¿Se exige en la manipulación de herramientas y materiales guantes de seguridad?*
94	*¿Se usan gafas de seguridad en todos los trabajos que comporten riesgo para los ojos?*
95	*¿Se usa mascarilla de seguridad en lugares pulvígenos o con riesgo de emanaciones nocivas?*
96	*¿Se usan protecciones auditivas en las operaciones que generen nivel elevado de ruidos?*
97	*¿En trabajos de soldadura se usan caretas, mandiles, polainas, botas y guantes de soldador?*
98	*¿Se utiliza en todo momento ropa de trabajo ajustada especialmente en mangas y perneras?*
99	*¿En tiempo lluvioso se utilizan trajes y botas de agua?*
100	*¿En zonas de circulación de vehículos se utilizan chalecos reflectantes?*

De la simple lectura de este cuestionario, se desprende una gran cantidad de actuaciones en materia de seguridad. La experiencia o las necesidades particulares de la obra, harán que incluyamos más preguntas o sustituyamos las que aquí se presentan, siendo como decimos siempre, una guía para que se ponga en práctica este sistema, que requiere poco tiempo, es de mucha utilidad para el propio jefe de obra y es un indicativo de la calidad en el seguimiento de la prevención que toda obra debe tener.

Se incluye aquí una leyenda que encabezaba el cuestionario de seguridad, tal como el autor del manual lo aplicaba en las obras de su responsabilidad:

> *"El presente Cuestionario supone una autoevaluación de Seguridad y Salud de la obra, y su finalidad es proporcionar a la Empresa y al propio Jefe de Obra que lo realiza una información del estado de la misma en esta materia, debe servir al mismo tiempo como guía para mejorar las medidas que la obra existen o dotarla de las que adolece. Se ruega, por tanto, cumplimentarlo con el mayor rigor posible, al tiempo que deberá servir para corregir, con la mayor diligencia, las deficiencias que de su análisis se deriven".*

El cálculo de la "calificación" de este cuestionario se hace de la forma que se explica a continuación, —utilizando la nomenclatura de las fórmulas de las hojas de cálculo—. Hay que hallar un valor previo de la calificación ponderada, que llamaremos *(Q_p)*, el cual una vez obtenido nos dará el valor de la calificación *(Q)*, según la siguiente fórmula:

$$Q : si(+Q_p < 1;1;+Q_p)$$

es decir: si $Q_p \geq 1 \Rightarrow Q = Q_p$, si $Q_p < 1 \Rightarrow Q = 1$.

Para calcular el valor de *(Q_p)* estableceremos la siguiente fórmula:

$$Q_p = \left(\frac{10 \times \sum S}{100 - \sum N_a} \right) - \sum N_p$$

expresión en la que:

$\sum S$ =total respuestas "si"

$\sum N_a$ =total respuestas "no aplicable"

$\sum N_p$ =total respuestas "no", ponderaras.

La expresión que encierra el paréntesis hace que las respuestas N/A no influyan en la calificación, si:

$$\sum N = 0$$

siendo *(N)* las respuestas negativas, resulta que:

$$100 - \sum N_a = \sum S$$

y, por tanto:

$$\left(\frac{10 \times \sum S}{100 - \sum N_a} \right) = 10$$

siendo (10), la mayor calificación. La suma total de las respuestas negativas está implícita en esta expresión, restándose las denominadas "ponderadas", las cuales *restan* calificación según sea esta ponderación, que se hace para no otorgar el mismo valor a todas las preguntas del cuestionario. Es decir, entendemos que no es igual *"No tener Plan de Seguridad y Salud"* —pregunta nº 1 del cuestinonario—, que por ejemplo, *"Las herramientas no se mantienen limpias"* —pregunta nº 27—. Siempre decimos que en materia de Seguridad no hay matices, es decir se cumplen las normas o no se cumplen, pero para valorar el cuestionario si damos un valor distinto a cada pregunta, de acuerdo con el siguiente cuadro.

Valor ponderado	Pregunta
5,0	*1*
1,0	*2-69*
0,5	*4-15-19-22-33-44-62-64-65-73-76-89-90-91*
0,2	*8-911-14-17-25-32-34-38-42-43-48-52-57-66-67*
0,0	*3-5-6-7-10-12-13-16-18-20-21-23-24-26-27-28-29-30-31-35-36-37-39-40-41-45-46-47-49-50-51-53-54-55-56-58-59-60-61-63-68-70-71-72-74-75-77-78-79-80-81-82-83-84-85-86-87-88-92-93-94-95-96-97-98-99-100*

La ponderación de los de valores, está calculada en función de múltiples pruebas y ensayos del citado cuestionario en diversas obras de edificación, pero en cualquier caso no deja de ser una estimación heurística, y que se expresa aquí como orientación, pudiéndose establecer cualquier otra.

Principios generales

Hay una serie de principios generales que son de aplicación en todas las obras y en todos los momentos de la misma, y que enunciamos aquí para finalizar, aconsejando que se tengan siempre presentes, la mentalidad de prevención debe estar siempre presente en todo momento en el personal que trabaje en una obra, y sobre todo en el que ocupe un cargo de responsabilidad. Estos principios generales, podrían ser otros, o podrían ordenarse de otra manera. Llegados a este punto del presente tratado, se comprenderá sobradamente que nunca ha estado, ni siquiera en la primera intención del autor, establecer reglar fijas, sino más bien fijar conceptos que cada quien pueda aplicar según su mejor saber y entender, que los que nos dedicamos por entero a la industria de la construcción, tenemos de sobra de ambos.

I) ***La seguridad no es un objetivo, es un principio: no hay nada por encima de la integridad física de los hombres y mujeres que trabajan en la obra.***

II) ***Los errores en seguridad no son admisibles, ya que sus consecuencias no son reparables.***

III) ***Dejar siempre constancia documental como principio de prudencia.***

IV) ***Pensar siempre al hacer algo en los riesgos que entraña.***

V) ***No comenzar ninguna tarea sin las medidas de seguridad necesarias, ni permitir que esto suceda.***

VI) ***Las medidas de seguridad colectivas deben prevalecer sobre las individuales***

VII) ***No olvidemos que el orden y limpieza de la obra contribuye a la seguridad.***

VIII) ***Tender a hacer "seguridad integrada", si se puede diseñar sistemas constructivos que comporten en sí mismos las medidas de seguridad.***

IX) ***En la seguridad no hay "grados": ningún riesgo es admisible, por tanto, en seguridad no existe mejor o peor, existe bien o mal.***

X) ***La seguridad es tarea de todos.***

Baste enunciarlos, como se dice, que ya con lo que hasta ahora se ha expresado, quedan suficientemente explicados, y si no es bastante hagamos una nueva reflexión, sobre esta materia, una de las pocas en la que podemos admitir los pleonasmos.

Y es, después de todo, después de elaborar un Plan de Seguridad y Salud, después de esforzarnos en todo lo posible como responsables de nuestra obra en esta materia, después de atender todos los requerimientos del personal de la obra en este sentido y después de exigir el cumplimiento de todas la reglas hasta dónde alcanzamos a conocer, nos podríamos preguntar ¿La Seguridad o Prevención de Riesgos Laborales en nuestra obra es correcta?

Tomemos la palabra *"correcta"*. ¿Qué podemos entender por *"correcto"* en materia de seguridad en una obra de construcción?, sencillamente que se cubran todos los campos de la seguridad, y no hablamos solamente de una obra pequeña o una parte de una obra, sino de la completa construcción de un edificio, de cualquier obra cuya complejidad, como sabemos puede rozar lo imponente, con trabajos simultáneos de movimientos de tierras, cimentación, estructura, instalaciones, albañilerías, cubiertas y otros, así como los oficios auxiliares (replanteos, control, etc.), *y todos los campos son todos*, hasta los que no se contemplan ni en el Plan de Seguridad y Salud redactado por el Constructor, y aprobado tanto por el Promotor como por el Coordinador de Seguridad y Salud de la obra, Plan que si es analizado rigurosamente, también contendrá errores, como obra humana que es; ni en ninguna otra parte, ya que existen riesgos que quizás no hemos previsto.

Así las cosas, con nuestra aquiescencia y respeto por todos los que se preocupen, en cualquier aspecto, por un tema tan serio, ya sean sindicatos, funcionarios de la administración, técnicos de prevención, coordinadores de seguridad y salud, contratistas, etc. No podemos sino sacar a la luz las tribulaciones que, después de más de media vida pisando obras de construcción, hacen que se nos remueva la propia conciencia, y pensemos que, en ciertas circunstancias —rapidez o incluso prisas en la ejecución, elementales medios, dedicación incompleta, falta propia de reflejos o cualesquiera otras—, no se pueden abarcar todos los campos de la obra en materia de Seguridad, *y todos los campos son todos*, hasta los que aún nadie ha contado con que puedan ocasionar situaciones de peligro grave para las personas en la obra y ni siquiera hemos pensado en diseñar un sistema de protección contra tal peligro.

Está demasiado regulado lo que "no se puede hacer" y sin embargo está demasiado vacío el libro de lo que se debe hacer, en todos los campos de esta materia, *y todos los campos son todos.*

Por más que buscamos, no encontramos otra profesión, que comporte una responsabilidad mayor, durante más tiempo y con menos poder para hacerle frente que la del Jefe de Obra, honor y gloria a todos aquellos que la ejercen, la aman y la hacen grande y que, además, se ven ninguneados por el resto de agentes que operan a su alrededor, las más de las veces.

No señores, no es bastante con buena voluntad, ni aún haciendo todo lo que sabemos tenemos que hacer, y un poco más. El problema es más profundo, ya que en nuestro país muere una persona diariamente, según las últimas estadísticas en el sector de la construcción, y las posibilidades, al menos habría que multiplicarlas por un factor *(n)* —número de obras en marcha—, por *(p)* —número de trabajadores en cada una de ellas— y por un factor de probabilidad en cada obra, pongamos de 100. La cifra desasosiega.

Tengamos presente la seguridad siempre, ya que es nuestra responsabilidad, si permitimos una injusticia, estaremos cometiendo otra y en materia de seguridad, cualquier error o cualquier omisión, puede pesar gravemente sobre nuestra conciencia.

11. COMPRAS Y SUBCONTRATACIONES

> Después empezó la obra de abajo. ¡Qué modo de utilizar los escombros de Valencia!... Las grietas desaparecieron, y terminado el enlucido de las paredes, la mujer y la hija las enjalbegaron de un blanco deslumbrante.
>
> *(Vicente Blasco Ibáñez:"La barraca".)*

11.1 De los oficios en la edificación

LOS OFICIOS EN LA CONSTRUCCIÓN de edificios han evolucionado paralelamente al resto de elementos de la misma, así como al desarrollo tecnológico de la sociedad, su cultura y sus costumbres, ya que son consecuencia tanto de la adaptación, transformación o especialización de las profesiones más importantes de la construcción —como puede ser el de albañil—, así como de la aparición de otros oficios completamente nuevos que van en función de los tiempos —como ejemplo, podemos citar los que tienen que ver con las instalaciones, en general—.

De los oficios, y de su evolución histórica se incluyen un número suficiente de páginas en el presente manual, así que en este capítulo nos centraremos en clasificar los oficios que actualmente forman el espectro de los profesionales y empresas de construcción, desde el punto de vista de sus singularidades respecto al establecimiento de los contratos de trabajo, colaboración o suministro en la obra.

11.2 De la subcontratación como metodo empresarial.

Cualquier empresa, en su proceso normal de fabricación o elaboración de productos puede optar por *fabricar* o *hacer fabricar*, la *subcontratación* es la consecuencia de la segunda opción, y dentro de la subcontratación, podemos distinguir dos tipos: la subcontratación *coyuntural* y la subcontratación *estructural.*

Cuando la elección de que el producto, o parte del producto que una empresa fabrica —o bien el servicio que presta— sea por cuenta de de otra empresa por motivos de que la empresa principal *no puede* hacerlos, por un exceso de actividad o de demanda en el producto es lo que se denomina subcontratación *coyuntural.* Cuando la empresa *no desea* hacer estos trabajos, por motivos que pueden ser múltiples, la subcontratación de denomina *estructural.*

Los principios de la subcontratación se basan en primer lugar, en encontrar una empresa que sea capaz y esté dispuesta a hacer el trabajo en el momento que se necesita, y en segundo lugar en que esta empresa acepte el trabajo a un precio que en ningún momento sobrepase el coste previsto para esta operación, trabajo o servicio en nuestra empresa.

La estructura y el tamaño de la empresa moderna no solamente es la propia de la empresa, sino de la *red* de empresas con las que trabaja, pudiendo encontrar en los modernos tratados de economía conceptos como empresa *des-integrada* o *empresa no empresa.* Las empresas subcontratristas son una parte de de la organización o red, al menos tan importante como la empresa principal. En algunas grandes empresas —como pueden ser Apple o MCI— su principal ventaja en parámetros económicos con respecto a su competencia directa —IBM y AT&T, evidentemente en este caso— se debe a la estructura de sus redes de colaboración o subcontratistas. Algunos analistas, incluso llegan a opinar que el poder de estas compañías está realmente en el poder de la red de *socios* que tienen, y no en el poder de hacer todo por sí mismos, denominando a este sistema *reticular* de empresas *integración vertical* y *nueva escala.* El sistema hace que algunos directivos opten por limitar el tamaño de la empresa, aumentando sencillamente la subcontratación a medida que aumenta el nivel de negocio de la misma. Esta idea, podemos recordadr tambián que formaba parte de los sistemas empresariales que llegaron a la industria automovilística americana y europea a principios de la década de 1990 de manos de un famoso ejecutivo español, el controvertido ingeniero Ignacio López de Arriortúa, auque fue éste, como sabemos actualmente, uno de los puntos oscuros de su gestión.

La subcontratación en el mundo empresarial moderno es un hecho cierto e inevitable, tanto en grandes empresa como en pequeñas, aunque debe estar encaminada a una mayor eficiencia , y más como un sistema de colaboración entre empresas, y no como en el caso de López, enfocada exclusivamente a eliminar costes de producción. En cualquier caso, ninguna empresas subcontrata el núcleo de su producto, lo que hace diferente de la competencia a su producto o el elemento fundamental del mismo, por razones que van desde la propia competitividad de la empresa al prestigio de marca, pasando por salvaguardar los secretos industriales propios de cada empresa.

En cuanto a lo que está descrito para la subcontratación en general en la empresa, la subcontratación en la construcción, es algo distinto, ya que puridad, sería más riguroso llamar subcontratistas a los proveedores, ya que fabrican partes de nuestro producto, pero los subcontratistas propiamente dichos, entran en otro plano. Y en lo que se refiere al sector de la construcción actualmente en España existe una gran tendencia a la subcontratación estructural, sobre todo de parte de las grandes y medianas empresa, que como siempre, crean tendencias, el propio mercado de los subcontratistas haciendo que éstos proliferen, de forma que las pequeñas empresas deben seguir por este mismo camino.

En este sentido, y de acuerdo con la definición que hemos establecido, la subcontratación estructural podríamos decir que se refiere a unos ciertos oficios y la coyuntural —aunque ya es algo más que coyuntural— a otros. Para distinguir a las empresas subcontratistas establecemos dos denominaciones ampliamente extendidas en el sector de la construcción y que son los *subcontratistas* —propiamente dichos— y los industriales. Llamamos subcontratistas a aquellas empresas que contratamos para hacer trabajos aquellos trabajos que "tradicionalmente" las empresas constructoras ejecutaban con sus propios recursos en la totalidad, como por ejemplo son movimientos de tierras, cimentaciones, estructuras de hormigón armado y trabajos de albañilería en general. Llamamos *industriales* a aquellas empresas que hacen trabajos especializados y que las empresas constructoras "tradicionalmente" no hacían con sus propios recursos, como pueden ser los trabajos de instalaciones en general, carpintería y cerrajería de taller y de armar, pintura, y otros. En ambos casos nos referimos a empresas que realizan trabajos con aportación de mano de obra en la propia obra, ya que si nos suministran el material elaborado sin prestación de mano de obra en la propia obra —por mucha que tenga en taller— nos referiremos como proveedores. He entrecomillado deliberadamente la palabra *tradicionalmente*, ya que la tradición no es muy larga, digamos que de los últimos tercios del pasado siglo, en algunos casos hay en la actualidad trabajos tan específicos que ya nacieron con la subcontratación, por ser oficios relacionados con actividades de reciente creación —domótica, instalaciones especiales, revestimientos continuos, ascensores, fachadas especiales, etc. —.

La subcontratación, desde el punto de vista estricto de la práctica de la construcción y sobre todo cuando es aportación en su mayor parte de mano de obra, entendemos que no es la solución ideal, pero es la que rige actualmente en el mercado y a este sistema se acogen para trabajar la mayoría de las empresas como se ha dicho: las grandes que han impuesto el sistema para reducir su nómina y los costes que consideran "inciertos" de mano de obra y las pequeñas porque, como en casi todo, no les queda otra que seguir el camino de aquellas. La subcontratación de oficios —que en muchas circunstancias se muestra como un sistema claramente negativo—, no es en cualquier caso el sistema ideal o la panacea que nos hace cumplir las planificaciones económicas al *cerrar* los costes con los subcontratos, no es, ni más ni menos que un sistema, pero no debería en ningún caso tenerse por el único, tal como hoy se supone en la construcción en España.

Aun teniendo en cuenta los pasos correctos a dar para que la subcontratación se lleve a cabo de forma adecuada, esta presenta, entre otros muchos los siguientes inconvenientes fundamentales, y de ellos derivan todos los problemas que puedan deducirse en los numerosos casos particulares:

1. Aleja el personal obrero y especialista de nuestros mandos intermedios de la obra, en muchos casos hasta tienen sus propios horarios y sistemas de trabajo, la comunicación se hace difícil, y los operarios del subcontratista no consideran que el personal de la empresa constructora tenga autoridad sobre ellos, considerando exclusivamente a la de los jefes de la propia empresa, que, obviamente no suelen estar en la obra.
2. Aumenta el riesgo de los cumplimientos de plazos, al estar en manos de "muchos terceros", una obra completamente subcontratada tiene los riesgos de los incumplimientos de plazos de muchas empresas, que normalmente están encadenadas, la labor del jefe de obra se hace más difícil y complicada, y en algunos casos se llega a la impotencia. El jefe de obra que no consigue que sus subcontratistas e industriales cumplan sus plazos, pasa por la infructuosidad de su esfuerzo a la melancolía profesional, pensando que los plazos nunca se cumplen y poniendo a su empresa en los graves aprietos y sobrecostos que estos conlleve.
3. Disminuye la calidad de la ejecución de la obra, ya que se aumenta la incertidumbre de la ejecución. El personal subcontratista es casi siempre desconocido de los mandos intermedios de la empresa constructora, y al igual que el plazo, la calidad de la ejecución está en manos de terceras personas, que tienen por lo general intereses distintos sino contrarios a los del constructor principal, lo que desemboca en una ineluctable peor ejecución de la obra subcontratada que el la obra ejecutada con personal propio.
4. La subcontratación en gran escala de la obra también deriva en una delegación de las responsabilidades legales en cuando a legislación laboral y en materia de seguridad y salud de forma sólo aparente, ya que el constructor es responsable subsidiariamente y

solidariamente en todo momento del personal de las empresas subcontratistas, con lo cual se crea un trabajo de vigilancia de que la mano de obra cumple con las exigencias legales en todo momento equivalente al que correspondería a la mano de obra propia.

5. Dada la responsabilidad que se cita en el punto anterior, un constructor no puede pensar en que los costes los tienen —como decíamos antes— "cerrados", ya que los errores de las empresas subcontratistas pueden hacer que pasen a ser errores del constructor, y por tanto, también en los costes y el rendimiento de la mano de obra del subcontratista, la empresa principal debe ejercer una vigilancia tal, que si se llevara a cabo rigurosamente, haría pensar al personal encargado de esta labor que ¿para qué se subcontrata?.

Por el contrario, la subcontratación, presenta también indudables ventajas para la empresa que la practica, de ahí su lógica existencia. Estas ventajas sólo se darán si la subcontratación se hace de forma correcta, así como el seguimiento del propio desarrollo de los subcontratos, y son fundamentalmente:

1. La subcontratación asegura los costes de fabricación del producto, fase, elemento o capítulo de la obra prácticamente como ciertos, evitando las posibles variantes e incertidumbres que se dan en la construcción sobre todo por los rendimientos de la mano de obra, aunque también por los rendimientos de otros recursos materiales, ya que el riesgo de estas incertidumbres se traspasa al subcontratista.
2. La subcontratación procura a la empresa constructora una mejor tesorería, ya que no es siempre necesario establecer pagos al contado con las empresas subcontratistas. Evidentemente los gastos financieros que esto comporta estarán reflejados en los precios de

los subcontratos, pero, aun contando con este coste es una fuente directa de financiación para la empresa.

3. Elimina mano de obra indirecta en mandos intermedios, ya que los subcontratistas en la obra incorporarán necesariamente jefes de equipo que vendrán a sustituir a los clásicos capataces o jefes de equipo que tenían las empresas constructoras.

4. Disminuye considerablemente la nómina de personal de la empresa con las ventajas que esto supone —las ya dichas de tesorería ya que la mano de obra y sus cargas sociales deben ser pagos que se hacen al contado— así como las que se derivan de las obligaciones propias del personal, tales como indemnizaciones, vacaciones, despidos o bajas por enfermedad.

Si esto bien se analiza, se llegará fácilmente a la siguiente conclusión: las ventajas lo son desde el punto mercantil y económico y los inconvenientes lo son desde el punto de vista estrictamente profesional en lo que se refiere a la propia actividad de la construcción, lo que no necesita de ninguna aclaración para extender esta conclusión y, por ende, entender su significado.

No obstante a lo expresado, como se dice arriba, la subcontratación es el sistema que, hoy por hoy prima en la construcción en España, en la mayoría de las empresas, y ya que con él hay que convivir, se deben implementar las medidas y los procedimientos para optimizar esta actividad.

11.3 De las compras.

La empresa constructora, para elaborar su producto que es el edificio, necesita compra otros productos, ya sean elaborados específicamente para la cada obra —como pueden ser elementos prefabricados, solerías, carpinterías, etc.—, simplemente elaborados pero productos al fin y al cabo —ladrillos, azulejos, acero en barras o perfiles, etc., otros que podríamos considerar con una elaboración intermedia —placas de escayola, yeso, cemento, y otros—, o bien como simples materias primas —arena, piedra—.

La actividad de adquisición de materiales y productos para la incorporación en el objeto del trabajo de la empresa constructora, es decir, en el edificio, es por tanto una actividad necesaria como tal en su mayor parte, salvo en los casos en que se compran o adquieren productos cuya elaboración podría hacerse en obra con otros métodos, y los consideramos "compras" puesto que según la definición de subcontratación no interviene mano de obra del fabricante en nuestra propia obra, pero, que en rigor podrían tener el mismo tratamiento —ventajas o inconvenientes— que lo expresado en el apartado anterior. Es una tarea que está relacionada con la subcontratación por tanto desde el punto de vista de que ya para ejecutar un trabajo en la propia obra o bien para establecer un suministro en la misma hay que llevar a cabo una serie de operaciones que describiremos y estudiaremos en este capítulo —petición de ofertas, cuadros comparativos, negociaciones, redacción de contratos— común a ambas actividades; máxime, cuando como hemos dicho en algún caso podremos optar por sustituir una compra por un subcontrato o viceversa.

Los suministradores de productos, tal como se explica en el capítulo 6 del presente manual, están incluidos en la Ley de Ordenación de la Edificación, según su artículo 15, como uno de los agentes de la edificación, teniendo como ya se ha explicado sus propias obligaciones. Choca que el legislador no haya incluido también a los subcontratistas como agentes ya que en algunos casos, desde el punto de vista del autor de este manual, tienen o pueden tener la misma importancia que los suministradores, más con parte activa en la propia obra, y sin embargo en la ley son citados de pasada.

11.4 De los procedimientos de compras y subcontrataciones en la empresa constructora.

Definido en el contexto de un procedimiento, entendemos por compras y subcontrataciones el proceso dedicado a establecer contratos o subcontratos de suministro, ejecución de obra o colaboraciones. Las empresas constructoras medianas y grandes suelen tener un departamento de compras, con competencia y responsabilidad específica en este tema, aunque no exclusiva, puesto que tanto la necesidad de las contrataciones, el plazo de las mismas, las características de los materiales o servicios, etc., lo es en función de la obra a la que se destinan, y por tanto entran en relación directa con las tareas del jefe de obra, que puede y debe colaborar con el Departamento de Compras en cuanto a aportar documentación para que se soliciten las ofertas, petición de muestras, etc., o bien, sencillamente asumir el global y conjunto de la tarea desde el principio hasta la propia elaboración de los contratos, sin contar, por supuesto la ya asumida tarea de su seguimiento y control. En este sentido se incluye este capítulo, a modo de procedimiento abreviado del sistema de contrataciones.

En primer lugar, paralelamente a la programación técnica de la obra se elaborará un programa de contrataciones, en el que se indicarán las fechas en las que los distintos subcontratistas o proveedores comenzarán su actividad, o suministros para la obra, asimismo se indicará, estimativamente las fechas en las que deberían estar establecidos los contratos, lógicamente con anterioridad suficiente en función de cada tipo de actividad, pensemos en productos que tengan una fase de fabricación previa a la entrada en obra, o obras especiales que la experiencia nos indique que las empresas que las realizan necesitan una programación de trabajos con determinada antelación, trabajos que dependan de una aprobación de muestras por parte de la D.F. o Propiedad, trabajos que conlleven la elaboración previa de una documentación incluso el sometimiento al V°B° de la Dirección de obra de esa documentación, etc., por tanto el desfase entre la firma de los contratos y el comienzo de los trabajos no tiene porqué ser fija.

Los pasos que se llevan a cabo generalmente para establecer un subcontrato son los siguientes:

—relación de actividades o "subcontratos a establecer"
—petición de ofertas
—elaboración de un comparativo de dichas ofertas
—conversaciones con los oferentes para optimizar en lo posible sus ofertas, o negociación
—redacción y firma del contrato

El listado o relación de las actividades a contratar

El primer paso es la elaboración de un listado completo de las actividades en que vamos a dividir la obra, con relación a los subcontratos, no necesariamente han de ser capítulos completos o unidades que ejecuten con unidad de tiempo, sino que estarán vinculadas a su ejecución, dentro de este listado incluiremos las partes de obra, unidades, partidas, capítulos (incluso partidas de costes indirectos), que entendamos deben ser ejecutados por la misma empresa, en base a la premisa de que un contrato debe ser lo más completo posible (es mejor discutir un contrato en su conjunto que empezar con una unidad de obra y poco a poco ir aumentando las unidades a ejecutar por una empresa). Este listado se ejecutará conjuntamente con la planificación de la obra y el estudio económico de la misma —capítulos 2 y 3— y contendrá la siguiente información:

—Relación numerada de las compras y subcontrataciones, nombrando la actividad (se podría elegir también la opción de hacer dos listas una para compras y otra para subcontrataciones, aunque no encontramos ventaja en esto).

—Importe registrado o previsto del subcontrato, que lógicamente será el coste planificado de esa actividad, y que lógicamente será la guía por la que nos orientaremos en la contratación.

—Fecha límite para establecer el contrato y fecha de comienzo del suministro o trabajos. Hay que tener en cuenta lo ya expresado en cuanto a estos desfases de fechas, además de los procedimientos necesarios dependiendo del tipo de empresa en la que nos encontremos (es de suponer que si es muy burocratizada será muy organizada y vaya lo uno por lo otro) teniendo en cuenta el tiempo necesario para las aprobaciones de las contrataciones según las personas o cargos de la empresa que tengan que darlas.

—Importe del subcontrato una vez establecido, y que será, lógicamente menor al coste planificado (como mucho igual), o esta debe ser la tendencia. La suma de todos los costes planificados y costes contratados nos puede dar una visión bastante clara de la dirección que lleva la obra en cuanto al cumplimiento de los costes. En muchos casos, profesionales de la construcción mantienen que ya que el éxito económico de la obra es el control de los costes, la mayor parte de este éxito está en el capítulo de una buena contratación.

—Nombre y demás datos de la empresa adjudicataria del subcontrato. Esta relación nos servirá como guía tanto para contratar la obra como de "agenda de proveedores y subcontratistas de la obra".

La petición de ofertas

Para la petición de ofertas seleccionaremos a las empresas que nos interesen para cada actividad, apoyándonos en lo posible en los listados de proveedores y subcontratistas de la Empresa, ya que estos han sido contrastados en otras obras, y se conoce su adecuación a cada tipo de trabajo u obra. Se facilitará a cada empresa documentación suficiente del proyecto (planos, estado de mediciones, memoria, pliego de condiciones) así como otros detalles o especificaciones que entendamos oportunas, siempre advirtiendo que "oferten lo que se les pide, y cómo se les pide", ya que algunas empresas son tendentes a ofertar variantes, agrupar precios, etc. lo que haría difícil la labor de comparación de las ofertas, como sabemos para comparar dos ofertas éstas deben ser homogéneas y por tanto, esta labor de homogeneización debe hacerse desde el principio, y, por tanto, las ofertas deben estar de acuerdo con el sistema establecido por nosotros. En el caso de existir variantes haremos constar que lo son, pero en lo posible se debe ofertar siempre según las especificaciones del proyecto adjudicado o las modificaciones que haya sufrido, es decir lo que estamos obligados como contratistas a ejecutar.

La petición de oferta es el "pliego de cláusulas" que regirá en esta contratación particular, por lo cual en ella deberemos incluir todos los detalles y extremos que sirvan para que el precio que nos oferten esté basado en lo que realmente queremos contratar y cómo lo queremos contratar. En este sentido no debemos conformarnos, ni mucho menos, con "fotocopiar" las mediciones o el presupuesto del proyecto —normalmente como se suele hacer, borrando los precios del proyecto del presupuesto del mismo, sobre este particular, opinamos que más que para que no les sirvan de referencia a los que oferten para que no les sirvan de "despiste", en realidad es una información que les debe ser ajena, no por un especial secretismo sino porque no les hace falta, y por tanto es conveniente eliminar— y algunos planos, sino que debemos incluir toda la información necesaria para la correcta oferta, contratación y ejecución de la obra. Es conveniente a este respecto elaborar una lista de las condiciones particulares de cada contratación. Como quiera que la subcontratación es *"hacer fabricar"*, como hemos dicho al principio deberá hacerse de forma paralela y homóloga a como nosotros *"fabricaríamos"*, y por tanto aconsejamos que la forma de pago sea también homóloga, es decir, si estamos gestionando un contrato de obra "a tanto alzado", subcontratemos siempre que podemos "a tanto alzado". Por cierto, forma de contratar esta de "a tanto alzado" especialmente recomendable para las instalaciones, en general.

En las ofertas debe incluirse también, además del precio, la aceptación de las condiciones particulares —para ello no debe importarnos dar un borrador del contrato tipo que tenga nuestra empresa, esto nos puede evitar un problema, supongamos que en la fase de firma del mismo, si por alguna circunstancia extraña hubiese una cláusula inaceptable por el subcontratista o proveedor e imprescindible para la empresa constructora, lo cual, no debe ser muy frecuente, pero entra dentro de lo posible—, el plazo de ejecución y la forma de pago.

La labor de petición de ofertas debe hacerse con el mayor tiempo posible, e independientemente de la necesidad de que el trabajo se ejecute, debemos establecer como norma empezar desde que comienza la obra y establecer una secuencia continua de petición de ofertas hasta terminar la contratación de la obra. En ningún caso las tareas de contratación —compras y subcontratos— tendrán una duración paralela a la obra, pudiendo establecer como una norma general —puramente orientativa y convencional ya que cada obra será distinta— que las contrataciones estén cerradas con la terminación de la estructuras. Se beneficiarán de esto las actividades finales de la obra, ya que se podrán programar con más tiempo, se podrán prever obras complementarias o relacionadas con estos trabajos, y se prepararan mejor en definitiva. Es bueno, para las empresas subcontratistas —al igual que para las constructoras principales— conocer su propia cartera con la máxima antelación, esto proporciona a toda empresa un conocimiento de futuro que ayuda a su gestión global así como a la atención particular de cada contrato.

Los cuadros comparativos

Las ofertas, desglosadas se verterán en un cuadro comparativo especificando cantidades —mediciones, que serán las reales—, precio e importe de cada partida, en dicho cuadro se establecerá una columna en la que se incluirán los precios previstos en el estudio económico de la obra, ya sean precios unitarios, en cuyo caso serán los Precios Unitarios de Coste, o precios elementales, que aparecerán en la descomposición de dichos precios unitarios. Cuando elaboremos estos documentos estableceremos una comparación homogénea, como se ha dicho antes, ya que normalmente hay partidas que algunas empresas no han incluido en su oferta por no ejecutarlas, o por no entenderlas. Reclamaremos de estas empresas que completen las ofertas y si en algún caso no las realizan pondremos el *precio previsto* en su casilla para que las sumas de importes totales sean comparables.

En cuando a poner el *precio previsto*, es sólo un criterio, y cualquier criterio con sentido es aceptable. Lo que se pretende con esto no es más que completar una columna y poder sumar su importe, podríamos optar por poner el precio más bajo del resto de ofertas, o el más alto o quizás el precio medio, pero siempre debemos actuar de forma homogénea y coherente. Algunas veces, que una empresa no ejecute una determinada unidad concreta por que no pueda hacerlo, no quiere decir que esa empresa no nos valga, muy al contrario, esto quiere decir que conoce sus limitaciones o en cualquier caso que es reflexiva en este aspecto —obviamente no es siempre así—, pero no por eso debemos rechazarla, y no podemos tenerla en cuenta si no la comparamos en su importe total.

La contratación de una obra es una tarea dura, repetitiva, constante y aburrida en muchos casos, pero es importantísima, *algunas* veces el éxito de una obra es el éxito de un determinado proveedor o subcontratista y *muchas* veces el fracaso de una obra es el fracaso de la elección de uno de ellos. Es por esto que no podemos despreciar ninguna opción, todas deben ser tenidas en cuenta y analizadas debidamente.

La fase de negociación

Una vez analizadas las ofertas, desde el anterior punto de vista, y aclaradas todas las dudas y lagunas que el la elaboración de los comparativos hayamos encontrado, estaremos en condiciones de "discutir" precios, proponer descuentos, etc. Será esta la fase en la que entremos a decidir a quién adjudicaremos el contrato de que se trate o bien decidiremos a quien propondremos para contratar sin en nuestra empresa la decisión no depende de nosotros mismos (esto estará en función de la normativa interna de la empresa), no debemos olvidar que no solamente el precio es lo que prevalece a la hora de decidir una compra, sino que debemos ponderar también los siguientes puntos:

—la calidad contrastada o no de la empresa
—la disponibilidad de recursos materiales o humanos
—la solvencia técnica y económica de la empresa
—el plazo
—la forma de pago
—los elementos que se incluyan aparte de los precios ofertados (asistencia técnica, proyectos y documentación, etc.)

Toda esta labor o conjunto de labores y el tiempo que comporta realizarlas es lo que tenemos que tener en cuenta cuando establezcamos la programación de compras, o relación de actividades a contratar —además de los tiempos de espera, ya que una excesiva prisa en una contratación suele derivar en una mala contratación, y la práctica demuestra que en la mayor parte de los casos el proceso de obtener descuentos y rebajas en las ofertas requiere un necesario tiempo de demora entre las diferentes reuniones con las distintas empresas—, y desemboca en la redacción y firma de un contrato de ejecución de obras o en un contrato de suministro.

La capacidad de negociación de un contrato es algo que muchas personas —sean o no jefes de obra, o trabajen o no en la construcción— poseen como cualidad innata, podríamos decir, es una especie de habilidad —casi de regateo— que hasta "suele gustar" a algunos. Debo confesar aquí que no es plato de mi gusto el regateo, ya que si alguien pone un precio, alguna razón debe haber para haberlo hecho, y como supongo, por encima de todo, al menos la misma profesionalidad y seriedad en esta labor que, en primer lugar la propia de quien esto escribe, y en segundo lugar la deseable en esa persona que ha puesto un precio, como posible futuro colaborador. Es por esto que pedir rebajar un precio —esto es lo que es negociar en definitiva—, no tiene, en principio, ninguna lógica, ya que, si una persona o empresa ha puesto un precio en una oferta, el interés propio de la misma le hará aquilatar sus costos y porcentajes para hacerla en las mejores y más competitivas circunstancias. Sin embargo, se demuestra que esos precios se pueden bajar, y sobre todo en cantidades pequeñas, por ejemplo ¿quién no puede rebajar un 1% en una oferta?, u ¿quién dice esto porqué no un 2%?, etc. Es decir, las ofertas, demuestra la práctica que son modificables, y lo que es mejor, modificables a la baja, y normalmente el importe de esta baja está en función directa del interés del que oferta, y aunque no seamos de *natural negociador*, podremos, a poco que nos propongamos, encontrar argumentos, técnicos o económicos, que puedan hacer encontrar *errores* en las ofertas que puedan ser causa de que se rebajen. Es el cuadro comparativo de ofertas un libro abierto en donde encontrar esos errores, ya que no sólo comparamos el importe total de las ofertas unas con otras y éstas con el importe planificado, sino que comparamos precios unitarios, plazos, formas de pago, es decir todos los parámetros de las ofertas. Es en esta comparación dónde encontraremos argumentos suficientes, para, con el único fin de contratar en las mejores condiciones posibles para nuestra empresa, poder aquilatar aquellas ofertas que nos interesen, y realmente, en la mayoría de los casos, en la inmensa mayoría, esto se puede hacer. Pensemos que una rebaja en un contrato es un beneficio claro en ese momento, probablemente nunca obtengamos rebajas milagrosas —la edificación es una labor de muchas sumas pequeñas, no de una suma grande– pero siempre es algo que podremos obtener y beneficiará, en primer lugar a nuestra obra, después a nuestra empresa. En este sentido, animo desde aquí a que se haga esta labor, olvidando que pueda parecer de chalaneo, y pensando, que esta también es necesaria, y lo hago, créame el léctor, desde la perspectiva de alguien que lo ha practicado, únicamente en su vida profesional.

La redacción del contrato

El contrato es un documento primordial ya que expresa el acuerdo de las voluntades de dos partes y que no solamente estará destinado a producir en su caso efectos jurídicos, sino que deberá servir como guía para la realización de los trabajos que en el se incluyen.

Los contratos destinados a un suministro o a una subcontratación suelen, en la empresas, estar ya tabulados o estipulados, convirtiéndose en algunos caso en un *contrato de adhesión* de las empresas subcontratistas. Sea esto así o no debemos conocer que el contrato debe poder siempre cumplirse, que es para lo que se establece, y que la parte que tiene una posición privilegiada cuando se redacta —no siempre es el contratista principal éste– no debe abusar de esto para incluir cláusulas o estipulaciones ominosas, leoninas o descabelladas, ya que a la hora de la verdad nunca se podrán llevar a cabo. Recordemos el contrato que hizo el usurero Shylock en *"El mercader de Venecia"*(1596) de William Shakespeare (1564-1616), consistente en el cobro de una libra de carne, pero de Antonio, el mercader, "*del sitio más próximo al corazón*", y que insistió en cobrar hasta el final, desoyendo la voz del juez que le recordaba que *"la clemencia es dos veces bendita: bendice al que la concede y al que la recibe"*, y como quiera que fuese imposible, se vio arruinado. Seamos lo más realistas posible en los contratos, así como lo más equitativos, y ya que he citado a Shakespeare en este párrafo, parece que se viene solo citar a nuestro Miguel de Cervantes (1547-1616), cuando dice, con similar reflexión a la del ilustre inglés, que *"cuando la justicia estuviere en duda, me decantare y acogiere a la misericordia"* (*"El ingenioso hidalgo don Quijote de la Mancha"*, cap. LI). No deberemos nunca llegar, pues, estos extremos, en que tengamos que recurrir a una justicia o equidad de tan grande destilación, sino que, por contra y siempre que en nuestra mano esté, no redactaremos contratos o estipulaciones de los mismos que sean de dudosa interpretación, puesto que un contrato hay que leerlo y aplicarlo, si algún contrato o parte del mismo necesita interpretación, por seguro que está mal redactado.

A continuación se relacionan y explican los puntos que deben incluirse siempre en un contrato, además de las cláusulas referidas a obligaciones legales, aportación de documentación administrativa, etc.:

—El precio o precios unitarios, referidos a las partidas o unidades presupuestarias, a ser posible de la misma manera que figuran en nuestro presupuesto (en algunos casos como es de subcontratos de instalaciones es recomendable utilizar la modalidad de "precio cerrado" no sin dejar de incluir un listado de precios unitarios por si se introducen cambios en la obra).
—Las especificaciones completamente detalladas de las unidades de obra a ejecutar.
—Los criterios de medición de cada una de las unidades.
—Los plazos de ejecución indicando las fechas de comienzo y entrega de sus trabajos.
—Declaración expresa del subcontratista del conocimiento y aceptación de los documentos de proyecto de ejecución, que sirvió de base para la elaboración de su oferta.
—La obligación de que exista una persona responsable durante su estancia en la obra.
—Los conceptos que son de cuenta del subcontratista y los que son de cuenta de la Empresa (intentaremos siempre que sea posible que ejecuten las unidades correspondientes al Plan de Seguridad y Salud en lo que se refiere a medidas de protección colectivas y siempre a las medidas de protección individuales, y en cualquier caso la obligación de seguir las medidas de seguridad que en el Plan se contemplen así como las instrucciones del Jefe de Obra y resto de personal cualificado de la misma).
—La forma de pago y la forma de certificar (certificaciones mensuales o porcentajes según fases de obra, muy conveniente esta segunda modalidad para oficios como

carpintería de aluminio, carpintería de taller o instalaciones).
—La documentación que el subcontratista debe aportar antes, durante o después de la obra (proyectos, cálculos, boletines, etc.), o la asistencia técnica que debe mantener.
—Las retenciones en concepto de garantía y su forma de devolución.

12. ESTUDIOS DE OBRAS

El edificio está mal y no ha sido cuidado en los últimos ciento cincuenta años; pero su estructura sigue sólida. Ni en los muros ni en la bóveda hay grietas irreversibles.

(Arturo Pérez-Reverte: "La piel del tambor")

12.1 De los presupuestos de obras.

LOS PRESPUSPUESTOS DE LAS OBRAS derivan de la necesidad de conocer el alcance económico o precio de la construcción de un edificio, y para que la construcción de un edificio tenga un precio, debe ser considerado como un bien económico, cosa que no ha sido lógicamente, siempre así, ya que la construcción ha seguido a lo largo de la historia un camino paralelo al del resto de trabajos, bienes y en general actividades humanas, y que intentaré repasar como introducción sin duda relevante, hasta situarnos en la actualidad.

La construcción, el edificio como objeto no se convirtió en un bien económico, hasta que el hombre abandonó la autoconstrucción, es decir al final del periodo Paleolítico, periodo de la prehistoria en el que podemos centrar que comenzó propiamente la construcción. Durante el Paleolítico, el ser humano era fundamentalmente nómada, habitando como sabemos en cuevas o en abrigos naturales, conformándose con ligeras tiendas hechas con materiales deleznables desde el punto de vista constructivo. Los presupuestos, como cálculo anticipado del importe económico de la construcción de un edificio, no tienen lugar sino hasta el periodo helenístico. En primer lugar, como veremos a continuación, los que promovían obras, tuvieron que empezar a valorar el trabajo de las mismas y a pagar por los materiales o a procurar su suministro o fabricación.

La historia de la construcción está por escribir. Esto enlaza con las propias observaciones del ingeniero e historiador francés Auguste Choisy (1841-1919), autor de Historia de la Arquitectura (1899), que aún siendo el principal tratadista en este tema destacó siempre lo poco que se conoce de los procedimientos y métodos, tanto constructivos como los sistemas organizativos de las corporaciones de constructores, cuanto más de los procedimientos de cómputos económicos o sistemas de contratación. En este sentido conocemos solamente retazos históricos de cómo se contrataban las obras, y por tanto como se presupuestaban durante grandes periodos de la historia.

Como decía, cuando el hombre abandonó el sistema de vida ambulatorio del periodo Paleolítico, dejó de recolectar los frutos de la naturaleza para cultivarlos, dejó de esperar a los animales o de ir en su persecución para cazarlos, para criarlos el mismo, se hizo, en definitiva sedentario, buscando los lugares en los que se instalaba, no ya por que tuvieran refugios naturales, como sus antepasados, sino porque ofreciesen las mejores condiciones de vida según sus necesidades. En hombre entonces empezó a construir, con sistemas elementales, sus propias viviendas, que eran más bien chozas o sencillas cabañas, ya que no disponía de herramientas ni del mínimo desarrollo tecnológico. Aun así, con los materiales más primarios como el barro o ramas y juncos, construyó sus primeras chozas. Una de las aldeas más antiguas de las que se tiene noticia es Jarmo, en Irak, excavada en 1948 por el arqueólogo norteamericano Robert J. Braidwood (1097-2003) —Braidwwod sirvió de inspiración para la creación de un célebre arqueólogo cinematográfico—, y en la que se encontraron restos de la utilización del barro apisonado para construir las paredes de las casas que datan del séptimo milenio a.C., también hay restos de construcciones similares en Jericó (Jordania) y en otras ciudades de oriente medio Tell Mureybet (Siria). El curioso prefijo tell, que nos encontramos en un gran número de ciudades de oriente medio, en árabe significa “montículo”, y deriva precisamente de los montículos sobre los cuales se edificaban las ciudades, que a su vez estaban formados por los restos de la ciudad anterior, construida en barro, y por tanto muy vulnerable a catástrofes naturales, como por ejemplo lluvias torrenciales, y el que se edificaran sobre estos montículos o colinas hacía que la nueva ciudad resistiera mejor las inundaciones. Los restos, como iba diciendo, muestran que las primeras casas eran circulares, pasando después a ser rectangulares, lo que supone ya un cierta evolución, utilizando siempre estos materiales, y posteriormente la piedra y el tapial. Poco a poco se va desarrollando y evolucionando la sociedad, de forma que las casas van estando estructuradas en su conjunto, formando los primeros poblados. El hombre entra en lo que el arqueólogo australiano Vere Gordon Childe (1892-1957) denominó la revolución urbana, que se produce en el cuarto milenio a.C. En el tercer milenio comienza la metalurgia con la Edad del Bronce, así como el desarrollo tecnológico suficiente como para que evolucione la construcción de forma importante, llegando hasta nosotros datos provenientes sobre todo de las culturas del próximo Oriente, fundamentalmente de Egipto y Mesopotamia.

La sociedad Egipcia estaba organizada con una gran diferenciación entre la clase dirigente y el pueblo llano, y la construcción de los grandes edificios, templos, palacios y monumentos funerarios, estaba dirigida por la aristocracia, a la que pertenecían los que elaboraban y revisaban los proyectos, siendo analfabetos tanto los artesanos como los propios obreros y estando completamente disociados de la clase dirigente. Ya se encarga el padre de la historia, Herodoto (c. 484-425 a.C.), de recordarnos lo poco que los egipcios estimaban el trabajo manual, extrayendo las siguientes reflexiones de un texto destinado a formar jóvenes escribas, comparando su futuro quehacer con lo penoso de ser obrero:

> *"porque el albañil en Egipto soporta el dolor del látigo; siempre al aire libre, expuesto al viento, trabaja vestido con un simple paño. En el taller no lleva más que una cintura de loto que deja su detrás desnudo. Sus brazos se bañan en arcilla, todos sus vestidos están manchados, y come su pan con los dedos terrosos"*

Sin embargo, los que llegaban a ser escribas y tenían un cargo de responsabilidad, como el propio de arquitecto, se comportaban con orgullo, dejando en muchos casos sus nombres grabados en las obras que dirigían. Los trabajos de construcción en Egipto denotan que estaban ejecutados bajo un rígido sistema de tiranía, existiendo numerosos cautivos y refugiados y un número no tal alto de esclavos. Los campesinos pagaban sus impuestos trabajando en las grandes obras durante los obligados periodos de inactividad por inundaciones. Por lo que se conoce, las organizaciones o corporaciones de artesanos constructores no eran libres, sino que dependían de la poderosísima monarquía. Las canteras eran también monopolio del estado, los canteros eran artesanos que cobraban por su trabajo, el costoso transporte se solucionaba a base de esclavos, cautivos o campesinos. La vivienda común seguía siendo por lo general elemental, hecha a base de adobe o ladrillos cocidos al sol y cubiertas de materiales vegetales ligeros. El trabajo pues era poco valorado, ejecutado como pura obligación.

En Mesopotamia es dónde por primera vez se puede hablar de que se valora el trabajo de los artesanos en la construcción. Ya sea como propugna Melvin Kranzberg (1917¬1995), profesor de Harvard, historiador y fundador de la Society for the History of Technology , "S.H.O.T."—Club de Historia de la Tecnología—, en cuanto a que la esclavitud fue una práctica reducida, existiendo una clase especial de trabajadores especialistas, contratados por sus conocimientos para trabajar en las obras; o bien como mantiene Choisy, que la esclavitud era abundante en Asiria en virtud de su supremacía militar; lo cierto es que hay numerosas huellas en las construcciones de Mesopotamia de la responsabilidad de los artesanos, canteros y albañiles, así como de esmero de cómo ejecutaban su trabajo; bien por las marcas que cada cantero dejaba en las piezas que labraba —Pasárgadas—, bien por la responsabilidad penal que tenían —Código de Hammurabi—, bien por el mayor desarrollo técnico que llegó a alcanzar la arquitectura persa —bóvedas— sobre la egipcia, o bien por el esmero con que ejecutaban sus fábricas y aparejos; lo cierto es que en Mesopotamia, tanto los arquitectos, como los constructores si estaban valorados en su trabajo, a diferencia de Egipto, dónde parecen que estaban forzados a hacer su trabajo. Aunque en ninguno de los dos casos encontramos muestras de la elaboración de presupuestos de obras propiamente dichos.

Algo parecido encontramos en la cultura fenicia, los maestros de obra fenicios así como los obreros especialistas estaban remunerados, bien en moneda —el dinero era poco conocido— o bien es especies. Fruto de este sistema existieron especialistas capaces de construir la ciudad de Tiro, rodeada de canales, en la época del Rey Hiram (s. X a. C.), una obra de ingeniería hidráulica realmente impresionante para la época. Hiram fue contemporáneo de Salomón, quien también entró en la historia como un gran promotor. Salomón, hijo de David, hizo que Jerusalén tuviera el esplendor deseado, levantó la muralla de la ciudad y numerosos edificios de gran esplendor, pero destacando sobre todas las demás obras la del Templo de Jerusalén. El Templo de Salomón ha sido inspiración para numerosas leyendas y patrón durante siglos de obra grandiosa y monumental, pero nos interesa aquí precisamente por el proceso de su contratación, que es el siguiente.

Como los israelitas eran un pueblo nómada, no tenían conocimientos de construcción, además de carecer de muchos de los materiales necesarios, tales como madera y metales. En primer lugar, contrataron a un arquitecto fenicio llamado Hiram Abif, además de encargarles a los fenicios el suministro de los materiales. Los fenicios vendieron a Israel la madera necesaria se sus frondosos bosques de cedros, asimismo, establecieron contacto con Bilquis (s. X a. C.), reina de Saba un reino situado al suroeste de la península arábiga que es actual Yemen, quien suministró material de sus minas. El Templo de Salomón, además de ser la gran obra de la antigüedad, significó la primera gran operación comercial de la construcción: los fenicios cobraron la intermediación entre Bilquis y Salomón a ambos, vendieron su madera y además cobraron su correspondiente transporte en sus propios barcos. El resto de las historias sobre Hiram, el arquitecto, entran en el campo de la leyenda, como es la de su asesinato por parte de obreros, con las propias herramientas del oficio de constructor. El Templo de Salomón fue una obra tan impresionante que supuso para todo el mundo antiguo el paradigma de una gran obra, destruido en al año 587 a. C., por Nabucodonosor (+562 a. C.), rey de Babilonia y Nínive (605-562). Más tarde fue de nuevo reconstruido pero los romanos lo destruyeron definitivamente en el año 137 d.C. Tanto perduró, no obstante su conocimiento, que, por ejemplo, el emperador Justiniano (482-565), al ver completada la Basílica de Santa Sofía de Constantinopla, el 27 de diciembre del año 537, día de su consagración exclamó: *"Salomón, te he vencido"*.

Sabemos, según nos llegan por las cuentas y contratos grabados en mármol, que en Grecia los materiales los suministra el Estado, dueño de las canteras de mármol, la obra se contrata a una empresa y los acabados y decoraciones se contrataban aparte, por trabajos individuales, normalmente por tiempo. Hay referencias en este sentido de la construcción del Templo del Erecteión, o de otros como Epidauros, Delos, Eleusis o Mileto, o del Arsenal de El Pireo. Es por esto que sabemos con que el Estado entregaba al empresario los materiales de las canteras de mármol, que eran explotadas por esclavos públicos, y el precio del material se pactaba como fijo y cerrado, siendo por cuenta de la empresa adjudicataria de las obras la mano de obra. Suponemos que, casi como hoy día, por causa de numerosos cambios y otros avatares propios de las obras, y por tanto existían grandes problemas cuando el *contratista* debía ajustar cuentas finalmente. Como cuenta Choisy, cualquier persona con una adecuada garantía o avalista solvente podía hacerse contratista, puesto que era costumbre que se fuera abonando los trabajos por adelantado, y cuando se justificasen estos gastos se pedía otro adelanto. Las garantías que hacían que se cumplieran los contratos era dos, la del propio avalista o garante y la del Estado, quien retenía de cada pago a cuenta una décima parte, para responder de la correcta finalización de los trabajos, por el precio pactado.

En algunos casos la contratación de obras públicas se llevaba a cabo de la siguiente manera: el arquitecto junto con una comisión compuesta por el consejo o asamblea de ciudadanos, consensuaban el diseño del edificio, se hacían públicas las tareas a contratar, ya que durante algunas épocas existió la costumbre de asignar el trabajo en partes, en lugar de confiar todo el proyecto a un contratista general. La subasta de cada contrata comenzaba con el anuncio que un heraldo hacía público en el ágora o plaza del mercado. El arquitecto y la comisión examinaban las ofertas, concediendo el contrato al mejor postor. El arquitecto debía elaborar las especificaciones de todos los trabajos, y el contratista era el responsable de conseguir la mano de obra y el resto de recursos necesarios para las obras.

Era muy habitual que el propio arquitecto fuera quien tomara a su cargo las obras como empresario constructor. Vitrubio cuenta que en Éfeso, "ciudad grande y célebre de Grecia", existió una curiosa Ley, una Ley *"dura pero no injusta"*. Dicha Ley obligaba al arquitecto encargado de dirigir una obra pública a calcular de antemano el presupuesto de la obra, fijando el coste al que podría ascender la construcción, cuando el precio era aceptado, quedaban hipotecados todos sus bienes, ante un magistrado hasta la conclusión de la obra. Cuando la obra terminaba, si el cálculo del arquitecto había sido correcto, quedaban sus bienes libres de la hipoteca, y no sólo eso, sino que este era premiado con *decretos honoríficos*, por lo cual es de suponer que esto ocurría pocas veces. La ley permitía liberar al arquitecto incluso si la diferencia alcanzaba una cuarta parte del presupuesto inicial, aunque sin honor alguno, ya que el erario público se hacía cargo del exceso. Ahora bien, sobrepasado este margen, el exceso se abonaba con cargo a los bienes del propio arquitecto. La reflexión posterior de Vitrubio podríamos suscribirla en el siglo XXI:

> *"Ojalá los dioses inmortales hiciesen que esta ley se hubiese promulgado también en el pueblo romano no sólo para los edificios públicos, sino asimismo para los particulares, porque así no sólo no quedarían sin su castigo las injerencias de los ignorantes, sino que sólo harían profesión de arquitectos los que por sus esmerados conocimientos pudieran ser tales y los padres de familia no se verían forzados a hacer gastos infinitos, hasta casi quedar arruinados; y los mismos arquitectos obligados por temor a la pena, calcularían con más diligencia antes que todo el coste de la obra y lo combinarían de suerte que los particulares, con lo que habían previsto o añadiendo un leve suplemento, pudieran ver terminados sus edificios".*

Es curioso, que en Éfeso se considerara aceptable una desviación del veinticinco por ciento, lo que hoy nos parece absolutamente descabellado, y que incluso Vitrubio hable de un *"leve suplemento"*, refiriéndose a este porcentaje, aunque pensemos que más adelante nos cuenta recargos de hasta *"del doble y a veces más de la cantidad prevista"*. Esto nos da idea de que durante toda la historia, han pasado las mismas cosas, en cuanto al incremento presupuestario de las obras.

Hablar de Roma es hablar de organización, procedimientos y regulación sistematizada en todas las facetas de la sociedad y sobre todo en la administración del estado. La construcción no podía escapar a ello, estando muy desarrollada técnicamente, con una gran división del trabajo, así como una gran especialización. Los romanos tenían un sentido eminentemente práctico de las obras, y sobre todo desde el punto de vista financiero, invertían grandes cantidades al principio de las obras, determinando una gran calidad y solidez en las mismas, lo que hasta hoy día podemos constatar. Sabemos ya que los romanos se organizaran de forma gremial, dejando los trabajos pesados para los esclavos. Las corporaciones locales, *—collegia fabrorum—* eran asociaciones extraordinariamente libres, cada una aplicaba sus propios métodos a la construcción, y se organizaba de manera diferente, dependiendo de los recursos propios de cada localidad. Estas corporaciones estaban unidas por los mismos principios a la hora de trabajar sobre todo para las obras públicas. Roma obligaba a las corporaciones a ejecutar los trabajos que, bien para el desarrollo del imperio o bien para satisfacer las necesidades de los ciudadanos, consideraba necesario, y en contrapartida tenía establecidos los denominados fondos dotales *—fundus dotalis—*, una antigua versión del moderno capital de riesgo, y era la inversión pública para la construcción. Esos fondos eran asignados a cada corporación, por tanto cada corporación los administraba y se beneficiaba de ellos, y a cambio el estado exigía su concurso obligado en las obras públicas. Un sistema sin duda, digno de tener en cuenta.

Nos situamos en la Edad Media en Europa, a comienzos del segundo milenio, cuando surgió una gran y generalizada necesidad de construir iglesias y catedrales. La Edad Media fue para muchos aspectos de la cultura, una época gris, pero para las personas que se dedican a la construcción supone una época llena de pureza, creatividad y demostración del ejercicio honrado de un oficio. Los gremios o corporaciones, no son creación de la época sino que como hemos visto son herederas de la tradición antigua de los constructores, pero es en la Edad Media cuando se desarrollan cuidando por sí mismas la pureza de los oficios: *"puede ser albañil quien lo quiera, con tal que ofrezca garantías de aprendizaje"*, según el código de las corporaciones parisienses, que recoge Étienne Boileau (s. XIII) en *Le Livre des métiers* , o *El Libro de los oficios*, que data aproximadamente de 1268, y que desarrolla los estatutos de 137 profesiones. En estos estatutos se recogen detalles como los métodos de admisión, los periodos de aprendizaje, las garantías de buena ejecución o los horarios de trabajo. Los artesanos constructores sin embargo tenían peculiaridades que venían impuestas por su movilidad geográfica, por las características propias de la propia construcción, actividad que hay que desarrollar cada vez en un lugar distinto. Esto hacía que los artesanos de otros países fueran aceptados siempre por las corporaciones locales, y no sólo eso, sino que se establecen asociaciones de fraternidad y de mutua asistencia, así como de hospitalidad, cuya necesidad los constructores, por ejercer un oficio ambulante, comprendían perfectamente. Las grandes obras de esta época son las religiosas, destacando sobre todo las grandes catedrales de la época gótica. Estas obras eran pagadas por las Iglesia o los señores feudales a las corporaciones de constructores, cuyos maestros administraban los salarios de sus obreros y artesanos, correspondiendo normalmente también a los promotores de las obras el suministro de los materiales, o al menos, la designación de la procedencia de los mismos. Como los más importantes eran la piedra y la madera, el problema se centraba fundamentalmente en encontrar una cantera adecuada y un bosque, que los artesanos de las corporaciones explotaban. Los promotores de las obras, debían pagar regularmente los gastos de las mismas. En el caso de las obras religiosas, en muchos casos eran contribuciones o limosnas, lo que lo hacía posible; a veces incluso los propios feligreses ofrecían su propio trabajo, para labores no especializadas, como puede ser el transporte de materiales, como nos cuenta el cronista de la abadía de San Trond, en Bélgica, que nos narra como la gente trabajaba *trayendo piedra, acarreando cal y cantando*. Los ciudadanos comprendían la importancia de que en su ciudad existiera una catedral, ya que eso hacía que se convirtiera en un centro importante, y la economía de la ciudad crecería con la afluencia de peregrinos y visitantes. En nuestro país queda el recuerdo de la tradición que existía entre los peregrinos compostelanos, y que solían tomar una piedra de cal en Tríacastela, una vez pasado Piedrafita, y desde allí la llevaban a las obras de la catedral de Santiago de Compostela. En Inglaterra aún el lenguaje consagra la diferencia entre las ciudades que tienen catedral —*city*— y las que no la tienen —*town*—. Aunque, en lo que se refiere, el pago de los trabajos se hacía según los jornales y salarios de los artesanos y obreros de las corporaciones, los proyectos no existían como tales, ya que los maestros constructores los desarrollaban según avanzaba la obra, la técnica constructiva avanzaba un poco más con cada obra, que era por si misma un ensayo para la siguiente. El concepto de presupuesto, por tanto, no existía.

En las épocas posteriores se siguen los mismos métodos de contratación, las corporaciones de constructores se van desarrollando y convirtiéndose en empresas, y los arquitectos se independizan de ellas pasando de ser un obrero más a un artista independiente. Los proyectos se encargan a los arquitectos desde la época renacentista (*"de modo que quando un principe quiere encomendar unas cosas arduas y de muy gran importancia devia congregar infinitos architectos y el mismo ver traher el modus facendi,.."* del tratado atribuido a Turriano), y la ejecución material bien a obreros directamente contratados o corporaciones de constructores o empresas. Hasta la época de la Revolución Industrial, aunque los estilos arquitectónicos fueran evolucionando, la construcción dependía fundamentalmente de la piedra, la madera y el ladrillo. Las empresas o corporaciones siguen trabajando de igual forma, hasta finales del siglo XVIII. El 1791, el 14 de abril, la Unión Fraterna de Trabajadores Urbanos de París establece con los contratistas un acuerdo, que podemos entender como el primer convenio colectivo, esto hace que el factor de la mano de obra empiece a tener un valor distinto al que tenía hasta entonces, a la hora del cálculo presupuestario, que a juzgar por los escritos de la época seguían las misma pautas que hicieron que Vitrubio reclamara alguna legislación en Roma en este sentido. El ingeniero Sébastien Le Preste de Vauban (1633-1707), uno de los grandes expertos de la historia en ingeniería militar, fue Comisario General de Fortificaciones, constructor de presas, acueductos y edificaciones militares, tratadista y experto en asedios y defensa en espacios abiertos, el 17 de julio de 1685, dirigió una carta a François-Michel Le Tellier, Marqués de Louvois (1614-1691), a la sazón, Ministro de Asuntos Exteriores de Luis XIV, y que Vauban conocía puesto que también había sido Ministro de la Guerra, entre 1662 y 1672. Esta carta, que hoy día puede verse adornando muchos despachos, y que fue divulgada por el aparejador madrileño Emilio de Blas, cuya copia rescató de unos archivos del Ministerio de Defensa en los que hizo obras, e hizo llegar al autor de este texto siendo éste colaborador de de Blas en el año 1985, supone una joya, comparable solamente a las palabras de Vitrubio citadas al principio de este capítulo, y que reproduzco aquí, rogando se preste tanta atención a su lectura como se pueda, pensando *si nos suenan* de algo:

Belle île en mer, 17 de julio del año de gracia 1685 Al Señor de Louvois
en su Palacio de París.

Monseñor:

Hay algunos trabajos que en los últimos años no han terminado y que nunca se terminarán, y todo eso, Monseñor, por la confusión que causan las frecuentes bajas que se producen en sus obras, pues es cierto que todas esas rupturas de contrato, incumplimientos de palabra y renovaciones de adjudicación no sirven más que para atraer a vos como contratistas a todos los miserables que no alcanzan a dar abasto, a los canallas y a los ignorantes, y a ahuyentar a todos aquellos que son capaces de dirigir una empresa. Yo digo más, y es que los que retrasan y encarecen considerablemente las obras no son más que unos negligentes, porque esas bajas y abaratamientos tan apreciados son ficticios, tanto más que son pérdidas, y un contratista que pierde es como un náufrago que se ahoga, que se agarra a todo lo que puede, y agarrarse a todo lo que se puede en el oficio de contratista consiste en no pagar a los proveedores que les suministran los materiales, pagar mal a los obreros que emplea, estafar a los que pueda, no tener mas que a los malos obreros ya que los buenos cobran más, utilizar materiales de la peor calidad, porfiar por todas cosas y siempre rogar misericordia sobre esto y aquello.

Y de ahí bastante, Monseñor, para haceros ver lo imperfecto de esta conducta: abandonadla pues, y en nombre de Dios restableced la buena fe, pagad el precio de las obras y no escatimad nunca la justa retribución a un contratista que sepa cumplir con su obligación, esta será siempre la solución más barata que podréis encontrar.

En cuanto a mi, os quedo verdaderamente reconocido de todo corazón. Vuestro muy humilde y muy obediente servidor,

Vauban.

Los progresos propios de la Revolución Industrial, con la aportación fundamental del hierro como material de construcción, las aplicaciones de los descubrimientos científicos a la construcción, como los de sistemas de representación del matemático francés Gaspard Monge (1746-1818), creador de la geometría descriptiva y autor de sistemas de medición sobre todo de movimientos de tierras; el crecimiento y notable desarrollo de las infraestructuras de transportes, la navegación, el ferrocarril, el desarrollo de tecnologías como el acero, el hormigón armado, el vidrio, etc., así como todos los desarrollos en la organización empresarial explicados en los capítulos anteriores, influyen primero en la creación de las modernas empresas constructoras, así como en los diferentes sistemas de cálculos de presupuestos, que por el propio desarrollo de la arquitectura en si misma, no es difícil entender la complejidad que han ido tomando. Si a los arquitectos de Éfeso les permitían exceder los presupuestos iniciales en un veinticinco por ciento, y prácticamente sólo tenían que manejar como materiales las piedras y la madera, y los oficios correspondientes, ¿cuánto debería ser la desviación admisible teniendo en cuenta la cantidad que materiales distintos así como de oficios que intervienen en un edificio moderno? Evidentemente esto está más en consonancia, o debe estar, con los métodos de cálculo que con las complejidad del proceso constructivo.

12.2 De los cálculos presupuestarios en la actualidad.

Todos los que hemos estudiado la carrera de aparejador, conocemos la disciplina correspondiente este menester, recogida en la asignatura de Mediciones, Presupuestos y Valoraciones de Obras. Muchos alumnos de distintas escuelas de aparejadores han estudiado esta asignatura con el Manual de Fernando Mansilla, incluso algunos de otras carreras como son ingenieros técnicos de obras públicas, o arquitectos. Al autor de este libro le cabe el honor de poder decir no sólo estudió con el manual, sino que fue alumno de Mansilla, y que, en el estudio de esta disciplina no tiene nada, pues, que añadir, a la doctrina de este catedrático, recomendando a cualquiera que quiera tener una formación clara en esta materia acuda al texto citado, (*"Apuntes de mediciones, valoraciones y presupuestos de obras"*, Imp. Oviedo, Sevilla, 1978), en el que, salvando otros criterios, encontrará todo lo que necesita saber.

No son desdeñables en absoluto los intentos de racionalizar y optimizar, sobre todo el tiempo necesario para calcular un presupuesto completo de la construcción de un edificio, y que se acerque, a ser posible sin error —podemos considerar que sin error significa una desviación menor de ±3,00%—, y son los que encontramos en el brillante trabajos del profesor Enrique Carvajal, en cuanto al cálculo previo o paralelo a la propia elaboración del proyecto, en su libro *El predimensionamiento de costes en arquitectura* (1992), lo que nos parece interesante ya que trata de tener en cuenta, por métodos fiables el coste del producto al tiempo de su concepción. Por tanto, después de viajar brevemente por el mundo de las teorías academicistas, sentimos concluir que para calcular el valor de un proyecto —el coste en primer lugar— no queda otro remedio que calcular el coste de las partes de las que está compuesto, una por una y de forma rigurosa, así como los costos indirectos y proporcionales, a los que añadiremos el margen industrial que nuestra empresa precise. Intentar *parametrizar* un proyecto es tratar de llegar a una aproximación muy peligrosa para una empresa constructora, valida quizás para *encajar* una promoción desde el punto de vista del promotor —el clásico cálculo por m^2 construido, o por otros módulos si se trata de edificios de otro tipo, tales como hospitales: por nº de camas, cines: nº de espectadores, hoteles: nº de plazas, etc.—, para el predimensionamiento del que se hablábamos antes, pero nunca para elaborar una oferta económica que es de lo que tratamos en este capítulo. Hemos establecido una horquilla de error de un 6% —±3,00%—, horquilla que sobrepasan ampliamente todos los sistemas basados en módulos o en parámetros, y, repito, no son aceptables en una gestión empresarial.

Veremos, pues, exclusivamente los procedimientos aplicables a las empresas constructoras, para elaborar los presupuestos que sirven de base a las ofertas económicas que las mismas realizan a sus clientes, los pasos comunes a seguir, y los elementos o factores a tener en cuenta.

Es conveniente recordar que en la actualidad en España, los proyectos deben contar obligatoriamente con un documento que recoja el presupuesto de la obra, basado en el estado de mediciones de la misma. Desgraciadamente, este documento, aunque los colegios profesionales tienen normas en cuanto a *módulos mínimos* a establecer en los presupuestos de los proyectos, determina un presupuesto que sólo es válido a efectos de calcular probablemente los honorarios mínimos, los gastos de visado, quizás también las licencias urbanísticas y otros gastos asociados, pero en raras ocasiones puede ser tomado en cuenta como el presupuesto de la obra, lo cual confiere a este documento una utilidad relativa. Deberíamos tomar un poco en consideración la importancia del presupuesto —si, ni Vitrubio ni Vauban nos han convencido desde sus respectivos puntos de vista— que se incluye en los proyectos todos los que tenemos relación con este trabajo, ya que desde el promotor o cliente, no tiene por que entender que esto se realiza para cubrir un expediente. Un promotor no tiene por qué entender este trabajo, sobre todo los promotores que encargan los proyectos de sus propias viviendas, que en realidad son meros clientes. Yo entiendo, que el presupuesto del proyecto debería reflejar el verdadero coste de la obra para el propietario de la misma, y los propietarios exigir que esto se haga así. Los arquitectos, en general, suelen decir que incluyen el presupuesto mínimo ya que así los gastos asociados son también mínimos, haciendo de una necesidad dudosa una virtud innecesaria, y excusando así totalmente su responsabilidad acerca del coste de la construcción. Lógicamente, si el presupuesto no va a cumplir su función, las mediciones tampoco, perdiéndose el imprescindible esmero necesario para realizar tan importante tarea, y haciéndose de hecho de forma rutinaria y despreocupada, lo cual dista, como es obvio, de lo que debe ser este trabajo. Es esta otra dejación importante que los actuales arquitectos españoles hacen de sus funciones, restando calidad a su trabajo y que en ningún momento se tiene la sensación de que sea un asunto que se quiera tratar para mejorarlo. No pienso que la idea del arquitecto renacentista, fuera precisamente la de anular todos los elementos accesorios a la pura creación y diseño, de la tarea del arquitecto, sino todo lo contrario.

El arquitecto y profesor Enrique Carvajal, trata esta cuestión de forma brillante en su ensayo *Uniproducto o Multiproducto* (1992), diciendo que el presupuesto del proyecto queda únicamente para finalidades administrativas, y que además con el sistema de actual al que nos llevan los usos y costumbres en la redacción de presupuestos —multiproducto— la calidad de la definición del resto de la documentación del proyecto será baja, plausible afirmación con la que el autor del presente manual no podría está más de acuerdo. Realmente, para lo que sirve, y además teniendo en cuenta cómo se calculan realmente estos presupuestos, mucho mejor sería establecer otros criterios u otros sistemas para redactar los presupuestos, tal como los que propugna Carvajal en el texto citado —obra imprescindible, dicho sea de paso, para todo aquel que quiera tener una visión moderna de todo lo relativo al estudio presupuestario de un proyecto arquitectónico— o bien en otra obra suya ya citada: *El predimensionamiento del coste en la arquitectura*. No debemos confundir, en este sentido lo que es una estimación o un predimensionamiento con lo que significa un cálculo riguroso y exhaustivo, y todo lo expresado hasta aquí es perfectamente válido: que concibamos o no la construcción de un edifico como un *único producto*, como en realidad lo es, no significa que para calcular su precio no tengamos que realizar la suma de todas sus múltiples partes teniendo en cuenta sus mediciones y sus precios unitarios. De forma exhaustiva y rigurosa.

En este sentido diremos que aunque se calcule el precio de un edificio como suma de múltiples partes siempre se tiene o se debe tener en cuenta que están dentro de este edificio, es decir de un único y diferenciado producto. Un contratista no debería nunca enunciar por ejemplo el precio de estructura o de cerramiento, por más que sea un precio muy *sabido* y repetido en multitud de proyectos, el precio será uno u otro en función del proyecto o edificio al que pertenezca.

Esto es así, teniendo en cuenta como se calculan el precio —o los precios, esto es lo mismo ahora— de un proyecto. Si recordamos las fórmulas sencillas y básicas que se contienen el capítulo 3.3, y que son:

$$R = V - C \quad [12.1] \qquad \text{y} \qquad C = C_d + C_i + C_p \quad [12.2]$$

podremos fácilmente deducir que el precio (V) de un edifico será:

$$V = C_d + C_i + C_p + R \qquad [12.3]$$

En esta expresión tenemos que además del coste directo, el precio lo componen otros tres sumandos, el coste indirecto, los costes proporcionales y el resultado o margen, y como:

1. El importe de costes indirectos (C_i) es propio y distinto en cada obra.

2. El valor del porcentaje de los costes proporcionales, expresado como ($\%C_p$) según la fórmula [3.1] del capítulo 3.6, en la que hemos sustituido el valor de (P_t) por (V_t), es:

$$\%C_p = \frac{C_g}{V_t} \times 100$$

de donde, particularmente para cada proyecto deducimos:

$$C_p = \frac{\%C_p}{100} \times V \quad [12.4]$$

3. El valor del resultado (R), se deduce de forma análoga, quedando:

$$R = \frac{\%R}{100} \times V \quad [12.5]$$

4. Siendo, por tanto, la forma de calcular (C_p) la siguiente: en primer lugar obtendremos el valor de acuerdo con la expresión que obtendremos a continuación, partiendo de [12.3], [12.4] y [12.5]:

$$V = C_d + C_i + \frac{\%C_p}{100} \times V + \frac{\%R}{100} \times V \Rightarrow V = C_d + C_i + V\frac{\%C_p + \%R}{100} \Rightarrow$$

$$V - V\frac{\%C_p + \%R}{100} = C_d + C_i \Rightarrow V\left(1 - \frac{\%C_p + \%R}{100}\right) = C_d + C_i \Rightarrow$$

$$\boxed{V = \frac{C_d + C_i}{1 - \frac{\%C_p + \%R}{100}}} \qquad [12.6]$$

5. Para obtener el valor absoluto de (C_p) y de (R), no tendremos más que sustituirlo en las igualdades [12.4] y [12.5], una vez conocido el precio (V).

Concluyendo, en el cálculo del precio (V), influyen necesariamente los parámetros propios de cada proyecto, haciendo que no sea nunca igual un precio unitario de un proyecto con otro: tomando dos proyectos cualesquiera de una misma empresa P y P', para una misma e idéntica unidad de obra U, tendremos que $C_{du} = C'_{du}$, sin embargo $C_{iu} \neq C'_{iu}$, y por supuesto, $C \neq C'$, con lo cual necesariamente $\forall P, P' \Rightarrow V \neq V'$.

La forma normal de calcular (V), es mediante el cálculo de todos los precios unitarios de coste y aplicando después los porcentajes correspondientes, de forma que la expresión correcta del cálculo de (V) será:

$$\boxed{V = \frac{\sum C_d + \sum C_i}{1 - \frac{\%C_p + \%R}{100}}} \qquad [12.7]$$

y si necesitamos calcular los precios unitarios de cada partida (V_u), en base a que debemos elaborar un presupuesto en forma múltiple, obtendremos cada precio unitario según la expresión:

$$V_u = C_d \times \frac{V}{\sum C_d} \quad [12.8]$$

siendo (C_d), el coste directo unitario de cada partida; $\Sigma(C_d)$, el coste directo total de la obra y (V) el precio total de la obra obtenido según las anteriores ecuaciones.

Es muy frecuente que la expresión [12.8] se sustituya simplemente por:

$$V_u = C_d \times k$$

siendo lógicamente:

$$k = \frac{V}{\sum C_d}$$

este coeficiente (k), en muchos casos se maneja como el coeficiente que en el transcurso de la obra se utilizará para transformar los costes unitarios en precios unitarios de forma absolutamente inapropiada, ya que si hemos demostrado que (V) es un valor dependiente de (C_d), este coeficiente también cambiará. Por tanto, en el caso de adicionales, precios contradictorios, etc., deberemos actuar tal como se explica en el capítulo 8.4, aplicando las expresiones que allí están numeradas [8.1] y [8.2] teniendo en cuenta los supuestos en los que se deben aplicar una u otra. En definitiva, el producto es único, por tanto su precio es único, si alguno de sus componentes —u otros condicionantes de cualquier tipo que influyan en el precio— varia, variará en consecuencia el precio final, y el cómputo de esta variación hay que hacerlo teniendo en cuenta todo el conjunto, nunca una parte independientemente.

12.3 De la oferta económica

Hoy día no se concibe que para que un promotor encargue a un constructor una obra, el precio de la misma no figure en el contrato. El precio de la construcción de una obra, puede estar determinado de forma fija o variable, siendo por consiguiente, un tanto alzado o fijo, o una cantidad variable, determinada por la aplicación de precios unitarios a las cantidades totales de las diferentes unidades de obra, partidas o capítulos. El cálculo de este precio total o bien de cada precio unitario es una importante tarea que consiste en calcular el presupuesto de la obra, básicamente siguiendo la mencionada disciplina tan propia de aparejadores y arquitectos técnicos como son las mediciones y presupuestos, y que en las empresas constructoras realiza un técnico conocido generalmente como estimador, que como ya se ha dicho aquí, va desde un técnico que compagina esta tarea con otras propias de la empresa —jefe de obra, compras, etc.— en pequeñas empresas, hasta un gran departamento técnico en las grandes.

La labor del estimador o del departamento de estudios, en cuanto a elaborar la oferta económica, no se ciñe a calcular un presupuesto, sino que consiste en redactar, preparar, presentar, enviar, tramitar, etc., toda la documentación y procedimientos que conlleva la redacción de una oferta económica, como veremos más adelante.

Las ofertas económicas, en general se diferencian en dos grandes grupos: las ofertas públicas y las ofertas privadas. Las ofertas o licitaciones públicas —obras oficiales—, son las que se llevan a cabo para organismos de la administración, local, autonómica o estatal, y están reguladas por la legislación correspondiente, actualmente la Ley de Contratos de las Administraciones Públicas, Real Decreto Legislativo 2/2000, de 16 de junio, por el que se aprueba el texto refundido de la Ley de Contratos de las Administraciones Públicas.

Las ofertas de obras oficiales

Las obras oficiales, suelen comportar por regla general mayor documentación a aportar —clasificación, escrituras, avales—, y por tanto un trabajo mayor en la preparación de ésta, ya la adjudicación de estas obras debe responder a criterios objetivos y que están de antemano establecidos en la ley. Asimismo, tendrán una fecha —y hora— límite para la presentación.

Las licitaciones de estas obras se llevan a cabo mediante los procedimientos que marca la Administración: "*abierto, restringido o negociado*" (art. 73, L.C.A.P.). En el procedimiento abierto todo empresario podrá licitar la obra, en el restringido solamente aquellos seleccionados previamente y en el negociado el elegido por la administración, justificadamente. "*Tanto el procedimiento abierto como el restringido podrá efectuarse por subasta o concurso*" (art. 74-1, L.C.A.P.). "*La subasta versará sobre un tipo expresado en dinero, con adjudicación al licitador que, sin exceder de aquél, oferte el precio más bajo*" (art. 74-2, L.C.A.P.), "*En el concurso la adjudicación recaerá en el licitador que, en su conjunto, haga la proposición más ventajosa, teniendo en cuenta los criterios que se hayan establecido en los pliegos, sin atender exclusivamente al precio de la misma y sin perjuicio del derecho de la Administración a declararlo desierto*" (art. 74¬2, L.C.A.P.). En cualquier caso, los procedimientos que se utilizarán normalmente serán la subasta y el concurso (art. 75, L.C.A.P.), restringiendo el uso del procedimiento negociado a supuestos que se contemplan en el Libro II, de L.A.C.P. El resultado de las licitaciones se conoce el día que se fija para la apertura de las mismas, en acto público, derivándose una adjudicación provisional en primera instancia y ulteriormente una adjudicación definitiva, por tanto el trabajo del estimador suele terminar cuando se elabora la proposición económica, aunque en determinados casos, según los procedimientos que establezca cada empresa, puede ser que le corresponda toda la gestión del proceso.

Para poder participar en una licitación de una obra oficial, es necesario que la empresa tenga una determinada clasificación, cuando estos contrato sean iguales o superiores a 20.000.000 ptas ó 120.202,42 € (art. 25-1, L.C.A.P.). La acreditación es un requisitio de carácter administrativo, que es una acreditación formal ante la Junta Consultiva de Contratación Administrativa del Ministerio de Hacienda (de acuerdo con el art. 28-1, L.C.A.P), de que una empresa cumple unos determinados requisitos, que se fijan en los artículos 16, 17, 18 y 19 de la L.C.A.P. Las clasificaciones deben ser renovadas cada dos años (art. 29, L.C.A.P.). En cuando a la clasificación de las empresas hay que saber que no existe una única clasificación, sino que existe un baremo que cataloga a las empresas tanto en función del tipo de obra como el importe máximo que pueden alcanzar, de esta forma, las grandes empresas constructoras españolas tienen la clasificación más alta, normalmente, y el resto de empresas que pueden acceder tienen clasificaciones limitadas o bien al tipo de obras que ejecuten o bien a su tamaño. Según el Reglamento General de la Ley de Contratos de las Administraciones Públicas (Real Decreto 1098/2001 de 12 de octubre), que desarrolla los preceptos legales de La L.C.A.P., siguiendo básicamente las mismas pautas que la antigua Orden de 29 de marzo de 1968, y que ha sido repetidamente modificada hasta ahora, en su artículo 25 establece los grupos y subgrupos de la clasificación de contratistas de obras, a los efectos previstos en el artículo 25 de la Ley, y son los siguientes:

Grupo A. Movimiento de tierras y perforaciones
- Subgrupo 1. Desmontes y vaciados.
- Subgrupo 2. Explanaciones.
- Subgrupo 3. Canteras.
- Subgrupo 4. Pozos y galerías.
- Subgrupo 5. Túneles.

Grupo B. Puentes, viaductos y grandes estructuras
- Subgrupo 1. De fábrica u hormigón en masa.
- Subgrupo 2. De hormigón armado.
- Subgrupo 3. De hormigón pretensado.
- Subgrupo 4. Metálicos.

Grupo C. Edificaciones
- Subgrupo 1. Demoliciones.
- Subgrupo 2. Estructuras de fábrica u hormigón.
- Subgrupo 3. Estructuras metálicas.
- Subgrupo 4. Albañilería, revocos y revestidos.
- Subgrupo 5. Cantería y marmolería.
- Subgrupo 6. Pavimentos, solados y alicatados.
- Subgrupo 7. Aislamientos e impermeabilizaciones.
- Subgrupo 8. Carpintería de madera.
- Subgrupo 9. Carpintería metálica.

Grupo D. Ferrocarriles
- Subgrupo 1. Tendido de vías.

- Subgrupo 2. Elevados sobre carril o cable.
- Subgrupo 3. Señalizaciones y enclavamientos.
- Subgrupo 4. Electrificación de ferrocarriles.
- Subgrupo 5. Obras de ferrocarriles sin cualificación específica.

Grupo E. Hidráulicas

- Subgrupo 1. Abastecimientos y saneamientos.
- Subgrupo 2. Presas.
- Subgrupo 3. Canales.
- Subgrupo 4. Acequias y desagües.
- Subgrupo 5. Defensas de márgenes y encauzamientos.
- Subgrupo 6. Conducciones con tubería de presión de gran diámetro.
- Subgrupo 7. Obras hidráulicas sin cualificación específica.

Grupo F. Marítimas

- Subgrupo 1. Dragados.
- Subgrupo 2. Escolleras.
- Subgrupo 3. Con bloques de hormigón.
- Subgrupo 4. Con cajones de hormigón armado.
- Subgrupo 5. Con pilotes y tablestacas.
- Subgrupo 6. Faros, radiofaros y señalizaciones marítimas.
- Subgrupo 7. Obras marítimas sin cualificación específica.
- Subgrupo 8. Emisarios submarinos.

Grupo G. Viales y pistas

- Subgrupo 1. Autopistas, autovías.
- Subgrupo 2. Pistas de aterrizaje.
- Subgrupo 3. Con firmes de hormigón hidráulico.
- Subgrupo 4. Con firmes de mezclas bituminosas.
- Subgrupo 5. Señalizaciones y balizamientos viales.
- Subgrupo 6. Obras viales sin cualificación específica.

Grupo H. Transportes de productos petrolíferos y gaseosos

- Subgrupo 1. Oleoductos.
- Subgrupo 2. Gasoductos.

Grupo I. Instalaciones eléctricas

- Subgrupo 1. Alumbrados, iluminaciones y balizamientos luminosos.

- Subgrupo 2. Centrales de producción de energía.
- Subgrupo 3. Líneas eléctricas de transporte.
- Subgrupo 4. Subestaciones.
- Subgrupo 5. Centros de transformación y distribución en alta tensión.
- Subgrupo 6. Distribución en baja tensión.
- Subgrupo 7. Telecomunicaciones e instalaciones radioeléctricas.

- Subgrupo 8. Instalaciones electrónicas.
- Subgrupo 9. Instalaciones eléctricas sin cualificación específica.

Grupo J. Instalaciones mecánicas

- Subgrupo 1. Elevadoras o transportadoras.
- Subgrupo 2. De ventilación, calefacción y climatización.
- Subgrupo 3. Frigoríficas.
- Subgrupo 4. De fontanería y sanitarias.
- Subgrupo 5. Instalaciones mecánicas sin cualificación específica.

Grupo K. Especiales

- Subgrupo 1. Cimentaciones especiales.
- Subgrupo 2. Sondeos, inyecciones y pilotajes.
- Subgrupo 3. Tablestacados.
- Subgrupo 4. Pinturas y metalizaciones.
- Subgrupo 5. Ornamentaciones y decoraciones.
- Subgrupo 6. Jardinería y plantaciones.
- Subgrupo 7. Restauración de bienes inmuebles histórico-artísticos.
- Subgrupo 8. Estaciones de tratamiento de aguas.
- Subgrupo 9. Instalaciones contra incendios.

Y en el artículo 26 las categorías de clasificación de los contratos de obras determinadas por su anualidad media, a las que se ajustará la clasificación de las empresas serán las siguientes:

- De categoría a) cuando su anualidad media no sobrepase l a cifra de 60.000 euros.
- De categoría b) cuando la citada anualidad media exceda de 60.000 euros y no sobrepase los 120.000 euros.

- De categoría c) cuando la citada anualidad media exceda de 120.000 euros y no sobrepase los 360.000 euros.
- De categoría d) cuando la citada anualidad media exceda de 360.000 euros y no sobrepase los 840.000 euros.
- De categoría e) cuando la anualidad media exceda de 840.000 euros y no sobrepase los 2.400.000 euros.
- De categoría f) cuando exceda de 2.400.000 euros.

Se especifica también que las anteriores categorías e) y f) no serán de aplicación en los grupos H, I, J, K y sus subgrupos, cuya máxima categoría será la e) cuando exceda de 840.000 euros. Los siguientes artículos del Reglamento especifican todos los criterios para la clasificación.

Los departamentos de estudios, normalmente están informados mediante la lectura de los Boletines Oficiales, o bien por la prensa diaria, de los anuncios de licitaciones públicas. En estos anuncios aparecen los datos resumidos del tipo de obra, presupuesto, localización, organismo que contrata, fechas de presentación, etc., así como las direcciones para obtener la documentación del proyecto para estudiar la obra y elaborar las proposiciones. Si la empresa decide ofertar la obra, puesto que está dentro de sus posibilidades o de su interés, lo normal es solicitar en primer lugar el Pliego de Cláusulas Administrativas Particulares de la obra, en los que se especifica todo lo referente a la modalidad de contratación y sobre todo la clasificación necesaria y esto se hace puesto que la documentación de proyecto supone un gasto para la empresa, que en el supuesto de que no se disponga de clasificación hay que considerarlo desperdiciado. La documentación a presentar en una oferta de obra pública requiere un cierto conocimiento de la administración, y de sus procedimientos, ya que en algunos casos supone un verdadero esfuerzo de preparación burocrática y técnica, dependiendo tanto del tipo de obra como del sistema de adjudicación que corresponda. También es un tema importante, ya que supone un gasto económico de cierta importancia es la constitución de la fianza provisional, que se devolverá a la empresa cuando se realice la adjudicación definitiva de la obra. Si la empresa ha sido adjudicataria de la obra, será para establecer la fianza definitiva. La información que figura en el Pliego de Cláusulas Particulares, no solamente es necesaria para elaborar la proposición u oferta económica en su aspecto formal, sino que incluye detalles del desarrollo del contrato de la obra que son importantes para elaboración del propio presupuesto como pueden ser plazos, formas de pago, revisiones de precios, etc.

Una vez realizada la proposición económica, de acuerdo con los requisitos del Pliego de la obra, y cerrados los sobres o plicas, se presentan en el organismo de la administración en la fecha y hora designados para la licitación —hay un determinado procedimiento también normalmente para presentar las ofertas por correo—, hay que espera un periodo normalmente breve de tiempo para que se abran los sobres de las distintas empresas que han licitado, en acto público. Es fundamental ir conociendo los resultados de estas aperturas, en primer lugar, como seguimiento de las ofertas de la empresa, es decir, como información necesaria para saber las posibilidades con que cuenta en caso de ser concurso y con la certeza —casi absoluta— en caso de subasta, de que la obra será adjudicada o no a nuestra empresa. En caso de subasta, como sabemos se adjudicará a la oferta más baja que cumpla con los requisitos: "*La subasta versará sobre un tipo expresado en dinero, con adjudicación al licitador que, sin exceder de aquel, oferte el precio más barato*"(Art. 74.2 T.R.L.C.A.P.), y que como dice el Art.83.1, "*la adjudicación deberá recaer en el plazo máximo de veinte días, a contar desde el día siguiente al de la apertura, en acto público de las ofertas recibidas*". La oferta mas barata podría estar dentro de lo que el artículo 83.2.b denomina "*bajas temerarias o desproporcionadas*" *lo que se apreciará* "*de acuerdo con los criterios objetivos que se establezcan reglamentariamente*" (Art.83.4). Esto quiere decir que si nuestra oferta es la más barata no temeraria, seremos adjudicatarios provisionales de la obra. La forma habitual de calcular la baja temeraria es la siguiente, en primer lugar se calcula el porcentaje de la baja de todas las ofertas (el de nuestra oferta lo conoceremos, lógicamente de antemano):

$$\%B = \frac{P_l - P_o}{P_l} \times 100$$

expresión en la que (*%B*) es el porcentaje de baja de una determinada oferta, (P_l) el presupuesto de licitación y (P_o) el presupuesto de dicha oferta. Seguidamente se ha de calcular el promedio ($\%B_M$) de todas las bajas correspondientes a las n ofertas realizadas:

$$\%B_M = \frac{\%B_1 + \%B_2 + \%B_3 + \ldots + \%B_n}{n}$$

y una oferta se considerará en baja temeraria o desproporcionada si se cumple la expresión:

$$\%B \geq \%B_M + f$$

siendo (*f*) una constante que normalmente ha tenido el valor de 10 (diez), aunque hay casos que distintas administraciones lo han considerado en 5 (cinco). En cualquier caso es un valor que conoceremos de antemano, ya que nuestra empresa deberá tener información de la administración a la que se licita, y ésta hará públicos los criterios de temeridad, bien como norma general o bien como norma particular en los Pliegos de Cláusulas Administrativas correspondientes a cada licitación. No obstante, existe la posibilidad de que una empresa con baja temeraria o desproporcionada pueda resultar ser adjudicataria de una obra, según criterio de la administración correspondiente y siempre que se justifique convenientemente la baja efectuada, en este caso hemos de tener en cuenta que la fianza definitiva de la obra será del 20%, y no como es habitual, es decir en casos normales el 4% y especiales de hasta el 10% (Arts. 36.4 y 83.5).

Las ofertas de obras privadas

En el caso de obras particulares o privadas tanto los procedimientos de la posibilidad de ofertar así como la oferta misma dependerán de cada caso, y se establecerán en función de la relación que exista entre la empresa o persona que encargue la oferta y la empresa constructora que la realice, desde la propia invitación para hacer la oferta hasta el contrato que haya que firmar. En el caso de obras particulares la forma habitual de establecer la posibilidad de ofertar es la invitación, que es el nombre que comúnmente recibe la solicitud de un particular —promotor— a un constructor para que realice una oferta económica que sirva como base a la redacción y firma de un contrato para la ejecución de una obra. Existen empresas privadas, que pueden llegar a actuar como la administración en cuanto a tener un registro de empresas con posibilidad de ofertar sus obras y con anuncios públicos de las mismas, establecimiento de pliegos de condiciones, etc. Sin embargo lo normal es que la relación entre el constructor y el promotor se establezca de forma particular, a través de las múltiples formas que la sociedad de mercado tiene de constituir las relaciones comerciales entre particulares, ya sean empresas o personas físicas.

Ya sea, pues, de una forma o de otra, al departamento de estudios o al estimador que deba elaborar la oferta y calcular el presupuesto debe tener conocimiento de todos los detalles necesarios para llevar a cabo esta tarea, como son:

—fecha límite en la que hay que presentar la oferta
—tipo de presupuesto (cerrado o "a medir")
—forma de abono de trabajos y forma de pago
—plazo de ejecución, plazos parciales y penalidades
—retenciones o fianzas y su devolución
—seguros
—posibilidad de modificación al proyecto
—genéricamente, qué debe ser de cuenta del constructor (proyectos de instalaciones, ensayos, etc.)
—borrador del contrato de obras si existe (si es así la mayoría de los datos relacionados aquí estarán contenidos en él)

así como, por supuesto tener en su poder el proyecto de ejecución de la obra. Es conveniente, asimismo, conocer el nombre de la dirección de facultativa de la obra, para saber en cualquier caso si son conocidos, la forma de comportamiento o el grado de exigencia en la obra.

Por tanto, al igual que se actuaba en obras oficiales, lo primero que debemos conocer son estos extremos, por tanto será necesario conocerlos, y como se dice, pedir una copia del contrato si es que el promotor tiene un contrato tipo, si no es así, al menos intentar conocer estos puntos para adecuar la oferta a ellos, o para tenerlo en cuenta.

La diferencia fundamental a la hora de ofertar la determina el tipo de presupuesto, es decir, si hay que ofertar un precio cerrado y fijo o bien una serie de precios unitarios para aplicar la mediciones de la obra realmente ejecutada, ya que en el primer caso, deberemos medir la obra, lo que supone, como todos sabemos, un trabajo que ocupa un periodo de tiempo nada despreciable de un técnico especialista —un aparejador, normalmente— y que varía en función, lógicamente de la dimensión del proyecto. En caso de una obra a medir, debemos solamente tener en cuenta los precios unitarios, y si la oferta así lo requiere, los precios elementales y auxiliares, que lógicamente habrá que elaborar en cualquiera de ambos casos.

Los precios unitarios, y en su caso, los elementales y auxiliares, son importantes también en el caso de una obra ofertada a precio cerrado o a tanto alzado, ya que, en caso de modificaciones servirán lógicamente de base para cuantificarlas. Nunca debemos despreciar el cómputo del precio de una unidad de obra por que su cuantificación sea pequeña en función de su medición, ya que, por cualquier causa podría modificarse la medición y, salvo ulterior negociación, tendríamos que respetar el precio.

En caso de que las condiciones de la contratación no estuviesen muy claras, y no fuese posible que el promotor las especifique mejor, el estimador debe establecer unas premisas de cálculo en su oferta, y después, en la carta con la que normalmente se acompaña la remisión de la oferta hacerlas constar.

12.3 Del estudio de la obra

El estudio de un proyecto con el objeto de elaborar una oferta económica supone una tarea que, de alguna manera guarda paralelismo con lo que vimos al principio de este manual, es decir, con la planificación de la obra, ya que, de alguna manera el estudio de obras, comporta un conjunto de pasos que, aunque de forma más escueta, son los que se siguen en la fase de planificación. La persona encargada en una empresa constructora de este trabajo es el estimador, y como siempre, dependiendo de la dimensión de la empresa, existe un departamento conjunto de ellos que realizan estas tareas o bien lo hace un solo técnico para toda la empresa, y hasta nos encontraos pequeñas empresas en las que esta labor la desempeñan técnicos de la misma —jefes de obra—, *desdoblándose* en su jornada laboral.

El estimador de obras

El estimador de obras es una persona que desempeña normalmente una tarea que podríamos calificar de estresante, ya que la mayoría de ofertas dependen de una fecha, si en esa fecha no están preparadas —con toda la documentación que comporte, avales, certificados, planificaciones, estudios, proyectos, planes de seguridad, etc.— todo el trabajo de una oferta se convierte en trabajo inútil. En algunas estadísticas se suele decir que un buen porcentaje de adjudicación de obras es contratar entre el diez y el veinte por ciento de las obras que se ofertan, lo cual supone que entre el ochenta y el noventa por ciento del trabajo de estudios no se verá cristalizado en la adjudicación del encargo de una obra para la empresa, lo cual, podría parecer frustrante, pero no lo es, ya que todo el trabajo de estudios y ofertas es necesario, y la experiencia de ofertar obras es siempre positiva. Ahora bien, si después de estar preparando una oferta durante un determinado periodo de tiempo, implicando asimismo gastos para la empresa, por alguna circunstancia, irregularidad o incluso "*despiste*", la oferta no se presenta, este si que se convierte en un esfuerzo inútil, y como aseguraba Ortega y Gasset, "*el esfuerzo inútil conduce a la melancolía*", por tanto, ya que estos casos se dan raras ocasiones, el perfil del estimador de obras no es precisamente de una persona melancólica, sino más bien de alguien que desempeña una actividad frenética, casi siempre contra reloj, con calendarios muy rígidos que cumplir, y con su gabinete repleto de proyectos sin archivar, ya que, en el breve periodo en que dichos proyectos están en la oficina de estudios, no tiene ningún sentido que se archiven.

Muchas empresas tienden en la actualidad a destinar a este puesto a personas jóvenes, a técnicos sin experiencia, lo cual, a mi juicio es un error, a no ser que empiecen en el departamento, formándose como estimadores junior antes de ser propiamente un estimador senior. El estimador debe ser una persona con un gran conocimiento de la ejecución de la obra, ya que nadie puede valorar algo que no se conoce; debe conocer perfectamente las herramientas de cálculo presupuestario y de planificación de obras, núcleo fundamental de su trabajo; debe conocer la reglamentación de las administraciones públicas en cuanto al funcionamiento de las licitaciones; debe ser una persona ordenada y metódica ya que normalmente tendrán sobre su mesa varias obras estudiándose al tiempo; debe ser también una persona con gran capacidad de trabajo ya que el estrés mencionado de las fechas a cumplir a veces exige sobre esfuerzos que sobrepasan el límite normal de una jornada laboral y debe finalmente tener una buena agenda de proveedores, conociendo cuales están capacitados para ofertar una determinada parte de la obra y sobre todo, en un tiempo limitado.

El estimador de obras, tiene que tener también un gran contacto con el resto de departamentos de la empresa, como son fundamentalmente el de producción y el de compras, debiendo conocer las obras que se están ejecutando —o que se han ejecutado recientemente— así como al personal técnico y administrativo de las mismas, ya que, ninguna información mejor hay que la de la misma empresa, para suministrarla al estimador de obras. Es aquí donde cobra un mayor interés la aplicación de la contabilidad analítica que propugnábamos para las empresas constructoras en el capítulo 5, apartado 2, del presente manual.

En cualquier caso, perteneciendo a una línea de staff en el organigrama de la empresa normalmente, estando casi siempre sentado en su gabinete elaborando cálculo aritméticos, viendo siempre sobre sí como pende la espada de Damocles de las fechas, teniendo que atender a varios proyectos al tiempo, podemos decir que el estimador tiene el gran estímulo de conocer un gran número de proyectos, sistemas constructivos, instalaciones complejas, lo que le permite ser una persona con un acerbo impresionante en cuanto a información en el sector de la construcción. Asimismo, por el permanente contacto con las licitaciones, las empresas que se presentan normalmente a las obras, así como a que tipo de obras, la competitividad de las mismas, etc., le hacen también ser un gran conocedor del sector de la construcción, al menos a nivel local o regional.

Ya que conocemos un poco mejor a la persona que desempeña la labor de estimador de obras, vamos a reflexionar sobre dicha labor, y como lo hace en función de las etapas del mismo, en cada oferta, y que estudiaremos a continuación:

1. Estudiar las condiciones particulares de la obra y pedir la documentación completa
2. Clasificar la documentación y solicitar ofertas
3. Encargar la documentación técnica y administrativa y los avales.
4. Planificar la obra y estudiar los gastos indirectos
5. Visitar el solar
6. Medir la obra
7. Confeccionar los precios unitarios
8. Elaborar la hoja de cierre
9. Preparar y presentar la oferta.

Condiciones particulares de cada obra

Al recibir la notificación de que se debe preparar o estudiar una obra, o primero es estudiar el Pliego de Cláusulas Administrativas Particulares —o información equivalente en obras privadas—, para comprobar si estamos capacitados para realizar la licitación, ya sea por clasificación, avales, fechas u otros motivos, si es así, pedirá la documentación completa para estudiar la obra (proyecto de ejecución). En algunos casos, existe un paso previo que a veces realiza el propio estimador que es recabar información de la prensa, boletines, Internet, etc., acerca de las posibles licitaciones, seleccionando las que se consideren interesantes, aunque la decisión de si se estudia una obra o no suele corresponder a un cargo directivo de la empresa.

Ofertas particulares

Clasificar la documentación del proyecto en oficios, elaborando expedientes de cada uno, y enviándolos a empresas auxiliares o subcontratistas de la empresa constructora, con objeto de solicitar oferta económica para estudiar la obra. Esta labor es necesaria hacer lo antes posible para dar tiempo a que estas empresas nos hagan llegar sus ofertas, cuyos presupuestos estarán contenidos en la nuestra, en la forma que corresponda (en los precios elementales, en los precios unitarios, en valores totales de capítulos, etc.). En algunos tipos de ofertas, los solicitantes de las mismas exigen que se haga llegar una relación de las empresas que han adquirido un compromiso (eso son tales ofertas) con el constructor, caso de que este sea adjudicatario de las obras. Ya que el sistema implica la subcontratación, esta debe existir desde el génesis de la obra que es el estudio.

Documentación de la oferta

Se encargará de recabar de los departamentos y personas correspondientes de la empresa la documentación administrativa necesaria para la licitación. Esta puede estar formada por certificados de clasificación, certificados de calificación, avales, relación de personal de la empresa, relación de maquinaria de la empresa, relación de obras, escrituras de poder (bastanteadas normalmente, es decir con la declaración de suficiencia expresa por el órgano jurídico del organismo a contratar), etc. Deberá hacer constar las fechas en que debe tal documentación estar lista, y de alguna manera establecer un seguimiento de fechas, y si hace falta hacer algún recordatorio a las personas responsables. También encargará todo tipo de documentación técnica, estudios, planes de aseguramiento de la calidad, planes de seguridad, etc. que sean necesarios para la oferta a los departamentos de la empresa que corresponda, o bien a empresas colaboradoras exteriores. En muchos casos, algunas de estas labores debe realizarlas el propio estimador en persona.

Planificación de la obra

Se realizará una planificación de la obra, de forma general, normalmente en un gráfico de Gantt, en la que se establecerá el plazo de la misma. Con el plazo establecido (algunas veces éste será un requisito fijo, con lo cual habrá que estudiar la viabilidad de ejecutar la obra en dicho plazo), se estudiará la organización de la obra, la asignación de maquinaria y medios auxiliares y de personal de supervisión, estudiando los gastos fijos (gastos indirectos) de la misma. Puede ser valida la relación que se incluye en el capítulo 3, apartado 6, epígrafe "*Costes indirectos*".

Visita al solar

Visitará el solar, o lugar de las obras (hay veces que no existe el solar puesto que son obras de rehabilitación o ampliación, o bien existen edificaciones que hay que empezar a demoler). Esto lo hará en cualquier momento que su agenda se lo permita, y es un paso que no se debe evitar en ningún caso, aunque, desgraciadamente no siempre se hace. Hay que tener en cuenta múltiples cosas como son los accesos, las comunicaciones, la situación real y las posibles servidumbres que puedan existir, las cuales normalmente no están especificadas en la documentación que se recibe.

Medición de obra

Medirá, o encargará la medición del proyecto cuando se trate de ofertar una obra a precio cerrado.

Precios unitarios

Elaborará los precios, apoyándose tanto en las ofertas que se vayan recibiendo de las que se solicitaron específicamente, como en las que se posean a modo de tarifas en la empresa de sus proveedores habituales y de materiales habituales en todas las obras (hormigón, acero, ladrillos, sanitarios, etc.).

Hoja de cierre

Una vez calculado el coste directo y el coste indirecto se hace la hoja de cierre, en la que se calcula el precio final de la oferta, así los resúmenes de las distintas posibilidades y variantes que puedan existir. La hoja de cierre y hoja resumen de la oferta refleja en síntesis todos los datos económicos de la misma (en algunos casos también refleja algún dato técnico de la obra como resumen), y es en la que se fijan los porcentajes definitivos y la oferta definitiva. Esta operación es lo que comúnmente se denomina en al argot de los constructores cerrar una oferta, o sencillamente cerrar una obra, y suele hacerse en una pequeña reunión entre el estimador de la misma y la persona con poder de decisión en la empresa —gerente, delegado, director, etc. —, en la que se decide, como decimos, la oferta definitiva.
En la Figura 12.1 se representa un modelo de hoja de cierre, y que se cumplimenta como se explica a continuación. En primer lugar, a resultas del calculo de los precios unitarios así como de la medición de la obra en el caso que proceda, se calculan los importes de los diferentes capítulos de obra, o presupuestos parciales o bien las divisiones que se estimen oportunas. Se incluye una línea con el capítulo de Seguridad para saber que hemos de incluirlo siempre.

CAPÍTULOS	OFERTA BASE		VARIANTE 1		VARIANTE 2	
1						
2						
3						
4						
5						
6						
7						
8						
9						
10						
11						
12						
13						
14						
15						
16						
17						
18						
19						
20						
Seguridad y Salud:						
SUMA COSTE DIRECTO						
1. INMOBILIZADOS						
2. GASTOS ANTICIPADOS						
3. GASTOS CORRIENTES						
4. GASTOS DIFERIDOS						
SUMA COSTE INDIRECTO						
TOTAL COSTE PROPIO						
% COSTE PROPORCIONAL						
TOTAL COSTE PROPORC.						
% RESULTADO PREVISTO						
TOTAL RESULTADO PREV.						
TOTAL OFERTA						
PRESUP. DE LICITACIÓN:						
BAJA:						
PLAZO DE LA OBRA (meses)						

OBSERVACIONES:

FECHA

Fdo.:.................................

Figura 12.1: Modelo de hoja de cierre

A continuación se calculan los costes indirectos, como ya se ha explicado, y sumando el coste directo con el coste indirecto tendremos el coste propio (C_o) de la obra:

$$\sum C_d + \sum C_i = C_o$$

Introduciremos a continuación el valor ($\%C_p$), "%COSTE PROPORCIONAL". Como sabemos este es un valor que puede ser fijo para todas las obras, para todo el ejercicio, etc. Se calcula como sabemos según la expresión [3.6] mencionada ya en este capítulo, y para calcular el valor siguiente de la siguiente casilla (C_p), "TOTAL COSTE PROPORCIONAL", lo haremos según la expresiones [12.6], junto con el cálculo del resultado previsto, que como ya se ha explicado se hace de forma análoga. Luego partiendo de [12.6], etablecemos la siguiente igualdad para calcular el valor (V) del "TOTAL OFERTA", la que he hemos sustitudo en el numerador ($C_d + C_i$) , por (C) , o "TOTAL COSTE PROPIO":

$$V = \frac{C_o}{1 - \frac{\%C_p + \%R}{100}}$$

una vez obtenido éste, se obtendrá mediante [12.3] y [12.4] los valores correspondientes al total de los costes proporcionales (C_p) y del resultado (R) :

$$C_p = \frac{\%C_p}{100} \times V$$

$$R = \frac{\%R}{100} \times V$$

A continuación, se calcula la baja de subasta (B), y su porcentaje ($\%B$), en el caso de que se trate de una obra oficial, según las expresiones siguientes:

$$B = P_l - P_o$$

$$\%B = \frac{B}{P_l} \times 100$$

donde (P_l) es el presupuesto de licitación, y (P_o) el presupuesto de oferta.

Queda una fila en la hoja de cierre para consignar el plazo en el que se ha estimado la ejecución de la obra, así como una zona para escribir alguna observación que se estime pertinente, sobre todo si por alguna causa se han modificado los porcentajes de resultado que normalmente se consignan el la empresa, así como la fecha y la firma de quien autoriza la oferta.

En la zonas destinadas a indicar los valores de cada concepto explicado existen dos campos, uno es para el valor y otro para los porcentajes, que siempre se calculan sobre el importe total de la oferta (V), como se ha visto en toda la formulación hasta ahora expresada, y para que el lenguaje económico de la empresa sea coherente.

En la hoja de cierre de la Figura 12.1, que como todo es una simple orientación, sobre la cual se pueden establecer las variaciones que se estimen pertinentes, también hemos incluido dos columnas de variantes, puesto que es normal que sobre un estudio de una oferta se puedan establecer diferentes supuestos, en base a alternativas que ya en la fase de estudios ya se pueden plantear; bien con diferentes resultados posibles o bien sencillamente con un plazo distinto de obra, ya que cualquier alteración en este sentido cambiaría, obviamente, el valor total de la oferta.

Las hojas de cierre suelen archivarse en la oficina, junto con la documentación de estudios, y en algunos casos se facilitan al jefe de obra, una vez que la obra se adjudica y otras no, ya que hay diferentes formas de pensar como en todo. Es decir, hay corrientes de opinión cuya postura es no facilitar al jefe de obra esta información, para que la planificación de la obra y su estudio económico no esté, podríamos decir, *contaminado* de entrada, y otras que opinan que esta información es necesaria puesto que ya marca el primer objetivo a cumplir con la obra, o sea, el resultado previsto de la hoja de cierre en los supuesto en que la oferta se realizó. El autor de este manual, es totalmente partidario de la segunda opción, es decir, de que el jefe de obra tenga esta información, precisamente por las razones expresadas, aunque con las indicaciones de que este objetivo debe ser mejorado en la primera planificación.

Presentación de la oferta

Una vez aprobada la oferta se debe elaborar la documentación final de la misma, en la medida que corresponda, esto irá desde una simple carta con el precio de la obra, hasta todo un expediente con varios sobres como se ha explicado antes. Una vez elaborada, se presenta, como corresponda. Realmente aquí termina la labor del estimador, aunque normalmente se hace un seguimiento de la oferta. En obras oficiales se asiste a las aperturas y en obras privadas se suelen tener un contacto con el promotor, y en muchas ocasiones es el propio estimador quien hace esta labor.

ADDENDA

Dios está en los detalles.

(Ludwig Mies Van der Rohe)

Quiero expresar mi agradecimiento a quien me prestó tiempo, a quien me enseñó algo, a quien me ayudó en el trabajo y a todos los que hacen su trabajo con cariño.

También quiero señalar que he investigado al menos las biografías de todos los personajes que aparecen en el texto, citando entre paréntesis el periodo en el que vivieron, excepto de los Reyes ya que en sí mismos marcan una época, para centrar en lo posible su relación con los hechos que en cada caso se mencionan, y hasta dónde se conoce, ya que de algunos de estos personajes son de la antigüedad y en este sentido quiero decir que de tan sólo dos personajes no he podido completar esta información y para que conste lo cito aquí. En primer lugar me refiero al ingeniero catalán D. José Nicolau y Sabater, de quien, aun sabiendo pudiendo aportar algunos datos acerca de su biografía, como que es el de que fue Director General de Comercio, Industria y Trabajo desde 1917 y Ministro Interino de Fomento durante el reinado de Alfonso XIII, concretamente desde el 7 de diciembre de 1922 al 15 de septiembre de 1923, y que además de importantes obras publicó más de una centena de trabajos, no puedo dar los datos concretos referentes a su fecha de nacimiento ni a la de su fallecimiento. Algo parecido me sucede con el profesor de Harvard William John Dickson, coautor de *Managenemt and the worker (1939)*, del cual sólo he podido conocer que nació en 1904, y aun siendo altamente probable que haya fallecido cuando estas líneas se escriben, no lo he podido constatar. Como, *quien se excusa se acusa* (Stendhal), sirva esto para acusarme ante los descendientes de ambos, a los que suplico inmerecidas disculpas por este imperdonable tropiezo. Ambos personajes están en este libro, aunque por diferentes motivos, porque sus trabajos fueron relevantes para ilustrar o explicar los temas que a ellos o a sus trabajos se refieren.

INDICE ONOMÁSTICO

C

D

E

F

G

H

I

J

K

L

M

N

O

P

Q

R

S

T

U

V

W

Z

INDICE GENERAL

Págs.

Págs.

Págs.

Págs.

Págs.

BIBLIOGRAFÍA

Robar las ideas a una persona es plagio;
robárselas a muchas es investigación.
(Ley de Felson)

ALBERTI, Leon Battista: "De Re Aedificatoria" —AKAL, 1991.

BEDMAN, Teresa/MARTÍN VALENTÍN, Fco.: "Sen-en-mut, el hombre que pudo ser Rey de Egipto" —OBERON, 2004.

BENEVOLO, Leonardo: "Historia de la arquitectura moderna"—GUSTAVO GILI, 1975.

BLANCO IBARRA, Felipe: "Contabilidad analítica. Casos prácticos" —DEUSTO, 1990.

BLANCO IBARRA, Felipe: "Contabilidad analítica" —DEUSTO, 1990.

BUENO CAMPOS, Eduardo: "Organización de empresas. Estructura, proceso y modelos" —PIRÁMIDE, 1996.

BUZADZIC, M./HABEK, M./STIPETIC, V.: "Benedikt Kotruljevic of Dubrovnik"—EAA, 1998.

CARVAJAL SALINAS, Enrique: "El predimensionamiento del coste en arquitectura" —JUNTA DE ANDALUCÍA-C.O.P.T., 1992.

CARVAJAL SALINAS, Enrique: "Uniproducto o Multiproducto" —COOAAT SEVILLA Y LAS PALMAS, 1992.

CASTAÑS CAMARGO, Manuel (y otros): "Física Teoríca para Ingenieros" —RUBIO Y CASTRO, 1974.

CASTELLANO COSTA, Joseph: "Análisis técnico del proceso constructivo en la edificación" —OCT-INDYCCE, 2002.

CASTRO SÁNCHEZ, M. Antonio: "Manual de Prevención de Riesgos Laborales en la Construcción" —TECNOS, 2004.

CERAM, C.W.: "Dioses, tumbas y sabios" —DESTINO, 2002.

CHAVES NOGALES, Manuel: "Juan Belmonte, matador de toros" —ALIANZA, 2003.

CHOISY, Auguste, "Histoire de l'Architecture", París, Gauthier-Villars, 1899-1901 (traducción castellana en Buenos Aires, Victor Leru)

CHOISY, Auguste: "El arte de construir en Bizancio" —Juan de Herrera/CEHOPU, 1998.

CHOISY, Auguste: "El arte de construir en Roma" —Juan de Herrera/CEHOPU, 1999.

CLARK, Wallace: "The Gantt Chart, a Working Tool of Management" —PITMAN&SONS, 1954.

CORBUSIER, LE: "El espíritu nuevo en arquitectura" —C.O.AA. y AA.TT. de la Región de Murcia", 2003.

COSSÍO, José María: "Los toros, tratado técnico histórico" —ESPASA CALPE, 1960.

CUMINETTI, Vittorio: "Florencia, símbolo universal de civilización" —BONECHI, 1988.

De BOCK CANO, Carmen-GARCÍA RODRÍGUEZ, José Carlos: "Úbeda y Baeza, dos ciudades monumentales en la ruta del Renacimiento" —EVEREST, 2000.

DIESTEL, Reinhard: "Graph Theory" —SPRINGER-VERLAG, 1997.

ESTAPÉ, Fabián: "Vida y obra de Ildefonso Cerdá" —PENÍNSULA, 2001.

FLORES ALÉS, Vicente: "Construcción y Medio Ambiente", COAAT SEVILLA, 2001.

FONTAINE, Beatrice: "El arte de construir" —SM, 1994.

FRANCISCIS, Alfonso de: "The Buried Cities. Pompeii & Herculaneum" —BOOK CLUB ASSOCIATES LONDON, 1979.

FULCANELLI: "El misterio de las catedrales"—PLAZA&JANÉS, 1971.

GALLEGO Y BURÍN, Antonio: "Granada. Guía artística e histórica de la ciudad" —COMARES, 1989.

GARCÍA SALINERO, Fernando: "Contribución al vocabulario español de arquitectura e ingeniería de los siglos XVI y XVII. Léxico de trazadores, muradores y alarifes" —FAC. DE FILOSOFÍA Y LETRAS DE MADRID, 1964.

GARCÍA-TREVIJANO, Antonio: "El discurso de la República" —TEMAS DE HOY, 1994.

GIL RODRÍGUEZ, Francisco/GARCÍA SAIZ, Miguel: "Grupos en las organizaciones" —EUDEMA, 1993.

GILBERT, Luigi: "La arquitectura en Europa" —ACENTO, 1997.

GISPERT, Carlos (y otros): "Contabilidad" —Océano, 1991.

GISPERT, Carlos (y otros): "Economía" —Océano, 1991.

GONZÁLEZ DÍAZ, Mª Jesús: "Arquitectura sostenible y aprovechamiento solar" —S.A.P.T. PUBLICACIONES TÉCNICAS, S.L., 2004.

GONZÁLEZ VELAYOS, Eduardo: "Aparejadores: breve historia de una larga profesión"—CONSEJO GRAL. DEL COAAT, 2000.

GORBACHOV, Mijaíl Sergéyevih: "Perestroika, mi mensaje al Rusia y al mundo entero" —B, 1987.

HARO TECGLEN, Eduardo: "Diccionario político" —PLANETA, 1995.

IACOCCA, Lee A. : "An Autobiography" —BANTAM, 1986.

JURAN, J.M.-GRYNA F.M. "Análisis y Planeación de la Calidad"—McGRAW-HILL, 1995.

KEUNING, Doede/OPHEIJ, Wilfrid: "Desburocratizar la empresa" —FOLIO, 1994.

KEYNES, John Maynard: "Tratado del dinero" —ACOSTA, 1996.

KOSTOF, Spiro: "El arquitecto: historia de una profesión" —CÁTEDRA, 1984.

KOSTOF, Spiro: "Historia de la arquitectura", ALIANZA, 1999.

KRAUTHEIMER, Richard: "Arquitectura paleocristiana y bizantina" —CÁTEDRA, 1984.

KRILOVA, Anastasia: "San Petersburgo" —ART-RODNIK, 1997.

L´HERMITE, Robert: "A pié de obra" —TECNOS, 1971.

LAMPEREZ Y ROMEA, Vicente : "Historia de la arquitectura cristiana"—ESPASA-CALPE, 1935.

LEAL MILLÁN, Antonio (y otros): "El factor humano en las relaciones laborales" —PIRÁMIDE, 1999.

LÓPEZ SERRANO, Matilde: "El Escorial" —PATRIMONIO NACIONAL, 1984.

MALLO, Carlos-JIMÉNEZ, Mª Ángela: "Contabilidad de costes"—PIRÁMIDE, 1997.

MALTHUS, Thomas Robert: "Primer ensayo sobre la población" —ALIANZA EDITORIAL, 1982.

MANSILLA SAIZ, Fernando: "Apuntes de mediciones, valoraciones y presupuestos de obras" —IMP. OVIEDO, 1978.

MAQUIAVELO, Nicolás: "El príncipe" —BIBLIOTEX, 1999.

MARCH, James G./SIMON, Herbert A.: "Teoría de la organización" —ARIEL, 1981.

MARCUSE, Herbert: "Razón y revolución"—ALIANZA, 1986.

MARX, Karl-ENGELS, Friedrich : "Manifiesto del partido comunista"—UTOPÍAS, 1984.

MASLONKA/R.-WASSILJEWSKI, K.: "Siete creaciones de César Manrique"—ART EDITION, 1995.

MEYER, Jean: "Gestión presupuestaria" —DEUSTO, 1990.

MIRANDA CABRERA, Alfonso: "Manual del Promotor Inmobiliario" —Comares, 1997.

MOLINA, María Isabel: "El señor del Cero" —ALFAGUARA, 1996.

MORALES Y MARÍN, José Luís (y otros): "Historia de la arquitectura española"—PLANETA, 1985.

MUÑOZ GUTIÉRREZ, Carlos: "Wittgenstein arquitecto: el pensamiento como edificio"—A Parte Rei. Revista de Filosofía, 2001.

NEUFERT, Ernst: "El arte de proyectar en arquitectura"—GUSTAVO GILI, 1990.

NIETO ALCAIDE, Víctor: "La luz, símbolo y sistema visual" —CÁTEDRA, 1981.

NÓVOSTI: "Anuario URSS'88" —NÓVOSTI, 1988.

NUERE, Enrique: "La carpintería de armar española" —MINISTERIO DE CULTURA, 1989.

OFICINA INTERNACIONAL DEL TRABAJO DE GINEBRA: "Seguridad y Salud en la Construcción" —OIT, 1992.

PALACIOS, José Carlos: "Trazas y cortes de cantería en el renacimiento español" —MINISTERIO DE CULTURA, 1990.

PALLADIO, Andrea: "Los Cuatro Libros de Arquitectura" —AKAL, 1988.

PARIAS, Louis-Henri: "Historia general del trabajo" —GRIJALBO, 1965.

PERRAULT, Claude: "Compendio de los diez libros de Arquitectura de Vitrubio", COAAT ANDALUCÍA, 1981.

PETER, Laurence J. : "The Peter Principle" —MORROW, 1996.

PETERS, Tom: "Reinventando la excelencia" —B, 1993.

PROUDHON, Pierre Joseph: "¿Qué es la propiedad?" —EDICIONES FOLIO, S.A., 2002.

RAMÍREZ DE ARELLANO AGUDO, Antonio: "Seguimiento de la Planificación y control de costes en obras de construcción" —COAAT SEVILLA, 1998.

REJANO DE LA ROSA, Manuel: "Ingeniería acústica" —URANIA, 1987.

RODRÍGUEZ PORRAS, José María: "El factor humano en la empresa" —DEUSTO, 1990.

SAGREDO, Diego: "Medidas del romano o Uitruiuo, nuevamente impressas y añadidas muchas pieças y figuras muy necesarias a los officiales que quieren seguir las formaciones de las salas, colunas, capiteles y otras pieças de los edificios antiguos"—JUAN AYALA, 1564.

SALVAT, Juan/MILLÁN, Juan (y otros) : "El gran arte en la Arquitectura" —SALVAT, 1987.

SEARS, Francis W./ZEMANSKY, Mark W.: "Fisica General" —AGUILAR, 1971.

SIGÜENZA, Fray José de: "La fundación del Monasterio de El Escorial"—TURNER, 1986.

SMITH, Adam: "La riqueza de las naciones" —ALIANZA EDITORIAL, 1994.

TAFURI, Manfredo: "Sobre el Renacimiento. Principios, ciudades, arquitectos" —CÁTEDRA, 1995.

TAFURI, Manfredo: "Teorías e historia de la arquitectura" —LAIA, 1970.

TAMAMES, Ramón: "Ecología y desarrollo" —ALIANZA EDITORIAL, 1980.

TAMANES, Ramón/RUEDA, Antonio: "Introducción a la economía española"—ALIANZA, 1982.

TAYLOR, Frederick Winslow : "The Principles of Scientific Management"—BOOKS NEWS, Inc., 1992.

TURRIANO, Juanelo (Pseudo): "Los veintiún libros de los ingenios y de las máquinas I" —COLEGIO DE I.C.C.P.-TURNER, 1983.

TURRIANO, Juanelo (Pseudo): "Los veintiún libros de los ingenios y de las máquinas II" —COLEGIO DE I.C.C.P.-TURNER, 1983.

URRUTIA, Ángel: "Arquitectura española del siglo XX" —CÁTEDRA, 1997.

VALDIVIESO AUSIN, Braulio: "San Juan de Ortega" —SANTUARIO DE S. JUAN DE ORTEGA, 1985.

VILLARD DE HONNENCOURT: "Cuaderno"—AKAL, 2001.

VITRUVIO, Marco Lucio: "Los diez libros de Arquitectura" —ALIANZA EDITORIAL, 1995.

VITRUVIO, Marco Lucio: "Los diez libros de Arquitectura"—IBERIA, 1955.

VITRUVIO, Marco Lucio: "Los diez libros de Arquitectura"—IMPRENTA REAL, 1787.

WEBER, Max: "La acción social. Ensayos metodológicos" —PENÍNSULA, 1984.

WEBER, Max: "Sobre la teoría de las ciencias sociales" —PENÍNSULA, 1971.

WEBER, Max: "The Theory of Social and Economic Organization"—SIMON&SCHUSTER, 1997.

ZADERENKO, Sergei Gregory: "Sistemas de Programación por Camino Crítico"—MITRE, 1968.

www.ingramcontent.com/pod-product-compliance
Ingram Content Group UK Ltd.
Pitfield, Milton Keynes, MK11 3LW, UK
UKHW021901190726
13853UKWH00003B/1372